Raymond Snijders

Fader, förlåt dem icke, ty de veta vad de göra

– nedslag i atombombens historia

Utgivning av denna bok har möjliggjorts
tack vare ett arbetsstipendium ur
Sveriges Författarfond

ISBN: 978-91-7569-037-7

brödtext: Adobe Garamond Pro 10/11
förlag: BoD - Books on Demand, Stockholm, Sverige
tryck: BoD - Books on Demand, Norderstedt, Tyskland

Men Jesus sade:
"Fader, förlåt dem, ty de veta icke vad de göra.
Och de delade hans kläder mellan
sig och kastade lott om dem."
Lukas 23:34

FSC
www.fsc.org
MIX
Papper från
ansvarsfulla källor
Paper from
responsible sources
FSC® C105338

”Jag är säker på att, när jorden går under – i den sista millisekund av världens existens – kommer den sista människan att se det vi såg.”

George B Kistiakowsky
Trinitytestet, 16 juli, 1945

”Jag ställer dig idag inför liv och lycka eller död och olycka. Och du ska välja livet.”

Femte Moseboken 30:15-20

”När du söker sanningen,
var beredd på det oväntade,
ty sanningen är svår att finna och
besynnerlig när du väl finner den.”

Herakleitos från Efesos (500 f Kr)

”När den första människa inhägnade ett stycke mark och kom på att säga ’Detta är mitt!’ fann han andra enfaldiga nog att tro honom, och blev så samhällets verkliga grundare. Hur många brott, krig och mord, hur mycken olycka och fasa skulle inte människan fått vara utan om någon ryckt upp pålarna, fyllt igen diket och ropat: ’Akta er för denne lögnhals, ni blir förlorare om ni glömmer att jordens frukter tillhör alla och själva jorden tillhör ingen!’”

Jean-Jacques Rousseau

Deutsche!
Wehrt Euch
Kauft nicht bei Juden!

Prolog

10 november 1938. Gryningen var gråmulen. Ett kylslaget regndis fyllde luften. Synagogan i den tyska staden Dinslaken nära Duisburg brann. Lågorna slickade en svartnad himmel, rev sig loss för att fly nattens inferno, en del hängde kvar som eruptioner av brinnande gas. Den svårandade luften, tung av svavelrök, smakade blod. Det låg en aning frost i luften, och i det skumma gatljuset ångade det om dem som fortfarande var ute. En SA-mobb hade i skydd av mörkret slagit sönder barnhemmet, överrumplat ungarna i sömnen, slängt inredningen på gatan, tillsammans med barnens leksaker. Minstingarna som inte kunde gå packades på skrangliga skrindor. De större gossarna tvingades släpa dem genom stadens gator. Husväggarna ekade alltjämt av slagord. Barnskrik. Hundskall. Gatloppet slutade vid den eldhärjade synagogans pyrande rester där stadens judiska män under natten med gevärskolvar och piskor – likt boskap på väg till slakt – hade fösts in i en fålla av grannar som ställt sig på rad på ömse sidor om vägen medan de pryglade sina offer och skanderade glåpord och tarvligheter. I hundratals år hade grannarna levt i gott samförstånd, nu var de beväpnade med spikförsedda påkar.

Två tusen judar mördades den natten. De sköts i sina sänger, kastades ut från balkonger, slogs ihjäl med kullerstenar, spetsades på bajonetter. Sådan var fasan att den som hade förutseende och förstånd tog sitt eget liv. Hur många av de trettio tusen judar som skickades till koncentrationsläger fick sätta livet till vet ingen.

De skickades till Dachau. Pogromen hade börjat.

Berättelserna om denna natt som kallas Kristallnatten efter det splitter från krossat glas som likt myriader gnistor av hat lyste upp gränderna, är många. Kristallnatten signalerade till Abrahams folk att nazisterna var redo att föra krig mot sina landsmän. Lagen skyddade inte de värnlösa offren, utan våldsverkarna. Förutom förlusten av liv och egendom tvingades judarna solidariskt betala en miljard Reichsmark i kompensation.

Bara de rikaste hade råd att muta sig till friheten och lämna landet för en oviss tillvaro i förskingring.

Värst är att inte äga sin framtid. Nu gällde fly eller dö.

Nazismen passerade anständighetens gräns utan återvändo. Dess grymheter saknar motstycke och kan bara jämföras med de mörkaste avarter i den afrikanska kontinentens kolonialhistoria med dess apartheid och förtryck. Visserligen är människor lika inför Gud, men inte inför varandra. Makten är renons på empati, medlidande är krigets första offer. Så har det alltid varit. I händerna på fundamentalister blir heliga böcker till vapen. Oändligt sakta droppar de helgade orden sitt nervgift i själen, fyller långsamt blodomloppet med hat. Meningar avsedda att ge tröst piskar fram våld och rasism. Det okända kan vara exotiskt och tilldragande, men det kan också bygga taggtråd som utestänger. Femte Mosebokens sjunde kapitel: "Dig har Herren, din Gud, utvalt till att vara hans egendomsfolk, framför alla andra folk på jorden. Och alla de folk som Herren, din Gud, giver i din hand skall du utrota; du skall icke visa dem någon skonsamhet." Det går en bräcklig gräns mellan ord som uppmanar till stordåd och ord som driver människan till ohyggliga brott. Ord som dräper.

Adolf Hitler kom till makten i slutet av januari 1933. Den 10 maj sattes civilisationen i brand utanför operan i Berlin på Opernplatz, mitt emot anrika Humboldtuniversitet utmed Unter den Linden. Hakkorsflaggor dekorerade torget, upplyst av osande facklor.

Någon i SA-uniform häller bensin på en stack av ris; studenter i kilometerlånga rader som tågat hit från stadens vandaliserade bibliotek vräker böcker och facklor på högen. Vilt uppflammande eldstungor slicker orden i sig och kastar upp brinnande pappersflagor. Likt kinesiska lyktor seglar de bort i natten. Tjugofemtusen band förtärs av lågorna. En rituell reningsakt iscensatt av landets nya makthavare, ett sorgligt *encore* av år 1520 då Martin Luther brände påvens bulla och den kanoniska lagen. Symboliken står tätt denna kväll. Dagen efter refererar tidningarna, förutom till Luther, till manifestationen på Warburg i Eisenach 1817, då böcker brändes av Burschenschaften, nationalliberala studentföreningar, för att symboliskt rensa ut författare vars verk skändat fosterlandet, kuvat friheten och förnekat den tyska dygden. Studenterna skanderar slagord som "Unsere Fahne flattert uns voran, unsere Fahne ist die neue Zeit", Vår fana vajer i täten, vår fana är den nya tiden. Spektaklet är regisserat, sedan månader planerat i minsta detalj, likt en militär aktion. Bilderböcker, skönlitterära verk och oersättlig facklitteratur – landets kulturarv – har under ett veckolångt plundringsståg rövats bort från biblioteken eller med våld förts bort från stadens boklådor. Merparten kom från universitetets Institut för sexualvetenskap, jämte en byst av dess grundare Magnus Hirschfeldt som i triumf bars runt, spetsad på en påle längst fram i det sju kilometer långa demonstrationståget.

Exakt vilka titlar denna natt gick upp i rök går inte att svara på. En officiell svartlista på tvåhundra namn cirkulerade, skönlitterära verk och fackböcker, men det var upp till organisatörerna på plats att avgöra vilka skulle utraderas eller skonas. De flesta namn på listan var inhemska författare, men också amerikanska, engelska och ryska verk skrivna av Ernest Hemingway, Jack London, Maxim Gorkij och, naturligtvis, Lenin och Stalin befanns så fördärvliga att endast renande flammor kunde sona deras brott mot den ofördärvade folksjälen.

En regim som sätter munkavle på sina undersåtar och brutalt tystar kritiker försätter sig själv i bankrutt, den har förlorat spelet innan det ens har börjat. Det fria ordet är ingen ynnest, utan en födslorätt. Propagandaministern Joseph Goebbels hade låtit göra en förteckning över litterära och vetenskapliga verk som ogillades av nazistyret. Det var en kylig kväll och massorna värmde sig vid människans lågande historia. Verk av Thomas Mann, Albert Einstein, Per Lagerkvist, Erich Maria Remarque, Sigmund Freud, Ernest Hemingway, Bertold Brecht, Karl Marx gick upp i rök.

Fyra år senare tändes elden i destruktionsugnarna, där lågorna kom att utplåna ett helt folk.

Han van Meegeren, 'Jesus och äktenskapsbryterskan', 1943

Kapitel I

Tidigt en morgon gick Jesus till templet för att be, men nyfikna skockades kring honom och han satte sig på en sten och undervisade dem i judarnas heliga skrifter. Då kom församlingens äldste samt några skriftlärda och fariséer med en kvinna som blivit ertappad med äktenskapsbrott. De ställde henne framför honom och sade: ”Mästare, den här kvinnan togs på bar gärning medan hon begick horsbrott. Mose lag föreskriver att hon stenas. Vad säger Ni?” Detta sade de för att snärja honom och få ännu en åtalspunkt att användas emot honom. Denne Jesus från Nasaret var ju en trollkarl och upprorsmakare, som man borde hålla ett vaksamt öga på. Hade han inte häromdagen hotat med att riva templet? Jesus satte sig på huk och ritade förstrött i dammet med en kvistpinne. När de inte ville ge sig av och krävde besked reste han sig, samtidigt som han rätade på nacken, såg rakt på åldermannen, och sade: ”Den av er som är fri från synd ska kasta första stenen”, varpå han åter böjde sig ned och fortsatte att rita i sanden. När de fått svar gick de muttrande därifrån, en efter en, de äldste först, tills bara Jesus och kvinnan var kvar. Jesus såg i hennes förskräckta ansikte, vått av tårar, medan han lätt smekte hennes kind: ”Kvinna, vart tog de vägen? Var det ingen som dömde dig?” Äktenskapsbryterskan svarade: ”Nej, min herre.” Jesus sade: ”Inte heller jag dömer dig. Gå nu, och synda inte mer.”

Med en smäll slog Han van Meegeren igen postillan. Under några ögonblick satt han blickstilla medan han i tankarna vägde för och emot. Vem är du att döma din nästa? Vilken rätt har du att döma eller råda? När du pekar ut någon, riktas tre fingrar på handen mot dig själv. Med den dom ni fäller ska ni själva dömas. Gör dig av med bjälken i ditt egna öga innan du försöker befria andras från grandet. Nu visste han vilket motiv han skulle måla. Visserligen var han god katolik men där han bodde med sin andra hustru sedan många år, Jo Oerlemans, i den mellan Amsterdam och Utrecht belägna konstnärskolonin Laren, omringades han av bibeltrogna lutherska och kalvinistiska troende, liksom fallet är på de flesta orter i de övervägande protestantiska Nederländerna. Omärkligt tar själslivet smak av omgivningen, och han hade skaffat sig denna bönbok för att läsa sig till de scener som Johannes Vermeer från Delft vid 1600-talets mitt kunde ha valt som teman för sina målningar.

Han bestämde sig för att återskapa Vermeers ungdomsmåleri om vilket inte mycket var känt, med undantag för tidiga målningar med bibliskt motiv ’Kristus i Märtas och Marias hus’, genremålningen ’Kopplerskan’ samt mytologiska ’Diana och nymferna', vilka klart visade hur Vermeer påverkats av sina vallfartsår iItalien, och redan då röjde linjens osvikliga säkerhet, färgkänsla, realistiska pregnans och penselns grace som är frapperande. Vermeers kända verk, ett trettiotal dukar, härstammar från en förhållandevis kort period i hans mogna liv och visar hur han tillägnar sig en större bredd och fasthet i föredraget. Han skulle måla 'Jesus och äktenskapsbryterskan' så som bara den unge Vermeer, med evangelisten vid sin sida, kunde ha avbildat detta motiv med dess inåtvända stillsamhet och filosofiska kontemplation, jämte en färgsprakande närmast extravagant men alltid själfull och allvarsmättad must och bredd, samt en avskalad monumentalitet i komposition. Träffsäkert gestaltade hans tavlor levande varelser i en genuint mänsklig och oteatralisk pose, för ögonblicket upptagna av sina vardagssysslor; personer som ingen före eller efter honom lyckats häfta vid målarduken. Incidenten på Olivbergets sluttning för tvåtusen år sedan har återberättats av evangelisten Johannes, lärjungen som Jesus älskade framför de andra. Själv visste han hur de holländska mästarna som Johannes Vermeer, Frans Hals, Pieter de Hooch och Gerard ter Borch under Hollands guldålder gått till väga när de målade sin konst. Han behärskade tekniken. Nu hade han hittat motivet.

Hantverket hade han lärt sig av Theo i Voorburg. Theo van Wijngaarden, hans vän och läromästare, målare av Guds nåde, som trots egen produktion av överlägsen kvalitet bara kunnat vinna den kräsna konstpublikens gunst genom att kränga falsarier. Inte utan stolthet brukade han säga om Theo, att hans tavlor var sådana att en skulptör kunnat arbeta efter dem utan att behöva gå till originalet. I skuggområdet mellan kopia och falsarium hade han tack vare sina "äkta förfalskningar" lyckats göra sig ett namn, även om signaturen på duken stavades Vermeer eller Hooch eller Hals. Tillsammans gjorde de resor till London, i namn för att köpa äldre verk men i själva verket för att avyttra raffinerade förfalskningar. Av Theo hade han lärt sig konsten att på 1600-talsvis riva pigment och blanda färger så de blev som "från tiden", hur han kunde få dukens yta att brista i det oefterhärmliga nätverk av hårfina krackeleringar som endast sekel av exponering för ljus och luft och damm och rök kan ge, samt de oräkneliga övriga knep en seriös kopist måste bemästra innan han kan få sitt alster stämplat med äkthetsintyg av namnkunniga experter – arroganta snobbar och profitörer för det mesta – som dock för närvarande hade konstköparnas öra, och utan vilkas gillande och bestyrkan inget verk av rang kunde säljas.

Han van Meegeren gav inte mycket för konstbranschens experter, självutnämnda auktoriteter inkallade som skiljedomare av spekulanter när de kände sig osäkra på det presumtiva köpets äkthet och proveniens. Visserligen är det själva poängen med experter, det är det de är till för. I sömnen kunde de rabbla upp stilarter som realism, naturalism, expressionism, klassicism, men likväl hade de svårt att skilja en Rubens från en Rembrandt. De och inga andra avgör vad som är äkta i konstvärlden och spekulanterna har att rätta sig efter deras dom, lika vacklande som när en darrande slagruta hittar en vattenåder.

Vermeer brydde sig aldrig om att signera sina verk. Följaktligen var konstexperterna tvungna att gå efter stil, motivval och material, vilket fick förfalskningar att hamna i ett annat juridiskt läge, förutsatt att säljaren kunde förmå köparen eller dennes inhyrda expertis att på eget bevåg uttala det magiska ordet 'Vermeer'. Om säljaren har ett tadelfritt renommé framhärdar köparen i att hålla sin tavla för äkta, om så bara för att skydda sin investering. Ingen gillar att se på när ens pengar går upp i rök.

Något år in på tjugotalet hade Theo blivit indragen i en skandal, anklagad av den renommerade konsthandlaren Hendrik Muller för att i vinningssyfte ha utfärdat ett osant taxeringsintyg för en oäkta Frans Hals, 'Den förnöjde piprökaren', för att haussa upp sitt arvode och komma över femtusen floriner för värdering av ett verk som strax visade sig vara en förfalskning. Som restauratör och konstexpert hade van Wijngaarden specialiserat sig på att köpa upp vanvårdade och skadade äldre konstverk som han rengjorde och bättrade på. Försedda med sekel av patina och passande signatur prånglade han ut dem till en köpstark men föga kunnig publik. Omsider kröp det fram att 'Den förnöjde piprökaren' och 'Den skrattande kavaljeren', också det en målning av Frans Hals, kom från Wijngaardens ateljé, och det var inte utan stort besvär att Theo undgick att åka fast för konstbedrägeri. Endast flax och Apollons välvilliga ingripande lät honom slippa undan med blotta förskräckelsen, men den gången var det nära. Av den förfärliga incidenten hade van Meegeren lärt sig att en förfalskning i alla avseenden bör vara äktare än originalet för att bli trodd. Visserligen hade 'Den skrattande kavaljeren' deklarerats äkta, men auktionsfirman som fått i uppdrag att sälja tavlan anade oråd och lät analysera den. Då upptäcktes spår av syntetiskt ultramarin, koboltblått och zinkvitt, pigment som inte fanns på Frans Hals tid. Pannån var fäst i ramen med fabrikstillverkade spikar, vilket ytterligare förstärkte misstanken att det rörde sig om ett falsarium.

Just nu är det gyllene tider för konsthandeln.

Det har de Hitler att tacka för, Nazitysklands starke man som eggar sitt folk att hämnas förra krigets nederlag. Det annalkande kriget får Hollands förmögna köpmän att raskt växla in sina pengar mot beständiga ting i form av konst och antikviteter, diamanter och ädelstenar, frimärken och ädla metaller. Härom året sålde Han van Meegeren 'Jesus i Emmaus', ett mästerverk stämplat Vermeer från tiden i villa Primavera i Roquebrune Cap Martin, inte långt från Monte Carlo, innan krigshotet tvingade honom att skynda hem. 'Jesus i Emmaus' erinrar om ett oändligt förtätat utsnitt ur Leonardo da Vincis 'Sista måltiden'. Verket lovprisades av en enig konstvärld, och museidirektören Dirk Hannema pröjsade gladeligen 540-tusen floriner efter ett bittert bjudkrig mellan Rijksmuseum i Amsterdam och Museum Boijmans van Beuningen i Rotterdam, en prestigestrid mellan två storstäder lika mycket som en maktkamp om hegemonin i konstvärlden. När pengarna var slut hade Rijksmuseum, fast beslutet att förvärva denna ovärderliga målning, till och med erbjudit Vermeers 'Kärleksbrevet' i utbyte mot 'Jesus i Emmaus', som skattades högre. Till 'Jesus i Emmaus' hade van Meegeren använt en målning från tiden och gamla pigment. Motivet på 1600-talsduken hade han tålmodigt slipat bort varefter han inom några hektiska veckor av febrigt skapande förfärdigade detta mästarprov av förfalskningskonst. Som bindemedel använde han en bakelitblandning baserad på fenolformaldehyd som han efter åtskilliga år av enträgna försök fått fram och tillsammans med färgerna efter fyra timmars "bakning" i en varm ugn på 120^0 C åstadkom den homogena och kemiskt resistenta yta som kännetecknar sekelgammalt måleri, jämte ett för Vermeer och hans tid brukligt motivval, penselföring, kolorit, ljus och dagrar samt komposition. Och så, inte att förglömma, den vermeerska blåklintsfärgen, den kulör som fyllde en stor del av hans palett, är typisk för just hans måleri och fick hans verk att stå ut i mängden av samtida mästares alster.

Konstförfalskningens historia går tillbaka till 1400-talet, men ämnet förblev under lång tid en gråzon där gränsen mellan kopia och falsarium var flytande. Under antiken kopierade romarna flitigt sina grekiska förebilders statyer, men det vore fel att här tala om förfalskningar då alla var medvetna om och införstådda med att det inte rörde sig om "äkta varan" utan om repliker.

Under medeltiden höjdes en förlagas status just tack vare att den kopierades, ett bevis för att den höll en kvalitet som gjorde den värd besväret att mångfaldigas. Ju flitigare ett konstverk kopierades desto högre ställning fick originalet, liksom också kopiornas status sköt i höjden då de speglades i den glans som originalet åtnyttjade. Likaså återverkade kopiorna på mästerverket, då de exponerades i en bredare krets jämfört med originalmålningen, allt som oftast förvarad i en furstes eller en kyrklig dignitärs privata gemak, oåtkomligt för småfolkets nyfikenhet. Allmänt kan sägas att förfalskningar lika säkert som årstidernas växlingar dyker upp på en marknad där efterfrågan under lång tid överträffar utbudet. Verk av mästare som är stadigvarande efterfrågade och betingar upptrissade priser hamnar förr eller senare, som gäller det en naturlag, på någon konstskojares staffli.

Leonardo da Vinci var den förste som hävdade att en målning bör vara unik med avseende på motivval och utförande, och i *ett* exemplar. Före da Vincis tid var det accepterat att fritt duplicera mästares verk, och att kopiera tavlor utgjorde tills helt nyligen en del av den blivande konstnärens lärlingsutbildning. Imitation uppfattades som ett nyttigt verktyg under den unge konstnärens lärotid och man kan faktiskt lära sig en hel del av att kopiera en beundrad mästare, tillägna sig hans teknik och så träna upp förmågan att med exakta iakttagelser tränga in i en skapande människas magi, för att upptäcka hennes förmåga att förläna en daggdroppe oceanens djup. Den blivande mästaren lär sig lägga band på sin fåfänga, tillägna sig den dubbla betydelsen av ordet "conscience", medvetande parat med samvete. Med tusende trådar fjättras konstnären vid sina förebilder. Bruket var såpass vanligt att till långt in på 1600-talet en mästare sällan målade en tavla i sin helhet utan överlät till skickliga gesäller att fylla in mindre krävande partier. Inga skarpa gränser fanns mellan konstnärer och hantverkare. Konst var den hand som utförde ett gott arbete.

Jämte det traditionella kungafjäsket uppstod under 1500-talet en köpstark beställargrupp i form av en välbärgad bourgeoisie som blivit förmögen på handel och sjöfart. Slavhandel, salt, sill, peppar och kanel, nejlika och muskot avlade,

förutom reda pengar, också ett nymorgnat intresse för statuskultur. En krämararistokrati reste sig ur en fordom medellös kast av fiskare, daglönare, hantverkare och tjänstehjon. De gifte sig inom familjer av lika företagsamma och lyckligt lottade, vilket fick förmögenheterna att växa och samlas på hög. Den unga republikens driftiga blev stormrika, medan gemene man förblev lika lottlös som gemene man alltid har varit. Trots goda förtecken blev det, paradoxalt nog, aldrig tal om en social utjämning eller ett demokratiexperiment: ur medelklassen i 1600-talets Holland grydde en ny överklass vars status byggde på ägande istället för börd, och i den mån det rörde sig om ett experiment blev resultatet en klassresa, om än inte för alla. Ett merkantilt samhälle, organiserat som ett storföretag, spirade ur denna mäktiga borgarklass av nyrika uppkomlingar, styrt av köpmän som strax anammade adelns och kyrkomaktens smak och seder. Fler än enstaka köpare fick nu råd att skaffa sig konst, endast i ovidkommande detaljer avvikande från de original som prydde grevars och kardinalers palats. Kopior av berömda målningar, samt nya verk utförda i en mästares art, togs fram i stora antal av skickliga men mindre nogräknade hantverksmän såsom svar på borgarståndets anspråk att med slitna symboler markera sin nyvunna ställning. I samband med borgarskapets frigörelse från adeln och kyrkan under renässansen började krav på ett konstverks unikhet formuleras. Köpmännen ville inte vara sämre än greven och kardinalen, och krävde att konsten på den egna väggen också skulle vara unik.

Kreatören och kopisten var från början oftast en och samma person. Etablerade målare som mjölnarsonen Rembrandt van Rijn i Amsterdam tjänade mer på att sälja kopior utförda av lärlingar än på sina original. En inventarieförteckning från tiden räknar upp en Rembrandt och sex kopior efter Rembrandt. Den franske bankiren Everard Jabachs konstsamling bestod uteslutande av repliker av verk han vid något tillfälle ägt, däribland ett kvalitativt överlägset plagiat av Rembrandts 'självporträtt från 1660 med målarkäpp och penslar framför sitt staffli', vars original numera hänger i Louvre, sedan det ägts av bl a Ludvig XIV. För konstnären innebar detta dels en möjlighet att dryga ut sin inkomst, dels en genväg till berömmelse, ett sätt att nå ut till en bred publik genom att mångdubbla ett uppskattat verk. Konstverk kopierades fritt utan upphovsmannens bemyndigande och utan ersättning. Konstsamlandet, de stigande priserna på kvalitetskonst och en allt intensivare konkurrens om det begränsade utbudet av gamla mästare bidrog ytterligare till att bedragare kunde operera på en växande marknad.

Jo, det är goda tider nu.

Samma högkonjunktur som på 1600-talet fick de nyrika att beställa porträtt hos de holländska mästarna. Då var det *efter* kriget, efter den åttio år långa frihetskampen mot den katolska spanska kronan, som ett förmöget borgarstånd reste sig, tack vare en lukrativ handel med Ostindien. Efter freden 1648 rundade handelsfartyg under republikens flagg åter Taffelberget till och från den ostindiska arkipelagen (nuvarande Indonesien). Då som nu är det köpmännen som talar om hur landet ska skötas: "Given då Mammon vad Mammon tillhörer, och Gud vad Gud tillhörer. Ty var och en som har, åt honom skall varda givet så han får över nog; men den som inte har, från honom skall tagas också det han har".

Till Indien for man för att skörda rikedomar i form av te och porslin, till sjöss för att få en rik fångst, och till kyrkan för att be och ge, även om havet också begärde tribut i själar som aldrig mer gick i land. Sillen från Doggersbank och skatterna från Ostindien förtullas med sönernas blod. Så har det holländska svårmodet kommit till, det tungsinne som förväxlas med mjältsjuka. Då som nu låg allt inom räckhåll, bara man var flitig och gudfruktig, bad till Herren på söndagar och till Mammon på vardagar, och inte skröt med sitt livs framgångar, ty Guds nåd kan närsomhelst upphöra. Hans vägar äro outgrundliga. Det kan bara bli sämre. Dygd är att göra det man ska och göra det väl, sköta sig själv, aldrig lita på andra eller be om allmosor, vara olydlig till det inre men resonabel på ytan, ödmjuk och förekommande men stolt i tysthet, trotsa den överhet man kan vara förutan, och ge fan i grannen. Själv är bäste dräng. Gud hjälper den som hjälper sig själv. Genom arbete kommer man Gud och Mammon närmast. Holländarna smickrar sig med att de skapat den bästa av världar genom att tillbe både Gud och Mammon. Ett folk av enslingar. Solitärer. Fria andar som åt Mammon offrar sina dagars möda, åt Herren sina drömmar var ledig stund. Ty samhällets första bud är: "Frukta Gud, vörda Mammon och håll inne med dina framgångar". Holländarna är ett folk av revolutionärer, inte sådana som omstörtar lagar bara för att stifta nya, utan rebeller och myterister som genom att i tysthet göra uppror bekämpar alla de regler som likt osynliga trösklar blockerar vägen. Det finns alltid förbud, men ingen bryr sig om dem; förbud att beträda gräset utanför asfalterade gångstigar, förbud att cykla eller framföra motorfordon, rasta hunden eller plocka blommor. Holländaren bryr sig inte om var han går, ingen äger honom, han ger inte akt på förbudsskyltarna. Han trotsar förbudet och sätter sig i gröngräset under trädkronorna, medan barnen plockar blommar och binder dem till buketter med ett vasstrå runt stjälkarna. Om ett paradis funnes så måtte det likna detta land.

De holländska reformertas Gud är ett frånvarande och hämndlystet väsen med härskarkomplex, som ser åt annat håll och drar sig för att ingripa i livets fortgång: den som klarar sig själv får inget tack, och den som råkar i knipa får ingen hjälp. Det som räknas är det som står i bibeln, och det som står i bibeln är Guds lag, den som alla har att rätta sig efter, oavsett om man tillhör den lilla skara utvalda som, av oklara skäl, kvalificerar för att motta Hans nåd, eller, vilket gäller merparten, döms till förtappelsens eviga mörker. Tillvaron är inte till för att glädjas åt det lilla livet genom självförverkligande, utan för att tjäna en vresig Gud, som i en äldre tiders förbudskultur. Inte att undra på att varje holländare i sitt stilla sinne frågar sig hur vår Herre kan traktera sina tjänare på hagelblandat spöregn och styv motvind, både till och från kyrkan.

På Vermeers tid ställs bönder och tjänstehjon mot en överklass av nyrika sjökaptener, skeppsredare och handelsagenter. Efter ett åttio år långt befrielsekrig erkänner spanska kronan Hollands suveränitet i Münsterfördraget från 1648. Republiken seglar som aldrig förr, en skänk i tidens nöd från den Allsmäktige, för att gottgöra nära ett sekel av umbäranden. Upproret hade startats av det moderna Nederländernas stiftare Vilhelm I av Oranien, fosterlandets fader, kallad de Zwijger, Vilhelm den Tyste. Han lönnmördades 15 mars 1580 i Delft av en burgundisk vettvilling, Balthasar Gérard, en dryg halvtimmes bilfärd från Laren där van Meegeren nu sitter och dagdrömmer. I Holland är historien lika nära som det förbannade vattnet som oupphörligt tränger på underifrån och ovanifrån.

Med freden upphör Spaniens blockad, även om kryphål hela tiden funnits. Te, porslin, opium och muskot från Orienten omvandlas till förnäma "grachtenhuizen", smala kanalhus med stora spröjsade fönster och eleganta trappgavlar, och till möbler med intarsia av dyrbart ebenholts eller med järnträd som är så tätt att det sjunker till botten i vatten, med inläggningar av sköldpadda och pärlemorskimrande snäckskal. Silver- och guldmynt forsar ånyo in efter en nära sekellång ebb och läggs på hög i magnifika salskåp, krönta med kinesiska urnor eller med uppsättningar av den blå fajans som holländarna lärt sig tillverka efter kinesiska förebilder. De rikas kök täcks från golv till tak med kakelplattor från Delft och Makkum, föreställande blomsteruppsättningar, barnlekar eller avbildningar av sedelärande talesätt. Särskilda samlarskåp ställs i husets finrum, som här heter "pronkzaal", efter det holländska ordet "pronken", ett ord med det förbjudnas klang av pråla, skryta, skrävla eller gå som en påfågel, halvhöga kabinettskåp – sekulära altarskåp – på svarvade vridna kolonner, med lådor och fack av allehanda storlekar bakom fanerade spegeldörrar försedda med intarsia. Även om det inte är kutym att släppa in främmande i hemmets intimitet, är det viktigt att inredningen viskar om ägarens ställning och kredit. I skåpet förvaras tidens vetande i form av klenoder, ädelstenar, naturalier, miniatyrer, fossil av djurarter som aldrig funnits, en flisa av arken i guldetui, en bit av Jesu kors infattad i jade, en preciös liten flaska med profeten Jesajas tårar, ett förseglat kärl med Johannes Döparens Jordanvatten, en bit av en narvaltand, snidade emuägg, sköra satsumavaser, guldinfattade kaméer, regnbågsfärgade snäckskal och gräddvit onyx, en alabastermodell av Taj Mahal, en homunculus i sprit, en agatskål som är, kan vara, den heliga graal, en tagg ur Kristi törnekrona, snövita porslinssnäckor från Tahiti, en järnmeteorit, jämte strandfynd i form av rariteter från exotiska och ännu oupptäckta världar.

Överallt brusar och bullrar kommersen, tack vare främlingar som söker sig till republiken; det ligger i rikets toleranta natur att ge husrum åt dem som förföljs i sina hemländer – för det mesta papister från Centraleuropa, maraner och judar från Spanien och Portugal samt sådana som väljer att leva i ett liberalt land där de sätter handeln i ruljangs och får varorna att flöda likt spöregnet i rännstenarna. René Descartes, i landsflykt från sitt älskade Frankrike, skriver från sitt sjaskiga rum i Amsterdam: "Finns det något land, i vilket man kan njuta av friheten så ofantligt som här?"

Kapitalet sitter porträtt för Rembrandt van Rijn på Jodenbreestraat 4 i

Amsterdam, han som målar krämares torra skallar med vassa vessleögon, på krumma kroppar, krokiga av värk, girighet, ofördragsamhet och självgodhet, skylda i dräkter av siden och silverbrokad kantade med intrikat brysselspets enligt det senaste modet, fast alla är medvetna om att rikedomen kan förklinga lika hastigt som orgeljublet efter tacksägelsepsalmen. Den strävsamme förtjänar sin lycka genom flit och knog. Även om de allra flesta är predestinerade till de eviga straffen, bör man ändå låta sig ledas av gnet och sparsamhet, av kalvinismen upphöjda till moraliska dygder. Det säregna ljus som Rembrandt är känd för kommer från rent guld, sägs det, förvarat i kistor av finaste träslag, det guld han i flortunna folieblad fäster vid grunderingen och skänker hans målningar ett vidunderligt lyster.

Ja, det är goda tider, nu som då. Gud ske lov för det. Amen. Det har vi Gud och Hitler att tacka för. Till priset av ett krig som snart är här. Men någon gång kommer också denna prövning att ta slut och därefter följer befrielsen, om ock inte friheten, det är bara barn som tror så; holländare är för luttrade för det, de vet att världen är ond. Innan handeln blir fri, är ingen fri. Nu som då går nationen skallgång efter sin identitet. På 1600-talet blev republiken ovän med alla, inklusive systerprovinserna Groningen och Friesland i norr. En förbrytarstat av avfälliga rebeller vars piratflagg satte skräck i andra sjönationer, men sågs ner på som på en leprakoloni. Unionen, vars sju provinser strax blev fem, var avskuren från resten av Europa med en vägg av avund och religion, men ingen fäste sig vid det; hatad av påvekyrkan, men inte heller det brydde någon sig om. Med Guds hjälp skulle det väl lösa sig.

De reformerta svavelpredikanterna blev republikens handgångna män, i lika mån som Calvins. Den allmänna patriotiska yran smittade av sig på predikningar som blev uppviglande brandtal. Varje söndag lästes den senaste förordningen från predikstolen, så ingen kunde glömma att även om freden var vunnen återstod friheten att erövra. Det gällde att göra sig av med det förflutna; barnen kunde begravas och föräldrarna lämnas på undantag, men pengarna bar man med sig.

På trehundra år har den goda friheten ännu inte infunnit sig. Hittills har det varit en frihet *från*, friheten *till* verkar svårt att uppnå. Visserligen ansattes republiken under guldåldern hårt av engländare och portugiser, liksom landet nu hotas av hunner vilkas krigsmaskin när som helst kan komma rullande österifrån, men den holländska handels- och fiskeflottan var på sin tid också världens främsta sjöstridsmakt. Minsta sillskuta kunde försvara sig mot angrepp, i nödfall sätta sig i säkerhet genom att för fulla segel styra genom bränningarna tills koffen strandade i strandens mjuka sand. Calvin härskade till sjöss och fiskade fet sill och kabeljo, medan svartrockarnas påve i Rom allt fick nöja sig med karp och annan sötvattenfisk som smakade dy.

Så är det inte längre. Holland har inget att sätta emot Hitlers Wehrmacht, vars härjningståg närhelst kan krossa det ömkliga motståndet. Landets enda försvar blir att i tid försåtminera skyddsvallarna utmed de stora floderna, så tysken blir garanterat blöt om fötterna och får vada fram till sitt byte, till midjan dränkt i tebrunt och svavelosande sumpvatten.

Holländarna är ett grubblande folk, men de är inga alarmister. De ser möjligheter där andra ser bekymmer. Det hägrande kriget får en del mindre nogräknade att slå in på svartabörshandeln. Opportunister som söker sin bärgning på hunnens sida. *Schorem*, det jiddisch-holländska ordet för slödder, har alltid funnits. Sluga fiskar, ute efter att tjäna på folks elände. Det finns många i det lilla landet som utan samvetskval skulle förråda sin mor för ett par gulden i profit. Detta krig blir värre än det förra. Ändå sjöng näktergalen i natt. Somliga tar ut sina besparingar, andra gräver ned sina ägodelar i jorden. En del tjänar en slant på andras olycka. Fokker säljer flygplan till Hitler som aldrig förr. Vi står ändå maktlösa.

Visserligen känner de flesta starkt för de förföljda, bland vilka i synnerhet judar har det svårt, men vad kan vi göra åt det? Alla inser att holländarnas problem är bagateller i jämförelse med det kollektiva hat judarna utsätts för. Tyskarna gör livet surt till och med för Albert Einstein, som överväger att emigrera till USA. Han var i Leiden härom året, där Willem de Sitter och han löst diskuterade en professur utan undervisningsplikt. Man ska dock inte göra livet besvärligare än det redan är. Det är meningslöst att tynga tillvaron med problem som inte går att lösa. Klokast är att sitta still i båten. Var dag har nog av sin egen plåga. Vill man vara i fred ska man ligga lågt och inte sticka ut, så ingen lägger märke till en.

En del känner sig vilsekomna, de vill göra en insats men vet inte vad de kan göra. De tänker i alla fall inte sitta still i båten och se på. Vad detta innebär vet de inte. Många känner sig som tusenfotingen, ett ryggradslöst djur med litet förstånd, som har fullt sjå varje gång det ska bestämma vilket ben det härnäst ska ställa sig på.

Krigshotet börjar visa sitt nesliga ansikte. Det ryktas att judar interneras i läger och dödas med giftgas. Heinrich Himmler, chef för Nazitysklands polisväsen, uppmanar SA:s brunskjortor att inte visa förbarmande med judar, romer och kommunister: ”Var aldrig svag. Följ inte samvetets bud. Nederlag och fattigdom är allt man skördar genom att följa sitt samvete.”

Cineac-biografen på Reguliersbreestraat i Amsterdam visar en förfärlig journalsekvens med en mobb som på öppen gata avrättar en gammal kutryggad jude. Till en början förstod ingen vad som pågick, det var bara skuggor och det skrapande oljudet av stålklackar mot gatustenar, som om någon sprang medan kameran rullade. Sedan blev det så brutalt att en del av biopubliken började gråta, medan andra höll händerna för ögonen. Så outhärdligt var det. Bara de starkaste fortsatte att titta. Först sågs en grupp SA-män i uniform, finniga unga killar med armbindel. De bar på käppar av järnskodd bambu och jagade en kutig gammal hebré på ett torg. När de inringat sitt byte slog de honom till marken. Besinningslöst, så blodet sprutade ur hans mun och näsa, medan han försökte skydda sitt huvud med armarna. De slutade aldrig att slå, vansinniga var de. Förbytta. Scenen inramades av folk som hejade på och begapade avrättningen. "Jude, Jude", skanderade de, medan de lyfte armen mot himlen i den där löjliga hälsningen som på sistone kommit på modet. När han äntligen dog och låg still i en pöl av sitt eget blod, drog mobben sjungande vidare, men slaktoffret lämnades kvar. Ingen brydde sig. Folk gick förbi den döde juden utan att stanna upp, som om han legat där sedan evinnerliga tider. Hade det legat en död häst i rännstenen, eller en hundstackare som blivit överkörd, hade alla blivit upprörda och tillkallat polisen. Av undertexten på filmduken framgick att slakten hade utspelat sig i Berlin. Kvällen var förstörd. De flesta lämnade salongen under en tryckande tystnad innan långfilmen började, som de kommit för att se.

Många är rädda för uppror och i skogarna runt kungliga palatset i Soestdijk har kulsprutor monterats upp. Stridsvagnshinder är utplacerade vid infarter och cyklisterna tvingas kryssa mellan jättelika betongblock för att komma till sina arbeten. Alla ber att det ska bli som förra gången, under förra kriget då landet på grund av släktband med kejsaren och tack vare en skicklig neutralitetspolitik undkom krigets fasor med blotta förskräckelsen. Alla inser att den här gången blir det inte lika lätt att komma undan på samma lindriga sätt och hålla sig utanför, ty Hitler har ingen anledning att skona lilleputtstaten intill Ruhr, endast en kort sjöresa från det förhatliga England på andra sidan Nordsjön. Holland är en kugge i Hitlers storvulna planer på ett tusenårigt rike under tyskt förmynderi. Rykten om en förestående invasion, giftgasbombning, stöveltramp och internering av den judiska befolkningen får landet att surra av nervös spänning, likt högspänningsledningar på en het sommardag. Alla fruktar den invasion som man ber till Gud om att bli förskonad från. Du outgrundlige Herre, högre än himlen, djupare än havet, varför tillåter du all denna nöd i världen?

Världen håller andan. Nöden blir större medan hjälpen sinar. Det börjar bli ont om mat. När folket väl accepterat tanken på krig är fortsättningen given. För dagens unga är den ideologi som bygger på det oöversättliga uttrycket "fair play" ingen självupplevd erfarenhet, utan historia, en historia de vet för litet om, eller nästan ingenting om, som gått dem förbi. Tack och lov är vi annorlunda, även om vi bor granne med tysken. En holländare skulle aldrig följa en världslig frälsare, det skulle gå honom emot. Han är för reserverad för det. För upptagen av sig själv. Han vill ingenting ha av staten. Han begär inget, sköter sitt i stillhet. Bara han får vara i fred, och ingen jävlas med honom så han tvingas fäkta. Att vända den andra kinden till är nog ingen bra idé. Ett tag trodde alla att det aldrig mer skulle bli krig. Ett fridfullt land där alla sköter sitt. Idag är krig inte som förr, nu skjuter grannen på grannen, kamrater dödar varandra, våldtar flickan de gått i samma klass i skolan med.

Historien skyddar inte längre. Pö om pö har det blivit sämre, snart upphör den inkännande människan i den tyska folksjälen att existera: i ondskan är hon raffinerad. Kriget kommer oundvikligen, som höst efter sommar. Lövet lossnar från grenen, faller till marken. Man är inte gammal förrän man är död, men chansen är stor att vi dör utan att bli gamla. Döden är rättvis, ingen kan köpa sig fri. I krig gör döden ingen skillnad, alla hamnar i jorden. Ingen kommer undan.

Somliga hävdar att det är Guds fel. Att det visserligen är människan som skjuter men att det är Gud som får skotten att träffa målet. Det finns en del som tror så, fast ingen vill tro på en sådan Gud. Alla vill leva för evigt, fast ingen vill bli gammal. De flesta föraktar Hitler. "Han är *mesjogge*", suckar de, ett invektiv som går tillbaka på jiddisch för sinnesrubbad, knäpp. Hitler tillhör den sortens folk som holländarna distanserar sig från med glåpordet *gajes* (*sv.* schajas ell. sjajas, slusk, avskum), också det ett lån från jiddisch vars ursprungsbetydelse av *goy* eller "icke-jude" med tiden fått ett nedsättande innehåll. "De där *goyim* ska allt ta och tänka om ifall de tror att de kan förslava oss", säger grannarna till varandra på värdshuset, på tal om krigshot och nazister, efter de tagit en styrketår.

Rötägg finns här och var i samhället. Efter förebild av tyska NSDAP instiftades 1932 i Nederländerna ett med nazismen och fascismen sympatiserande ultrakonservativt parti – Nationaal Socialistische Beweging, NSB – under ensam ledning av överingenjören vid Vattenmyndigheten i Utrecht, Anton Mussert. Framtiden och världens räddning undan bolsjevismen kom, enligt partimanifestet, till uttryck i fascistiska Italien och nationalsocialistiska Tyskland. Vägen till idealstaten gick via en "sund folkgemenskap", en statsform under en envåldig ledare, vars av folket givna uppdrag var att kullkasta en "ruttnande demokrati" och skapa ett klasslöst samhälle med sträng arbetsplikt under korporativ ekonomisk ledning i ett storförenat Holland (inklusive Flandern och fransktalande Wallonien), en provins inom Hitlers nya Europa, befriat från främmande, framförallt anglosaxiska "smittor" och inflytande.

NSB blev under trettiotalet en samlande kraft för en växande grupp nazisympatisörer ur medelklassen, merendels statstjänstemän, poliser, åklagare och bönder, som uppfattade storindustrin, socialismen, kommunismen, judarna, det moderna livet i allmänhet och den utsiktslösa ekonomiska krisen i synnerhet, som ett hot mot folkets traditionella värderingar och levnadssätt. Som mest räknades partiets anhängare till hundratusen medlemmar, med ett halvt dussin platser i folkvalda andra kammaren. Vid 1935-års val till Provinsstaten erhöll NSB knappt åtta procent av rösterna, tack vare Musserts grundmurade rykte som pålitlig och apolitisk akademiker, anhängare av tesen att politiken var för viktig för att lämnas till fackpolitikerna och förespråkare av en icke-politisk expertregering av platonsk modell. Mellan trettiotalets mitt och Tysklands invasion 1940 falnade partiets popularitet till hälften. Från 1934 förbjöds statsanställda vara medlem i NSB, vilket resulterade i att partiet under trettiotalets senare del blev beroende av sympatisörer utan partibok, en närmast underjordisk rörelse, driven av konservatism, judehat och motstånd mot samhällsförnyelse. Från 1935 förbjöd katolska kyrkan medlemskap i partiet, från 1940 under hot om bannlysning. Reformerta synoden följde efter 1936, jämte Kristdemokratiska Unionen.

NSB:s språkorgan var dagstidningen "Het Nationale Dagblad" (Nationella

Tidningen) och veckobladet "Volk en Vaderland" (Folk och Fädernesland). Medan tyska NSDAP hade sin privatarmé i SA organiserades NSB-partiets militära gren i "Weerafdeling" WA (Värnavdelning), till en början en ordningsvakt att sättas in i samband med demonstrationer och lantdagar, vilken under kriget tjänstgörande som ockupationsmaktens fruktade angivarstyrka. Liksom dess tyska systerparti och baron Oswald Mosleys svartskjortor, organiserade i British Union of Fascists, hade NSB en egen hälsningsfras "Hou Zee!" (*sv.* Bibehåll kursen). Likasinnade titulerades "kameraad" (*sv.* kamrat), medan ordförande Anton Mussert tilltalades "Leider" (*sv.* anförare). Rörelsens ungdomsverksamhet, "Nationale Jeugdstorm" (Nationella ungdomsstorm), stod under ledning av flamländskfödde Cornelis van Geelkerken. Åtskilliga av dessa ungdomsstormare stupade under kriget vid östfronten på tyska sidan. Efter kriget dömdes Mussert till döden för landsförräderi. Han arkebuserades den 7 maj 1946. In samband med efterkrigstidens utrensning framkom att han från trettiotalet och under andra världskriget håvat in en gigantisk förmögenhet genom att länsa sina judiska offers egendom.

Johannes Vermeer: 'Flicka med pärlörhänge'

Kapitel II

Johannes Vermeer, det holländska ljusets mytomspunne mästare, intar numera en hedersplats bland 1600-talets mästare, men sågs fram till förrförra sekelskiftet som ett andrahandsval på målarkonstens estrad. Delar av hans blygsamma produktion hade under seklernas lopp tillskrivits andra mästare, och det var inte förrän denne enigmatiske virtuos från guldåldern strax efter 1800-talets mitt återupptäcktes av den franske konstkritikern och journalisten Théophile Thoré-Bürger som hans verk började uppskattas och hans stjärna fästes på bildkonstens himmel. Länge visste man så litet om denne gåtfulle magiker som tillbringade hela sitt liv i födelsestaden Delft att kulturradikale Thoré-Bürger, som skarpt polemiserade mot det kulturella förfallet i sitt hemland, svårligen kunnat hitta ett mer träffande epitet för denna doldis till ekvilibrist i färg och ljus än "sfinxen från Delft", ett epitet som tack vare fransmannens monografi om honom stadigvarande häftats vid Vermeer och hans verk.

Thoré-Bürger introducerade Vermeer för den franske konsteliten som någon de perverterade franska bildkonstnärerna borde ta efter. Hans texter, vari Vermeer presenterades som ett okänt geni, gav upphov till en ursinnig köpfest där utländska investerare fritt botaniserade bland Vermeertavlor, vilka då fortfarande till stor del befann sig i holländsk ägo. Thoré-Bürger inspirerade den franske författaren Marcel Proust, i vars monumentala roman *À la récherche du temps perdu* Vermeers verk figurerar. År 1921 anordnades en välbesökt utställning av holländska mästare från guldåldern, däribland Vermeer, i Salle du Jeu de Paume i Jardin des Tuileries. Stridbar parlementariker och konstbeskyddare Victor de Stuers författade 1873 i samband med den fortgående åderlåtningen av det holländska kulturarvet en berömd stridsskrift med rubriken *Holland op zijn smalst* (Holland som smalast) som ledde till en interpellation i representanthusets andra kammare om försäljningen till utlandet av Vermeers 'Kökspigan som håller upp mjölk'.

Vermeer är både i stil och produktion de små gesternas man. Medan de flesta mästare under sin livstid presterar en hel hoper tavlor, är hans produktion den av en kräsen finsmakare som endast målade ett eller två verk om året, merendels på beställning av hans mecenat Pieter Claeszoon van Ruijven, en konstsamlare från Delft som via sin svärson Jacob Dissius vid dennes död 1695 efterlämnade 26 Vermeermålningar. Den 16 maj året därpå hölls i Amsterdam den mest omfattande auktionen av Vermeertavlor någonsin efter Jacob Dissius, där inte mindre än 21 utrop bjöds till försäljning. Auktionen inbringade blott 1503 floriner, även mätt i dåtidens valuta ett erbarmligt facit om sjuttio gulden per målning.

Vermeers sparsmakade produktion kontrasterar skarpt med den av sin samtida konstbroder Rembrandt. 1632, medan han ännu var i ropet och troddes vara oövervinnerlig, signerade Rembrandt van Rijn femtio målningar bara det året, däribland ett förföriskt porträtt av sin mor, som engländernas konung Karl I en gång i tiden ägde, men tyvärr är falskt. Numera ägs det av Elisabeth II, det brittiska samväldets monark. Också åtskilliga av Rembrandts målningar hamnade 1658 under hammaren när denne mästarmålare hårt ansattes av sina fordringsägare som lät försälja hans bohag på auktion i Amsterdam, där hans konst inropades för ännu lägre belopp än Vermeers. Sjuttio tavlor och hundratals teckningar inbringade knappt sexhundra gulden och för Rembrandts del slutade auktionen i ruin. Målarskråets stadgar belade en mästare vars verk hade likviderats med ett slags yrkesförbud, i så måtto att den förbjöd gäldenären att framdeles bedriva handel med konst.

Sedan Vermeers upprättelse har trettiofem tavlor av hans produktion om cirka 45 målningar kanoniserats såsom härstammande från hans ateljé, däribland det omtalade verket 'Flicka med pärlörhänge' (1665), Mona Lisas nära släkting från Norden, som inspirerat konstälskare världen över och väckt ömsom respektfull beundran ömsom en måhända pueril önskan att fler lika grandiosa målningar funnes för att hugsvala ens lidelse.

I stora stycken är flickans resa genom seklen oklar.

Troligt är att tavlan ursprungligen beställdes av Vermeers välgörare Pieter van Ruijven som ägde den fram till 1674, varefter den genom arv övergick i hans änka Maria de Knuijts ägo för att senare, efter hennes frånfälle 1681, tillfalla parets dotter, Magdalena van Ruijven. Magdalena dog barnlös varefter hennes egendom, inklusive ett tjugotal verk av Vermeer, gick i arv till hennes make, Jacob Dissius. År 1683 delades egendomsrätten upp mellan Jacob Dissius och dennes fader Abraham (Alexander) Dissius. Det är oklart vad som låg bakom detta egendomsskifte, men det kan ha handlat om en förfallen skuld. Jacob dog 1695, ett år efter sin far. Året efter gick tavlan på auktion i Amsterdam, där 'Flickan med pärlörhänge' inropades för en struntsumma av en okänd köpare. Vart hon senare tog vägen förblev i närmare tvåhundra år ett mysterium, tills verket 1881, då skamfilat och smutsigt och i bedrövligt allmänskick, plötsligt dök upp på en auktion i Haag, där det på inrådan av tidigare nämnde Victor de Stuers förvärvades för två gulden och trettio cent (cirka tio kronor) av den holländske arméofficeren Arnoldus Andries des Tombe, som lät restaurera det och behöll det i sin förnämliga samling. När des Tombe 1902 dog barnlös donerade han 'Flickan med pärlörhänge', jämte elva andra målningar, till museum Mauritshuis i Haag, och där hänger nu den ensamma flickan som en klenod i landets nationella kulturskatt.

Omkring år 1656 ändrades Vermeers stil tvärt då han gick över från ungdomens storslagna bibliska och mytologiska motivval till intima borgarmiljöer vari huvudpersonen ertappas på bar gärning, upptagen av vardagssysslor. Åskådaren får intrycket att själv kunna gå in i bilden och sätta sig vid bordet för att där ta för sig av bröd och mjölk. Blott ett fåtal tavlor från denna period bryter mot hans nya stil: stadsbilderna 'Vy över Delft' och 'Den lilla gatan', samt allegorierna 'Målarkonsten' och 'Allegori över tron'. Två av hans tavlor är porträtt av yrkesverksamma personer, 'Geografen' och 'Astronomen', som tros avbilda den berömde naturforskaren och tillika mikroskopins grundläggare Antoni van Leeuwenhoek som efter Vermeers frånfälle som representant för staden Delft kom att ta hand om hans bankrutta kvarlåtenskap.

Jämte andra genremålare som Gerard ter Borch och Pieter de Hooch tog Vermeer intryck av den italienske barockmålaren Michelangelo Merisi, han som efter sin födelseort nära Milano kallas Caravaggio. I Holland anammades Caravaggios clairobscurteknik av Utrechtskolan och kretsen kring Rembrandt van Rijn i Amsterdam. Med sin speciella ljusdunkelteknik lyckades Caravaggio åstadkomma det omöjliga: att måla med skuggor.

Det är ovisst om Vermeer på plats i Italien studerade sin inspiratör: konstexperterna är inte överens i den saken, liksom experter i alla tider försvarat sitt fackområde genom avvikande uppfattningar om det mesta. Sfinxen från Delft är en på alla sätt passande namn för denna hemlighetsfulle målargud, vars numera grundmurade anseende dels bygger på hans enastående förmåga att fånga korta introspektiva blinkar i en kvinnas vardagsgöromål i tidstypiska interiörer där tiden för ett ögonblick stannar upp i en flyktig tanke kring tingens förgänglighet, dels på hans oefterlikneliga kolorit med flödigt bruk av det dyrbara, på halvädelstenen lapis lazuli baserade blåklintsblått, till skillnad från det brukliga smalt (koboltglas) och azurit (basiskt kopparkarbonat), jämte den förföriskt gyllengula färgton framkallad av starkt toxiska blykromat. Därtill fogas det ständigt närvarande känsliga vibrato av tvehågset ljus som är de holländska mästarnas signum och förlänar måleriet från guldåldern dess inåtvända dramaturgi.

Vermeers målningar bildar en slät och fint fördriven yta av pärlemorskimmer utan synliga penseldrag, ett framställningssätt baserat på lättflytande färger som markant skiljer sig från Rembrandts frikostiga och pastösa textur. Rembrandt målar så det fräser på duken, medan den kontemplative Vermeer grubblar över tingens väsen. Överhuvudtaget finns hos Johannes Vermeer mer av det introverta och överlagda som utmärker den holländska folksjälen. Reflexblänk och högdagrar i exempelvis ett pärlsmycke betonas dock med distinkta stänk och streck, djärvt kontrasterande accenter pålagda i outspädd färg, likt en ännu oupptäckt arkipelag av soldränkta söderhavsöar som häver sig ur ett spegelblankt hav av raffinerad tonalitet med omväxlande varma och kalla färgklanger.

Johannes Vermeer, son till Reynier van der Meer och Dingenum Baltens, döptes 31 oktober 1632 i reformerta Nieuwe kerk i Delft och fick namnet Johannis. Fadern var förutom under sitt efternamn van der Meer känd under det antagna namnet Reynier Janszoon Vos (*holl.* vos, *sv.* räv), vilket tyder på att han hade rykte om sig att vara en slug person, en spjuver. Vid sidan av sitt faktiska yrke som sidenvävare arbetade fadern som krogvärd och konsthandlare.

På Vermeers tid var Delft en blomstrande stad, tack vare väverier, bryggerier och fajanstillverkning. Den medeltida staden med sina bastanta befästningar och stadsvallar hade under det åttioåriga kriget mot Spanien varit tillflyktsort för upprorets ledare, tidigare ståthållaren Vilhelm av Oranien och hans revolutionsråd. Visserligen hade stadens roll som maktcentrum efter attentatet 1584 mot Vilhelm den tyste övertagits av närbelägna Haag, men i Delft fortlevde traditionen av en maktens borg av historisk betydelse. Till den dag som är gravsätts medlemmar av kungliga familjen i Nieuwe kerk i Delft, där också det moderna Nederländernas stiftare Vilhelm I av Oranien (Vilhelm den tyste) funnit sin sista vila.

Vermeers fader måste ha varit en oförvägen entreprenör, gynnad av förliga ekonomiska vindar, ty som tioåring flyttade Johannis med sina föräldrar och sin äldre syster Geertrui från Voldersgracht, med dess traditionella anhopning av näringsidkare inom lakansvävnad, till värdshuset Mechelen på ståndsmässigt avsevärt attraktivare Groote Markt (Stortorget) i stadens centrum, visserligen ett försumbart rumsligt avstånd men ett betydande socialt avancemang. Såväl namnet på etablissemanget som familjeförsörjarens yrke som flamskvävare skvallrar om parets härkomst från södra Nederländarna, nuvarande Belgien.

Somliga har hävdat att Vermeer började sin konstnärsbana som lärling hos Carel Fabritius, en av Rembrandts namnkunniga elever, som i tidiga år, endast 32 år gammal, tragiskt omkom när en krutfabrik i närheten av hans ateljé flög i luften. Jämte hans vän Samuel van Hoogstraten från Dordrecht, också han en av Rembrandts gesäller, är Fabritius känd för sitt udda måleri i form av naturalistiska synvillor eller *trompe-l'oeil*, bakgrunder använda till på den tiden populära tittskåp i naturlig skala. Både Fabritius och Vermeer bodde och arbetade visserligen i samma stad men förutom denna ledtråd, samt att Fabritius var vittne på Vermeers bröllop, finns inga bevis för vare sig påståendet att Vermeer tillhört Fabritius skola eller dess motsats. Liksom sin fader var också unge Vermeer aktiv inom konsthandeln, vilket kan förklara hans blygsamma egenproduktion. År 1653 skrevs han in i Sankt Lucasgillet, det målarskrå som han vid fyra tillfällen under sitt korta liv kom att representera som ordförande.

Vermeers påverkan av Utrechtskolans caravaggister ligger till grund för hypotesen att Abraham Bloemaert, allmänt betraktad som skolans huvudman, från tid till annan framförs som hans läromästare. Ytterligare en epigon i kretsen av caravaggisterna som kopplas samman med Vermeer är Hendrick ter Brugghen som någon gång efter 1604 reste till Italien för att på plats studera Amerighi Caravaggio och hans dramatiskt effektfulla men på den tiden i Italien föraktade ljusdunkelteknik eller klärobskyr, på italienska *chiaroscuro*. Det verkar dock ej troligt att de träffades eftersom den för sin stormiga livsföring beryktade Caravaggio på den tiden höll sig undan på Sicilien och Malta av fruktan för sina bödlar, sedan han i ett krogbråk över en gatflicka (Fillide Melandroni) dräpt en viss Ranuccio Tommasoni och dömts till döden. Han van Meegerens falska Vermeer, 'Jesus i Emmaus' från 1937, är inspirerad av 'Kvällsvarden i Emmaus', det mästarverk Caravaggio målade någon gång mellan 1596 och 1603. Också målare från Delft, som nämnda Fabritius samt Leonaert Bramer och Christiaen van Couwenbergh har förts på tal som hans läromästare, men om detta vet vi inte mer än att Fabritius och Bramer var vittnen vid Vermeers bröllop och måste ha känt honom väl. Stilmässigt har ingen av de nämnda målare i Vermeers yrkeskrets lämnat spår i hans måleri, med undantag för Bloemaert som i sin roll av caravaggisternas förgrundsgestalt introducerade ljusdunkeltekniken i Holland.

Den 20 april 1653 ingick Johannes Vermeer äktenskap med Catharina (Trijntje) Bolnes från byn Schipluiden nära Delft, sedan hans blivande svärmoder Maria Thins, en from kvinna från en förmögen patriciersläkt av tegelfabrikörer i staden Gouda, tvingat honom konvertera till den visserligen officiellt förbjudna men i tysthet tolererade katolska tron. Fru Thins fick stort inflytande på sin svärson, vilket bland annat kommer till uttryck i dopnamnet 'Maria' av Vermeers förstfödda dotter, medan hans förste son döptes 'Ignatius', efter jesuitordens stiftare Ignatius av Loyola, helgonförklarad 1622.

Den unge familjeförsörjaren hade av allt att döma inte ärvt sin faders sluga affärssinne, ty omkring 1660 råkade Vermeer i ett brydsamt ekonomiskt läge när uppdrag uteblev och drömmen om ett fridfullt familjeliv kom på skam när den bistra verkligheten hann ikapp honom. Av nöden tvungen tvingades han med sin växande familj flytta in hos svärmodern på Oude Langendijk, en parallellgata till Voldersgracht, där han 1632 hade fötts, och Groote Markt, där hans föräldrar drivit tavernan Mechelen.

Svärmoderns hus var en stor elvarumsfastighet sammanbyggd med en jesuitisk lönnkyrka inrymd på grannfastighetens vind, där troende katoliker i hemlighet samlades till gudstjänst sedan Oude kerk, belägen på Oude Delft, konfiskerats av kalvinisterna. När den franske konstsamlaren Balthasar de Monconys 1663 sökte upp Vermeer för att ta en titt på hans verk hänvisades han till bagaren nästgårds, Hendrick van Buyten, som höll tre tavlor i pant i utbyte mot bröd. Året efter sökte Vermeer inträde i St Joris-borgargard, stadsväsendets civilförsvar mot anfall, bränder och översvämningar som under 1600-talet växte till en inflytelserik "Skeppsbroadel", en borgaradel av välbeställda grosshandlare (*holl.* burgeredeldom, jfr Rembrandts berömda *Nachtwacht*, Nattvakten eller Kapten Frans Banning Cocqs skyttekompani, 1642). Blott en av tjugo av stadens invånare kvalificerade för detta hemvärns svartvita uniform. I *Schuttersboek* från 1674 står Johannes Vermeer upptagen som menig i stadens första *vendel* (efter vandalerna, ett germanskt folk från folkvandringstiden), ett gammalt holländskt ord för kompani, under befäl av Abraham Coeckebacker. Det är ovisst varför Vermeer valde att gå med i "de schutterij" (*holl.* schutter, *sv.* beskyddare, skytte), eftersom han som praktiserande katolik inte tilläts avancera till befälsställning, men det kan uppfattas som ett förtvivlat försök att lätta på familjens bottenfrusna ekonomi.

Vermeers bräckliga tillgångar urholkades ytterligare under det för den unga republiken ödesdigra krisåret 1672 då landet samtidigt från alla håll invaderades av England, Frankrike och tyskstaterna Köln och Münster. Vermeers svärmoder Maria Thins understöd av den familj, vars barnskara räknades till elva minderåriga barn, upphörde tvärt sedan merparten av hennes egendomar gått till spillo när skyddsvallarna i flodområdet kring staden Schoonhoven sprängdes som ett led i republikens försvar mot angreppen till följd varav hus och gårdar blev vattenfyllda och förstörda.

Uppgivenheten hos befolkningen under dessa nödår omvittnas av det holländska talesätt daterande från den tiden: redeloos, reddeloos, radeloos (i upplösning, utom räddning, uppgiven), vilket i ännu högre grad än för landet som helhet gällde Vermeers ekonomiska krisläge. Så en dag blir motvinden för stark då Vermeer efter kvällsbönen segnar ihop under sinnessjuka skrik. Hans fru Trijntje gör som kvinnorna alltid gjort och får barnen tidigt i säng och lugnar sedan sin man, vars enda sjukdom hittills varit fattigdom, så som kvinnorna i alla tider lugnat sina mäns oroliga själar.

Från den tidpunkten råkar han i en svart depression, hemsökt av självförakt och existentiell ångest som rumstererar i hans bröst, från tid till annan avbruten av djuriska vrål, en förskotterad död som under tre års tid utvecklas till ett mentalt sammanbrott och ett tillstånd av akut förvirring. Johannes Vermeer ville inte ta emot några allmosor. Till varje pris ville han göra rätt för sig och inte låta sig bindas av tacksamhetsskuld. Det handlar inte om missriktad stolthet, det var en i grunden livsbejakande känsla av egenvärde, tills slutligen natten slutade sig om honom när bördan blev för tung. Långsamt dyker hans gruvande själ under för påfrestningarna, steg för steg vittrar hans sinnesnärvaro bort, livsandarna påbörjar en feg reträtt. Trijntje förmanar barnen att leka tyst, ty ”pappa vilar, vi får inte störa honom”. Med tiden nöts hans medvetande ned, till en början omärkligt sakta. Blicken blir alltmer tom. Hans händer, vilka med stor exakthet styrt penseln, darrar som asplöv. Likt stenen under en droppande kran urholkas hans jag och hans själ rinner bort i glömska, tills endast en vegeterande kropp lever kvar inuti ett tomt skal. Brottstycken av hans liv, vrakgods efter sitt forna liv som aktad konstnär, kastas i land av själens bränningar, lämnas kvar på ensamhetens strand som i en dröm. Maran övertäcks av glömskans sand, bara hans ångest sticker upp som spridda vassa snäckskal, tömda på liv.

Gisslad av självförakt gråter han över sin hustru och sina barn, över sig själv och sin konst och över världen. Med korslagda ben sitter han dag som natt i skräddarställning på det fläckade brädgolvet i sin ateljé och kvider, medan färgerna i sina skålar torkar till spruckna kakor. Det händer att ett fragment av en gammal barnvisa återföds i hans sinne, tvehågset dröjer det kvar i hjärnvindlingarnas tankevirvel medan han om och om igen gnolar samma strof för sig själv, överkroppen vaggar fram och tillbaka i otakt med melodin, tills han åter tappar orden. Åt sin hustru säger han att ta barnen och ge sig av, att hon kan betrakta honom som död. Trijntje ser hans ångest, torkar svetten i hans panna medan de förgråtna barnen ser på från dörröppningen till ateljén, minstingarna med tummen i munnen för att söka tröst. Hans fru frågar om han vill ha något, bönfaller honom med rinnande tårar att åtminstone ta några skedar av gröten som hon ställt fram på ekbordet bredvid staffliet, men han lyssnar utan att höra, ser utan att registrera, svarar inte. Oförmögen att uppfatta vad hon säger vänder han ryggen till och stirrar åter i väggen utan att hans tankar rör sig, varken framåt eller bakåt.

Han har blivit döv för världen.

Veckorna före sin död isolerar Vermeer sig helt från omvärlden. Hans ögon har förskansat sig bakom själens murar, där hans fru förgäves försöker nå honom för att bryta tillvarons uppbrottsstämning och försäkra sig om en sista livlina till någon liten anständighet.

Han är en redan död som dör för andra gången.

Oklart är vad som hände, men familjefaderns Golgatavandring slutar tvärt när han en och en halv dag senare avlider (1675).

Två år efter sin makes bortgång intygar änkan för fattigvårdens åldermän med hänvisning till krisen att "Till följd av den belastning som det tunga ansvaret för barnen medförde för en stolt man, ur stånd att försörja sin familj, hamnade han i ett tillstånd av raseri och förfall, som förvandlade honom från en person vid sina sinnens fulla bruk till en människospillra som efter en och en halv dag gick in i döden."

Hans torftiga kvarlåtenskap av tavlor, stafflier, stolar och sängar fanns utspridda i hela huset. Han begravdes i Oude kerk.

Johannes Vermeer lämnade sin maka i änkeståndet, utblottad och djupt skuldsatt och med försörjningsansvar för elva barn.

Efter Johannes död försökte hans änka förgäves rädda vad som räddas kunde av sin makes verk. Vid något tillfälle blev bördan såpass tung att änkan hos magistraten ansökte om privilegiet att avsäga sig sin makes kvarlåtenskap, varefter Antoni van Leeuwenhoek för stadens räkning övertog förvaltningsansvaret som exekutör gentemot dödsboets fordringsägare. Två månader efter begravningen bekräftar hon inför en notarie i Delft att hon lämnat 'Målarkonsten' till sin moder som delbetalning på dödsboets skuld. Stadens representant, Antoni van Leeuwenhoek, bestred detta förfarande och det har aldrig blivit klarlagt om målningen såldes på auktionen av Vermeers bohag eller om den under något år stannade kvar i Maria Thins hushåll. Belagt är dock att 'Målarkonsten' klubbades på auktion i Delft, 1677.

Kapitel III

Dagarna efter Berlins fall och Nazitysklands kapitulation, som för Europa innebar slutet på sex år av fasa, fann en amerikansk armékår bestående av handplockade bildkonstnärer, konservatorer och museiintendenter, i en övergiven saltgruva från det kejserliga habsburgväldet vid Altaussee i närheten av Saltzkammargut, ett fantastiskt "örnnäste" av oersättliga skatter med över sextusen verk av konsthistoriens främsta mästare som Michelangelo, Rubens och Rembrandt, vilkas värde räknat i dagens mynt belöpte tiotals miljarder kronor. Fyndet bestod av krigsbyten som högt uppsatta nazister som Göring, Bormann och Kaltenbrunner mellan 1933 och 1945 roffat åt sig av judisk egendom, däribland ett flertal målningar av Vermeer, tillhörande den berömda bankiersdynastin Rothschild.

Den 10 juli 1943 landsattes de allierades invasionsstyrkor i Mussolinis fascistiska Italien. Året därpå, Dagen D den 6 juni 1944, intogs Normandiets stränder efter andra världskrigets blodigaste bataljer, och signalerade därmed Dritte Reich:s undergång. De allierade insåg tidigt risken att Europas kulturstäder som Florens och Rom i Italien samt Chartres i Frankrike kunde skadas av de aldrig sinande bombregnen, och specialkårens uppgift var att om möjligt förhindra att oersättliga kulturskatter förstördes eller föll i ryssens händer.

På motståndarsidan hade Sonderkommando Künsberg, underställd utrikesministern Joachim von Ribbentrop och ledd av SS-Obersturmbannführer Freiherr Eberhard von Künsberg, på särskilt mandat av Adolf Hitler, i tio år skövlat Europa på dess kulturarv av antikviteter och konst, som regimen avsåg att efter slutsegern visa upp i Hitlers aldrig förverkligade führermuseum i hans födelsestad Linz. Hitler ville av eftervärlden bli hågkommen till lika delar som härförare och konstbeskyddare. I unga år hade han livnärt sig på att rita av Wiens representativa fasader. Som statschef för tusenårsriket ämnade han, med Ludwig I av Bayern och Fredrik II av Preussen som förebilder, bygga upp världens förnämligaste konstsamling.

Under stor brådska och omgärdat av hysch-hysch som i en spionroman tömde amerikanerna gruvan på dess innehåll innan området enligt avtal skulle överlämnas till rysk militär. Sedan tog ett omfattande detektivarbete vid där sakkunniga minutiöst gick igenom tusentals konstverk, innan dyrgriparna återbördades till sina rättmätiga ägare eller, vilket var vanligare, deras arvtagare. Bland den privata konstsamling av Hitlers högerhand, fältmarskalk Hermann Göring, avsedd att ställas ut på hans landställe Karinhall upptäcktes en målning som av stil och ålder att döma endast kunde vara en Vermeer, men vars motiv inte fanns upptaget i någon förteckning över kända verk. Den gåtfulla Vermeertavlan fick strax namnet 'Jesus och äktenskapsbryterskan', och efter diger spaning i naziregimens kvarlämnade dokument ledde spåren till den holländske konstnären Han van Meegeren i Amsterdam.

Samtidigt med upptäckten av skattgömman i Österrike dök namnet van Meegeren upp vid genomletning av Hitlers privata kvarter i hans "Führerbunker" under kullerstensgolvet av huvudstaden Berlins gator, där segermakten fann ett exemplar av van Meegerens påkostade bok *Teekeningen* (Teckningar) från 1942. Detta megalomana bokverk, utgivet i en tid av skriande pappersbrist, med teckningar av van Meegeren och svulstiga dikter av hans gode vän Martien Beversluis, vägde inte mindre än fem kilo i halvmeterstort format. Boksläppet hade varit en storslagen tillställning i närvaro av höga representanter för ockupationsmakten. Fynden väckte misstanken att van Meegeren haft samröre med fienden, ett brott som under andra världskrigets hämndtörstande efterspel kunde straffas med arkebusering. Mot slutet av befrielsens majmånad anhölls han av holländsk militär, anklagad för att ha kollaborerat med ockupationsmakten.

I häktets förvar led van Meegeren svåra kval. Han befann sig i en föga avundsvärd sits då valet stod mellan pest och kolera. Han var tvungen att antingen försvara sig mot ett åtal om samröre med fienden, vars utgång var allt annat än given och mycket väl kunde resultera i en dödsdom, eller att erkänna det i sammanhanget ringa brott av konstförfalskning genom att hävda att hans verk utan uppsåt råkat falla i tyska händer.

Det som låg van Meegeren i fatet var att han fraterniserat sig med ockupationsmakten, även om den faktiska anledningen snarare var att han hamnat på kant med befolkningen i Laren på grund av sin opatriotiska hållning som kom till uttryck i parets extravaganta livsstil medan landet befann sig i krig och befolkningen led svår hunger. En del av pengarna från försäljningen av 'Jesus och äktenskapsbryterskan' hade paret investerat i ett av Amsterdams fashionabla 1700-talshus, Roode Huys vid Keizersgracht, som de inrett med äldre konst, och de verkade fast beslutna att snabbt göra sig av med resten av förmögenheten, att döma av det oupphörliga festandet som dag som natt pågick i Laren och Amsterdam.

Det var känt att van Meegeren befann sig långt ut på högerkant av den politiska skalan; redan 1928 hade han gått lös på vad han kallade den holländska "konstbolsjevismen" i *De Kemphaan* (Kamptuppen), en ärkekonservativ tidning distribuerad bland medlemmarna i staden Haags konstcirkel, som han i samarbete med högerextreme journalisten Jan Ubink varit med om att starta. Kort tid efter ockupationen hade han anmält sig till förhatade *Kultuurkamer* (kulturkammare), och skaffade så sent som i nästsista krigsåret erforderliga tillstånd för att ställa ut i Tyskland.

Mellan åren 1938 och 1945 hade van Meegeren ett antal utställningar, både i Tyskland och i Holland, däribland i museum Boijmans i Rotterdam. När han ämnade ställa ut på anrika galleri Martinus Liernur på Zeestraat i Haag, förvägrade dess föreståndarinna, den allmänt aktade konstexperten Miep Eijffinger, honom tillgång med hänvisning till att hon inte tålde tysksympatisörer i sina lokaler, varefter van Meegeren tvingades flytta till Panorama Mesdag, museet för Haagskolans målare från 1800-talets senare hälft. När krigslyckan 1943 vände och den tyska härens stjärna var i dalande efter det nesliga återtåget från Rysslands snötäckta tundra, blev stämningen i den lilla konstnärskolonin Laren allt mer hätsk, vilket fick paret att hals över huvud fly till anonymiteten i miljonstaden Amsterdam.

Efter några dagars grubblande i sin cell förklarade van Meegeren sig skyldig till konstförfalskning. Militärmyndigheterna ville först inte veta av hans erkännande ity världens samlade konstexpertis, under anförande av förre museidirektören Abraham Bredius, försett van Meegerens Vermeertavlor med äkthetsstämpel, och under inga villkor var hågad att ändra uppfattning, utan kategoriskt förnekade att 'Jesus och äktenskapsbryterskan' rörde sig om ett raffinerat falsarium, vilket van Meegeren hävdade med en dåres envishet och med vedergällningens svärd hängande över sig.

van Meegeren, som tyckte illa om den öppet homosexuelle Bredius, hade i början av 1937 bett en advokatvän visa upp några tavlor för det holländska museiväsendets nestor, däribland 'Jesus i Emmaus', enligt den påhittade proveniensen tillhörande en behövande italiensk adelsfamilj i akut behov av pengar. Bredius, som länge drivit tesen att verk av Vermeer daterande från hans italienska period kunde vara på drift, nappade på betet och förklarade tavlan äkta, vilket på så sätt banade väg för den ryktbara budgivningen mellan Rijksmuseum och museum Boijmans van Beuningen.

I förhör visade van Meegeren hurpass förfaren han var i förfalskningskonsten genom att i detalj berätta vad som skulle komma fram av de bortskrapade originalmotiven när 'Jesus och äktenskapsbryterskan' samt andra namngivna verk av Vermeer på statliga museer skulle röntgenfotograferas. Motvilligt gick statsåklagaren med på att som bevis för den anklagades bisarra påståenden låta en hårdbevakad van Meegeren, inlåst i renommerade konsthandel Goudstikkers lokaler i Amsterdam, framställa ännu en "äkta" Vermeer, det magnifika verket 'Jesus i tempeln' som han till allas häpnad på några månader färdigställde.

Rättegången blev en farsartad tillställning, där van Meegeren i den anklagades bänk oavsiktligt fick Robin Hoodstatus hos allmänheten för ett brott skickligt framställt som ett lyckat försök att lura nazikräken genom att för dyra pengar sälja en förfalskning. En intet ont anande Hermann Göring hade på sin tid köpt 'Jesus och äktenskapsbryterskan' för 1,65 miljoner floriner, i dagens penningvärde en bra bit över 500 miljoner kronor. Nyheten om den lille mannen från Laren som bedragit den ökände naziskurken Hermann Göring, och på köpet knäppt ett högdraget konstetablissemang på näsan, spred sig som en löpeld över världen. En samlad press följde den kuppartade processen där van Meegeren vid upprepade tillfällen drog ner skrattsalvor med sarkastiska kommentarer, varefter opinionen strax tog parti för denne underdog i en David-och-Goliatkamp mot den oförstående och arroganta holländska staten, på jakt efter syndabockar sedan den själv under fem års tid knäböjt inför främmande makt. Han van Meegeren utropades till folkhjälte, en Jeanne d'Arc i kritstrecksrandig kostym. Så sent som 1943 hade van Meegeren lyckats skinna staten genom att avyttra ännu en falsk Vermeer med bibliskt motiv, 'De voetwassing' (Fottvagningen). Staten som gladeligen erlagt 1,2 miljoner gulden för tavlan skämdes för sitt felköp och gömde duken jämte annan namnlös bråte i nationalmuseets källare där den förvarades i hemlighet tills den 1973, svårt skadad och i bedrövligt skick, åter plockades fram som en uppfordrande påminnelse om att experter "förr i tiden" helt utan täckning utfärdade äkthetsintyg på löpande band. Faktum är att ingen idag längre förstår hur van Meegeren överhuvudtaget kunde gå i land med sina falsarier.

Trots att han blivit överbevisat om att Vermeertavlan i sin ägo var en skicklig förfalskares alster ville en drabbad köpare inte ens efter rättegången mot van Meegeren inse faktum och stämde honom för förtal i den giriges försök att skydda sin dyrbara investering från att sjunka till botten. Holländska staten lyckades inte heller lägga sordin på habegäret och ställde skyhöga återbetalningskrav på den åtalade. Ovanpå det krävde skattmasen sin del av kakan när den fått vittring på svindlande summor i eftertaxering. Dock fanns inget att hämta, penningforsen hade sinat, gyllene kalven var borta.

För Han van Meegeren slutade rättegången bättre än väntad. I november 1947 dömdes han för konstförfalskning till tolv månaders fängelse. Hans hustru friades från åtalet för medhjälp trots att hon inte lyckats förklara hur de antika vinglas som figurerade på makens förfalskningar kunnat hamna på hemmets spiselhylla. Hon fick dock lov att behålla sin del av parets decimerade förmögenhet. En månad efter domen, den 30 december 1947, avled van Meegeren i en hjärtinfarkt och kremerades. Hans stoft jordfästes på allmänna begravningsplatsen i Deventer, den stad i östra Nederländerna där han 1889 hade fötts och där hans fader vid upprepade tillfällen tvingat honom skriva samma kränkande mening hundratals gånger, varje gång han ertappades med ett ritstift i handen: "jag är ingen, jag vet inget, jag kan inget".

Sensmoralen i berättelsen om Vermeer-falsarierna är att Han van Meegeren på sin tid kunde lura en samlad konstexpertis, medan ingen idag skulle gå på bedrägeriet – inte ens en godtrogen konstintresserad utan tillgång till avancerad utrustning. På det planet har världen lärt sig av sina misstag. Det motsatta gäller agitatorernas framgångar. Med en helig boks snedvridna ord våldför fundamentalistiska fanatiker sig på människors oro och får dem att dra ut i terrorkrig mot oliktänkande. Liksom Adolf Hitler på sin tid förslavade en hel nation med en bedräglig vrångbild av världen baserad på nationalism och arisk överlägsenhet som tog livet av sex miljoner judar, blomstrar idag nationalism och religiös fanatism som aldrig förr. Det enda ondskan behöver för att segra är att de oskyldiga namnlösa fortsätter med att ingenting göra och förbli tysta.

Lise Meitner

Kapitel IV

Med ett ilsket ryck sliter kommissarie Robert Tichelaer av gårdagens datum från den lilla väggkalendern bredvid det spruckna handfatet på rummets kortsida. Tichelaers tjänsterum ligger på andra våningen i polishuset i Utrecht vid roteln för grova brott. "Ännu en dag åt skogen", knorrar han irriterat medan han lommar till sitt skrivbord, "rätt som det är tar tiden slut, och då står vi där. Det är vad alla håller på med: vi stjäl dyrbar tid ur ett krympande kosmiskt förråd." Dagens datum är 15 juni 1938, en onsdag. Enligt den dimunitiva textraden i sex punkter helveticastil längst ned på lappen skulle dagen gå i tecknet av en av Konfucius oräkneliga aforismer: "Jagar du två kaniner samtidigt, lyckas du inte fånga en enda." Han svettas kopiöst från varenda por i sin hundrafemtio kilo massiva kropp, medan han till ingen nytta torkar sin pärlande flint med en blöt rödrutig näsduk i det större formatet. "Karln hade väl inget vettigare för sig där borta i Kinalandet än att plita ner sin tids trivialaste floskler." Temperaturen i rummet på polisstationen närmar sig de trettio grader, och klockan är ändå inte mer än kvart över tolv. Väderrapporten vid tolvslaget i radion hade varit lika enahanda som under de föregående veckorna: ett högtryck ligger fastkilat i luftrummet mellan Östersjön och Alperna; den värmebölja som i ett antal veckor gjort tillvaron odräglig för det flitiga holländska folket kommer inte att ge sig av förrän tidigast efter helgen.

Där han sitter i sin knarrande snurrstol vid det belamrade grågröna skrivbordet i metall, utgör Tichelaer ingen vacker syn med säckiga resårbyxor, randiga hängslen i Hollands trikolor och den i kragen uppknäppta skjorta med fettfläckar efter gårdagens kantinmat. Redan under tidig förmiddag har hawaiiskjortan kommit att hänga utanför hans byxor som klämmer runt en imposant pösmage. Just nu kliar kommissarien sig ogenerat på denna mage som han likt ett spädbarn var fjärde timme förser med mat och dryck för att slippa bli kinkig. Det är knappast för sin vagabondliknande klädstil Tichelaer blivit chef för avdelningen grova brott, utan för sina remarkabla resultat som skaffat honom reputationen att vara en av landets mest meriterade brottsbekämpare.

Var femte minut lyfter kommissarien blicken till den elektriska väggklocka som nederländska staten består högre polisbefäl att ingå i utsmyckningen av sina torftiga tjänsterum. Emellanåt stämmer han av statens tidgivning mot ett blankslitet armbandsur som han varje dag noggrant kalibrerar mot radions tidssignal klockan tolv. Det syns att han är spänd och väntar på något.

För några veckor sedan har han blivit uppringd av en viss Dirk Coster, en belevad man med arbetarröst som presenterade sig som professor i fysik och meteorologi vid universitetet i Groningen. Telefonrösten bad att få träffa honom med kort varsel för att diskutera ett delikat fall som han ville ha hjälp med. Han hade inte velat berätta vad saken gällde, mer än att det handlade om liv och död, och var av betydelse för vetenskapen. Redan nästa dag hade de träffats, och Tichelaer hade tagit sin lärde gäst till Sjaans sjapp på Dorstig Hartsteeg ("törstigt hjärtas gränd") i stadens centrum för en pratstund i en omgivning där väggarna, som han uttryckte det, "förhoppningsvis var mer lomhörda än hos polisen".

Över ett par sejdlar hade de inledningsvis i allmänna ordalag diskuterat det snabbt förvärrande läget i Tyskland. Professor Coster var en medelålders vetenskapsman med sympatiskt utseende under en mellanblond kalufs. Han talade med brytning, vars ursprung Tichelaer placerade någonstans i Amsterdams hamnkvarter. Han verkade djupt oroad över den yrkesförbudslag för judiska statstjänstemän som Hitler för några år sedan trumfat genom parlamentet. Situationen, som redan är ohållbar för tyska vetenskapsmän av mosaisk tro och fått många av dem att fly landet, har ytterligare fått en hotfull dimension i och med Österrikes annektering eller "Anschluss". Det innebär att från och med nu även österrikiska forskare liksom deras tyska kolleger drabbas av yrkesförbud och kommer att sägas upp från sina tjänster, för att därefter interneras i ett av lägren som Hitlers skurkregim i hemlighet byggt de senaste åren. Det är oklart vad som sedan kommer att hända dessa statens gisslan, men enligt Coster ligger det nära till hands att de förr eller senare kommer att likvideras som ett led i nationalsocialismens strävan att rensa landet från judar, zigenare, homofiler och bolsjeviker, på samma sätt som man i hemmet gör sig av med ohyra när man har oturen att drabbas av ovälkomna kryp.

Efterhand som det stod klart att de trivdes i varandras sällskap hade professorn blivit mer öppen och med låg röst och i förtroende berättat om planerna att smuggla ut en briljant kvinnlig atomforskare, Lise Meitner. Jämte Otto Hahn och dennes assistent Fritz Strassmann är hon verksam vid radioaktivitetslaboratoriet tillhörande Kaiser Wilhelm Institut für Chemie i Berlin. Hennes forskning kring materiens grundläggande struktur med hjälp av neutronstrålar bedöms av oskattbart värde för vetenskapen. Coster håller nästan dagligen kontakt med en holländsk forskare, Peter Debye, som utåt sett är regimlydig chef för Kaiser Wilhelminstitutets fysikavdelning men i hemlighet tros föra judiska forskare i säkerhet med hjälp av betrodda kolleger i hemlandet.

Efter ytterligare några öl och flera portioner *kroketter* i glada vänners lag skildes Coster och Tichelaer åt på centralstationen, varpå kommissarien skyndade tillbaka till sin arbetsplats för att före arbetsdagens slut hinna ringa sin förre medarbetare Frederik Hoogenboom, som efter den allmänna mobiliseringen vikarierar som chef för gränspolisen i norra Nederländerna.

Under täckmantel hade Tichelaer föregående kväll ringt ett samtal till avdelningen för fysik vid universitetet i Utrecht för att förhöra sig om Dirk Costers renommé och fått lugnande besked. Han hade utgett sig för att vara en engagerad förälder som hjälpte sonen med en skoluppsats om dagens naturvetenskapliga forskning vid holländska universitet, och det ena hade gett det andra tills samtalet på ett naturligt sätt hade fastnat hos Coster i Groningen. "Professor Coster", hade hans sägesman på fysikinstitutionen försäkrat, "var ett hett namn inom modern fysik som redan i unga år (1923) vunnit berömmelse för sin upptäckt, jämte den ungerske forskaren George de Hevesy, av det undflyende grundämne som saknades på plats 72 i det periodiska systemet". Båda var på den tiden "postdoc"-studerande vid Niels Bohrs berömda fysikinstitut i Köpenhamn och hade som en fin gest av tacksamhet döpt det nyupptäckta elementet till *hafnium*, efter det latinska namnet för Danmarks huvudstad. Coster hade, fortfarande enligt samme vänlige herre vid fysiksektionen, gått den långa vägen, från obemedlad stipendiat på lärarseminariet i Haarlem och universitetsstudier i Leiden under en av den unga atomfysikens koryféer, Paul Ehrenfest, till en professur vid det relativt nyinrättade universitetet i landets nordligaste provins.

Tåget från Tredje rikets huvudstad Berlin till Amsterdam var två timmar försenat. Halvvägs till den holländska gränsen hade det stannat mitt i ett ändlöst hedlandskap av blommande ljung och fårsvingel och efter ett fasligt käbbel mellan tågföraren och konduktören i snigelfart backat till senast passerade station där nasare på perrongen prånglade ut ljummet cikoriakaffe i improviserade pappmuggar till irriterade affärsresenärer. I den glödande solen hade rälsen framför tåget lossnat från sina sliprar och låg nu i en mäktig solkurva likt en raserad triumfbåge i den darrande högsommarluften. Efter ytterligare en halvtimmes dividerande hade resan fortsatt, sedan järnvägspersonalen hittat en alternativ rutt till gränsen vid den holländska byn Nieuweschans på en dryg mils avstånd från Winschoten.

En späd och oansenlig medelålderskvinna i andra klassens kupé fingrade för kanske tusende gången den dagen nervöst på något hon förvarade i fickan av sin för årstiden direkt olämpliga tvådelade dräkt i tunn lammull av obestämd färg. Hon såg i allt ut som en akademiker, med stålbågade runda glasögon och grått hår som hon bar uppsatt i en knut i nacken. Om någon studerat henne närmare, där hon satt hopträngd i sätet vid fönstret, likt en skrämd fågelunge som ramlat ur boet och inte mäktar flyga själv, hade det inte varit svårt att inse att kvinnan bara låtsades läsa i sin bok.

Med oseende ögon stirrade hon på boksidorna, vände med darrande händer på måfå ett eller flera blad åt gången, bläddrade på måfå ett tjog sidor tillbaka för att ånyo tvångsmässigt föra en smal hand mot fickan, och känna efter något hon gömt där. En iakttagare hade säkert undrat över hennes fingertoppar, fläckade i sepiatoner som en åskhimmel, ett resultat av långvarig kontakt med starka kemikalier. Bredvid henne på sätet stod en liten resväska i skottsrutigt tyg med skoningslister av trä och mässingförstärkta hörn. Hon hade virat en sliten läderrem runt sitt bagage för att hindra det slitna låset från att gå upp. Att döma av polletteringsmärkena på flera språk var väskan vida berest och därför var det anmärkningsvärt att denna lilla grå fågel som ängsligt sökte skydd mellan ryggstödet och fönstret väckte intrycket av ett utmattat villebråd jagat av ett dräglande hunddrev.

Plågsamt långsamt gled dörren längst fram i kupén åt sidan för att ge plats åt en mansperson som undersökande såg sig omkring i den tomma tågkupén, som om han letade efter någon. Han var något yngre än kvinnan där hon satt ensam i tågets näst sista vagn. När kvinnan lyfte blicken klarnade hennes ansikte av ett angenämt leende medan hon räckte upp handen för att hälsa på besökaren. Hon kände igen sin välgörare från kvällen innan då de i hemlighet träffats hemma hos Peter Debye för att diskutera sin flykt från det land hon i många år tjänat med sitt snille men som inte längre ville veta av henne, annat än som blivande intern i ett arbetsläger.

Mot slutet av junimånaden hade Coster efter en rad inledande kontakter med Niels Bohr i Köpenhamn, Peter Debye i Berlin och relativitetsfysikern Adriaan Fokker i Haarlem bestämt sig för att åka till Tyskland, i namn för att träffa sin kollega Debye på Kaiser Wilhelm Institut men i själva verket för att hämta Lise Meitner vars situation inom loppet av några veckor blivit akut och vars liv hängde på den sköra tråd av hopp som hennes kolleger febrilt höll på att spinna mellan dödens Berlin och den relativa tryggheten i Holland.

Innan avresan den 11 juli hade Fokker gett sin vän några vankelmodiga sistaminutensråd ”Ingen panik! Se till att din närvaro inte får LM att förhasta sig. Låt henne själv bestämma, utan några påtryckningar från din sida. Utan att dra till sig uppmärksamhet ska hon få tid att ordna upp sina affärer och packa sin väska. Hon måste också vara klar över att hon inte kan resa hela vägen tillsammans med dig, så låt för Guds skull inte din ridderliga beskyddarinstinkt ta överhanden.”

Omedveten om Lise Meitners raskt försämrande möjligheter att lämna landet med ett utgånget pass som enda resedokument, trodde, eller rättare sagt hoppades Coster att Meitner fortfarande skulle kvalificera för utresetillstånd, utan den obligatoriska försäkran att aldrig mer sätta fot i Tyskland.

Den 27 juni hade Coster skickat ett kodat brev till Debye vari han tog upp att han avsåg att inom kort besöka Kaiser Wilhelm Institut då han var i behov av en assistent som under ett års tid skulle anställas vid universitetet i Groningen. För att undvika att rikta censurens intresse på Lise Meitner använde Coster i sin korrespondens beteckningen ”han”, vilket Debye i sitt svar tog efter. Samma dag träffades Meitner och Debye i tjänstebostaden, där också Max von Laue närvarade, samt en av Bohrs betrodda assistenter, Ebbe Rasmussen, som kom med ett erbjudande från Stockholm om en tjänst hos nobelpristagaren Manne Siegbahns nya institut för kärnforskning. Som situationen var då stod och vägde hennes beslut mellan Holland och Sverige. Meitner och Siegbahn kände varandra sedan tidigare, men de var inte vänner. Tjugo år tidigare hade hon träffat honom i hans dåvarande laboratorium i Lund i samband med en konferens. Hon fann erbjudandet om en tjänst på ett institut organiserat under Vetenskapsakademien tilltalande, trots att Siegbahn hade rykte om sig att vara en mansgris, vilket var känt i hela fysikerkåren. Hon bestämde sig för att anta inviten från Stockholm, även om hon uppfattade läget som så att svensk atomforskning fortfarande låg i sin linda och avskräcktes av tanken att dela sin forskning med en odräglig manschauvinist och kvinnohatare som i kvinnliga forskares sällskap kunde säga hemska saker om ens arbete. När Costers brev två dagar senare anlände höll hon fast vid sitt beslut att flytta till Stockholm. Debye skrev till Coster:

> "Doktor Rasmusson var här i måndags i samma ärende som Ni nämnde i Ert brev; han är också på jakt efter en assistent till Siegbahns nya laboratorium. Även om jag då ännu inte fått Ert brev hade jag från ett brev från Fokker redan dragit slutsatsen att Ni skulle komma med ett liknande bud. Jag beklagar att Stockholm vann. Själv skulle jag föredragit budet från Holland men jag övertygades av assistenten själv som menar att han kan göra mer nytta i Stockholm. Jag visade naturligtvis upp Ert brev idag på morgonen, men jag anade redan att inget skulle kunna ändra hans beslut som verkar oåterkalleligt, men å andra sidan kunde det hjälpa till att hålla modet uppe. Jag hade inte fel: även under vanliga omständigheter brukar uppskattning ha en positiv effekt på moralen och i det här fallet blev resultatet bättre än väntat. Det har varit upplyftande att se vad trofasta holländska vänner som Fokker och Ni kan åstadkomma!"

Övertygad om att Meitners öde hamnat i säkra händer bestämde Coster sig för att tills vidare låta saken bero, samt att de ekonomiska utfästelser för Meitners underhåll han och Fokker erhållit från olika håll inte behövde tas i anspråk. Under tiden besökte Lise Meitner i hemlighet Sveriges konsulat i Berlin och instruerade sin advokat att överföra sina besparingar till en svensk bank, samt tillse att böcker och bohag skickades till Stockholm. Max Planck, den tyska kvantfysikens nestor efter sin upptäckt vid seklets början av ljusets partikelnatur, uttryckte sin bedrövelse över hennes beslut att lämna landet. Lise Meitner, eller hennes advokat, gjorde en grav felbedömning när det bankkonto hon gett i uppdrag att öppna i Stockholm ställdes i Reichsmark. Efter kriget var Meitners sparkapital inte värt mer än några ynka kronor.

Kort tid därefter, omkring den 4 juli, förvärrades det desperata läget ytterligare när nya direktiv från naziregimen, att med omedelbar verkan stänga gränsen för utvandrande judar, hällde smolk i bägaren. Samtliga flyktvägar var därmed avskurna och nu fordrades ett ingripande av högre makt för att lämna landet. I all hast skrev Debye till Coster att saken hade tagit en ny vändning och att "assistenten var i trängande behov av en livlina från Holland":

> "Den assistent vi talade om häromsistens, som hittills varit fast besluten att åka till Stockholm, sökte idag upp mig för att meddela att han numera överväger att acceptera tjänsten i Groningen, eftersom detta för närvarande tycks vara den enda kvarvarande vägen att gå. Självfallet avser han att i sinom tid fullfölja sin överenskommelse med Rasmussen men han har för tillfället ingen möjlighet att tillträda tjänsten i Stockholm. Jag anser att han har rätt och min fråga till Er är om Ni fortfarande år villig att

> räcka honom en hjälpande hand genom att träffa honom här i Berlin för att diskutera alternativen. Samtidigt hade jag tänkt passa på och visa Er mitt nya laboratorium. När Ni besöker oss i Berlin var då säker på att Ni stannar hos oss över natten, och Ni vore desto mer välkommen om Ni kunde arrangera vårt möte på kort varsel, som i ett SOS, vilket skulle bereda mig och min hustru ännu större glädje."

Medan hon inväntade svar på Debyes nödrop tog Lise Meitner kontakt med sin förre assistent Carl Friedrich von Weizsäcker med en förfrågan till hans fader, baron Ernst von Weizsäcker som hade en hög ställning inom utrikesdepartementet, om möjligheten att få ett tyskt pass. Det svar alla fruktade och som grusade deras sista strimma av hopp var ett bryskt avslag: "Utrikesministeriet av samma uppfattning som Inrikesdepartementet". Ett år senare ska Carl von Weizsäckers namn ännu en gång dyka upp i det av Albert Einstein undertecknade brevet till USAs president Franklin D Roosevelt, författat av det ungerske fysikgeniet Leo Szilard, vari han varnar för att Nazityskland troligen håller på att utveckla ett massförstörelsevapen baserat på den av Hahn och Meitner upptäckta kärnklyvningen. Szilards spekulation om Carl von Weizsäckers engagemang var närmare sanningen än han själv anade. Som Heisenbergs närmaste vän och vapendragare skulle von Weizsäcker under kriget forska i kärnvapenteknik.

Einstein hade redan 1933 lämnat landet sedan han under längre tid trakasserats av myndigheterna. Han arbetade nu på Princeton Institute for Advanced Study i USA. Den berömde fysikern och Nobelpristagaren hade efter utdragna och allt grövre provokationer under en rad år, avvikit till Förenta Staterna. I januari åkte Einstein och hans fru Elsa till Princeton inbjudna av Abraham Flexner, institutets grundare och en av USAs ledande utbildningsreformatorer. I mars tog paret Einstein visserligen åter båten tillbaka till Europa, drabbade av svår hemlängtan, men läget för judarna i Tyskland hade under deras frånvaro förvärrats så nu var det ovisst om de över huvud taget skulle våga återvända till Berlin. De tillbringade sommaren utanför Tysklands gränser i en kringflackande tillvaro i Belgien, Holland och England som vandrande judar, den levandegjorda myten om Ahasverus, skomakaren från Jerusalem, av Gud dömd att till domedagen irra över jorden efter sin vägran att låta Jesus vila utanför hans port på sin golgatavandring till korsfästelsen. Enligt legenden ska Ahasverus ha sagt "Gå din väg, gå din väg" varvid Jesus lär ha svarat "Jag går, men du ska stanna kvar tills jag kommer åter". Legenden om den vandrande juden är inspirerad av Matt. 16:28 och Joh. 21:20-24 och omnämns för första gången i dess nuvarande form i Matheus Parisiensis *Chronica Majora* från tiden omkring år 1250. Situationen för judiska vetenskapsmän i Tyskland blev alltmer ohållbar och de som hade råd lämnade landet. Ryktet gick att paret Einstein slutligen bestämt sig för att permanent bosätta sig i USA. Statssekreteraren i utrikesdepartementet, baron Ernst von Weizsäcker, höll vid den aktuella tidpunkten på att underteckna nya striktare regler till Tysklands konsulat som förbjöd judiska emigranter att medföra sina besparingar till utlandet.

Meitners förtvivlade rop om hjälp till sin förre assistent var ett kapitalt taktiskt misstag, för nu hade både inrikes- och utrikesdepartementet fått upp ögonen på henne. Situationen brådskade och det var angeläget att agera snabbt innan hon krossades i regimens judefientliga myndighetskvarn. Visserligen hade hon under lång tid levt på en ö av bomullskrut, men nu hade makten tänt en svavelsticka som den brinnande höll upp för att närmare undersöka vad som försiggick i Berlin-Dahlem på Kaiser Wilhelm Institut. Dessutom hade myndigheterna via den nationalsocialistiska partispionen på KWI, en underordnad kemist vid namn Kurt Hess, så sent som dagen före hennes avhopp blivit förvarnade om Frau Meitners planer att avvika. Hess, som bodde granne med Lise Meitner och snokade i hennes privatliv, tjallade för hemliga polisen om vad som höll på att ske.

Kapitel V

Vid sexslaget närmade sig det försenade snälltåget från Berlin gränsövergången vid holländska Nieuweschans. Professor Coster i tågets nästsista andraklassvagn försökte så gott det gick lugna en gråtande Lise Meitner i sätet mitt emot honom; hon var nära ett nervsammanbrott och tog ideligen upp att hon ville vända om. Coster befarade att hon var nära att bryta ihop och vågade inte avbryta hennes nervösa prat, rädd för att ett malplacerat ord skulle utlösa en uppslitande scen. Hon undvek att se på honom och höll blicken stint fästad på en punkt vid horisonten utanför, medan tårarna rann nedför hennes kinder, utan att röra dem, som ville hon inte kännas vid att de fanns där. Hennes stolthet förnekade att de fanns där, tårarna som blottade hennes ångest men samtidigt vägrade hon att ge efter för dem. Så länge hon inte torkade bort sin gråt, kunde hennes tårar inte förnedra henne. Lojaliteten mot det land hon under decennier tjänat med sitt geni var alltjämt stark. Trots sin pacifistiska läggning hade hon under kriget på tiotalet framhållit Tysklands storhet och hävdat att tyskarna krigade renhårigare än andra nationer. Inte minst delade hon den tidens rådande uppfattning i landet om det tyska folkets överlägsenhet, även om hon själv hade judiskt påbrå.

Tågpersonalen hade börjat förflytta sig i riktning mot tågets främre kupé för att ta emot tysk gränspolis som strax skulle stiga ombord på resans sista etapp till viseringsplatsen. När fru Meitner än en gång förde handen till fickan för att känna efter om ett kärt föremål låg kvar, avbröt Coster henne. På hans direkta fråga plockade Lise Meitner med en förstulen rörelse upp en antik briljantring som hon på morgonen, då hon tog avsked i Debyes hus, fått i gåva av sin kollega sedan många år, Otto Hahn, ”att användas i nödfall om Ni skulle tvingas muta myndighetspersoner”.

Coster tog respektfullt ringen ur fru Meitners hand och lade den i västfickan. ”Jag tar hand om den så länge, försök vara lugn nu, det kommer att gå bra, lita på mig”, tröstade han. Allt de för ögonblicket kunde göra var att avvakta, hennes öde låg nu i andras händer. Tärningen var kastad. Oavsett utgången fanns ingen återvändo.

Coster böjde sig framåt och lade en tröstande hand på fru Meitners arm. Han insåg att det i nuläget var viktigt att få henne att prata om annat, kasta hennes undergångstankar ur kurs, så hon inte varje gång fastnade i ett improduktivt ältande av sin i sanning förfärliga sits.

”Besöker Ni någonsin Ert hemland?”, frågade han.

”Nej. Hurså?”

”Jag tänkte ifall Ni har familj kvar i Österrike.”
”Nej, jag är ensam i världen.”

Lise Meitner kom från en bemedlad familj av judisk börd och växte upp i en värld av lyx och överflöd där man kunde tro att pengar var en naturtillgång lika gratis som luften hon andades och vattnet från hemmets guldpläterade kranar. Hon föddes 7 november 1878 i Wien, vilket gjorde henne ett år äldre än Einstein. Hon kom till världen som nummer tre i en syskonskara om åtta barn och fick en rikemansdotters privilegierade ungdom. Modern var hemmafru och tog hand om barnen, medan fadern – en slipad affärsjurist med stor praktik och hårda nypor – var på sitt arbete och gjorde upp kontrakt. En helt vanlig ungdom ur en konservativ överklassfamilj, varur bara en självsäker och tillgjord högreståndskvinna kunde spira.

Du ser en ung kvinna vars livsväg genom börd är utstakad, vars framtid skrivs make-barn-hus och umgänge tillhörande de rikas societet. Du ser hennes klasstillhörighet som, paradoxalt nog, endast lovar ofrihet, en tillvaro med guldgaloners fasad, den tillvaro som är – kan vara – ett fängelse och en livstidsdom. Du ser en rebellisk själ fjättrad i en ung kvinnas exploderande kropp, en kropp som vill älska och bli älskad, men varken vågar eller kan, eftersom hon inte vet vad som är hennes sanna natur. I fonden ses den fästman som en ärelysten fader med gammalmodiga värderingar ordnat åt sin dotter i en makaber terminshandel mellan två lierade och megalomana streberfamiljer vars intressen åtföljer varandra som kommunicerande kärl, den fästman som aldrig kom att kyssa hennes läppar och beröra hennes kön. Inget barn kom någonsin att stilla sin törst vid oasen i hennes bröst, gripa efter sin moders hand och klamra sig fast vid hennes klänningsfåll. Att Lise inte kunde älska den man som valts ut åt henne fästade hennes despotiska far inte det ringaste avseende vid, ty kärlek var inte det stoff varav förmögna kretsar byggde familjer, reputationer och rikedomar. Pengar och anseende i de bemedlades societet var de låga motiv som dikterade faderns handlande. Det var otänkbart att göra uppror mot den patriarkala tradition som styrde överklassen, men hon gjorde det ändå, till priset av uppbrott, utfrysning och ensamhet. Du ser en människa sakta förlora fotfäste när hon sakta sugs in i en kvicksand av motriktade sinnesrörelser, medan saven stiger i hennes kropp. Du ser ett sprittande, sprakande analytiskt intellekt som predestinerar henne till att bli en av fysikens stora, en av dem som, till skillnad från de flesta forskare, inte stannar vid att lägga ett tunt lager av ny kunskap på förnufsvetenskapens duk. Hon andades den korades gudaluft och kom i vuxen ålder att måla om motivet i bjärta och nyupptäckta färgklanger.

Tvivlet blir hennes vattenmärke. I tonåren förändras hon, börjar fundera kring livsfrågorna. Blir osäker på tillvaron och meningen med livet. Liksom varje ungdom kom hon tids nog underfund med att i en värld utan svart och vitt, utan sant och falskt, tröstar man sig med en skala av mer eller mindre bekväma gråtoner som inte ens hon, trots sin fenomenala andliga styrka, kunde vara förutan. Hon inser ännu inte att när det finns två motstridiga synpunkter det ändå är möjligt att förkasta den ena utan att omfamna den andra, och att det till och med när det finns fler än två åsikter fortfarande är möjligt att avfärda samtliga. Självbedrägeri och livslögner formar hennes liv, dömer henne att sprattla i det garn ödet snärjt åt henne. Hon upplevde sin första förälskelse när hon var fjorton. Detta som betydde allt för henne: *Verliebt zu sein*. Att vara förälskad. Att älska och bli älskad. Det hade inte blivit något allvarligt av det. Hennes kärlek hade av en slumpens nyck eller en vrenskande guds vidrörande råkat hamna i karg jord och den späda plantan hade vissnat när ingen tog hand om den. I denna period omvänder hon till den lutherska trosbekännelse. Oaktat sin judiska härkomst förblev hon i hela sitt liv en inkännande kristen, en vetenskapens Paulus, kvardröjande vid vägkorset mot Damaskus. Som konvertit blev hon samtidigt en avfälling, en rotlös vägfarande likt legendens Ahasverus, den kringirrande skomakaren från Jerusalem av Gud dömd till att för evigt vandra över jorden utan att någonsin finna en plats att komma hem till.

Sitt yrkesliv arbetar hon i mentala treskift för att dölja och gömma, eller hellre, för att slippa tänka på annat och plågas av saknad av den kärlek som är både paradis och helvete. Sitt livs gata vandrar hon ensam, isolerad från alldagens glädje och sorg. En fjäril hopvikt i en kokong av flit, trots, måhända till följd av, den djupa men platoniska kärleksrelation hon som mogen kvinna utvecklar till en annan kvinnlig naturforskare, den fyra år äldre svenska adelskvinnan Eva von Bahr, bördig från Uppsala, som under det stormiga 1900-talets inledande decennier var verksam vid universitetet i Berlin sedan hon blivit utkastad från fysikinstitutionen vid Uppsala universitet och Chalmers tekniska högskola för att hon var kvinna. Inte förrän 1925 skulle kvinnor släppas in som docenter eller professorer vid svenska universitet, men då var det för sent. Strax efter nyåret 1914 avbröt von Bahr sin vistelse i Tysklands huvudstad för att ta hand om sin åldriga moder. Året efter tog hon en tjänst som lärarinna vid Brunnviks folkhögskola i Dalarna. Som *vetenskapare*, som skapare av nytt vetande, gick hon därmed förlorad. År 1917 gifte hon sig med Niklas Bergius, också han lärare vid folkhögskolan i Borlänge och en av medförfattarna av Uppsala Studentförening Verdandis s k småskrifter, ”hvilka omfattar tanke- och yttrandefrihetens grundsatser samt hysa intresse för allmänt mänskliga och samhälleliga frågor”. Omsider bosatte hon sig i Kungälv på västkusten tillsammans med sin make, där ödet lagade att hon ånyo fick spela en betydelsefull roll i sin väninnas historia.

Än en gång trotsar Lise Meitner sin familj när hon vill läsa vidare. Mot föräldrarnas vilja skrivs hon in vid Wiens universitet under den briljanta men psykiskt sköre termodynamikern Ludwig Boltzmann, en av titanerna inom statistisk mekanik och termodynamik. Hans banbrytande arbeten om entropibegreppet i fysiken gav förutom enstaka beröm för det mesta sjaskig kritik av en vetenskapsmobb som förnekade atomernas existens. Året efter det att Boltzmann tagit sitt liv disputerar Lise Meitner 1907 för doktorsgraden som första kvinna vid Wiens universitet och fortsätter, utan att se sig om, till Berlin för att förkovra sig i fysik hos Max Planck, redan då en legend inom den unga kvantteorin sedan han år 1900 mer eller mindre ofrivilligt råkat snubbla över ljusets partikelnatur.

Planck, fostrad i den positivistiska preussiska lärdomstraditionen, hade därmed motvilligt ympat en ny gren på fysikens träd – kvantteorin för mikrokosmos mörkervärld – som på tjugotalet skulle slå ut i blom tack vare arbeten av tysken Werner Heisenberg och Meitners landsman Erwin Schrödinger.

Under sin trettio år långa vistelse i Tysklands huvudstad kom hon konsekvent och målinriktad att arbeta på Kaiser Wilhelm Institut i Berlin-Dahlem med den strax före sekelskiftet upptäckta radioaktiviteten. KWI var tidens mest aktade laboratorium inom kemi och fysik, efter kriget omdöpt till Max Planck Institut. År 1918 upptäckte hon tillsammans med Otto Hahn den första långlivade isotopen av grundämnet protaktinum. Fem år senare fann hon i samband med sin forskning kring radioaktiv betastrålning (elektroner) att när en vakant plats i atomens inre skal fylls på av en elektron från ett yttre skal, denna process under vissa förhållanden *inte* ledsagas av en emitterad ljuspartikel, så som plägar vara fallet, utan att istället en så kallad augerelektron slungas ut ur atomen. Efter den franske fysikern Pierre Victor Auger, som två år senare gjorde samma upptäckt en gång till, benämns detta fenomen Augereffekt.

Vid denna tidpunkt börjar Albert Einstein kalla henne ”vår egen Marie Curie”. Varje gång han hörde hennes namn fick han något chevalereskt i ögonen, sprickande av storebrorskärlek, även om han, mätt i den tid vilken han genom sin relativitetsforskning gjort töjbar som kautschuk, var den yngre av dem. Han avgudade henne som en fysikens Greta Garbo, och nog liknade Lise Meitner sin franska yrkessyster Marie Curie i sin målmedvetenhet och svenskan Greta Garbo i sin ensamhet.

På Kaiser Wilhelm Institut samarbetade Lise Meitner med kemisten Otto Hahn, en blodlös och ärelysten träbock från Frankfurt am Main med en mun full av ursäkter, som levde sitt gäspande inrutade liv enligt ett tvångsschema av bisarra ritualer, en smörig intrigmakare driven av rivalitet och en tafatt tråkmåns som genom att fjäska uppåt och sparka nedåt lyckades blåsa upp sin obetydlighet och bli sin egen hjälte. Arrogant så det förslog. En skrytmåns inför assistenter och en honungsburk av kladdig inställsamhet i sina överordnades närvaro. Han visste inget bättre än att spåra upp någon i sin närhet att göra narr av och var aldrig så lycklig som när han funnit ett lämpligt offer för sin vassa tunga, alltid nära att raljera med andra och skratta åt, men ovillig att driva med sig själv. Det ska humor och självinsikt till för att driva med sin egen person och en människa utan självironi har lätt att ta sig själv på alltför stort allvar. Icke desto mindre blev han och Lise tvillingsjälar, kamrater i vått och torrt, och trots avgrundsdjupa olikheter i karaktär måste det ha funnits något i deras relation som, likt polerna på en stavmagnet, höll dem samman, ty de blev strax ett radarpar, till den grad att den servilintrigante Hahn (”tupp” på tyska) bakom ryggen och med allvar anstruket skämtlynne kallades Hänschen (lilltuppen).

I samband med den experimentella upptäckten 1932 av den elektriskt neutrala kärnpartikeln – neutronen – av engelsmannen James Chadwick började man spekulera i möjligheten att i laboratorium framställa tyngre grundämnen än det tyngsta man på den tiden kände till, uranet med atomnummer 92. Detta resulterade i en mångårig kärnfysikalisk tävlan mellan duon Hahn-Meitner i Tyskland, Enrico Fermis team i Italien, Rutherfords lag i England, samt det äkta paret Joliot-Curie i Frankrike, under överinseende kan man säga av Niels Bohr i Köpenhamn. Vid denna tidpunkt insåg alla inblandade att denna forskning kvalificerade för Nobelpris. Den unga kärnforskningen kretsade kring tre ryktbara institut i lika många europeiska länder: anrika Cavendishlaboratorium i Cambridge där den vresige och lättretade nyzeeländaren Ernest Rutherford i ensamt majestät residerade över en grupp experimentella begåvningar, av honom konsekvent tilltalade som *boys*, det andra navet Institut för teoretisk fysik på Blegdamsvej 15 i Köpenhamn där Niels Bohrs snille vaskade fram oskattbara mikrokosmiska kunskapskorn ur tankeexperiment, det tredje ansedda Georg Augustauniversitet i Göttingen där Max Born, James Franck, Werner Heisenberg och David Hilbert på Bunsenstrasse genast ifrågasatte allt det nya och okända som experimenterats fram i England, Italien, Tyskland och Frankrike, och teoretiskt förklarats i Danmark. Strax lyckades Meitner och Hahn utmärka sig i tävlan för de tyska experimentalisternas räkning. Så uppstod den rivalitet, uppblandad med ohöljt hat, mellan radiofysikens kvinnliga megastjärnor – Lise Meitner i Berlin och Irène Joliot-Curie i Paris. Relationerna mellan Rue d'Ulm och Berlin-Dahlem var under en rad år hårt ansträngda.

År 1938 var Meitner alltjämt österrikisk medborgare och som sådan förskonad från naziregimens värsta avarter. Läget förvärrades dramatiskt när Tyskland 12 mars 1938 annekterade Österrike i den beryktade *Anschluss*. Meitner blev då automatiskt tysk undersåte och framgent underkastad de raslagar som sedan 31 december 1935 förbjöd judar att inneha universitetsposter. Formellt sett var Kaiser Wilhelm Institut fristående från Berlins universitet och under några nervpåfrestande månader tilläts Frau Meitner fortsätta sina experiment med kärnklyvning.

Drevet sattes igång av en kemist på institutet, en nationalsocialistisk fanatiker vid namn Kurt Hess, som dagen efter Hitlers intåg i Österrike börjat sprida ryktet att "judinnan kommer att förstöra för hela institutionen". Hess talade med Hahn, via Georg Graue, en av Hahns tidigare doktorander. På morgonen av den 18 mars tog Hahn upp fallet med professor Heinrich Hörlein, skattmästare för kemiavdelningens huvudfinansiär, Emil-Fischer Gesellschaft, som stått garant för Meitners lön med institutets fonder och någon "kreativ bokföring" med bidrag från amerikanska Rockefeller Foundation, som begärde att staten skulle hållas utanför forskning i militärt syfte. Hahn krävde då Meitners omedelbara avsked, ett svårbegripligt och olustigt krav med tanke på duon Hahn-Meitners trettio år gamla samverkan och vänskap. Efter kriget ursäktade Hahn sitt svek med att han handlat i syfte att skydda institutets tadelfria rykte.

Atomtävlan, med den avgörande segern i andra världskriget som insats, var inte hemligare än att varje fysiker visste om den eller åtminstone ryktesvägen kände till den. Lise Meitner tog på anrika Kaiser Wilhelm Institut initiativet till atomsprängning med långsamma neutroner. Tvivelsutan var det också hon som sedan fyra år genomfört och lett klyvningsförsöken, samt, inte minst, slutligen förklarat experimentens resultat för en häpen och oförstående Otto Hahn som inte hade en aning om vad som ramlat över honom. Hahn, liksom de flesta experimentalister på den tiden, förväntade sig finna *transuraner*: När neutroner från en radioaktiv källa fastnar i strålmålet av uran torde materialet bli tyngre och bilda grundämnen bortom atomnummer 92, så resonerade han i andras efterföljd. Enligt dåtidens föreställningar, grundad på fenomenets slående likhet med artilleribeskjutning, kunde atomkärnor endast klyvas genom bestrålning med snabba elementarpartiklar när de med stor kraft träffar målet och splittrar en tung atomkärna i flera delar. Meitner visade att samma resultat avsevärt enklare uppnås med långsamma neutroner. Det var denna paradox hon skulle finna förklaringen till.

Medan tåget saktar in för att ta ombord gränspolisen, springer en mansfigur, klädd i sjömanströja och vadarbyxor, genom kupén mot tågets sista vagn. Som på en given signal reser Coster sig och för kvinnan sakta men bestämt i främre riktning mot den väntande gränspolisen. När de hunnit halvvägs hörs från tågets bakre del oljudet från smällar, och genom glasdörrarna ser Coster det rödflammande skenet av bengalisk eld och gnistregnet från kreverande fyrverkeripjäser. Gränspoliserna tar ingen notis om den förkrossade kvinnan som stödd av sin medkännande make är på väg mot toaletten, utan armbågar sig brutalt förbi paret för att släcka elden och ta hand om den olycklige tyske sjömannen som vilt gestikulerande och i alla tonarter bedyrar sin oskuld. Han svär vid Gud och på sin mors grav att de förbannade nödblossen i sin kappsäck råkat fatta eld när han efter en skön permission ville ta en sista cigarett på hemmets mark, innan han åter ska mönstra på den pråm som ligger och väntar i holländska Delfzijl, där de lastat järnskrot som ska till Hitlers hungriga stålugnar i Ruhrområdet.

Viseringen vid holländska gränsen förlöpte utan problem. Frederik Hoogenboom, som med Tichelaers hjälp orkestrerat incidenten, hade i förväg instruerat sina mannar att skynda på och skicka iväg det försenade tåget efter ett minimum av formaliteter. Dirk Coster drog en lättnadens suck. Äntligen var det över. Lise Meitner var i säkerhet, även om hotet av annalkande krig gjorde det för tidigt att blåsa faran över. Nu återstår att få iväg henne till Sverige, och det illa kvickt, innan SS upptäcker sin fadäs och tar hämnd. Hitlers hejdukar kommer att spåra henne, om hon så gömmer sig vid världens ände. Också Lise Meitner verkar lättad, och spänningen efter veckor av ängslan ser ut att släppa. Tanken att mordkommandon kommer att följa henne häck i häl har ännu inte börjat borra hål i hennes skakade självförtroende. Och det är nog bäst så. Hon får åter färg på kinderna och börjar genast diskutera vetenskapliga spörsmål med Coster, som om mardrömsflykten aldrig inträffat. Hon får honom att känna att hon helst inte vill tala mer om saken. Liksom för trettio år sedan, när hon åkte hemifrån för att i Berlin ägna sig åt forskning, vill världens främsta kvinnliga fysiker inte se tillbaka, men vågar ej blicka framåt.

Framtiden stirrar på henne med ett dött öga.

Kapitel VI

Efter Weimarrepublikens kollaps kom Adolf Hitler den 30 januari 1933 till makten för att i tolv år leda en splittrad nation, döpt till Dritte Reich, efter det heliga romerska riket (962-1806) och det tyska kejsarriket (1871-1918). Inom loppet av ett år raserar Hitler den demokratiska staten och ersätter den med ett totalitärt nationalsocialistiskt skräckvälde.

Judeförföljelsen eskalerade. Teologen och antinazisten Martin Niemöller, kyrkoherde i stadsdelen Berlin-Dahlem där KWI hade sina laboratorier, sammanfattade i ett starkt poem hur detta kunde hända. År 1937 fängslades han för sin kritik mot naziregimen sedan den tagit kontroll över landets kyrkor. Han överlevde åtta år i fångenskap i Sachsenhausen och Dachau. Så här skrev han:

> ”Först kom de för att hämta judarna, men jag höjde inte min röst, för jag var ju ingen jude. Sedan kom de för att hämta kommunisterna, men jag höjde inte min röst, ty jag var ju ingen kommunist. Sedan kom de för att hämta fackföreningsfolket, men jag höjde inte min röst, för jag tillhörde inget fack. Slutligen kom de för att hämta mig, men då fanns ingen kvar som kunde föra min talan.”

Niemöllers resonemang har onekligen en poäng, samma poäng som i olika former anträffas i det judiska folkets kulturskatt av vandringssägner med en i regel tragikomisk knorr i slutraden. Följande äldre berättelse om ”den gamle armeniern” har troligen inspirerat Niemöller:

> ”Den vise armeniern låg på sin dödsbädd. Hela hans familj hade i över en vecka vakat vid dödssängens fotända, men nu verkade slutet vara nära. Hans familj besvor honom ’Ge oss ett sista visdomsord på vägen’, varpå den döende vise mannen knappt hörbart viskade ’Stöd alltid judarna’. Ingen i rummet förstod meningen med den gamles sista råd. De tyckte att det armeniska folket haft nog av sina egna plågor. ’Jo’, fortsatte den döende ’för om deras fienden gör slut på dem, så blir det snart vår tur’.”

Det informella beslutet att förinta Abrahams folk togs i juli 1941, även om Adolf Hitler redan i sin bok *Mein Kampf*, utkommen 1925, anspelar på planer. Beslutet formaliserades 20 januari 1942 i samband med en konferens i Wannsee, en kurort strax utanför Berlin. Mötet mellan SS och NSDAP hade sammankallats av SS-Obergruppenführer Reinhard Heydrich, chef för säkerhetspolisen, Reichssicherheitshauptamt. Syftet med mötet var att dra upp logistiska strategier för hur judeutrotningen kunde effektiviseras. Mötet föranleddes av att Heydrich fått i uppdrag av riksmarskalk Hermann Göring att genomföra ”den slutgiltiga lösningen av judefrågan”. Heydrich, som med stor nitälskan tagit sig an uppdraget ville dels försäkra sig om de inblandades stöd och medverkan, dels bli viss om ett delat ansvar. Somliga hävdar att Hitler inte bestämde sig för att utrota judendomen förrän efter påtryckningar av Jerusalems stormufti och ordförande i Muslimska högsta rådet Haj Amin al-Husseini, en med nazismen sympatiserande palestinsk nationalist som sökte Hitlers stöd för rådets beslut att fördriva judarna från det palestinska mandatet. Al-Husseini kritiserade naziregimens planer att deportera judarna från Europa med orden ”då kommer de ändå bara hit, så bränn dem”. Hitler behövde dock inte stormuftins råd. När han och al-Husseini träffades i Berlin den 28 november 1941 var Förintelsen redan i full gång.

Med beslutet i januari 1933 att utse Adolf Hitler till rikskansler tillfogar presidenten Paul von Hindenburg den bräckliga Weimarrepubliken nådestöten. Utnämningen firades av Hitlertrogna som ett maktövertagande. Vad som hände var dock inte ett maktövertagande i form av en kupp eller en revolution. Det var ett frivilligt och fegt maktöverlämnande: de etablerade partierna svek det tyska folket genom att överföra all exekutiv makt till den nye frälsaren. De visste att han skulle avskaffa den parlamentariska republiken, det var vad de själva hade tänkt göra. De var säkra på att kunna styra Hitler, att han skulle gå i deras ledband, att de kunde kontrollera ”bonnläppen” från Österrike. Händelserna efter den 30 januari var en avveckling av rättsstaten, snabbare och mer brutal än någon kunde föreställa sig, trots att Hitler inte för ett ögonblick dolde sina avsikter och i formell mening använde sig av demokratiska medel för att förverkliga sina mål. Varje form av politiskt motstånd krossades. Judarna och andra grupper av ”sekunda” medborgare fördrevs eller internerades. Tysklands gränser skulle flyttas österut för att skaffa ”Lebensraum” (livsrum).

Begreppet Lebensraum myntades ursprungligen av den tyske geografen Friedrich Ratzel kring sekelskiftet 1800-1900. I Hitlers händer blev begreppet en agitatorisk käpphäst och en grundbult i naziideologin. Lebensraum var inspirerad av general Karl Haushofers ”geopolitik”, baserad på en styckning av världen i maktsfärer eller Grossräume (storrum) där respektive stormakt, oberörd av folkrätten, skulle tillåtas att härja fritt. Storrummens geografiska sträckning följde Haushofers indelning av världens kulturfolk (såsom motsats till naturfolken) i sex områden, de erytreiska, inreasiatiska, indiska, östasiatiska, fornamerikanska och medelhavsatlantiska folken. Regimens expansionspolitik inriktades främst på Tysklands geografiska utvidgning österut till det tusenåriga rikets ”naturliga” gräns vid sovjetiska Uralbergen.

Fastän Hitler till en början ledde ett tvärpolitiskt kabinett vari endast två ministerposter med nationalsocialistisk stämpel ingick, lyckades han innan årets slut samla all exekutiv makt i egen person. Grundlagen sattes ur spel genom *Ermächtigungsgesetz* från 23 mars 1933, ett landsomfattande undantagstillstånd som gav regimen laglig rätt att internera kommunister, förbjuda politiska partier, upplösa fackförbund, rensa ut kritiker ur de egna leden samt lägga grunden till folkets ”nazifiering” och ”återanpassning” genom en fullmaktslag som beskrevs som nödvändig ”för att häva folkets och rikets nöd”.

Maktöverlämnandet utgjorde kulmen på år av politisk oro och instabilitet. Börskraschen år 1929 och den påföljande ekonomiska depressionen drabbade Weimarrepubliken hårt. Någon stabil politisk majoritet fanns inte att uppnå. Rikskansler Heinrich Brüning, tillhörande katolska centrumpartiet, styrde från 1930 med hjälp av dekret från rikspresidenten von Hindenburg. I delstaten Preussen däremot, som utgjorde två tredjedelar av riket, regerade socialdemokraterna sedan många år.

I januari 1932 är sex miljoner tyskar utan arbete. Den 25 februari får österrikaren Adolf Hitler tyskt medborgarskap. I april förbjuds NSDAP:s paramilitära styrkor SS (Schutzstaffel) och SA (Sturmabteilung), i maj ger Heinrich Brüning upp, efter två år som rikskansler, och kastar in handduken varefter aristokraten Franz von Papen bildar regering med stöd av obundna högernationalister. Förbudet mot SS och SA rivs upp. I juli avsätter von Papen delstaten Preussen:s folkvalda socialdemokratiska ledning, varefter denna viktigaste av delstaterna direkt underställs rikskanslern. Vid riksdagsvalet den 31 juli blir NSDAP största parti med stöd av 37% av valmanskåren. I september faller von Papens regering efter ett misstroendevotum, riksdagen upplöses. Vid nyvalet den 6 november backar nationalsocialisterna till 33%. I november misslyckas von Papen med att bilda regering med socialdemokraterna och katolska Zentrum. I december utnämns general Kurt von Schleicher till rikskansler.

I början av det nya året träffar förre rikskanslern Franz von Papen i hemlighet Hitler i Köln och föreslår att nazisterna och högern, organiserad i Deutschnationale Volkspartei DNVP, delar makten mellan sig. I mitten av januari gör Hitler upp med tysknationelle partiets ledare Alfred Hugenberg. Den 20 januari ger Schleicher upp sina försök att bilda en bred samlingsregering. Två dagar senare kommer man i slutförhandlingarna mellan nazister och tysknationella överens om att utse Hitler till rikskansler. Nazisterna får två av elva ministerposter men säkrar kontrollen över Preussen:s poliskår.

Den 23 januari ber Schleicher rikspresidenten att bli entledigad och utlysa nyval, en åtgärd von Hindenburg vägrar bifalla. 29 januari försätter Hitler sina SA-förband i Berlin i högsta beredskap. På morgonen av den 30 januari kallas han till rikskansliet. Vid tolvslaget kommer Hitler triumferande ut: Paul von Hindenburg har utnämnt honom till rikskansler. Klockan fem hålls det första regeringssammanträdet. Samma kväll marscherar 25-tusen segerrusiga SA-män genom Berlin i ett ”spontant” fackeltåg.

Bojkotten av judiska affärsidkare den 1 april blir Hitlers första konkreta åtgärd. Beslutet skulle urarta i en ändlös rad av trakasserier, kulminerande i Kristallnatten 1938 och judeutrotningen. Under sju års tid skulle elden i brännugnarna inte slockna, medan krematoriernas sotfingrar anklagande pekade mot tyskarnas likgiltige Gud. Skriken från sex miljoner strupar, kvästa av cyanvätegasen Zyklon B, förblev ohörda.

Hitlers nationalsocialism hade starkt stöd i breda lager av befolkningen. Det spridda motståndet knäcktes med järnklädd hand. Regimkritiker dömdes till döden eller långa fängelsestraff. Skickligt och med alla till buds stående propagandamedel stärktes nationens självbild, drogs fördel av en konstgjord ekonomisk medvind, och underblåstes den glöd av missnöje som pyrt hos folket alltsedan det förlorade första världskrigets ojusta fredsvillkor. Hitler bröt tvärt med föregångares sansade utrikespolitiska linje, och deklarerade att Tyskland ej längre var bundet av Versaillesfördraget med dess omöjliga krav på krigsskadeersättning som tyngde ekonomin. Första världskrigets segermakter England, Frankrike och USA ställdes inför ett svårt dilemma: antingen riskera ett nytt förödande krig eller genom eftergifter försöka lappa ihop söndertrasade mellanstatliga relationer.

Hitlers och NSDAP:s fascism var en spegel av en utbredd paneuropeisk rörelse, vilken under mellankrigstiden fick anhängare även i andra länder än Tyskland och Italien. Hitlers nationalsocialism skilde sig från Mussolinis fascism genom dess rabiata blandning av föreställningar kretsande kring den ariska rasens överlägsenhet, föreställningar vilka bland annat legitimerade de östeuropeiska slaviska folkens tvångsförflyttning för att förse nationen med *Lebensraum*. Nationalsocialismens ideologi omfamnade hypernationalism, antisemitism och kommunisthat, och var avsevärt mer radikal och våldsbenägen än dess italienska motsvarighet. En naiv vänskapsmoral, baserad på tesen "min väns fiende är min fiende", utgjorde en för båda länders ideologier gemensam nämnare, med tonvikt på ett starkt nationalistiskt kollektiv och folklig samhörighet. Egenskaper som en sund kropp och absolut hörsamhet förhärligades, en osund fixering vid kroppsideal (hälsofascism) och blind lydnad. Nationalism och folklig samhörighet förenades i ett kategoriskt förkastande av demokratiska principer. Ytterligare ett kännetecken var ideologins egendomliga mischmasch av å ena sidan en fascination för ett (hopfantiserat) glorifierat förflutet, å andra sidan en euforisk framtidstro.

Riksdagshusbranden den 27 februari 1933 blev en vändpunkt. Branden anlades av den holländske förståndshandikappade kommunisten Marinus van der Lubbe, avrättad i januari 1934. Omständigheterna kring branden är oklara och somliga hävdar att den iscensattes av SA i syfte att genomdriva undantagslagar. Hur det än förhåller sig med skuldfrågan står det klart att Hitler tacksamt använde riksdagshusbranden som förevändning för en våldsam kampanj mot bolsjevikerna. I den så kallade riksdagshusbrandsförordningen upphävdes i faktisk mening rättsstaten genom att medborgerliga rättigheter så som menings-, mötes-, förenings- och yttrandefrihet sköts upp på obestämd tid. Polisen fick extraordinära befogenheter, vilket föranledde paramilitära SA-förband att börja patrullera gatorna, där de trakasserade judar och misshandlade kommunister och regimfiender, vilka efter ingen eller summarisk rättslig prövning internerades. Samtidigt intensifierade propagandaministern Joseph Goebbels sina ansträngningar att upphöja riksdagsvalet i mars 1933 till en nationell manifestation av exemplarisk enhet och fosterlandslojalitet.

Med fullmaktslagen från 23 mars hade nazisterna på demokratisk väg tillskansat sig oinskränkt makt i landet. Jämte riksdagshusbrandsförordningen blev fullmaktslagen Hitlerstatens rättsgrund. Under lagens beskydd påbörjade nationalsocialismen den återanpassningsprocess med hårda nypor som går under namnet *likriktning* eller *Gleichschaltung*, en landsomfattande social hjärntvätt av folket genom långtgående nazifiering av samhället. Folket skulle anpassas till och fostras i den nationalsocialistiska ideologin.

För fullmaktslagen fordrades två tredjedels röstmajoritet, samt ett kvorum på 432 riksdagsledamöter. I förväg försäkrade sig Hitler om stöd från högerpartiet och katolska Zentrum. I syfte att kringgå kvorumregeln bestämdes att häktade kommunister och socialister ej skulle räknas in, de förklarades frånvarande utan giltigt förfall. Endast närvarande riksdagsledamöter från SPD röstade emot lagförslaget, som slutligen antogs med överväldigande 444 mot 94 röster. Som första steg underställdes varje delstatsparlament en *Reichsstatthalter* (riksståthållare), som gick i NSDAP:s ledband. Därefter blev landets politiska partier ett efter annat upphävda. En lagkomplettering från juni månad satte stopp för nyetablering av politiska partier, vilket från och med sommaren 1933 resulterade i att Tyskland *de facto* förvandlades till en diktatur och enpartistat.

Utanför Tyskland kunde man endast beklaga ländernas bristande förmåga att lindra effekterna av den exodus som Hitlers välde gav upphov till. Förutom judar, romer och homosexuella blev också socialister och kommunister utsatta för förföljelse, i synnerhet de som opponerade sig mot nyordningen. Den socialistiska internationalen, som traditionellt gjorde stor sak av solidaritet mellan folken, var djupt splittrad i flyktingfrågan. Arbetarrörelsens hedervärda ambition att vara solidarisk med nödställda bröder kom här i konflikt med dess roll som försvarare av inhemska fackanslutna. Jämförelsevis kom dock socialisterna lindrigt undan ity de i nödens stund fick möjlighet att söka stöd hos Matteottifonden, en internationell fond instiftad 1926, i syfte att stödja arbetarrörelser i icke demokratiska länder. I samband med att Hitler gripit makten instiftades en "Kommitté för tyska politiska flyktingar" som förvaltade en fond till stöd för fascismens och bolsjevismens offer. Det internationella stödet var dock mer moraliskt än ekonomiskt:

> "(vi) sänder en broderlig hälsning till den tyska fascismens offer, till bröderna i fängelserna och koncentrationslägren, till de kvinnor och barn, som berövats sina försörjare och framför allt till de hjältemodiga tyska kamrater, som, hotade med misshandel och överfall, håller den socialistiska idén levande i Tyskland." (*Tiden*, årgång 25, 1933)

Att söka bidrag ur Matteottifonden var en grannlaga uppgift. Varje ansökan stämdes av mot medlemsregister över socialister. Tyskar som sökte flyktingstatus blev ingående förhörda om sina bevekelsegrunder. De som ämnade fly landet på grund av arbetslöshet eller ekonomiska svårigheter gjorde sig icke besvär och gallrades obönhörligt bort. Syftet var att kolla upp vederbörandes flyktingskäl men i lika mån att sålla bort lycksökare, bedragare och spioner. På det hela taget var det inte lätt ens för *bona fide* flyktingar att få stöd ur fonden, då endast de som vid en eventuell repatriering löpte risk att förföljas kom i beaktande för ersättning. Alla andra uppmanades att ofördröjligen återvända till Tyskland. Våren 1938 sökte tusentals politiska aktivister och tiotusentals judar asyl i Holland, Belgien och Frankrike. Endast en bråkdel kom i åtnjutande av flyktingstatus, under det att de via något av konsulaten erhöll inresevisum medan andra på vinst och förlust sökte sig till annat land på olaglig väg. Visum garanterade ingalunda fritt vivre i det nya landet: judar av tysk nationalitet kvalificerades visserligen för flyktingstatus och dithörande beskydd men uppmanades av immigrationsmyndigheten att snarast se sig om efter en permanent lösning i tredje land. Samma år (1938) stängde Holland helt gränserna för flyktingar, med undantag för de s k "Kindertransporten" av judiska barn till England.

Redan vid tidpunkten för nazisternas maktövertagande 1933 började konsulaten märka av en anstormning av flyktingar som sökte inresetillstånd. Tyska medborgare kvalificerade för visum till något av grannländerna, men den stora polska gemenskapen i Tyskland samt statslösa gjorde sig icke besvär; dessa förklarades icke önskvärda. Det forna kejsarrikets föga generösa medborgarlagstiftning hade givit upphov till en växande grupp andragenerations immigranter som i flera generationer bott och arbetat i Tyskland. De hade visserligen assimilerats i samhället dock utan att formellt bli naturaliserade. Antalet *de facto*-men ej *de jure*-tyskar som sökte inresevisum till något västeuropeiskt land – motsvarigheten till dagens "papperslösa" – uppgick till tiotusentals.

Även de som uppfyllde visumkriterierna underkastades gallring. Politiskt aktiva släpptes in i landet på villkoret att de avstod från alla former av agitation. Det senare gällde inte kommunister då dessa inte troddes varaktigt kunna hålla sitt löfte att avhålla sig från omstörtande verksamhet. Inte ens de som vistades legalt i landet fick arbetstillstånd och alla blev hänvisade till anförvanter eller humanitära insatser för sitt uppehälle, vilket medförde att möjligheten att undfly förföljelse strax blev en klassfråga.

Förutom samhället i stort blev också vetenskapen föremål för den nya regimens lynne. Tidningarna talade högt om akademins nazifiering, nationalsocialisternas strävan att omdana samhället från grunden och förmedelst en rad tvångsåtgärder bilda den totalitära idealstaten.

Nationalsocialismen var redan gammal när Hitler i januari 1933 kom till makten; den byggde på tankegods från 1800-talet, till en del framvuxet vid universiteten, vilka under 1800-talet skaffade sig en ideologisk bas i Wilhelm von Humboldts idéer kring *Bildung und Kultur*, i mångt och mycket inspirerade av Johann Gottlieb Fichtes filosofi. Alltsedan de napoleontiska krigen utgjorde nationalismen akademins ideologiska epicentrum, som utmärkte sig för att vara en grogrund för högerextremism. Universitetens traditionella slutenhet, deras förakt för folkstyrd demokrati och inte minst deras auktoritära, på anciennitet mer än duglighet baserade hierarki, blev förstärkande faktorer som ökade det akademiska samhällets disposition för ultranationalism. Det arkaiska utbildningssystemet med oavlönade *Privatdozenten* – en nydisputerad forskares språngbräda till avancemang i en oviss framtid – danade en mellankader av rikemanssöner, opportunistiska nickedockor som åtlydde professorernas minsta vink.

Bildningsbegreppet är, historiskt sett, närmast motsatsen till universitetens snobbistiska intellektualism eller kungars, adelns och prästståndets skräniga privilegier och finkultur. Bildning är en folkrörelse med rötter i 1700-talets borgerskap som syftade till att finna verktyg för att bättre förstå samhället genom kunskap och reflexion, ett eftersinnat tänkande baserat på ödmjukhet och respekt.

Nationalsocialismen som totalitär ideologi var ett utslag av en förhärskande *Zeitgeist*. Från början en reaktion på 1700-talets upplysningsfilosofi och ett värn mot industrialismens sociala nedbrytning till följd av urbanisering, trångboddhet och misär, betraktades den av de *Gebildeten* som ett främmande inslag i lärdomstraditionen. Inom naturvetenskapen grasserade en naiv kunskapssyn under namnet *positivism*, vars ledargestalter var den österrikiske fysikern och vetenskapsfilosofen Ernst Mach och hans två ”apostlar”, de nobelkrönta fysikerna Philipp von Lenard och Johannes Stark som förestod judefientliga Deutsche Physikrörelsen.

Positivismen som filosofisk inriktning erkänner blott kunskap erhållen ur sinneserfarenhet. Av den anledningen avvisade positivisterna under lång tid atomernas existens. Positivismen var ett knäfallande forsknings-a-priori med rötter i 1800-talets industriella utveckling och ingenjörskonst. Skolan byggde sin metodik på ett tålmodigt men vilt spretande induktivt nystande av experimentella resultat utan vara sig deduktivt förarbete i form av hypoteser eller nödvändig förankring i fysikteori. Erfarenhetsfakta staplades på varandra tills sammanhangen mellan betingelserna framstod som lagbundenheter, ett trubbigt verktyg för att suga kunskap om världen ur naturen, en vettlös metod som gick ut på att stoppa in iakttagelser i ena änden av ett fenomen för att få ut iakttagelser i den andra. Kortsiktigt kan erfarenhetsfakta förhålla sig till varandra på ett sätt som påminner om lagbundenheter utan att riktigt vara det, liksom en spåkvinna lätt slår sannolikhetskalkylens lagar genom att profetera att morgondagens väder kommer att bli ungefär detsamma som dagens. Fenomenet kallas ”Russells kalkon”, ett träffande namn för den sortens misstag som gör induktiva felslut till just kalkoner. I sin bok av samma namn beskrev lundafilosofen Roland Poirier Martinsson ”Russells kalkon” på följande sätt:

> ”... Om man utgår ifrån att det som hände sist kommer att hända igen brukar man hamna rätt. Men den metod är inte utan brister. Den engelske ironikern och filosofen Bertrand Russell har berättat om kalkonen som blev matad klockan elva varje förmiddag. Det första månaderna var fågelfäet skeptisk till denna rutin. Underlaget var fortfarande tunt och det kändes lite väl darrigt att lita på mannen som kom där med skopan. Kanske hade han onda avsikter? Efter hand som tiden gick lugnade kalkonen sig och började lita på sin välgörare. En vinterdag var allt tvivel borta. När luckan till buren öppnades som vanligt klockan elva, stod

kalkonen för första gången redan där och rabblade sitt gutturala gobbel-gobbel-gobbel – bara för att till lunch få ett dräpande klubbslag i huvudet. Det hade blivit juldag och i huset stod redan tranbärssåsen och väntade. Så mycket var den induktionen värd..."

Inledningsvis, strax efter sekelskiftet 1800-1900, riktades positivisternas antagonism mot en av termofysikens megastjärnor, Ludwig Boltzmann, professor i München och Wien som med sin termodynamik ympad på atombegreppet sådde vind men skördade storm. I synnerhet kemisten Wilhelm Oswald hade ett horn i sidan på honom. I åratal häcklade han Boltzmann för atomteorin, framställde honom som en *ignoratibus*, tills Boltzmanns sköra psyke gav vika och han tog sitt eget liv. Tillsammans med Ernst Mach, före detta fysiker av format och ultrapositivistiska Wienskolans ledare, torgförde Oswald vildsint åsikten att naturen i det osynligas skala är organiserad enligt samma kontinuitetsprincip som får oss att uppfatta den makroskopiska världen som en obruten kedja av orsak och verkan. "Atomer är konstlade begrepp utan hemvist i fysiken", hävdade Oswald, påhejad av Mach och Wienskolan, "atomer liknar eldflugor, de går inte att ta på eller hålla i handen, de finns uteslutande i forskarens huvud som surrogat för en verklighet som annars inte går att beskriva". Deras existens kan varken bevisas eller vederläggas och bör följaktligen ses som onödig barlast enligt positivistisk syn på vetenskapen. Motsättningarna delade forskningsfronten mitt itu. Ordet "front" ska här uppfattas bokstavligt då vetenskapen efter tyskstaternas enande alltjämt uppbars av olika fraktioner till följd av en absurd gunstlingstradition och klickbildning. Lojaliteter var undflyende ting och det fanns många ryggar att dunka i. Väntjänster och gentjänster. Nepotism.

Positivismens tankesätt kretsar kring saker man kan se, höra, förnimma och mäta. Framförallt *mäta*. Den tyske industrialisten Werner von Siemens grundade på detta tema ett världsomspännande teknikföretag under valspråket *Messen ist wissen*, att mäta är att veta. von Siemens hade rätt, medan däremot positivisterna gjorde misstaget att vända på subjekt och objekt i hans slogan, vilket gör frasen till en skugga av det likaledes felaktiga påståendet "människan är alltings mått", ett antropocentriskt hybrisutrop som världen lagt i sofisten Protagoras mun, som tar ingen hänsyn till människans perceptionsbrister. Protagoras själv visste bättre än att inskränka sitt visdomsord till det naiva "homo mensura", människan är alltings mått. Den fullständiga tesen lyder "Människan är alltings mått: måttet för det varande, att det *är*, och för det icke varande, att det *icke* är", vilket är en helt annan femma och ett exempel på sund kunskapsrelativism. Positivismen är ett fossil från 1800-talets laborativa fysikkultur, grundad på ett inskränkt kunskapsbegrepp. Det som inte, eller ännu inte, kunde kvantifieras genom mätning ansågs otänkbart och därmed ointressant, vilket blev anledning till att positivisterna fördömde Einsteins relativitet och Heisenbergs kvantfysik som förkastlig icke-vetenskap, då den förras effekter var för små för att kunna mätas med tidens teknologi och den senares utsagor var alltför främmande och utmanande för att kunna införlivas i tidens paradigm. Positivismen och Deutsche Physikrörelsen, byggde på en omogen kunskapsfilosofi som i vissa stycken missade själva poängen med vetenskap. Dess anhängare var blinda för det faktum att åtskilligt i världen tillhör verkligheten utan att vara verbaliserbart i brist på ord och begrepp, medan samma verklighet allt låter sig tänkas och formuleras till meningsfulla teorier med matematikens hjälp. För att hårdra resonemanget: för en inbiten positivist är månens baksida – som vi på jorden aldrig kommer att få se med egna ögon – *terra incognita*, och följaktligen ointressant.

Positivismen lämnade ej heller utrymme för metafysiska betraktelser, vilket enligt vissa tyska tänkare ledde till ett fördärvligt "förtingligande" av människovärdet, en förkastlig rationalism baserad på nytta, med rötterna i upplysningsfilosofin. De tyska intellektuella hade inget emot rationalism som sådan men de värjde sig mot begreppet i engelsk och fransk nyttotappning. De ansåg att det västeuropeiska tänkandet led av slagsida till följd av ett alltför ensidigt fokus på vetenskapens förmåga att öka ekonomisk välfärd. Mot det västeuropeiska begreppet *civilisation* ställdes *Bildung und Kultur*. Medborgarens livsuppgift var ej blott att förvärva ny kunskap utan att, i en livslång källkritisk lärprocess, växa och utvecklas till en unik individ. I *Händler och Helden* (Köpmän och hjältar) framställde nationalekonomen Werner Sombart det Stora kriget från 1914-1918 som en konfrontation mellan engelskt primitivt habegär och tysk kultiverad altruism. Engelsmännen, predikade Sombart, tillmätte människan ett merkantilt värde, antingen som producent eller som konsument, medan den oegennyttige tysken drevs av en ädel strävan att förbättra världen.

Tysklands industriella revolution var visserligen en sentida företeelse, men när den väl kommit i gång hämtades kransländernas försprång in inom loppet av få decennier. Delar av samhället orkade inte med landets omdaning från agrar nation, uppdelad i slutna och självförsörjande bygemenskaper, till en industriell ekonomi av betydelse, inklusive dess skuggsidor av materialism, urbanisering och alienation. Till följd av denna omvandling skakades också universiteten i sina grundvalar, under det att kursen lades om från ett traditionellt humanistiskt fokus till "nyttovetenskaper", varmed avsågs fysik, kemi och ingenjörsvetenskap. Landets intellektuella bemötade denna ideologiska slagsida och den därur sprungna nedvärdering av bildningsidealet med en våg av nostalgisk nationalism som sökte sig uttryck i högljudda krav på lärdomens och kulturens "tyskhet". Ingen industriell framtid kunde vara så åtråvärd och lockande att de var villiga att dagtinga med sina historiska rötter.

Bönderna och arbetarna reagerade på sitt sätt på samhällets metamorfos. För dem var *Bildung* av föga värde. De kämpade för att ha bröd för dagen. Den nya tiden innebar för dem enformigt fabriksarbete mot en mager sold. Som reaktion väcktes en nostalgisk längtan efter den tid som flytt, de svärmade för den tid då landets befolkning levde i isolerade bygemenskaper på landet där alla kände alla. Medan 1800-talet rullar nedför det tyska landskapets sluttningar, ackompanjerat av krigstrummars monotona dunkande, lämnar ett folk av lantbrukare sina byars träldom och klipper så av den navelsträng mellan jord och blod som sedan tidernas begynnelse varit tyskstaternas signum. Medan landet är på väg mot skymning tvingar nationalismens lockrop om heder och vedergällning därur fram ett villrådigt gryningsljus. I en tidningsintervju klädde historikern Karl von Müller denna nationalromantiska tidsanda av kärlek till fosterjorden i följande nationalromantiska strofer: "Ett Tyskland utan tåg, utan maskiner, utan fabriker, utan folkvimmel, med blott tjugofyra miljoner människor i ett land av vajande fält och glittrande vattendrag, ett Tyskland av bönder och borgare, ett Tyskland av vidsträckta skogar, soldruckna gläntor och pastorala byar. I detta land av bönder, kälkborgare, idyller och jungfrueliga marker levde till 1827 Beethoven, till 1831 Hegel och till 1832 Goethe." Framtiden började stavas krig för generationer framåt, medan ungdomarna drömmer om livet men offrar detsamma för sitt fäderneslands utopiska drömmar.

På denna nationalromantiska trånsjuka i en värld av vikande värderingar ympades efter första världskriget ett nationellt trauma. Denna ondskefulla konflikt över urartad nationalism, utkämpad i sunkig lervälling, slutade i en mardröm när trippelententen Frankrike, England och Ryssland i ett utdraget skyttegravskrig, till priset av en hel generation ungdom, söndermalde kejsarens oövervinnerliga armé. Medan segermaktens överlevande opinionsmässigt gjorde en klassresa "from zero to hero", från "nolla" till "hjälte", skildrades Tysklands soldater som dyngsura människotrasor med sönderslitna nerver efter krigets oavlåtliga kanonader. Ententen hävdade att de slogs mot "hunnerna" för att skydda "civilisationen från tyskt barbari." Även här var nationalism krigets egentliga drivkraft på ömse sidor om taggtrådsvärnen. Gravarna på båda sidor pryds av Horatiuscitatet: "dulce et decorum est pro patria mori", det är ljuvt och passande att dö för fosterlandet.

Det Stora kriget 1914-1918 satte agendan för ett 1900-tal i våldets tecken. Tyskland förlorade inte kriget på slagfältet, utan på hemmafronten. Inhemsk oro, revolution och hungersnöd tärde på landets militära muskler och stridsmoral. Emellertid led Tyskland sitt slutgiltiga nederlag inte förrän *efter* kriget, vid förhandlingsbordet i Versailles, samma plats där det tyska kejsardömet år 1871 tagit sin början. Tyskland dömdes som ensamt ansvarigt för kriget, och straffades med förlust av en sjunde del av dess territorium, motsvarande cirka tio procent av dess befolkning. Dessutom tvangs landet betala ofantliga krigsskadestånd, i synnerhet till Frankrike. Det orättfärdiga fredsfördraget sådde frustration och vrede, särskilt bland landets yngre befolkning, känslor som nationalsocialismen skickligt exploaterade för att hetsa massorna. Den allmänna uppfattningen var att Reichsführer Adolf Hitler rätteligen återkrävde det som skurknationerna Frankrike, England och Ryssland roffat åt sig av tysk mark och egendom. År 1933 betraktades som början av det tusenåriga nationalsocialistiska *Dritte Reich*, efter det heliga romerska riket och det wilhelminska kejsarriket, vari det tyska folket skulle resa sig ur det Stora krigets aska för att åter uträtta stordåd.

Ordet "vrede" ger endast en antydan om det tyska folkets upprorsstämning efter det katastrofala Versaillesfördraget, även om somliga talade högt om krigets "renande" verkan, varmed avsågs att förnedringen gjorde slut på tysk dekadens och maktfullkomlighet. Hitlers maktövertagande kallades för en *Zeitenwende* (vändpunkt, vattendelare), ett kliv framåt mot *Nationale Erhebung* (nationell resning), samt startpunkt för den totalitära staten. Tysk kultur hade under Weimarrepubliken fallit offer för "zerstörte Vielfalt", förstörd mångfald, och konsten blev monumentalistisk och enformig, en reaktion på tidens "entartete Kunst" (degenererade konst).

Känslosvallet efter begångna oförrätter kanaliserades från 1920 i *Nationalsozialistische Deutsche Arbeiter Partei* (NSDAP), under ledning av österrikaren Adolf Hitler. Partiets grunder är svårdefinierbara, då dess svajiga ideologi var ett hopkok av filosofiskt tankegods från företrädesvis 1800-talet. Icke förty finns vissa kärnpunkter. Renrasighet utgör den mest centrala, baserad på gallimatiasteorier från 1800-talet och en feltolkning av begreppet ras, inspirerad av Arthur de Gobineaus *Essai sur l'inégalité des races humaines* (Essä om människorasernas olika värde) från åren 1853-1855. Vad gäller rastillhörighet urskilde fransmannen Gobineau tre huvudlinjer: det gula, det svarta och det vita, vilka han tillskrev olika kvaliteter. Den vita, ariska rasen var på alla punkter överlägsen. Historiskt har dock en uppblandning av raserna skett, bland annat i folkvandringarnas spår, vilken på sikt kunde äventyra den ariska rasens supremati, och fördenskull borde motverkas i statliga program syftande till rasens bevarande. Medan mångfald i vår tid uppfattas som ett eftersträvansvärt mål som kan berika samhället, sökte nationalismens tillbakablickande "Es war einmal" efter att bevara det traditionella i nationens kulturella särart och renrasighet.

Tesen om den "judiska rasens" underlägsenhet sockrades med naiv gallimatias om en pågående judisk sammansvärjning i syfte att etablera judiskt världsherravälde, en vandringssägen med tvåtusen år gamla rötter. En i sammanhanget med rätta beryktad antisemitisk hatskrift är *Sions vises protokoll* vari det judiska folket beskylls för att iscensätta en världsomspännande komplott för att gripa makten, en föga trovärdig och krystad spekulation som svårligen går ihop med nazisternas uppfattning om "underlägsna och efterblivna judar". Skriften är en bearbetning från 1800-talets slut av tsarryska säkerhetstjänsten Ochrana av en satir från 1864 författad av fransmannen Maurice Joly, vars udd ursprungligen var riktad mot Napoleon III. Säkerhetstjänstens version är dock knappast satir utan ett packe lögner som än idag sticker upp sitt sjuka huvud i Ryssland och Arabvärlden. Alfred Rosenberg, som småningom blev nazismens kanske främste partiideolog fattade 1917 tycke för skriften och gjorde dess förvrängda logik till en grundsten i regimens antisemitiska lära. Amerikanen Henry Ford, förutom som aktad bilproducent både ökänd och föraktad för sin antijudiska hållning, bekostade år 1920 ur egen ficka en nyutgåva av verket som trycktes i inte mindre än en halv miljon exemplar. I vår egen närtid gjorde staten Iran vid 2005-års internationella bokmässa i Frankfurt stor sak av en nytryckt engelskspråkig bearbetning av Sions protokoll, medan palestinska Hamas hänvisade till skriften i sitt program från 1988 (artikel 32). I Sverige utkom pamfletten år 1934 i en nyutgåva redigerad av för sin extremantisemitism ökände redaktören för ärkekonservativa *Södertälje Tidning*, Elof Eriksson, och Einar Åberg, en notorisk bråkstake och antisemit vars kontakter med amerikanska sydstaternas Klu Klux Klan fick honom att 1941 bilda ett enfrågeparti "Sveriges antijudiska kampförbund". Partistadgarnas centrala punkt var "förbundets mål är: judendomens i Sverige totala förintelse".

Ytterligare inspiration hämtades från Wagnerkännaren Houston Stewart Chamberlains *Die Grundlagen des neunzehnten Jahrhunderts*, en redogörelse för den ariska rasens renhet och överlägsenhet. Förutom den ariska rasen hade, enligt Chamberlain, också den judiska rasen undgått förvanskning till följd av blandäktenskap, och Tyskland under en stark ledare var av ödet förutbestämt att försvara arisk renrasighet mot judarnas expansiva inflytande. Tyskland blev rashygienens bålverk; bland de ariska raserna troddes den germanska rasen inta hedersplatsen. En arier har blå ögon, blont hår och en vältränad muskulös kropp. Dessa kroppsegenskaper kröntes med ett överlägset intellekt. Nationalsocialismen drog slutsatsen att Tyskland borde befrias från underlägsna raser, under det att dessa utgjorde ett hot mot den germanska rasens renhetsideal och fortbestånd. Somliga raser betraktades som undermåliga, beteckningen för individer av icke-arisk etnicitet var *Sklaven* (slavar, slaver). Lägre än slavraserna stod romer och judar, vilkas uselhet var så uppenbar att det ej räckte med att kuva dem, utan de borde, likt skadedjur, utrotas. Från början var meningen endast att avlägsna judarna och romerna från offentligheten genom yrkesförbud och deportering till östländer, men utvecklingen urartade efter hand i hänsynslös *Vernichtung* (förintelse, utplåning).

Naziideologins andra kännetecken var dess syn på samhällsordningen och maktstaten som den organiska enhet av medborgare vari folkets själ kommer till uttryck. Tyskar av renrasigt blod uppgick i statens samhällskropp, vartill också den romantiserade bilden av det pastorala landskapet räknades som en omistlig del av folksjälen. Konsekvensen av detta synsätt var att alla tyskar, inklusive de som till följd av Versaillesfördraget hade ställts utanför de nydragna landsgränserna, borde återförenas i ett stortyskt tusenårigt rike. För den enskilde medförde denna vision att personliga fri- och rättigheter veks undan för statens makt ity varje tysk, som individ betraktad, blott utgjorde en betydelselös kugge i nationens helhetsmaskineri under ledning av en stark ledare som medborgarna hade skyldighet att hörsamma.

Nationalsocialismen hyste en extrem uppfattning om hur samhället skulle organiseras. Hitlers storvulna idéer kring ett tusenårigt rike vände bokstavligen upp och ned på samhället i en omfattande process av nationell upptuktelse och nazifiering. Nazifieringen kretsade kring *Gleichschaltung* eller likriktning, inte i dess moderna betydelse av människors lika värde utan som en form av avindividualisering och underkastelse. Syftet med denna hjärntvätt var att ställa samtliga samhällsled under nationalsocialismens överhöghet. Inte någon del av samhället undgick nazifieringsprocessen. Nationalsocialismens ideologer hade ett uttalat mål för ögonen: det tyska folkets förening i ett idealstatens *Utopia* under Adolf

Hitlers ledning. Ideologin krävde att varje medborgare skulle uppgå i en kollektiv själ, under uppgivande av den enskildes identitet. I den mening utgör nationalsocialismen en världsbild: från musiker till bildkonstnär, från kindergartenfröken till universitetsprofessor, från den alpina idrottsföreningen till Olympiaden: allt och alla underordnades denna vettvilliga naziideologi.

Nationalsocialismens inställning gentemot universiteten hade under Weimarrepubliken varit principiellt negativ. Högre utbildning bedömdes utgöra en tummelplats för världsfrånvända enslingar med liberala eller internationalistiska idéer. Politikerna hade föga insikt i akademin och visste inte riktigt vad som där försiggick, ännu mindre vad som skulle göras åt den. Strax efter maktövertagandet 1933 kom ett offentligt fördömande av universitetens kylslagna hållning visavi regimen. Universiteten beskylldes för att hysa samhällsfarliga frihetsideal, och att deras verksamhet genomsyrades av oönskad internationalism, vars karaktär ej harmonierade med den av nationalsocialismen besjungna nationalistiska statsformen. Följande citat av delstaten Bayerns kulturminister och grundaren av Nationalsozialistischer Lehrerförbund (nationalsocialistiska lärarförbund), Hans Schemm, förtydligar regimens diaboliska planer för universitetens framtid: "Från och med nu är det oväsentligt att fastslå om någonting är sant och rätt, utan det avgörande är om det är i samklang med den nationalsocialistiska revolutionen." Det sanna och rätta blev det konformistiska och mallstöpta, ideologins rättesnöre blev enformighet och blind lydnad.

En av Hitlers första åtgärder för att fjättra universitetens frihetssträvan var att införa führerprincipen, varmed menas att även i mindre organisatoriska enheter makten koncentrerades i en person. Varje universitet fick sin Führer, på ytan en återgång till den gamla rektorsorganisationen, som dock innebar slutet på universitetens självstyre i den mening att rektorn framgent utsågs av regeringen, inte längre genom internval av senat och dekaner. Även professorstillsättningar blev en politisk process syftande till att stävja "upproriska element". Självfallet var rektorn underställd utbildningsministern och, i hierarkins topp, Reichsführer Adolf Hitler själv. Innanför universitetets murar var dock rektorn fortfarande enväldig härskare. Fakulteterna förlorade sin makt och kallades inte längre *Fakultäten* utan *Dozentschaften* (docentlag). En ny lag infördes, *Gesetz zur Wiederherstellung des Berufsbeamtentums*, vars syfte var att rensa ut judar och bolsjeviker från myndighetsposter. Denna lag hade ödesdigra följder för landets akademiska judar då de hotades av avsked och yrkesförbud.

Fysiken blev ett flaggskepp för vetenskapens nyordning. Under namnet *Deutsche Physik* hade en rörelse uppstått, ledd av Nobelpristagarna Philipp von Lenard och Johannes Stark, vars uttalade mål var att bevara den traditionella fysikens "tyskhet" genom ett kategoriskt avvisande av modern fysik, varmed avsågs Einsteins relativitetsteorier samt Heisenbergs och Schrödingers kvantmekanik. Relativitetsteorierna och kvantfysiken hade medfört ett paradigmskifte i vetenskapen som Deutsche Physikrörelsen vägrade att finna sig i. Dessa under 1900-talets första decennier nytillkomna grenar på fysikvetenskapens gamla träd betraktades av Deutsche Physik-anhängarna som tjuvskott, döpt med det kärnfulla men föraktösande namnet *Jude Physik*. Rörelsens mål var ett återgående till *status quo ante*, det vill säga fysikteorierna från 1800-talets slut. Fastän varken Werner Heisenberg eller Edwin Schrödinger, kvantfysikens portalfigurer, tillhörde den mosaiska trosbekännelse, kallades de av von Lenard och Stark "vita judar". Nazildningens hållning visavi universiteten bar spår av en nervös ambivalens. Makthavarna visste inte riktigt vilken fot de skulle stå på. Man var dock överens om att forskningen borde underkastas folkets, det vill säga Führern:s vilja. Det förblev svävande vad detta i praktiken innebar, utöver det faktum att dagarna för professorernas akademiska aristokrati var räknade.

I nationalsocialismens förnuftskorrumperade föreställningsvärld intog "ande" en lägre plats än "kropp". Av den anledningen betraktades vetenskap som en "onaturlig" och i viss mån regimfientlig verksamhet, under det att den ansågs leda bort människan från dess mål: den sunda kroppen i enlighet med det ariska idealet. Anden var till för kroppen. Anden behövde ombildas och tränas för att stärka kroppens viljestyrka och uthållighet, den blivande hjältens främsta kvaliteter. Universitetens enda "nytta" i nazildningens ögon var att tillhandahålla ett forum för indoktrinering och tuktan, en idé lanserad av den med nazismen sympatiserande filosofen Martin Heidegger under slagordet *Führer und Hüter* (Ledare och förmyndare). Samma beteendedanande idé fanns (finns) inom konservativa internatskolors romantikdoftande fosterlandsanda.

Nationalsocialismen avsåg att även på universiteten verka för rasens renhet. Judar förbjöds inneha universitetstjänster, och även professorer och studenter med judisk anknytning förklarades *persona non grata*, vilket resulterade i att en strid ström av hel- och halvjudar lämnade landet och så dränerade nationen på dess snillen. Reichsführer Adolf Hitlers lakoniska kommentar på denna judiska intelligentians exodus: "Då får vi väl klara oss utan fysik och kemi."

Hitlers nationalsocialism mötte inget motstånd av betydelse från akademiskt håll. Tvärtom. De flesta professorer stödde öppet den nya ideologin, under det att den bedömdes bidra till att förverkliga akademins strävan mot en långtgående nationalism. *Verband der Deutschen Hochschulen* var en sammanslutning av universitet och högskolor som förde det akademiska ståndets talan. Förbundet var nazivänligt inställt och gav bland annat stöd åt den aktion som *Nationalsozialistische Deutsche Studentenbund* 1931 förde mot den judiske forskaren Emil Gumbel, privatdocent i matematisk statistik i Heidelberg. Det mäktiga studentförbundet organiserade vid tidpunkten för nazisternas maktövertagande hälften av alla universitetsstuderande.

Redan 1924 hade Gumbel gjort sig till studenternas måltavla genom sin pacifistiska kritik av det Stora kriget, vilket föranledde högljudda krav på hans avgång. Sex år senare kandiderade han till en post som biträdande professor, vilket fick studenterna att viltsint opponera sig med hänvisning till Gumbels opatriotiska fördömande. Efter ytterligare något år klantade Gumbel till det igen genom att föreslå ett monument i form av en jättelik sockerbeta i marmor till minnet av

Martin Heidegger

krigets *Rübenwinter* (sockerbetsvintern), det sista krigsårets hungervinter då befolkningen svalt och var nära att börja slåss inbördes om krympande mattillgångar. Hans halvironiska förslag ledde till folkstorm och blev anledningen till hans avsked.

Omedelbart efter Adolf Hitlers tillträde till makten i januari 1933 började förtrycket grassera i det nya Tyskland. Personer med judisk påbrå rensades stegvis ut ur samhället, medan medborgarnas fri- och rättigheter alltmer begränsades. När landets namnkunnigaste akademiker – "varats" filosof Martin Heidegger – ett år efter Hitlers val till rikskansler tillträdde sin tjänst som rector magnificus för anrika Freiburgs universitet, tändes hoppets ljus hos många som trodde att åtminstone universiteten skulle förbli den fria tankens borg i det ofria härskarsamhälle som naziregimen höll på att grunda. De som hoppades att den store filosofen skulle dra upp vindbryggan för att säkerställa att Freiburgs universitet även i oroliga tider skulle förbli navet i det fria tänkandet, blev snabbt besvikna. Endast en handfull av Heideggers kolleger kände till att den nye rektorn sedan många år varit medlem i Hitlers nationalsocialistiska parti och frivilligt tagit på sig rollen, inte som garant för det fria ordet utan som regimens bundsförvant. Medan Heidegger som forskare i sina filosofiska arbeten förblev trogen det humanistiska tänkandets ideal, ägnade hån som rektor magnificus all sin kraft åt att springa den nya regimens ärenden genom att påskynda avskedandet av judiska universitetslärare och professorer. Kollegiets medlemmar utsattes för regelrätta förhör för att fastställa deras hållning gentemot den nya regimen och blottlägga eventuella kontakter med judar. På direkt order av Heidegger plockades böcker skrivna av judar samt tavlor på framstående judiska vetenskapsmän genom tiderna ner från bibliotekshyllorna och byggnadens traditionsinpyrda väggar som sett Europas historia bli till, från den dag detta universitet grundades år 1457. Urskillningslöst kastades böckerna och tavlorna på ett "frihetens" bål som en makaber hyllning till den "ariska andens renhet". I sin installationsföreläsning som rector magnificus pläderade Martin Heidegger för idén att assimilera universiteten i det nationalsocialistiska samhället för att inifrån verka för nationens omvandling till en totalitär stat. Heidegger sade sig vara beredd att i detta syfte offra den helgade akademiska friheten, av honom nedlåtande bagatelliserad som oäkta och kontraproduktiv: "Den akademiska friheten innebar huvudsakligen till intet förpliktigande valfrihet med avseende på avsikt och syfte, samt obundenhet i göranden och låtanden". Ett stort antal professorer följde Heideggers förebild och bekände sig till den nya ordningen. Juridikprofessorn Ernst Rudolf Huber vid Kieluniversitetets nationalsocialistiska *Reformfakultät* eller *Stoßtruppfakultät*, hävdade att staten ingalunda var bunden av medborgarnas personliga friheter. Också vördnadsvärda Göttingen-universitetets rector magnificus gav tillåtelse till bokbål. Heideggers förebild följdes strax av andra. Opportunistiska forskare tog tillfället i akt att ge karriären en skjuts genom att öppet betyga sin lojalitet med regimen.

Kapitel VII

Med tomma händer välkomnade det holländska fysikersamfundet sin syster från diasporan som med bara någon timme tillgodo räddats från en kvalfull död i regimens utrotningsläger. Administrativt var allt i ordning: Coster och Fokker hade gjort klart med formaliteterna och tråcklat ärendet genom den snåriga byråkratin. Papperen fanns på plats. Fru Meitners ansökan att bosätta sig i Nederländerna hade sirapströgt malts igenom myndighetskvarnen och resehandlingar hade utfärdats. I täta underhandskontakter med utbildningsministeriet och inrikesdepartementet hade Coster och Fokker undersökt möjligheten att knyta Lise Meitner till ett universitet, för att gång efter annan skickas hem med beskedet att endast en oavlönad ställning som *privaatdocente* (privatdocent) kunde komma i fråga, då riket inte hade för avsikt att bidra till judiska immigranters försörjning.

Påsklovet 1938 tillbringar hon som paret Max och Magda von Laues gäst med dagsutflykter på landet i parets bil. All den kärlek som strömmade emot henne från dessa vänner som älskade henne mer än hon menade sig förtjäna. Efter detta avkopplade uppehåll hade hon i deras "bilgästbok" skrivit en strof av Johann Wolfgang von Goethe, där läsaren under en överraskande lugn yta anar de känslosvall hon under denna mörka period anfäktas av: "I svåra tider skänker Gud oss solsken, vänskap och skönhet."

Tiden efter flykten hade hon tänkt sig annorlunda. I andanom såg hon krigaren Odyssevs som efter många umbäranden och kringirrande på havet äntligen återser sina hemtrakter. Därhemma väntar hans trogna hustru Penelope, uppvaktad av friare som Odyssevs utan pardon kommer att röja ur vägen. I kvällningen skymtas eldarna på Ithaka vid den blodröda synranden, just där himmel och hav möts i en ren linje; vinden har mojnat och hans besättning gör sig redo att ro i land när någon får för sig att öppna den lädersäck de fått till skänks av vindguden Aiolos, i tron att den är full av vin.

Odyssevs, som slumrat in av utmattning efter att ha skött skotet i tio dagar, får ett bryskt uppvaknande när orkanvindar blåser upp från alla håll. Stormen driver dem långt ut på havet och får skeppet att kränga, med risk för att närhelst slå runt. År av hans liv blåser bort, och det värsta har han framför sig innan han kommer hem till Ithaka, där Penelope väntar med deras son Telemachos som han bara sett som nyfödd. Också Lise Meitner är långt från trygghetens hemmahamn. Hennes irrfärd över ett hav av blod är inte slut på länge. Det värsta har hon framför sig. Hon är inte klar över sin kollega Otto Hahns roll och hela tiden händer saker som hon saknar kontroll över.

Vän eller gycklare? Är han en vindarnas gud? Hon har svårt att tro att Otto skulle gå bakom ryggen på henne, ingenting i hans bemötande styrker sådana tankar. "Hon tror väl inte ..." Tanken stocknar, får henne att vämjas, kräver att läpparna uttalar de förbjudna orden. Bakom Hahns fasad av medmänsklighet och oegennyttig tillgivenhet anar hon en Judas, i ett makabert dubbelspel orkestrerat av en hänsynslös streber, beredd att gå hur långt som helst för att göra sig av med en rival. Är han en bedragare? Avser han att för egen maskin fortsätta klyvningsexperimenten för att ensam kamma hem ära och Nobelpris? Hon känner äckel inför sina onda aningar men lyckas inte slå bort tanken att Hänschen krokat arm med fienden.

Men varför har hon då fått briljantringen?

Som ett rö för vinden kastas hon mellan tillvarons ytterligheter, mellan själviskt svek och uppoffrande kärlek. Hon blir bränd. Sårad om och om igen. Många gånger om. Gång efter annan. Alla dessa löften, tomma för det mesta, icke desto mindre fyller de henne med hopp. Hopp som övergår i förtvivlan och uppgivenhet när löftena bryts. Vemod. Sorg. Hon är en bricka i ett taffligt spel med livet som insats. Ett bondeoffer. Ett bondeoffer på någons spelbräde. Ersättningsbar. Utbytbar. Det gör så ont, så ont. Härom natten hörde hon en fågel sjunga, en näktergal kanske. En näktergal i Berlin. Fågelsång bland den moraliska förruttnelse som försiggår omkring henne.

Varje morgon, frampå nattens osköna timme då himmelljusen bleknar, belägrar mardrömmar hennes bräckliga fästning, försvagad av utmattning och sömnbrist. Maran drabbar henne vid femtiden, när det ännu är mörkt; den farliga timmen när det inte är lönt att somna om, och dödsuren i det gamla husets bjälklager knackar fram sina illavarslande rop mot träets fiberväggar. Hur hennes tankar såg ut och vilka vägar de tog är inte alla gånger lätt att veta. Säkert är dock att hon ville fly in i sitt arbete där hon för ett ögonblick kunde känna sig fri, där ingen kunde nå henne. Där var hon trygg i sin ensamhet och visste vad hon gjorde. Där kunde hon fjärma sig och värja sig, känna sysslans bedövande verkan på den ångest som oavlåtligt bultade i hennes bröst, likt ett inflammerat sår. Där varje handrörelse visade förtrogenhet med instrumenten och de invecklade apparaterna. Där hon kunde hålla i sin räknesticka av gulnat elfenben och med några rutinerade handgrepp få den att utföra komplicerade beräkningar.

Hon hemsöks av en molande känsla av annanstanshet. Alienation. Hjärnan är frånvarande. Det känns mörkt och ensamt. Hennes inre energi vibrerar återhållet, likt ett fladdrande vaxljus på väg att slockna. Tankarna gör motstånd, graviterar ideligen till den flykt som kanske kommer. En stilla viskning: Gud stå mig bi! Ej värd att kallas en bön, en förnimmelse kanske, en krusning på medvetandets yta. Det händer att hon brister ut i gråt, när hon tror att ingen ser på. När Hahn är fördjupad i sitt och Strassmann låtsas syssla med annat för att inte genera henne. Svårast är nog fruktan, ren och skär skräck för det oväntade. Hon är rädd. Insikten att rädslan är större än tilliten skrämmer henne. Orden i judendomens rituella tröstebön *kaddish* flyter upp till ytan: ”Må hans heliga namn upphöjas och helgas i denna värld, som han skapat efter sin vilja, må han låta sitt rike komma till makt i edert liv och i edra dagar, och i hela huset Israels levnad, snart, i en nära framtid.” Hon trodde att hon gjort sig fri från sin judiska troslära, men nu visar det sig att hon har kvar sedeläran grundad på den.

Hon är ovan att be. De dödas tystnad har flyttat in i hennes våning. Hon orkar inte utforska sina känslor, hon vet inte vad hon vill eller vad som bör göras. Hon kommer på att hon glömt fråga Debye om han vet något mer om de bortförda judarnas öden. Hon är i en sinnesstämning där själen lämnar kroppen och ser på ovanifrån. Hon känner sig håglös, det vore lättast att ge efter och duka under för denna främmande känsla. Ljuva smärta! Finns det verkligen något sådant? Allt djupare försjunker hon i en virvel av motstridiga tankar. Med själens ögon ser hon omkring, får en bild av sitt arbetsbord på KWI med dess sladdar och geigerrör och böcker som hittills varit hennes medresenärer på livets färd. Varje kväll går hon minitiöst igenom sin loggbok med laborationsanteckningar, läser, äter och tänker på det som alla vet ska komma, själv räknar hon i dagar, eller veckor om hon har tur; det finns inget annat att göra, det gäller att ha tålamod – vänta och se –, dagarna följer mekaniskt på varandra, timme efter timme, likt sandkornen i ett gammalt timglas. Hela hennes väsen gör våldsamt uppror mot denna monotoni, hon revolterar mot att låta sig uppslukas av dagarnas enformighet som hotar att bryta ned det motstånd hon, trots allt, intuitivt känner. Livet skrumpnar ihop och lamslås. Hur kan det vara annorlunda när hon inte längre tar del i sitt eget liv, uppslukad av dagarnas nedslående rutin? Då uppstår strax en reaktion, att slå tillbaka mot inkräktaren som förgiftar hennes vardag. ”Mitt arbete är min styrka”, tänker hon ”min enda styrka, och med det följer ett ansvar.” Det är just sitt arbete nazisterna tagit ifrån henne. För första gången i sitt liv reser Lise Meitner upprorsfanan: ”Gud, ni väljer fel tillfälle att kuva er tjänare som blivit förmäten av sina framgångar”, ber hon, ”förbarma er, sparka inte på er tjänare som redan ligger och inte kan resa sig. Jag har ett experiment att passa, men samtidigt har jag sorg. Judarna dör för en feg mördares hand, hur kan ni låta detta ske? Svara mig! Svara Gud, den gud som tillåter att mitt folk bränns till döds. Svara mig: varför låter ni detta ske? Vad är det för mening med att låta judarna stupa för tyska påkar? Att med berått mod ta livet av mina landsmän, som är till ingen nytta för Er i himlen, men kunde ha gjort så mycket gott på denna jord om de fått leva. Vartill tjänar deras sorg och död? Du Gud, – nu säger jag *du* till dig för jag är utless på det där förbannade niandet, liksom jag är trött på att utan knot ta emot de olyckor du utsätter mig för – jag har tröttnat på dig Gud, jag är färdig med dig, dra åt helvete och slå ihop dina bopålar med Hin håle. Jag lovar: ingen kommer att märka någon skillnad. Ni två passar utmärkt ihop. Du förtjänar inte att jag är hygglig mot dig: du är en mördare! Mitt framför näsan på mig! Om jag inte hade varit kristen – vilket inte *du* är – skulle jag förbanna dig. Hur har jag inte förebrått mig själv, skamsen över min ångest, rädd för mitt tvivel, en usel kristen har jag varit. Men du Gud, du är en skitstövel. Gud, du är en skitstövel. Adjö, säger jag. Jag struntar i dig, Gud. Jag klarar mig själv. Jag går min egen väg. Det räcker med brutna löften. Det räcker med ditt olidliga ok av uttömt hopp." Allt förlorar sin mening. Luften surrar av rykten. Ett oskyldigt folk döms till döden. Omintetgörs. Destrueras, det finns inget annat ord. Ett oskyldigt folk döms till döden för sin tro. Ett tvåtusen år gammalt arv straffas med en hänsynslös klappjakt och utplåning. Vid ankomsten till lägret sker gallringen. Vänster. Höger. Vänster. Vänster. Vänster. Höger. Ett folk fösas in i en fålla av elstängsel där SS-soldater i vakttornet övar prickskytte. När adrenalinforsen i förövarnas blodbana ebbat ut till en rännil av skam och jakten är över, samlas troféerna ihop av judiska kvinnor och bränns till rök och aska.

Lise Meitner har resignerat. Hon barrikaderar sin själ bakom murar av misantropi. Hon är både jude och kristen, vilket gör henne till varken det ena eller det andra. Hon inser att hon alltjämt är en kvist på judefolkets slingrande släktträd. Hur har regimen lyckats reda ut denna trollhassel? Denna släkt som blommar på bar kvist, mitt i vintern? Hon har ärvt det judiska folkets respektingivande styrka att som en videgren böja för förtryck för att sedan räta upp sig när vinden mojnar, dess enastående förmåga att alltid komma igen och göra det bästa av situationen, att bygga nytt när allt ikring har rivits. Kommer Gud att rasera klagans murar för att en dag inträda i hennes själ och häva hennes sorg? Alltmera sällan anklagar hon sin Gud. Hon vacklar i sin tro, denna oreserverade, naivt devota kristenhet som hon sakteliga börjat göra till sin, även om hon föddes till Abrahams folk. Efter sitt utbrott ställer Lise Meitner aldrig mer sin Gud till svars, fastän hon för resten av sitt liv förblir en stridbar medmänniska med rebellisk glöd. Hennes klagan vänder inåt, hennes ord tiger, stelnar till suckar. Som en ljungeld rasar upproret i hennes bröst, medan hon förtärs av outsäglig sorg för det judiska folkets hjärtskärande öde, en sorg som för sista gången blossade upp till raseri i en bön till den Gud som lät detta folkmord ske. Oändligt sakta urholkas hennes klippfasta tro tills bara dess nakna kärna är kvar, den kärna som är medmänsklighetens första och enda budord: "Du skall icke hämnas och icke hysa agg mot någon av ditt folk, utan du skall älska din nästa såsom dig själv", resten sprids för tidens vindar. Vad smärta som finns i världen, bär hon för alltid inom sig som själens ärr. "Gråta har jag inte tid med, inte just nu. Jag har ett experiment att passa. Tids nog att gråta när jag fått gjort vad jag ska." Det är inte döden hon fruktar, hon bryr sig inte det ringaste om vad som kommer att hända henne, det är av omsorg för sin forskning hon revolterar. "Bara jag hinner göra klart med mitt experiment." Hon är ensam och minns Tolstojs inledande ord i *Anna Karenina*: "Alla lyckliga familjer liknar varandra, men varje människa som är olycklig är det på sitt eget sätt." Småningom, när allt är överståndet, töms hennes kropp på det vissnade hoppets tårar. De rinner bort och sugs upp av arbetets flit, det arbete som lindrar livet och tröstar döden, medan Gud i sin himmel skälver av förskräckelse över sin grymhet.

Mot slutet av april resulterar Hahns diskussion från den 18 mars med professor Hörlein i att utbildningsministeriet får fallet Meitner på sitt bord. På Hotel Adlon träffar hon den 22 april Carl Bosch, Nobelpristagare i kemi och styrelseordförande i inflytelserika BASF och IG Farben, som tillbringar några dagar i Berlin inför ett sammanträde. Väl insatt i regimens göranden och låtanden tvingas Bosch, trots att han talar med krigsindustrins mäktiga röst, lämna det nedslående beskedet att fallet Meitner glidit honom ur händerna, att hans tidigare uppmaning att "stanna till varje pris" inte längre gäller, då ärendet landat på utbildningsministerns dagordning som en följd av professor Hörleins inblandning. Hon anförtror dagboken sin modlöshet och gjuter sin ångest i fåordiga men känslotyngda meningar, medan hennes outtalade tankar mållöst kringirrar på ett hav av skräck utan synlig horisont. Hon är långt från frihetens Ithaka:

> "23 april: Plancks åttionde födelsedag. Träffade Torkild Bjerge från Bohrs institut tidigt på morgonen. Laue besökte Hahn och tog oss efteråt till Planck. Hyllningstal från vetenskapsakademin. Tillbaka till KWI för samtal med Hahn om Bosch-Hörlein. Träffade vid middagstid (Torkild) Bjerge och Arnold Flammersfeld (en av Meitners assistenter) för lunch. Bjerge redogjorde mycket öppenhjärtigt för situationen i Köpenhamn där de har problem med att hitta personal till de stora apparaterna. Fokker kom med sin förtjusande fru till institutet och visade bilder på barnen (en dotter och en son) ur sitt första äktenskap. På kvällen fest hos familjen Planck. Hade Fokker till bordet."

Tredje riket hade starkt stöd hos storindustrier som BASF, Hoechst, Bayer och IG Farben. IG Farben var huvudproducent av den cyanidbaserade pesticidgas använd i judeutrotningen. Som "motprestation" tillhandahöll regimen billig arbetskraft i form av slavarbetare från Östeuropa och Polen. Även amerikanska företag i Tyskland deltog i regimfångarnas hänsynslösa exploatering, i synnerhet IBM och dess Hollerithteknologi, som tillsammans med tidigare nämnda företag, ingick i en ohelig allians i samägda *Interessengemeinschaft Auschwitz*, som "ägde" koncentrations- och arbetslägren i Auschwitz, bortom vars dödsport med den kusliga välkomstskylten "Arbeit macht Frei" ett ohyggligt folkmord pågick. I, som här inträden, låten hoppet fara.

Lägerkomplexet Auschwitz, uppkallat efter den polska staden Oswiecim, bestod av tre delar: Auschwitz I var koncentrationsläger för politiska fångar, Auschwitz II-Birkenau förintelseläger och Auschwitz III-Monowitz det arbetsläger som försörjde tysk industri med slavarbetare. Vid ankomst delades fångarna upp i två grupper, en mindre grupp räknades som arbetsföra, medan fyra av fem judar skickades till gaskamrarna vars "kapacitet" 1942 uppgick till fyratusen människor per dygn. Endast niotusen personer överlevde helvetet fram till lägrets befrielse 27 januari 1945, medan lägrets dödstal mellan 1942 och 1945 uppskattas till 1,2-1,6 miljoner judar.

Den 16 juni träffar Meitner åter Carl Bosch, den här gången för att motta svarsbrevet från inrikesministeriet med anledning av hennes passansökan:

> "På uppdrag av Reichsminister dr (Wilhelm) Frick meddelar jag ödmjukast så som svar på Ert brev av den tjugonde i förra månaden att politiska

hänsyn gör det ej opportunt att utfärda ett pass för utlandsresor i Frau Meitners namn. Det har bedömts icke önskvärt att namnkunniga judar företar resor utomlands för att där påstå sig representera tysk vetenskap, eller på annat sätt med namn och erfarenhet demonstrerar sin personliga aversion mot riket. Jag är övertygad om att Kaiser Wilhelm Gesellschaft även efter Frau Professor Meitners entledigande finner vägar för henne att stanna i landet, samt, om omständigheterna tillåter, genom personliga åtaganden bevaka KWG:s intressen. Det anförda återger den uppfattning som Reichsführer-SS och chef för Inrikesdepartementets polisväsende (Heinrich Himmler) har i denna fråga."

Svaret får hennes korthus att rasa samman. Det korthus hon byggt av hopp och tro. Svart på vitt står det på papperet, vars glödande bokstäver nedtecknade med hatets bläck slår emot henne som lågor från den brännugn som regimen håller på att ställa i ordning åt henne. Under inga omständigheter är regimen villig att släppa henne och ge henne lov att lämna landet. Hon har dessutom fått naziledningens sökarljus på sig, vilket gör situationen ännu mer penibel. Från och med nu är hennes planer att avvika kända i nazisternas fögderi, och av allt att döma har Reichsführer Heinrich Himmler personligen engagerat sig i hennes fall och uttalat sitt veto, en dom som ej går att överklaga, trots Carl Boschs halvhjärtade försäkringar om motsatsen. Från och med nu tvingas hon att ständigt se sig över axeln. Gradvis fyller situationens allvar hennes medvetande: hon är tvungen att ta sig därifrån. Hon skriver till sin syster Lola, som några månader tidigare lämnat Wien och hittat en fristat i Washington DC och förklarar brevledes sin prekära sits för James Franck (Nobelpris 1925), på väg att lämna John Hopkins universitetet för en professur i Chicago. Franck låter inte gräset gro och skriver omgående en försäkran till immigrationsmyndigheten vari han, som första steg i en kommande asylansökan, förklarar att "Lise Meitner aldrig skulle falla det amerikanska samhället till last", samt erbjuder sig att stå garant för hennes underhåll i USA fram till dess hon själv kan försörja sig, vartill han, jämte uppgifter om livförsäkringar, upplyser om sin inkomst om sextusen dollar om året från John Hopkins universitetet och sin överenskomna lön om tiotusen dollar från Chicago. Meitner övervägde aldrig på allvar att flytta till USA där hon, förutom sin syster Lola, nobelpristagaren James Franck och några ytligt bekanta från studietiden och Kaiser Wilhelm Institut, inte kände någon.

Från denna tidpunkt blir chefen för fysiksektionen vid KWI, Peter Debye, hennes livlina. Som utlänning och chef för ett högstatuslaboratorium vars forskning förväntas ha konsekvenser för krigsindustrin har han lärt sig det politiska spelet som han behärskar ut i fingerspetsarna som ingen annan. En fysikens Machiavelli. Samma dag som Meitner får avslag på sin passansökan skriver Debye en trevare till Niels Bohr i Köpenhamn utan att nämna hennes namn, av rädsla för censuren men i förhoppning om att Bohr ska läsa mellan raderna och uppfatta situationens allvar:

> "Senast vi talades vid (den 6 juni) trodde jag fortfarande att allt var i sin gilla ordning, men läget har på senare tid snabbt försämrats. Jag tror numera att det blir nödvändigt att göra något drastiskt på kort varsel. Även ett halvbra erbjudande skulle seriöst övervägas, förutsatt att det innebär arbete och möjlighet till försörjning. Så som läget har beskrivits för mig vore i dagsläget ett sämre bud *nu* att föredra framför ett bättre bud *senare*. Jag har tagit på mig att informera Er om läget, så Ni förstår att jag är införstådd med den berördes åsikt i frågan. Jag kan försäkra Er att även en utomstående iakttagare skulle komma till en liknande slutsats."

Debye hade naziledningens förtroende. När Einstein 1933 lämnade Kaiser Wilhelm Institut för amerikanska Princeton Institute for Advanced Study, tog holländaren över rodret i Berlin-Dahlem. I samband med Hitlers maktövertagande uppmanades Debye att antingen bli tysk medborgare eller på annat övertygande sätt visa sin lojalitet med den nya ordningen.

År 1936 hedras Debye med Nobelpris i kemi. Som avslutning på de utdragna festligheterna åkte han 1940 på en föreläsningsturné till Förenta Staterna, utan att återvända. Eftersom Debye inte öppet frånträtt sin befattning och enligt den officiella versionen fortfarande var tjänstledig, uppstod ett ledningsvakuum, vilket inte förrän efter två år av obeslutsamhet fylldes när Werner Heisenberg 1942 utnämndes till direktör. För att inte såra Debye och hålla alla dörrar på glänt i händelse av hans efterlängtade återkomst, befordrades Heisenberg till direktör *vid* KWI, medan Debye kvarstod som direktör *för* institutet. Heisenbergs avancemang väckte på sin tid starka känslor hos kollegerna i utlandet. Under krigsåren föraktades den geniala kvantfysikern och isolerades som en paria och kollaboratör. En utböling vars karriär de facto var slut.

Bohr hade inga svårigheter att hänga med i galoppen och skickade med vändande post en avskrift av Debyes brev till Fokker i Holland med anmärkningen "för hennes säkerhet vore det bäst om hon omgående lämnar landet". Bohr bad om ett snabbt svar och en "lägesbeskrivning av hur långt Ni och Coster har kommit i Era förberedelser, samt vad Holland har att erbjuda". "Tyvärr var han förhindrad", skrev han, "att själv bistå med en tjänst i Köpenhamn då berörda myndigheter kategoriskt vägrar att utfärda de erforderliga inresehandlingar med hänvisning till att institutet redan är överhopat med flyktingar." Bohrs bedömning var att "det ej vore svårt för en person med hennes kvalifikationer att på sikt finna ett passande arbete, men nu gäller det att hjälpa henne i en prekär sits. Det verkar finnas möjligheter att längre fram komma i beaktande för en tjänst hos Siegbahns nya fysikinstitut i Stockholm, men utsikterna är ännu osäkra och det vore i alla händelser att föredra om Ni och Coster ofördröjligen fortsätter med Era försök att få till stånd en provisorisk lösning i Holland."

När Bohrs brev nådde Holland var både Fokker och Coster missmodiga, då reaktioner från kolleger i stort sett hade uteblivit. På universitetet i Amsterdam sade man sig inget kunna göra för fru Meitner, och tio dagar efter Fokkers och Costers upprop till det holländska fysikersamfundet har de inte fått ihop mer än en handfull vaga utfästelser om hjälp till ett värde av knappt tusen gulden om året, långt mindre än den för Meitners försörjning nödvändiga summa om tvåtusen gulden per år. Via professor David Cohen, jämte lokalpolitikern och affärsmannen Abraham Asscher, aktiv i halvstatliga *Comité voor Bijzondere Joodse Belangen* (Kommitté för särskilda judiska intressen) och *Comité voor Joodse Vluchtelingen* (Kommitté för judiska flyktingar), hade Fokker fått höra att "läget var allt annat än solklart" då Nederländerna, liksom flertalet europeiska länder, bestämt sig för att på alla sätt hejda den flodvåg av mänskligt vrakgods som vällde in från grannlandet. Cohens och Asschers flyktinghjälp var i första hand en humanitär insats, där överväganden om personens status lämnades utanför. Dock gavs en öppning i avslaget som kunde väcka en strimma hopp:

> "Endast personer vars närvaro i landet bedöms vara till gagn för riket kan komma i fråga för inresa. Vägen dit går via en ansökan till justitiedepartementet, som inhämtar råd från utbildningsdepartementet, och det kommer bli nödvändigt att Ni, helst i egen person, vänder Er till utbildningsdepartementet för att övertyga dem att Fru Meitners närvaro i landet är av stor vikt. Jag fruktar att Ni även på denna väg kommer att råka ut för hinder då bestämmelserna formellt endast gäller Tyskland och ej Österrike. Om Ni och Era vänner trycker på hårt tror jag Ni förmår visa att det här rör sig om ett mycket ömmande fall. ... Jag hoppas av hela mitt hjärta att Ni lyckas."

Fokker ber Meitners vän, lågtemperaturfysikern Wander de Haas från universitetet i Leiden, att telefonledes hos justitiedepartementet ta reda på asylprocessens formalia. Ingen av dem är bevandrad i byråkratins labyrinter, och fredagen den 24 juni tar Coster tåget från Groningen till Teylerstiftelsens fysiklaboratorium i Haarlem för att träffa Fokker och hjälpa till med att utforma en skrivelse att tillställas justitiedepartementet.

De var ovana vid byråkratspråk; de visste inte hur deras ord skulle falla, ängsliga för att rakt ut be regeringen att avvika från praxis. För byråkrater gäller samma regler i krig som i fred. Fri lejd utan vederbörlig rannsakan hör inte dit. Sakta men säkert tog deras trevande utkast till vältaliga formuleringar formen av en elegant petition vari inga relevanta detaljer lämnades oberörda, med risk att gå vilse i ett snår av ovidkommande nyanser och tomma futiliteter. De appellerade till landets heder och historiska öppenhet inför oliktänkande och åsiktsförföljda, trots motsättningar, samt till nationens strävan att också i vetenskapligt hänseende utmärka sig för en rakryggad hållning. "Medan den tyska regeringens åtgärder redan haft den effekt att ett stort antal judiska forskare av rang tvingats lämna hemlandet, och funnit en fristad i Belgien, England, Frankrike, Danmark och Förenta Staterna, väntar samma öde också Mevrouw Professor Meitner, ... Det skulle vara av stor vikt för den holländska fysiken och lända den till ära och internationellt anseende om en forskare av Professor Meitners renommé kunde knytas till landet." "Fru Meitner", pläderade Fokker och Coster, "välkomnas tillika av medlemmarna i det fysikvetenskapliga samfundet som av Kungliga Vetenskapsakademin i Amsterdam", hon skulle bli väl omhändertagen; det lät som om fysikerna plötsligt börjat ingå i en gemenskap av nationell enhet i ett land av enslingar där var och en sköter sitt, inte av hjärtlöshet, utan för att det alltid har varit så. De framhöll att hon ställde sig välvillig till att "arbeta varstans i Holland där det finns behov av någon med hennes meriter". De garanterade att Fru Meitner inte skulle bli beroende av samhällsstöd, att de insatser som initialt skulle behövas redan var fulltecknade, att hennes närvaro ingalunda inkräktade på holländares rättigheter, samt att hon inte stod i vägen för någon inhemsk forskares karriärmöjligheter. Den utförliga hemställan avrundades med försäkringar om Fru Meitners psykiska hälsa och politiska tillförlitlighet, samt att hon inte hade för avsikt att "engagera sig i någon form av politisk verksamhet eller propaganda". De avslutar med att "dessa omständigheter riktas till Ers excellens uppmärksamhet med vördsam anhållan om att Fru Meitner må beviljas tillträde i landet".

Skrivelsen skickades den 28 juni till justitiedepartementet, jämte en mindre formell men desto mer fullödig och kompletterande vädjan till utbildningsministeriet. I samband därmed framhöll Leidenfysikern Wander de Haas att det fattades något. Det är klart att det fattades något, det gör det ju alltid. de Haas menade att justitiedepartementet skulle bli mer positivt inställt till att bifalla anhållan om utbildningsdepartementet såsom tung remissinstans intygade att inresetillståndet för Fru Meitner gagnade såväl vetenskapen som landet, samt att detta påstående avsevärt skulle vinna i trovärdighet om det underbyggdes med ett bindande löfte om anställning vid något av landets universitet. Ity utlänningar inte tilläts utföra avlönade arbeten för att undvika konkurrens med lokal arbetskraft, var den enda möjlighet som stod till buds att erbjuda Fru Meitner en tjänst som privatdocent utan lön. I regel innebar detta en tålamodskrävande procedur med en uppsjö av arbetsrättsliga bestämmelser att ta hänsyn till, jämte den tidskrävande fackgranskningen där alla ska ha synpunkter på allt, och alla vill komma till tals i rent uppkäftigt revirmarkerande, men det föll sig så lyckligt att ett ordinarie fakultetsmöte var utlyst till den 28 juni på vilket de Haas, med stöd av kemisten Anton van Arkel, lagade om förslagets formalia. Universitetet i Groningen följde efter och aviserade utbildningsdepartementet att Mevrouw Professor Meitner erbjöds en privatdocentur i syfte "att i täta kontakter med fysik- och kemistuderande i Leiden och Groningen bistå dem i deras forskning samt hålla föreläsningar på dessa universitet", vartill Coster fogade sin personliga bedömning att fallet rörde sig om *periculum in mora*, bokstavligen "fara vid uppskov", en juridisk term använd för brådskande ärenden varmed avses att den försening som behandling av ärendet normalt medför, i det aktuella fallet skulle vara förenat med livsfara, vilket gjorde processen som sådan verkningslös.

Frågan om Meitners uppehälle var fortfarande långt ifrån löst. Fakulteterna sade sig sakna medel att hjälpa den blivande privatdocenten. van Arkel erbjöd sig att i Leiden värva studenter som mot ersättning var villiga att stödläsa för Lise Meitner, ett förslag som bröt mot lagens bokstav som förbjöd immigranter att utföra betalt arbete. Det blev nödvändigt att vända sig till företag och välbeställda judar för att få ihop till en dräglig levnadsstandard för Frau Meitner. Forskningsdirektör Gilles Holst vid elektroindustrin Philips fysiklaboratorium bidrog med en privat donation och menade att företaget kunde vara intresserade av att hjälpa till ekonomiskt mot att Professor Meitner gick med på att årligen hålla föredrag. Han tänkte sig ett bidrag i storleksordningen femhundra gulden, men kunde inte lova något konkret för tillfället. Fokker vände sig då direkt till Philipsfabrikens grundare, dr Anton Philips, med hänvisning till Meitners pionjärroll inom radioaktivitetens forskning, vars "arbete med studenter i vårt land ska bli en efterlängtad inspirationskälla", samt att "Meitner har föreläst i landet däribland på Ert laboratorium". Ingenjör Frans Otten, en av Philips toppdirektörer, svarade lakoniskt att företaget redan bidrog till forskares försörjning genom att betala skatt och riktat stöd till nederländska universitet, samt att "interna budgetregler och överväganden av politisk art gjorde det ej opportunt att räcka en hjälpande hand." Herrarna på Philips tänkte inte äventyra sina lukrativa affärsförbindelser med Hitler. Välgörenhet fick stå tillbaka för gniden opportunism. Skumraskaffärer med Hitlertyskland var inget undantag utan regel, och kommersen fortgick med regeringens goda minne, medan alla i möjligaste mån gjorde sitt för att mörklägga detta skamlösa geschäft med människoöden som växelmynt.

Det tjänade inte mycket till: omvärlden gick redan på knä och under fem års tid hade Europa och USA generöst tagit emot exilforskare från Nazityskland. Nödåret 1938, efter annekteringen av Österrike och Tredje rikets påannonserade skärpning av utresebestämmelserna, växte den strida flyktingströmmen till en mänsklig fors, medan resurserna i ländernas hart ansatta ekonomier sinade. En företagsledare för en tysk storkoncern i Holland som Fokker talade med anmärkte syrligt på tal om professor Meitners ålder att "flertalet som permitteras är betydligt yngre än Frau Meitner. Det är svårt för alla." Även fysikkolleger som personligen kände Lise Meitner och kunde bedöma värdet av hennes forskning var inte alltid införstådda med det akuta humanitära läget. Fokkers idealistiska insats kritiserades av en kollega för "det stora ansvar Ni personligen tar på Er genom att hjälpa henne fly landet, då hon riskerar att gå miste om sina pensionsrättigheter i hemlandet". Ytterligare en bekant till Fru Meitner, den fysikaliska kemisten Hugo Kruyt, professor vid universitetet i Utrecht och sedan 1922 framstående medlem av kungliga vetenskapsakademin, uttryckte att han gärna hjälpte till, "men bara när läget blir akut". Också han deltog i kören av olycksprofeter som dolde sin bristande empati bakom en judasfasad av förment oro för Meitners ekonomi, och manade Fokker och Coster till försiktighet att i dagsläget inte förila sig, då "hennes förlust av pension är oåterkallelig". Redan innan olyckan var framme hade de strukit vapnen och gått med på villkorslös kapitulation, bara deras heliga pensionsslantar förblev intakta. Det hände flera gånger under den här perioden att Meitners situation betraktades med en hästhandlares cynism av dylika försiktighetsgeneraler som precis visste vad allting kostade, hur hög sjukpenning de kunde räkna med, och vilka bidrag de kunde få. Det blev i bästa fall en dålig ursäkt för tidens absurda aningslöshet. Ännu trodde ingen på allvar att civiliserade tyskar, Centraleuropas kulturbärare sedan medeltiden, skulle ge sig på sina egna. Visserligen är det inte lätt att mitt i stormens öga orientera sig och uppfatta verkligheten som den faktiskt är. Det kan se ut som en paradox att man, genom att vända orättvisan ryggen till, ser den klart avtecknas mot ett kalejdoskopiskt kaos, men också kättarna på sin tid frammanade den skarpaste bilden av just det de förnekade. Det var svårt, även för Meitners kolleger, att tänka sig in i det utanförskap som arbetsbefrielse skulle medföra för henne, inse att tillvaron som föraktad utböling skulle bli odräglig, med eller utan pension, det saknade betydelse i sammanhanget. Inte ens Lise Meitner själv var alla gånger medveten om den nattsvarta framtid som väntade judarna under naziväldet.

Efter tre veckor av enträget slit och förnedrande tiggande hade Fokker och Coster inte fått ihop mer än till Fru Meitners knappa försörjning under ett års tid. Från tid till annan anfäktades de, liksom en del av Meitners kolleger, av tvivel; tanken slog dem att det nog vore bäst för henne att stanna i Berlin. Visserligen var de medvetna om att Meitner skulle sägas upp från sin tjänst, och att hon inte kvalificerade för ett tyskt pass, men Debyes brev av den 16 juni hade skrivits med så många förbehåll att kollegiet alltjämt inte korrekt uppfattade situationens allvar och ej insåg nödvändigheten att få henne ut ur landet så fort som möjligt, innan lagskärpningen slog igenom i brutal kraft. Varken Fokker eller Coster visste med säkerhet om posten censurerades, de kunde bara förmoda, eller om partispioner på KWI följde utvecklingen och när som helst kunde få hemliga polisen att slå till mot sitt värnlösa offer. Varken Fokker eller Coster hade i så många ord vågat skriva till Debye att de löften om stöd de fått ihop bara räckte till Meitners uppehälle i ett år; Niels Bohr kände till det, men hade inte reagerat.

Mot slutet av juni beslutar Coster att på plats i Berlin sätta sig in i fallet och smuggla Meitner ut ur landet. Som försiktighetsåtgärd lagade han i förväg med den holländska gränspolisen så inga hinder skulle läggas i vägen för Fru Meitners inresa. Sent på måndagens kväll den 11 juli anländer Coster till Berlin där han tillbringar natten i Debyes tjänstevilla. På tisdag kommer Lise Meitner tidigt till Kaiser Wilhelm Institut där Otto Hahn informerar om läget. För att inte väcka misstankar undviker Coster laboratoriet, och kontakten med Meitner löper via Debye och Hahn. Hon kommer sent den dagen, arbetar på kvällen tillsammans med en assistent och korrekturläser en forskningsrapport som ska till tryck. Därefter har hon dryggt en timme på sig att packa sina futtiga egendomar. En påtagligt nervös Hahn hjälper till, utan att riktigt hjälpa till. Framåt halvelvatiden åker de till Hahns hus där hon tillbringar natten. På morgonen kör Paul Rosbaud henne till Berlin Hauptbahnhof, samma järnvägsstation där hon trettio år tidigare som ung doktorand stigit av för att läsa vidare för Max Planck.

Paul Rosbaud, förläggare av vetenskapstidningar utgivna av renommerade Springer Verlag och under kodnamnet ”Griffin” (Gripen) en av engelska underrättelsetjänsten SIS (Secret Intelligence Service) främsta spioner, som någon månad tidigare skickat sin judiska fru Hilde och deras dotter Angela till friheten i

England, ska några månader senare bli den förste utanför en inre krets bestående av Meitner, Hahn och Strassmann som får vetskap om att Nazityskland förfogar över den nödvändiga kunskapen för att tillverka massförstörelsevapen baserade på kärnklyvning.

Lise Meitner ser inte om när tåget lämnar stationsbyggnaden vid Friedrichstraße. I fickan har hon tio mark och Otto Hahns briljantring... Hennes ägodelar är kvar i Berlin. Judiska emigranter fick inte ta med sig mer än denna symboliska summa av tio Reichsmark; allt utöver det uppfattades som att judarna var ekonomiska flyktingar som likt kloakråttor smet i väg med sitt stöldgods.

Ringen blir i hennes överspända fantasi en "golem", enligt judisk folktro en "mänsklig automat" som utför det som anbefalles den i Guds namn. Prototypen för en golem är *Jossel*, skapad av rabbinen Löw, omtvistad ledare för judisk kultur i staden Prag under kejsare Rudolf II:s regering. Andra framför överrabbinen i polska Chelm vid 1500-talets slut, Eliyahu ben Aharon Yehudah (*sv.* Elijah, Aaron Judahs son), kallad Elijah Ba'al Shem sedan han med en remsa i dockans panna (*shem*) givit liv åt den första golem. Pseudonymen Carlo Collodis legend om Pinocchio (1881-1883), den levande, uppstudsiga dockan av gamle Gepetto täljd ur en bit talande trä, är inspirerad av golemkulten. Författarens riktiga namn var Carlo Lorenzini, en florentinsk journalist bosatt i byn Collodi, halvvägs mellan Florens och Pisa, som deltog i den toscanska frivilliga armén i kriget för Italiens enande 1848-1861.

Golem är hebreiska för "oformad" eller "oskapad" och legenden kring den finner sitt ursprung i gammal judisk tro som låter varje rättrogen människa äga möjlighet att skapa sin egen värld genom att upprepa bokstäverna i Guds förborgade namn i en ordning föreskriven av *kabbalan*. För att skapa en golem krävs en mängd orörd bergsjord som knådas med friskt källvatten till människans avbild. "Skaparen" (ingenjörer) läser den rätta bokstavskombinationen över var och en av den blivande golems lemmar, varefter han medsols går runt den ett bestämt antal varv för att så skänka den liv. Varje golem är försedd med en remsa (*shem*), buren i pannan eller under tungan, inskriven med det hebreiska ordet *emeth* som betyder Guds sanning. Skaparen äger oinskränkt makt över sin golem eftersom han närhelst kan utplåna den genom att radera den första bokstaven i *emeth* (alef) som då blir *meth*, i betydelsen "döden".

Kapitel VIII

Gryningsljuset sveper bort nattmörkret i Jornada del Muerto-öknen, död mans vandringsväg, i Förenta Staternas New Mexico. Innan Mexico 1821 blev en självständig nation begränsades alla kontakter mellan New Mexico och omvärlden till denna handelsled genom ett ändlöst hav av sand och grus. Ökenplatån andas uråldriga indianska traditioner. Här och var finns lämningar efter stammar som spårlöst försvann för tusen år sedan; ingen vet vad som hände eller vilken katastrof tvingade dem att lämna sina boplatser. Bara några ristningar och terrakottaskärvor finns kvar. Det är en av jordens märkligaste platser. Ett rött landskap av förvridna klippor. Marken är i det närmaste steril. Torr, mycket torr, med enstaka malörtsbuskar, inte ett träd.

De sista stjärnljusen bleknar sakta bort i morgonrodnaden som färglagt ett stråk på himlen vid österns horisont. Ströljuset från solen under horisonten får de slitna bergstopparna att glöda. Om någon minut ska strålarna nudda vid ökenplatån för att utbrista i ett jublande crescendo av bländande dager. Men det dröjer ännu ett tag.

Ett skiffergrått gryningsljus sipprar genom en långsmal glugg in i den till hälften nedgrävda bunkern. Färgen på betongväggen är sprucken, flagnar i stora sjok. En tummad väggkalender klamrar sig fast vid gårdagen. En man i generalsuniform sliter med ett ryck loss lappen, knycklar ihop den till en liten boll och siktar på en knappt synlig papperskorg vid bunkerns bortre vägg. Den hopknycklade gårdagen landar i skuggan av ett rostfläckat dokumentskåp. Generalen blinkar konspiratoriskt åt kaptenen närmast sig, som förbindligt nickar och ler.

Dagens datum är 16 juli 1945.

Klockan visar 05:25:00 lokal tid.

Urets ihärdiga tickande förstärker en nervös väntan. Dess monotona ticktack överröstar gnisslet från en rostig fläkt i ytterväggen. Fläktbladens långsamma vridning släpper in ett sönderhackat ljus, likt ett stroboskopiskt sken. I dagerns matta skimmer tonar militärgröna kontorsbord i stålrör fram. De används som sittplats av det tjogtal militära och civila i bunkern, unga killar för det mesta, vars uppgift är att vinna kriget med sitt snille som vapen, samtidigt som deras passion för vetenskapen kanske går före. I tre år har de levt under sekretess utan någon att berätta sina vedermödor för. Orten Los Alamos, centrum för projektet, är så hemlig att den inte finns. Pappershögar och kartor har vräkts åt sidan för att bereda plats åt bunkerns tillfälliga bosättare. Allas blickar fixeras hypnotiskt vid fönstergluggen. Framför den smala öppningen balanserar en tubkikare på skrangliga träben, över den böjer sig just nu en ung sergeant från militärpolisen som fjäskar för sina överordnade och ställer in skärpan genom att vrida på okularet. Bilden i teleskopet visar en vidsträckt ökenplatå utan synligt slut, fläckvis täckt med rödgrön buskvegetation. Testområdet ligger i nordligaste delen av Alamogordo Bombing Range, amerikanska arméns testplats, mellan städerna Carizozo och Socorro. Långt borta, på tio kilometers avstånd, syns i dunklet nätt och jämnt blänket från en konstruktion av grova järnbalkar, synlig bara för den som vet att där verkligen har rests ett hafsigt hopsvetsat torn. För en halvtimme sedan sågs en karavan av lastbilslyktor i hög fart köra därifrån, i riktning mot Socorro, sextio kilometer nordväst om testplatsen.

Klockan är 05:27:00.

Om exakt tre minuter ska atombomben i tornet spränga sönder öknen, riva hål i atmosfären och avgöra kriget till de allierades fördel. Eller inte. Det är möjligt att supervapnet kommer att säcka ihop med en uppgiven suck. Atomernas våldsamma ande ska släppas ur flaskan, så är det tänkt. Rädd för att säga för mycket har bomben döpts ”Gadget”, Prylen. Själva provsprängningen har med bibliska konnotationer fått namnet Trinity, Treenigheten. Ordet Trinity väcker associationen att Gud står på de allierades sida och projektets vetenskapliga ledare, Robert Oppenheimer, har upprepade gånger ombetts förklara varför han valt just det namnet. Bara han vet att namnet är till för att hedra sin förra flickväns minne, men den uppgift håller han klokt nog för sig själv. Om några veckor ska befolkningen av två japanska städer, Hiroshima och Nagasaki, ställas till svars för generalernas kategoriska vägran att ge upp den förlorade striden; Japans traditionella samurajideal förbjuder kapitulation även när läget är hopplöst. USA kommer att hämnas för Pearl Harbor, det japanska flygvapnets överfall på en sovande marinbas, som tvingade nationen in i detta oönskade krig. Städer och dess befolkning kommer att utplånas. Förgasas i ett helvete av eld och radioaktiv strålning, som tar livet av hundratusen värnlösa civila, men därom vet ingen ännu något.

Närvarande i observationsbunkern är Leslie Groves med sin stab av arméofficerare samt en representation av forskare, däribland Robert Oppenheimer. Innan kriget bröt ut var han en klart lysande stjärna på fysikhimlen, numera atomprojektets karismatiske vetenskaplige ledare. Kenneth Bainbridge är också där, ansvarig för dagens provsprängning. General Groves, chef för amerikanska ingenjörskåren, har totalansvar för projektet, de allierades största vetenskapliga och industriella kraftsamling under världskriget. Projektet har engagerat 150-tusen av USAs och Englands främsta forskare, tekniker, räkneassistenter och annan personal, sedan presidenten för tre år sedan beordrat en gemensam insats i syfte att ta fram det ultimata massförstörelsevapnet baserat på Lise Meitners och Otto Hahns kärnklyvning, upptäckt i slutet av 1938 medan Europa, i nervös väntan på Hitlers Wehrmacht, firar en ransonerad jul. En del forskare är flyktingar från Tyskland och Österrike. De har undkommit Nazitysklands koncentrationsläger och dess bolmande destruktionsugnar. Efter en farofylld flykt har de hittat en fristad i USA. Lise Meitner är inte med. Hon befinner sig i det neutrala

Stockholm. Otto Hahn är inte heller med, han befinner sig i säkerhetstjänstens förvar på Farm Hall i England. För ett halvår sedan tilldelades han det Nobelpris som borde tillfallit Lise Meitner, medan Sverige detta sista krigsår leker "business as usual".

Edward Teller, excentriskt kärnfysikergeni från Ungern och vätebombens blivande konstruktör, tar fram en flaska, smörjer i djup koncentration in ansiktet och händerna med ett par droppar sololja. Han låter flaskan gå runt, några följer ordlöst hans exempel. Han är flykting från Budapest, en sjukligt ambitiös man, fanatisk i sitt hat mot nazismen. Tyskland borde jämnas med marken, anser han, och "varenda nazidjävul utrotas." Oppenheimer har varit tvungen att sidsteppa honom som chef för atomprojektets teoretiska avdelning, något som sårat Teller till den grad att han om knappt tio år ska bli den Judas som förråder Oppenheimer genom att på åklagarsidan vittna i atomenergikommissionens "process" mot den förre vetenskaplige ledaren för Los Alamos Science Laboratory. Om ett års tid ska Teller återgå till sin tjänst på universitetet i Chicago och bida sin tid, tills nationen 1949 kallar in honom på nytt, den här gången för att, tillsammans med matematikern Stanislaw Ulam, konstruera vätebomben. Ulams bidrag till Manhattanprojektet är Monte-Carlometoden, en numerisk metod att med hjälp av en dator eller för hand finna lösningar till komplicerade räkneproblem som saknar exakt lösning. Denna iterativa beräkningsmetod användes i de allierades atomprojekt för att lösa diffusionsekvationen (sambandet mellan transport och inbromsning av fria neutroner) i samband med dimensionering av den bridreaktor byggd för att få fram vapenplutonium till Nagasakibomben.

Enrico Fermi, italienaren som 1942 startade den första kontrollerade kedjereaktion i en primitiv reaktor under Chicagouniversitetets idrottshall, sitter på golvet i ett hörn och river ett papper i långsmala remsor, ingen vet varför han leker kindergarten och ingen vill fråga, för den vanligen ämable Fermi kan bli rätt kolerisk när någon kommer för nära inpå honom. Engelsmannen James Chadwick halvligger på ett kontorsbord och låtsas anteckna; på tidigt 1930-tal upptäckte han neutronen, den elektriskt neutrala elementarpartikeln som klyver atomen. Hans Bethe är där, tysk flykting från naziförföljelsen, numera chef för projektets teoretiska avdelning, liksom Richard Feynman, ung teoretisk fysiker av Guds nåde som tillsammans med Bethe räknat ut hur mycket energi frigörs i en kärnvapenexplosion.

George Kistiakowsky sitter försjunken i tankar, ukrainsk professor vid Harvard, ansvarig för konstruktionen av de komplicerade reflektionsskärmar som förhindrar neutronläckage från plutoniumsfären. Phil Morrison som organiserat bombens transport till testområdet. Bredvid honom Robert Serber, amerikansk fysiker som på föredömligt sätt utbildat projektets lekmän i fissionsbombens principer. Vannevar Bush fråm MIT (Massachusetts Institute of Technology), förre presidentens rådgivare i vetenskapsfrågor, samt kemisten James Conant, ordförande i National Defense Research Committee. Alla känner sig besvärade av sina känslor och simulerar ett tillkämpat professionellt lugn, deras ansikten är strama och slutna men spänningen märks på deras rastlösa händer och enstaviga konversation som liknar grymtningar, utan att växla ord eftersom de sagt varandra allt de har att säga. Oppenheimer tänder ännu en cigarett, vässar samma blyertspenna för kanske tionde gången, testar pennspetsen mot tummen. Alla är uppslukade av tystnaden, en kraft står i luften omkring dem, ett slags elektrisk tystnad som trycker och fyller rummet med en nervös laddning. Alla stirrar blint på gluggen i bunkerns yttervägg, medan ett skatbo av kaotiska tanketrådar krälar inuti deras hjärnor.

I slutet av 1938 framkom att urankärnan kan klyvas genom att beskjuta den med långsamma neutroner. Vid varje klyvningstillfälle bryts också två eller tre neutroner loss ur atomkärnans energifästning. Lise Meitner och Otto Hahn hade hittat en outsinlig källa av makalös energi inuti materiens mikrokosmos, mer än tio miljoner gånger kraftigare än något tidigare känt energislag. Blott Hahn skulle belönas med Nobelpris för upptäckten: Lise Meitner, kärnklyvningens egentliga musa, var judinna och hade via Holland tvingats fly till Sverige kort tid före det avgörande experimentet. Under andra världskriget samlades eliten av Englands och USAs forskare i topphemliga Manhattanprojektet för att utveckla det vapen som skulle få slut på kriget. Att även Tyskland var ute efter atombomben var uppenbart. Hur kunde Hitlertysklands plötsliga och omotiverade intresse för uran och tungt vatten annars förklaras? Efter Meitners och Hahns upptäckt av kärnklyvningen var hemligheten inte hemligare än vilket som helst tillkännagivande i en facktidning. Den ungersk-österrikiske atomfysikern Maurice Goldhaber, verksam vid University of Illinois, beräknade helt på egen hand hur en kärnreaktor konstrueras. Som utlandsfödd med släktingar kvar i ockuperat område uteslöts han från att delta i hemliga projekt, men myndigheterna kunde inte hindra honom från att räkna på det som endast ett fåtal edsvurna borde känna till.

Kapitel IX

För åtskilliga sekel sedan lyckades en läkare i Kina bota kejsarens dotter från en livshotande sjukdom. Den tacksamma mikadon erbjöd sin livmedikus världens skatter, han fick önska sig allt som låg i rikets makt att skaffa fram. Läkaren förblev kallsinnig inför sin härskares bud. Det enda han önskade sig, svarade han ödmjukt, var ett schackbräde av enklaste slag med *ett* riskorn placerat på den första rutan. För varje ledig ruta skulle det föregående antalet riskorn fördubblas och riskornen på den sista rutan skulle tillfalla honom i belöning. Kejsaren kunde inte låta bli att le något litet i sitt vita skägg, samtidigt som han till tårar rördes av sin tjänares trofasthet, som nöjde sig med en enkel skål ris, medan världens rikedomar låg vid hans fötter.

Fördubblingsförfarandet låter ett bli två, två bli fyra, fyra bli åtta, åtta sexton. Den sextiofjärde kvadraten på brädet fylls av fler riskorn än universum får plats med. Detta är principen för en kedjereaktion.

Det fordras *en* långsam neutron för att klyva en uranatom. Därvidlag frigörs två neutroner, som var för sig klyver ytterligare en atom. En ensam neutron har nu blivit fyra fria neutroner, fyra blir åtta, åtta blir sexton, tills en ohejdbar lavin av neutroner bräcker så många atomer att en aldrig förut skådat energimängd släpps loss i en samfälld smäll. Vill man undvika en kedjereaktion, får endast ett fåtal fria neutroner lov att stanna kvar i materialet, vilket sätter en övre gräns för den mängd material som utan risk för en atomexplosion går att hantera. Detta är den *kritiska massan*. Den som har livet kärt gör klokt i att uteslutande handskas med klyvbart material mindre än den kritiska massan. I en sådan mängd bryts kedjan lätt när de flesta neutroner flyr ämnet utan att orsaka kärnklyvning.

Atombomber får sin energi genom upprepad klyvning av tunga atomkärnor inom en extremt kort tidrymd. Anrikat uran-235 eller plutonium-239 av hög renhet används som klyvningsmaterial. För att tända en brasa behövs en tändsticka, för att låta en stav dynamit explodera en tändhatt av något slag. Vad fordras då för en atombomb? Kärnvapen är i regel så konstruerade att de består av två delar, vardera underkritiska, det vill säga att massan av varje del understiger kritisk massa. Var för sig är delarna stabila, inget dramatiskt kan ske. För att starta kedjereaktionen kan man gå två vägar. I det ena fallet skjuts en plugg av klyvbart material i en öppen cylinder tillverkad av samma ämne. När de två massorna förenas uppnås kritisk massa och kedjereaktionen inleds. I den andra typen komprimeras ett ihåligt plutoniumskal när korditladdingar placerade runt skalet sprängs inåt. I centrum finns i regel en neutronalstrande radioaktiv isotop vars syfte är att snabba upp klyvningsförloppet. Plutoniumsfären håller visserligen kritisk massa, men är fortfarande underkritisk eftersom den är ihålig, tills den imploderar. I Los Alamos konstruerade forskarna en bomb av varje sort: uranbomben *Little Boy*, 6 augusti 1945 fälld över Hiroshima, och plutoniumbomben *Fat Man*, som tre dagar senare ödelade hamnstaden Nagasaki. Testbomben i New Mexicoöknen var av samma konstruktion som Nagasakibomben.

För att slå sönder en atom behövs en slägga av något slag. Neutroner har, på grund av sin elektriska neutralitet, lätt att genomtränga de elektrostatiska barriärer som omger atomkärnan; inkräktarna påverkas inte av vare sig elektronerna i atomens skal eller protonerna i kärnan. Som en tjuv i natten smyger neutronen fram till kärnan. Denna egenskap gör neutroner till idealiska atomsläggor, förutsatt att de träffar målet, vilket inte är lätt, ty atomer består ju för det mesta av öde rymd. För att träffa kärnan gäller det att göra neutronsläggan så stor som möjligt. Hur går det till? Något svävande kan sägas att en mikrokosmisk partikel som en neutron växer i storlek ju oprecisare man känner till dess läge. Detta hänger samman med ett kvantfysikaliskt fenomen känt under namnet Heisenbergs obestämdhetsprincip. Den tyske kvantfysikern Werner Heisenberg, som i historien återkommer som chef för Tredje rikets atomprogram under andra världskriget, upptäckte denna effekt vid tjugotalets mitt medan han höll på att repa sig från en besvärlig hösnuva på Helgoland, en av norra Tysklands karga öar, cirka sju mil från fastlandet. Där kom han fram till att det ej är möjligt att samtidigt (med *en* mätning) bestämma en elementarpartikels fart och dess läge med vilken noggrannhet som helst. Ju noggrannare man känner till partikelns hastighet desto mindre vet man om var den befinner sig, och ifall någon skulle lyckas bestämma *var* partikeln i fråga finns tappar han till följd därav kontrollen över dess *fart*, det vill säga var den kommer att finnas härnäst. Denna effekt gör en mikrokosmisk partikel "suddig", vilket, kan man säga, ökar dess omfång.

Till skillnad från vad många tror är en atomkärna inget klot av "ogenomträngligt" atomstål. En bättre bild fås genom att tänka sig kärnan som en darrande vattendroppe, hängande i kranens tappöppning över avloppets avgrund. Likt en vattendroppe balanserar också en tung och instabil atomkärna på en knivsegg. En vätskedroppe hålls nödtorftigt ihop av en seg hinna av elektrisk ytspänning medan molekylernas tyngd och termiska rörelse söker brisera den. På analogt vis utgör en tung atomkärna ett metastabilt tillstånd hotat av utplåning. Repellerande elektriska krafter mellan kärnans positivt laddade protoner vill driva isär delarna i ett utbrott av mikrokosmiskt fyrverkeri, medan naturens starka kraft gör vad den förmår för att hålla samman kärnpartiklarna. Tunga atomkärnor av radioaktiva ämnen står och väger mellan att brisera till följd av elektrisk repulsion mellan kärnpartiklarna och att behålla *status quo* tack vare den sammanbindande starka kärnkraften. (Starka kraften är en av naturens fyra mekanismer för kraftverkan. De övriga är elektromagnetiska kraften, svaga kraften och gravitationen. Starka kraften och svaga kraften kännetecknas av kort räckvidd och verkar följaktligen endast i mikrokosmos, medan elektromagnetiska kraften och gravitationen har oändligt stor räckvidd och dominerar i makrokosmos.)

När en neutron tränger in atomkärnan och ställer till med oreda i dess gytter av protoner och neutroner, tippar balansen över. Kärnan splittras i två mindre, måhända stabilare bitar. Följaktligen är det inte ”neutronprojektilen” som ”spränger” atomkärnan, därtill är den alldeles för harmlös. Neutronen utgör blott den ”sista droppen som får tunnan att rinna över”, på samma sätt som en viskning kan sätta en lavin i rullning, ett avslöjande reportage kan störta en diktator, och ett fallande löv i regnskogen kan ge upphov till en tropisk cyklon i ett fenomen känt som fjärilseffekten. Vid klyvning delas atomkärnan i två fragment. Hur dessa fördelar sig kan ingen veta i förväg, bara att protonernas antal sammantaget förblir oförändrat. I varje kärnsprängning frigörs också två neutroner. *En* atomslägga blir följaktligen två, två blir fyra, fyra blir åtta, tills efter bråkdelen av en sekund antalet delningar lavinartat ökar till miljarder och åter miljarder. Likheten mellan en okontrollerad sprängning (atombomb) och en kontrollerad sådan (kärnreaktor) ligger i neutronernas förmåga att åstadkomma en kedjereaktion och fysikernas skicklighet att i tid hejda och reglera produktionen av sekundära neutroner.

Varifrån får atombomben sin energi?

Vi följer det resonemang som kärnklyvningens upptäckare Lise Meitner och hennes systerson Otto Robert Frisch förde juldagen 1938, medan de åkte på en skidutflykt i svenska Kungsängens natursköna omgivningar. För första gången firade Lise Meitner jul i det neutrala Sverige, långt från Hitlertysklands morbida strävan att ta livet av sina medborgare av mosaisk tro. Julhelgen tillbringade hon hos sin vänninna från tiden i Berlin, Eva von Bahr.

Fysikens sätt att resonera handlar i regel om att jämföra ett fenomen vid två tillfallen, ”före” och ”efter” den händelse som studeras. Före kärnklyvning finns en långsam neutron och en instabil tung atomkärna. Var för sig har de en massa som kan slås upp i tabellverk. Denna sammanräknade massa motsvarar en energimängd enligt Einsteins berömda ekvivalensprincip $E=mc^2$; massan är i relativitetsteorin en form av högkoncentrerad energi, liksom energi kan ”förtätas” till materia med massa. Bokstaven c i formeln står för ljusets hastighet, c^2 är ljusfarten multiplicerad med sig själv, ett oerhört stort tal, en etta följd av sjutton nollor. Den energimängd erhållen ur beräkningen är den som ”ligger i potten” inför klyvningen. Efter klyvning erhålls två klyvningsprodukter. I regel är det grundämnena krypton och barium. Därutöver frigörs två neutroner. Kryptons och bariums massa finns listade i tabeller, det är bara att slå upp, liksom massan hos de två fria neutronerna. Dessa massor motsvarar en mängd energi enligt $E=mc^2$.

Jämförs energin *före* klyvningen med den *efter* klyvningshändelsen framgår att ”före” är större än ”efter”. Det väcker intrycket att energi har runnit ur processen, men så är inte fallet. Den felande energimängd har frigjorts i form av rörelseenergi (värme) hos klyvningsprodukterna. Denna värmemängd är i sig föga imponerande, den är i storleksordningen en tiotusendel av en miljarddels joule, men eftersom redan en näve klyvbart material innehåller lika många atomer som siffran *ett* följd av tjugofyra nollor, blir det sammantaget jättelika energier ändå. Bomben över Hiroshima omvandlade knappt ett kilogram uran till så mycket värmeenergi att staden jämnades med marken och närmare hundratusen oskyldiga liv gick till spillo i vad då bedömdes vara en god sak.

Uranets vanligaste isotoper är U-234, U-235 och U-238. Talet efter symbolen för grundämnet avser antalet partiklar i atomkärnan, alltså summan av dess protoner och neutroner. U-235 klyvs av snabba eller långsamma neutroner, enklast dock av långsamma. Denna uranisotop splittras i två tillnärmelsevis jämnstora delar, under frisättning av stora mängder strålnings- och värmeenergi. Klyvningsprodukterna innehåller i regel högradioaktiva ämnen vilka till följd av deras snabba sönderfall bidrar till energiutvecklingen.

Kärnklyvningens fysik har aldrig varit en hemlighet. Så tidigt som 1932 nämnde Fritz Houtermans, en österrikisk-holländsk fysiker utnämnd till docent i Berlin, i sin installationsföreläsning att den då nyligen upptäckta neutronen i framtiden skulle bli det verktyg att bända upp atomerna med för att så frisätta oerhörda mängder energi. Den frigjorda energin härrör i den mikrokosmiska skalan från den bindningsenergi som tidigare gått åt till att hålla samman atomens protoner och neutroner till en kompakt kärna (starka kraften). En tung urankärna binder mer energi för dess sammanhållning än krypton och barium tillsammans, och överskottet frigörs (delvis) i form av värme. Houtermans profetia upprepades 1935 av paret Frédéric Joliot och Irène Joliot-Curie i samband med nobelfestligheterna till deras ära: ”Vi kan nu med all rätt tänka oss möjligheten att forskarna, vilka efter eget gottfinnande kan bygga upp eller slå sönder grundämnen, också ska kunna förverkliga kärnomvandlingar av explosiv art.”

Houtermans och paret Joliots förutsägelser, samt tillkännagivandet 1938 av Meitners och Hahns lyckade klyvningsexperiment, nonchalerades av politikerna tills Leo Szilard via Albert Einstein gjorde president Roosevelt uppmärksam på hotet. Detta sena uppvakande medförde att USA gav sig in i kapplöpningen tre, fyra år *efter* Nazityskland. Endast en rad missar, tillfälligheter, försummelser och internt prestigekäbbel skulle sinka Hitlertysklands kärnvapenambitioner.

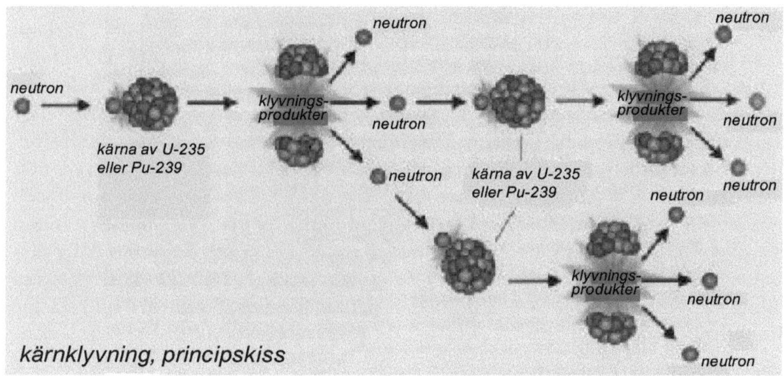

kärnklyvning, principskiss

Kapitel X

16 juli 1945, kl. 05:29:45. Ett militärbefäl går runt och delar ut skyddsglasögon. Alla tar dem på sig, utom Richard Feynman som hittat en utsiktsplats i en lastbil och förlitar sig på att vindrutan kommer att absorbera bombens skadliga röntgen- och ultraviolettstrålning. En tung himmel lägger sig över området, med risk för hällregn och åska. Provsprängningen är redan en och en halv timme försenad.

En kapsel av trettiotvå explosiva laddningar omslutar kärnan av plutonium. Bombens elektronikkrets mottar radiosignalen. Laddningarna detonerar unisont. Trettiotvå trotylstavar tvingar skalet av plutonium att implodera till ett tätt klot av klyvbart material. Plutoniumsfären uppnår sin kritiska massa i samma ögonblick. Neutroner från en radioaktiv givare i sfärens centrum börjar kryssa i materialet. De första atomerna klyvs. Varje påföljande kärnsprängning alstrar ytterligare två neutroner, vilka utan dröjsmål ger sig ut på jakt efter plutoniumatomer. Kedjereaktionen rullar i väg så svindlande fort att materialet inte hinner expandera under den bråkdel av en miljondels sekund då merparten av energin utvecklas. Efter denna tid har temperaturen i plutoniumklotet stigit över miljonstrecket. Kedjereaktionen har nu gått ohjälpligt över styr och en smärtande bländvit helvetesblixt som från tusen solar slår mot himlen. Flamman sträcker sig som en hämndens hand mot guds boning. Likt en fors av blåvit mjölk flyter blixten ut över golvet i observationsbunkern. Ljuset slickar varje ojämnhet, varje skreva i det närliggande bergmassivet. Blixten varar blott ett ögonblick, den fyller näppeligen det hjärtslag som kroppen låtit bli att slå. Dock är den intensiv nog för att på flera kilometers avstånd orsaka tredjegrads brännskador. Eldfängt material inom en kilometerstor radie från explosionens epicentrum antänds. Världen står i lågor. Skuggor efter hinder etsas fast på väggar och mark som på en fotografisk plåt. Observationsbunkern ligger på en mils säkerhetsavstånd söder om ground zero. Explosionen avger merparten av energin i form av elektromagnetisk strålning som täcker hela spektret. Högenergetisk gamma- och röntgenstrålning, ultravioletta strålar, optiskt ljus och ultraröda värmestrålar färdas i ljusfart utåt från den plats där bombtornet har stått. Dess stålbalkar har delvis smält och kvar är förvridet skrot inbäddat i en glasartad massa av det som sekunden innan var ökensand. Detonationen motsvarar energin från tjugo miljoner kilogram dynamit avfyrade samtidigt. Aldrig i jordens historia har så mycket koncentrerad energi släppts lös inom så kort tid, med undantag för den rymdkrock som släckte dinosauriernas liv.

Generalen hejdar sig mitt i en mening. Groves är van att tala utan att bli avbruten, nu tappar han takten. Tungan fastnar i munnen. Orden han tänkt uttala tycks på ett egendomligt sätt klibba fast i strupen. Männen i bunkern fattar i tysthet varandras händer, som för att söka stöd. Ingen rör sig. Ingen säger ett ord. Alla står tysta, medan de inombords darrar av vettlös skräck. Detta är världens undergång. Detta är domedagen. Detta är Armageddon, den sista striden mellan gott och ont. Snart kommer fimbulvintern. Detta är Ragnarök. Världen står i brand. Alla är som stenstoder, som om en vresig gud hade uttalat en förbannelse. Männen är avskurna från tid och rum. Hjärnan uppfattar inte vad ögonen ser.

Chockvågen efter det oerhörda trycket i detonationsögonblicket färdas med ljudets hastighet. Den har ännu inte nått fram till bunkern. Att den finns bevisas av ett svampliknande vitt och svart moln som för upp damm och jord och bråte i atmosfären där jetströmmen småningom kommer att riva sönder det. Det har mörknat betydligt. Atommolnet fördunklar himlens tak. Luften har svalnat, råkallt har det blivit i bunkern. Fyrtio sekunder har gått sedan helvetesblixten. Ett fruktansvärt åskdån rullar fram över öknen. Ett vrål som från en gudarnas framryckande krigshär kreverar i kontrollrummet. De specialbyggda huskulisser utanför rasar samman, jämnas med marken. Buskvegetation antänds, får öknen att brinna. Den komprimerade luften framför chockvågen är inte längre genomskinlig, bilden av landskapet förvrängs som i en buktig spegel.

Alla känner att nu är kriget vunnet. En till tårar rörd Robert Oppenheimer kommenterar sprängningen med orden "It worked!", den fungerade! Sedan kommer han att tänka på en textrad ur hinduiska *Bhagavad Gita*: "Jag har blivit döden, världarnas förstörare". Oppenheimers bror Frank, också han djupt skakad av intrycken, profeterar forskarnas öde: "Bomben har dödat en skön vetenskap". Kenneth Bainbridge, provsprängningens chef, sätter prosaiskt ord på tiden efter atomexplosionen: "Nu är vi alla skitstövlar".

Kratern efter den första atombomben fylls omedelbart igen och explosionen rapporteras i pressen som en olycka i en ammunitionsdepå. William L Laurence, Manhattanprojektets pressofficer, har i förväg skrivit olika versioner av pressmeddelandet. Sanningen om vad som hänt i öknen på morgonen av den 16 juli 1945 offentliggörs inte förrän den 6 augusti, dagen för bomben över Hiroshima. Kratern efter den första atombomben är tre meter djup och 330 meter i diameter. Ökensanden av kiseldioxid har smält till ett grönskimrande glas, ett svagt radioaktivt mineral *trinit* (eng. trinitite), döpt efter provsprängningens kodnamn Trinity. Runt sovjetryska provsprängningsplatser i Kazakstan hittas ett med trinit besläktat ämne, *kharitonchik*, liksom i kratrar efter meteoritnedslag (*olivin*).

Enrico Fermi var den ende i sällskapet som aldrig såg explosionen. Han var sysselsatt med sina pappersremsor vilka han med jämna mellanrum släppte från två meters höjd. Noggrant noterade han var varje remsa landade. När de nådde golvet hade lufttrycket förflyttat dem cirka två och en halv meter i sidled. Tack vare detta experiment kunde Fermi redan minuter efter provtillfället göra en uppskattning av bombens sprängverkan, av honom beräknat till drygt tiotusen ton TNT. Det skulle kräva månader av idogt räknande innan forskarna kom fram till tillnärmelsevis samma resultat utifrån data insamlade av mätsonder utplacerade kring sprängningsplatsen.

Samma dag som provsprängningen lämnar kryssaren *Indianapolis* sin kajplats i Hunter's Point Naval Shipyard i San Francisco och försvinner bortom horisonten med destination Tinian, tredje största ö tillhörande norra Marianerna i västra Stilla havet, cirka en halv mil sydväst om huvudön Saipan och sexton mil nordöst om Guam. Skeppets last består av uranbomben ”Little Boy”, nedplockad i delar likt IKEAs platta paket. För att vilseleda spionerna finns dessutom truppförstärkningar ombord med destination Leyte, en ö i Filippinerna tillhörande ögruppen Visayas.

USS Indianapolis var en kryssare i Portlandklassen. Hon togs i bruk hösten 1932 och sänktes 30 juli 1945 i Filippinska sjön i en japansk torpedoattack. Sedan Indianapolis 16 juli lämnat hamnen lastad med atomvapnet, gjorde hon 19 juli ett stopp i Pearl Harbor och fortsatte därifrån oeskorterad till destinationen Tinian. 26 juli anlände hon till ön där den hemliga lasten fördes i land.

Sedan atombomben förts i land fortsatte Indianapolis till Leyte för att lossa sin last av truppförstärkningar. Hon kom aldrig fram. På vägen dit träffas hon av två torpeder från en japansk ubåt och sjunker efter tolv minuters dödskamp. Trehundra besättningsmän omkommer som en direkt följd av attacken. Resterande niohundra i manskapet hamnar i havet. Knappt sexhundra av dem sätter livet till. Endast 321 av besättningens 1199 sjömän räddas, efter att ha tillbringat flera dygn i de hajrika vattnen. 878 sjömän blev atombombens första offer.

Från Tinian startar tidigt på morgonen av den 6 augusti B-29 flygplanet Enola Gray, vars förstepilot Paul Tibbets klockan 8.15 lokaltid fäller bomben över Hiroshima. När andrepiloten Robert Lewis ser svampmolnet över staden utropar han ”My God, what have we done?”

Det krävdes en andra atombomb för att få Japans överbefäl att ge upp. Den 15 augusti håller Japans kejsare Hirohito ett historiskt radiotal, ”gyokuon-hôsô” eller ”kejsarens röst”, vari han på en förinspelad grammofonskiva proklamerar att kejsardömet villkorslöst kapitulerar.

Självfallet kände också sovjetforskarna till Meitners och Hahns upptäckt av kärnklyvningen. När den ryske fysikern Georgij Fljorov år 1942 finkammade vetenskapstidningarna efter artiklar om atomsprängning fann han just ingenting. Korrekt tolkade han tystnaden som ett tecken att amerikanerna höll på att utveckla kärnvapen, och informerade omgående kamrat Stalin om sin iakttagelse. Sovjetledningen, som genom sina spioner redan fått nyss om det engelsk-amerikanska atomprojektet, sjösatte omedelbart ett ambitiöst program under ledning av en rysk fysiker vid namn Igor Koertsjatov, den 29 augusti 1949 resulterande i Sovjetunionens första sprängning av en atombomb som i allt var en kopia av Manhattanprojektets Fat Man, mycket tack vare Klaus Fuchs spioneri. Fuchs var fysiker och rabiat kommunist. Redan i första förhöret efter arresteringen förklarade han ha "fullt förtroende för Sovjetunionen, och aldrig känt några betänkligheter i att ge dem allt de ville veta". År 1953 avrättades paret Julius och Ethel Rosenberg, dömda för spionage för Sovjetunionens räkning. De fick atomhemligheterna genom Ethels yngre broder David Greenglass, verksam vid Manhattanprojektet. Det är troligt att Fuchs fick sin information från paret Rosenberg, det var i alla fall vad åklagaren hävdade under rättegången.

Sovjetledaren Nikita Sergejevitj Chrusjtjov ägnade i sina memoarer en passus åt landets spionaffärer på 1940-talet vari han gav sin syn på paret Rosenbergs betydelse för den sovjetiska atombomben:

> "Eftersom jag närvarade vid de samtal Stalin förde i en begränsad krets när han med värme nämnde makarna Rosenberg, anser jag det vara min plikt att tala om dem nu. Jag kan inte säga exakt vad slags hjälp de gav oss, men både Stalin och Molotov var informerade. Molotov kände till det eftersom han då var utrikesminister. Jag hörde både Stalin och Molotov säga att makarna Rosenbergs hjälp varit ovärderlig när vi stod i begrepp att sätta fart på produktionen av vår bomb."

Kapitel XI

Staben på Kaiser Wilhelm Institut i Berlin kände under sommaren av 1938 ännu inte till att Lise Meitner inte skulle komma tillbaka. Ingen saknade henne förrän mot augusti månadens slut. De som möjligen undrade vart hon tagit vägen utgick från att hon tidigarelagt sin semester, ty sommaren var helig och traditionen bjöd att KWI stängde varje sommar för ett sex veckor långt uppehåll. Hahn hade informerat den grupp som arbetade med klyvningsexperimenten att Frau Professor Meitner besökte sin familj och i sin agenda noterat: ”Meitner i Wien”. Inte förrän någon gång i augusti tog utbildningsdepartementet kontakt med KWIs generaldirektör, kemisten Ernst Telschow, som 1912 hade varit en av Hahns första doktorander och 1933 blivit medlem i NSDAP, för att formellt påbörja den process syftande till judinnan Lise Meitners avsked.

> ”Frau Professor Meitner, ursprungligen österrikisk medborgare, arbetar som gäst hos Kaiser Wilhelm Institut für Chemie. I och med att nämnda person genom Österrikes Anschluss numera är tysk undersåte, har det blivit nödvändigt att bedöma till vilken del hon har judiskt blod. Det har fastställts att Frau Meitner till 25% är jude. ... Ni uppmanas att ofördröjligen agera i detta ärende.”

Ovetande om Meitners flykt delegerade Ernst Telschow ärendet till Hahn. Den effektive ämbetsmannen Telschow lydde blint ordern uppifrån och såg till att Hahn gjorde detsamma:

> ”Jag ber Er tala med Professor Meitner och återkomma med svar. Med tanke på att departementet är inblandad i saken vore det enligt min uppfattning lämpligast om Frau Meitner själv kunde begära tjänstledighet tills frågan rörande hennes entledigande från eller kvarvarande vid KWI har lösts. En sådan förfrågan skulle tala till hennes fördel i fortsatta förhandlingar med ministeriet.”

En vecka efter Lise Meitners avhopp avlägger Dirk Coster, i sällskap av professorskollegan Hendrik Kramers från universitetet i Leiden, visit hos kommissarie Tichelaer vid polisen i Utrecht. Professor Meitner kunde omöjligen stanna i Holland för en längre tid, försäkrar de. Coster, Fokker och Kramers planerar att med kort varsel få henne ut ur landet till Sverige där hennes framtid verkar tryggare. Med kommissarien i täten tågar de i samlad trupp till Sjaans sjapp på Dorstig Hartsteeg för rådslag, ackompanjerat av ”een biertje”. Nu gäller det att få ihop en livsduglig plan. Tichelaer och Coster är bekanta sedan förra gången och hälsar på varandra som gamla vänner. Tichelaer gillar Kramers direkt, en bussig professorstyp med ett vinnande leende som ordlöst uttrycker att det är ömsesidigt. I och med att deras lilla nätverk verkar i det fördolda och dess existens till och med kunde förnekas om det någon gång skulle påtalas, behöver de hjälp av någon som är bevandrat i rävspel, då av förklarliga skäl ingen av dem är hemmastadd i subversiva operationers förställningskonst. De bedagade professorerna utgör ett osannolikt spionmaterial och ingen misstänker dem för att hålla på med aktiviteter utanför lagens råmärken.

Professorsduon hade inte haft tillfälle att prata ihop sig inför mötet, vilket ett tag gör att det blir ett viskande och tisslande och tasslande om att de har en fot inne här och en fot inne där, och har tänkt göra si eller så, och borde de inte göra ditt eller datt istället; det blev ett förfärligt prat i mun på varandra och allt som framgick var ett mischmasch av lösryckta tankar, infall och påståenden utan att det gick att uppfatta situationen, annat än att den var allvarlig samt att informanterna visade ett altruistiskt engagemang i Meitners bästa, vilket kommissarien tyckte var rörande. De uppgifter som Coster och Kramers förmedlade, utan att nämna namn, var antingen spektakulära och illavarslande eller exempel på det baktaleri som även i vetenskapen följer den framgångsrike åt. Efter många om och men kröp det fram att de trodde att Lise Meitner befann sig i akut fara och att de förmodade att tyska agenter redan gjorde sitt för att å det snaraste återföra sitt offer till Berlin. Med andra ord: det var angeläget att få henne ut ur landet, samtidigt som hon under sitt förhoppningsvis korta uppehåll i Holland, känsligt beläget på obehagligt kort avstånd från Hitlers skurkstat, var i trängande behov av någon form av skydd, oklart i vilken form men det var just av den anledning de konsulterade Tichelaer som möjligen med hjälp av sina kontakter kunde arrangera något.

De båda professorerna drog en unison suck som för att uttrycka att situationen tyngde dem. Det var vad Tichelaer trodde sig kunna utläsa av denna kollektiva suck och den långa tystnad som följde, att han varit ofin nog att ha tagit upp till diskussion ett ämne som för ögonblicket borde förbigåtts osagt.

På en direkt fråga från Tichelaer svarade Coster att han hade blivit uppringd av ”någon med insyn i Meitners flykt” och att vederbörande varnat honom för professor Peter Debye, föreståndaren för Kaiser Wilhelm Institut:s fysiksektion. I förtäckta ord hade sägesmannen uttalat misstanken att Debye kunde tänkas konspirera med regimen och av det skälet till varje pris borde hållas utanför Costers och andras fortsatta inblandning i affären om de ville att Meitners flykt till friheten skulle sluta lyckligt. När Tichelaer insisterar på att få veta namnet på den som ifrågasatt Debyes lojalitet, kröp det efter mycket tvekande och velande fram att Coster per telefon blivit kontaktad av en engelsktalande röst hos någon som påstod sig vara envoyé på Storbritanniens legation i Berlin. Coster visste inget närmare än så, och Tichelaer hade svårt att få en sammanhängande bild av denne kvicksilveraktigt undfallande landsman Peter Debye som dragit till sig engelska underrättelsetjänstens uppmärksamhet och som kunde fås att passa in på vilken som helst beskrivning av en gäckande skugga. Debye kallades ömsom nazivänlig opportunist, ömsom politiskt naiv karriärist och förblindad vetenskapsman, en hycklande streber som parasiterade på fienden eller rentav var i maskopi med den, alternativt en naiv drömmare ur stånd att skilja mellan vetenskap och politik, om vilken Einstein i exil i USA nedlåtande hade låtit sig undfalla att han var ”en gudabenådad vetenskapsman, men alltigenom opålitlig som människa”. Debye framstod endera som en skrupelfri vindflöjel som sprang regimens smutsiga ärenden eller som en världsfrånvänd idealist som ägnade sig åt naiv vetenskapsdyrkan, villig att gå till vägs ände för den vetenskapliga sakens skull.

Debye var känd för hårda nypor, beredd att gå över lik för att uppnå sina diffusa mål. Det är inte säkert att ett uppnående av sanningen om naturen var det han eftersträvade, måhända var det inget annat än en ursäkt på hans utstakade väg till åstundade priser och utmärkelser. Under hans medmänskliga mask fanns en destruktiv sida som speglade hans ensidiga fokusering på egennytta. Det var omöjligt att läsa honom: måhända spelade han sin roll av politiskt ointresserad vetenskapsman så väl att man tog masken för hans sanna ansikte. Gällde det karriären förväntades han kunna göra vad som helst. Hatpropaganda, smutskastning och rent inkvisitoriska metoder var han ingalunda främmande för, och, liksom i liknande sammanhang där intriganten inte öppet visar sina kort, var hans motsägelsefulla beteende obegripligt för alla utom möjligen för honom själv. Debyes personlighet var som klippt och skuren för landets nya ledarstil som gick under namnet ”Führerprinzip”, varmed avsågs att i spetsen av varje organisation ställdes en enväldig ledare som var ansvar skyldig i direkt uppåtgående linje till landets ledare Adolf Hitler. I rollen som ordförande för Deutsche Physikalische Gesellschaft (tyska fysikerförbund) sedan 1937 var Debye pådrivande i att utesluta judiska forskare ur fysikersamfundet med hänvisning till Nürnberglagarna som förbjöd judar att inneha statliga tjänster. Fysikerkolleger, som på tjugotalet varit i kontakt med honom, framhöll den paradoxala bilden av å ena sidan en öppet judefientlig karriärist och ränksmidare som kunde flytta berg för att få som han ville, å andra sidan en driven men aningslös idealist vars barnsliga nitälska och i det närmaste religiösa dyrkan av vetenskapen gjorde honom till någon som kolleger bakom hans rygg gjorde sig lustiga åt. Skitstövel eller helgon? För Debye var forskning en enda lång julafton då han med barnslig iver kunde slita presentpapperet från sina mätningar för att se efter de godsaker som kunde finnas i paketet.

Einsteins hållning visavi Debye kan beskrivas som ”surt sa räven”. Relativitetens upptäckare hyste agg mot denna i hans ögon föga pålitlige holländare, ett förhållande som gick tillbaka till tjugotalet och Debyes motvilja att ställa upp på Einsteins sida i striden med Philipp von Lenards och Johannes Starks antijudiska rörelse ”Deutsche Physik”. Under trettiotalet kulminerade den strax under ytan pyrande antipatin i irreparabel och öppen antagonism när Debye på Max Plancks inrådan övertog Einsteins tjänst vid KWI. Animositeten gick så långt att Einstein varnade president Roosevelt för att nära en fähund vid sitt bröst när Debye i januari 1940 anlände till USA på föreläsningsturné och redan efter någon vecka kungjorde att han ämnade stanna för gott. Einstein var inte det minsta trakterad av tanken att ha en medtävlare av Debyes intellektuella format i sin närhet.

Något bakvänt menade Debye ha goda skäl att ogilla Einstein. Hans negativa inställning härrörde från en kontrovers med nobelpristagaren Walther Nernst i samband med den senares inval i Preussische Akademie der Wissenschaften, 1920. Debye hamnade då omgående i konflikt med termodynamikern Nernst över det sätt på vilket han i sin teori för molekylers uppbyggnad beskrivit elektronfördelningen. Debyes rykte inom fysikerkåren var för stort för att hans teori skulle förkastas, men samtidigt inte stort nog för att den utan strid skulle anammas. I rekordfart urartade den vetenskapliga diskursen i en kuslig prestigekamp vars svallvågor gick så höga att endast ordet *vendetta* någorlunda korrekt återger krakelets intensitet och allvar. Einstein var på den tiden alltjämt ordförande i preussiska vetenskapsakademin och 1922 ber Debye i ett känsloladdat brev att backa upp honom i striden. Debye insisterar att Einstein tar ställning för hans syn på saken. Einstein, som starkt ogillar att hämna mitt i eldstrider för andras räkning, försöker lugna Debye med orden "hetsa inte upp Er, Ni känner ju till Nernsts temperament". Einstein är nämligen inte säker på att Debye har rätt. Troligen är de molekulära dipolkrafter som Debye i sin teori anger för att förklara molekylers rymdstruktur teoretiskt riktiga, men det återstår att se om dessa krafter räcker för att orsaka de fenomen som han åsyftar. Einsteins undfallande svar och förnumstiga påpekanden sätter i vrångstrupen på Debye och gör honom rosenrasande. Hur vågar Einstein ifrågasätta hans teori på grundval av skäl som han inte har den blekaste aning om? När Nernst dessutom vägrar att ge med sig och framhärdar med polemiken författar Debye en stridsskrift full av självömkan till Einstein i Berlin vari han anklagar akademins ordförande för passivitet och feghet: "Jag kan knappt föreställa mig", skriver han, "hur man överhuvudtaget kan tänkas komma till en förståndig lösning om även Ni finner det nödvändigt att hålla Er avsides och är beredd att låta udda vara jämnt för den heliga fridens skull." Sedan hände ingenting. Einstein besvarade aldrig Debyes klagan. När Einstein två år tidigare hårt ansattes av Philipp von Lenard på tal om relativitetsteorierna med infama och grundlösa beskyllningar om obegriplig "Jude Physik", hade Debye hållit sig undan. Nu svarar Einstein med samma mynt. I ett tackbrev till holländaren Hendrik Lorentz, som engagerat sig i striden på Einsteins sida, hade han på sin tid skrivit: "Detta ger mig tillfället att skilja äkta vänner från vindflöjlar", och nu handlar Einstein enligt samma devis för att skilja agnarna från vetet.

Även utan Einsteins hjälp går Debye segrande ur striden. Hans modell av hur elektroner i en molekyl tenderar att ansamlas på en sida och så skapa ett dipolmoment visade sig vara korrekt, inte bara i teoretiskt avseende, vilket Einstein redan förmodade, utan att de därvidlag framkallade elektriska dipolkrafter var starka nog att bilda molekylernas rymdstruktur. Femton år senare hedras Debye för sitt pionjärarbete med 1936-års Nobelpris i kemi.

I strategiska angelägenheter var Einstein inte tillnärmelsevis så världsfrånvänd som den kanoniserade karikatyr av förströdd forskare och i drömmar försjunken tänkare framställer honom som. Einstein var förutom en ikon för den oegennyttiga vetenskapsmannen och på det personliga planet ideligen invecklad i trassliga affärer, också en slug strateg som kunde slå blå dunster i ögonen på sina motståndare när det kunde gagna honom. I det avseendet liknade han till förväxling föremålet för sitt förakt, Peter Debye. Relationen mellan Einstein och Debye var som mellan två professionella kortspelare inför en jättelik pott på pokerbordet. Varje gång en fundamental frågeställning upptog fysikersamfundets intresse drogs de likt spyflugor till sötsakens centrum, och slogs om företräde på spelplanen. I början behandlade de varandra med avmätt respekt, tills Adolf Hitler ställde sig mellan dem och det definitivt skar sig. Einsteins vokabulär och replikskiften sträckte sig från det innerligast hänsynsfulla till det mest skymfande och bordusa om han kände att här fanns en poäng att plocka. De sammankomster av Europas fysikelit, anordnade vart tredje år i Bryssel av den förmögne industrialisten Ernest Solvay, kallade han omväxlande för ”häxjakter” eller ”jesuitbönestunder”, beroende på om någon i fysikerkollegiet varit fräck nog att utmana honom på ett av hans kompetensområden eller om diskussionerna hade fortgått i artighetens tecken och gått i stå som lugna vatten i en bråddjup skogstjärn. Inbjudningslistan till Solvaykonferenserna kunde läsas som en dagsaktuell förteckning över fysikvetenskapens högdjur: från England deltog Ernest Rutherford och James Jeans, från Frankrike Henri Poincaré, Louis de Broglie, Marie Curie och Paul Langevin, från Tyskland Max Planck, Walther Nernst och Arnold Sommerfeld, från Holland Heike Kamerlingh-Onnes och Hendrik Lorentz, samtliga, med något undantag, befintliga eller blivande nobellaureater. Det föll sig naturligt att välja Lorentz till ordförande: som en av förrelativitetens stormän stod han över fysikerskråets smågnabb och dessutom talade han fyra språk flytande, vilket åtminstone till en del löste den gammeltestamentiska språkförbistring som rådde mellan franska och engelska forskare.

Einstein var i mångt och mycket kontroversernas man, som inte böjde sig för en misshaglig åsikt förrän efter turbulenta meningsutbyten av den kaliber som annars förknippas med sydeuropeiska fiskarkärringar. Även i Einsteins relation till sin vän, dansken Niels Bohr, gnisslade det stundom betänkligt, men de lyckades, trots djupa motsättningar och fräna meningsutbyten, förbli på god fot med varandra, medan Debye blev en skränig påfågel i för stor fjäderdräkt.

Tillsättningen av Debye på Einsteins post som föreståndare för KWI:s fysikavdelning ger exempel på holländarens opportunistiska fingerkänsla för strategi. När de tyska myndigheterna kräver att han blir tysk medborgare för att visa sin lojalitet med den nya ordningen, hamnar han i en svår sits. Debye har på känn att ett tyskt medborgarskap under rådande omständigheter innebär en belastning för honom som omöjliggör att komma i beaktande för det Nobelpris han skattar högt. Nobels fredspris hade i Oslo tilldelats den tyske regimkritikern Carl von Ossietzky, måhända världens förste ”whistle blower”, som hölls fängslad i koncentrationsläger för sina åsikter, anklagad för omstörtande verksamhet efter sitt avslöjande av det tyska flygvapnets upprustning. Utnämningen hade fått Hitler att surna till och sågs som en skymf och en brutal intervention i landets interna angelägenheter, vilket föranledde ett upprop till medborgarna att hädanefter bojkotta priset och ej acceptera detta fördärvliga, urartade, "tyskfientliga" Nobelpris. Debye, väl insatt i konsekvenserna av dylika beslut, lyckades på något sätt övertyga Max Planck, direktör för Preussische Akademie der Wissenschaften, att ett tyskt medborgarskap endast utgjorde en tom formalitet, en struntsak, medan makthavarna istället borde ägna sig åt att uppskatta hans vetenskapliga insatser under tjugo års tid, vilka renderat landet anseende och prestige. Spelet går hem. Den 1 oktober 1935 utnämns holländaren Peter Debye till direktör för Kaiser Wilhelm Institut für Physik. Året därpå hedras han med kemipriset "för de bidrag som han genom sina undersökningar över dipolmoment och över röntgen- och elektronstråleinterferens i gaser lämnat till kännedom om molekylernas uppbyggnad", som nomineringskommitténs motivering lydde.

Här ingriper kommissarie Tichelaer i svadan, sedan han bälgat i sig ännu en sejdel av Sjaans källarkalla pilsner och ostentativt viftar till etablissemangets ägarinna om mer av samma vara: "Om det är så som herrarna vill att jag ska uppfatta historien och Debye misstänks för samröre med regimen, hur förklarar ni då hans medhjälp till den meitnerska flykten från Berlin?"

"Machiavelli, min bäste kommissarie, Nicolò Machiavelli, det vill säga makt. Katten som leker med sitt byte innan den tillfogar det ett dödande bett i halsen. *Divide et impera,* söndra och härska. Forskare är utan undantag tävlingsmänniskor. I vetenskapen går det inte så fredligt till som forskarna vill ge sken av. Bara på papperet är vetenskapen ett kollektiv, i själva verket rör det sig om ett hårdstyrt åsiktssystem. Vetenskapsmän är patologiskt misstänksamma småpåvar och självfixerade alfahannar som beivrar kättarens varje avvikelse från den "rätta tron". Teorierna slås med varandra, och dess upphovsmän gör detsamma i en kuslig "survival of the fittest". Vetenskap, min bäste kommissarie, är det systematiska tvivlets evangelium. Dagens vetenskap är lika ofördragsam gentemot oliktänkande som religionsstiftarna Calvin och Luther på sin tid var fördömande mot påvekyrkan. Vetenskapsmän är opportunister som fångar tillfället i flykten, och de håller sig fjärran från dygd i moralisk mening. Denna kultur går tillbaka på hur sanningsbegreppet används inom naturvetenskapen. "Sann" är inte nödvändigtvis den förklaring som närmast återger skaparens intentioner, utan sanningskriteriet formuleras som så att den teori vars kvantitativa förutsägelser överensstämmer med empirisk erfarenhet och dessutom baseras på minsta möjliga antal *ad hoc*-antaganden får tolkningsföreträde (*Non est ponenda pluralitas sine necessitate*). Sammanfattat: krångla inte till saken i onödan. Denna tankeekonomiska syn inom vetenskapen kallas "Ockhams rakkniv" efter en franciskanermunk och filosof från 1300-talet, William av Ockham. Mallstöpt och stelnat i institutionaliserad form kom denna sanningsprincip att kallas paradigmet."

Svaret ger Tichelaer något att fundera på, och herrarna Coster och Kramers fortsätter ihärdigt med sin redovisning av det vetenskapliga dagsläget.

Samtidigt som Debye plågas av bekymmer hur att undvika bli tysk medborgare för att inte spoliera sina chanser hos Svenska Vetenskapsakademien och Nobelprisets nomineringskommitté, lyckas Planck under senare delen av 1934 övertyga propagandaministern Joseph Goebbels att fäderneslandet i Kaiser Wilhelm Institut für Physik förfogar över världens främsta laboratorium för partikelforskning. Visserligen är det ännu inte fullt klarlagt vad som försiggår inuti de osynliga atomerna, men den nya kärnfysiken förväntas inom en snar framtid ge riklig skörd, oklart i vilken form, men säkert är att frukterna av den tyska atomforskningen kommer landet till godo. Plancks charmoffensiv slår an rätt sträng och från 1935 är Goebbels och Hitlerregimen övertygade om betydelsen av den nya atomvetenskapen och beredda att öppna börsen när så krävs. När Debye tillträder sin befattning har pengarna börjat forsa in i atomforskningen. Han får allt han pekar på, och hans institut inhyses i nya byggnader med tidens modernaste utrustning, ett stort steg från den tid då Kaiser Wilhelm Institut für Physik bestod av en spartanskt möblerad skrubb, vikt åt geniet Einstein. Peter Debye blir den tyska fysikens nye arkitekt. I en skrytartikel i facktidningen *Naturwissenschaften* från 1937 redogör han självbelåtet för sina planer:

> ”Till att börja med utformas byggnaderna med dess laboratorier så de ger utrymme för forskning inom fysikens olika fält, men därutöver planeras två särskilda satsningar vartill specialbyggda utrymmen behövs, i första hand inom partikelfysik där experimenten kräver jättelika elektriska spänningar, i andra hand inom området lågtemperaturfysik där materien studeras vid temperaturer nära absoluta nollpunkten.”

Debye är stormförtjust i högspänningsanläggningen från firman Siemens & Haske, ett mastodontbygge inrättat i ett flertal tjugo meter höga torn som producerar snabba elektroner av tre miljoner volt, varmed fysikerna ämnar bryta sig in i atomkärnan. Också hans planerade laboratorium för lågtemperaturfysik är en prestigesatsning syftande till att överskugga världens främsta centrum för kryogen forskning, Heike Kamerlingh-Onnes institut vid universitetet i holländska Leiden.

Den nye chefen för KWI:s fysiksektion överhopas strax med administrativa problem kopplade till institutets ambitiösa satsningar, vilket ger honom mindre tid till egen forskning och han försummar eller blundar för att hålla sig à jour kring vart landet är på väg, medvetet eller omedvetet, det är det ingen som vet. Också konsekvenserna av de Nürnbergska raslagar, vilka trädde i kraft i september 1935 och vari fastslogs att ”det tyska blodets renhet utgör ett villkor för det tyska folkets fortbestånd”, går honom förbi. Holländaren Samuel Goudsmit, jämte den österrikiske kvantfysikern Erwin Schrödinger, finns bland dem som tidigt av politiska skäl begär utträde ur Deutsche Physikalische Gesellschaft. Hitlerregimens yrkesförbudslagar samt Starks och von Lenards antijudiska Deutsche Physikrörelse tycks i början ha lämnat Debye oberörd. Dock fanns gott om varningstecken som flaggade för att regimen menade allvar med sina hot.

Debye är inte ensam om att bagatellisera regimens onda avsikter, medan strömmen av judiska flyktingar till Västeuropa sväller över bräddarna. Utvecklingen i Tyskland utgjorde ingalunda ett särfall: även i andra europeiska länder hade envåldsfraktioner under mellankrigstidens krisår gripit makten. Måhända därför uppfattades Hitlers makttillträde och påföljande raslagstiftning inte förrän efter det oprovocerade infallet i Polen i september 1939 som en larmsignal. Så sent som 1938 slöt England och Frankrike Münchenfördraget med Tyskland som gav Hitler fria händer att annektera delar av Sudetlandet. På sina håll i de traditionellt demokratiska väst- och nordeuropeiska länderna sågs Tredje riket som ett välkommet bålverk mot förhatlig bolsjevism och som en bastion mot den befarade judiska världsrevolutionen. En utbredd rädsla för kommunism och den latenta antisemitism som grasserade i breda lager av befolkningen gjorde att många, också utanför Tyskland, fann Hitlers dådkraft berättigad och lovvärd. De som varnade för Hitler och hotet av framväxande nazism fick inget gehör. På initiativ av president Roosevelt samlades 6-15 juli 1938 trettiotvå världsledare i franska Évian-les-Bains för att diskutera den kaotiska flyktingströmmen. Med undantag av Dominikanska republiken som var beredda att erbjuda hundratusen judar en fristad, var inget annat land villigt att ge flyktingarna ett generösare mottagande och säkra flyktvägar från Tyskland. (1938-års flyktingproblematik påminner på ett kusligt sätt om dagens folkvandring från bl a Syrien. Liksom syrierna idag möttes också Tysklands judar av kalla händer och en rad formella hinder. Närmare ett sekel efter nazismen fortsätter Europas bruna arv att kasta slagskuggor över världens nödställda.) Den australiensiska delegaten, Tom White, anförde cyniskt att Australien aldrig haft rasproblem och inte hade för avsikt att importera ett från Tyskland. Samma år förhandlade Sverige och Schweiz med makten i Berlin om hur de neutrala staterna kunde värja sig mot oönskad judisk invandring. Initiativet resulterade i att från 5 oktober 1938 (Verordnung über Reisepässe von Juden) ett rött "J" stämplades i judars pass, vilket fick till följd att deras status som oönskade emigranter röjdes så fort de passerade en landsgräns. Nobellaureaten Johannes Stark, ledande företrädare för den tysk-positivistiska fysiken som pläderade för en "rasren arisk fysik" såsom motvikt till "entartete Jude Physik", skrev 1937 i SS-tidningen *Das Schwartze Korps* (Svarta kåren) en artikel under rubriken Weiβe Juden in der Wissenschaft (Vita judar i vetenskapen), varur följande citat:

> "Tillsammans med judarna Albert Einstein och Fritz Haber har deras själsfränder Arnold Sommerfeld och Max Planck enväldigt tillsett att tillväxtfrågan i tyska lärostolar lösts på deras villkor, varigenom studentungdomen uteslutande utbildas i deras anda. Den judiska andan har med Einstein som hörnsten i Heisenberg funnit sin ståthållare i det nya Tyskland. Sina tyska assistenter har han sagt upp och istället anställt juden Beck från Wien och juden Bloch från Zürich."

Citatet avser den österrikiske teoretiske fysikern Guido Beck, från 1928 Werner Heisenbergs assistent i Leipzig, som på grund av judeförföljelsen tvingades lämna sin tjänst och under lång tid levde ett kringflackande liv i Tjeckoslovakien, USA, Sovjetunionen, Polen, Frankrike och Portugal för att slutligen emigrera till Argentina. Den Bloch som åsyftas i artikeln är den 1952 nobelkrönte experimentelle fysikern Felix Bloch som 1934 flydde från Tredje rikets fasor. Samuel Goudsmit som på tjugotalet upptäckte elementarpartiklarnas spinn, en egenskap som ligger till grund för flertalet av mikrokosmos förunderliga fenomen, insåg tidigt vartåt det barkade och utvandrade i tid till USA. Elementarpartiklarnas spinn blev det saknade fjärde kvanttalet i Bohrs generaliserade modell för atomens uppbyggnad. Goudsmit föreställde sig elektronen som ett litet klot av elektricitet roterande kring sin egen axel. Elektronens snurrande framkallar då ett kvantiserat magnetiskt moment, döpt *spinn*. Tillsammans med de övriga kvanttalen ger spinntalet en uttömmande förklaring av bland annat ryssen Dmitrij Mendelejevs periodiska system.

Holländaren Goudsmit, av sin omgivning kallad Onkel Sam, var en storväxt herre vars intellektuella skärpa parades med en värdshusägares fryntlighet och en profets moraliska resning. Han skulle 1945 återvända som vetenskaplig ledare för de allierades Alsosteam, det specialkommando under överste Boris Pash befäl som bakom stridande förband finkammade ett Europa i ruiner för att spåra nyckelpersonerna inom den strategiskt viktiga atomforskningen. Alsos är det grekiska namnet för olivlundar, lundar på engelska är *groves*, tillika namnet på general Leslie Groves, Manhattanprojektets karismatiske chef. Denna krystade hyllning till atomprojektets administrative geni syftade till att i ett tidigt skede ta vara på Tredje rikets vetenskapliga dödsbo i form av anläggningar, dokument, material och forskare, genom att utan dröjsmål och med våld om så krävdes omhänderta rasket.

Coster tittar förstulet på klockan. Han har en tid och ett tåg att passa och börjar bli orolig. Också Tichelaer känner att tiden rinner i väg och vrider sig i sin stol. Kramers envisas dock med att slutföra sin redovisning av Debyes eventuella dubbelspel och ber om någon minuts respit innan de ska bestämma hur Lise Meitners fortsatta flykt till Sverige bäst kan organiseras.

År 1927 accepterar Debye ett lukrativt bud från universitetet i Leipzig och utnämns till professor i experimentell fysik och föreståndare för universitetets fysiklaboratorium. En mörk sida av Debyes mångbottnade natur är hans dokumenterade begivenhet för pengar. Han har genom åren byggt upp en tvivelaktig reputation att vara en slug förhandlare som förstår sig på konsten att se om sitt hus, samtidigt som han efter en rad påtryckningar ges fria händer vad gäller införskaffning av avancerad apparatur för sina experiment. Debyes kolleger inför halvt på skämt, halvt på allvar en enhet de kallade ”debye” som ett kvantitativt mått på en persons ekonomiska status. *En* debye motsvarade den nytillsatte professorns årslön, och de påstod att en genomsnittsfysiker kunde leva drägligt på en inkomst av en *milli*debye om året.

Medan Debye omskapar sitt laboratorium i Leipzig till ett Mecka för fysikaliska kemister, skockas i Berlin fler och fler mörka moln på den politiska himlen. Adolf Hitler är inte längre en obskyr kluddmålare och politisk utopist. Hans profetior har börjat tas på allvar sedan den bok om maktens slagfält han 1925 publicerat under titeln *Mein Kampf* blivit en bestseller som under en femårsperiod trycks om inte mindre än trettio gånger. Hitlers styrka är att han fångar upp tidens oro och samlar ett utmattat och splittrat Tyskland kring ett nationalistiskt och revanschistiskt ideal, vilket fyller nationen med ny framtidstro och förser den med ett glansfullt, om än konstgjort förflutet. Där stadens brus förr fylldes av ett mummel av vilt spretande missnöje ekar väggarna numera av ett vibrerande mässande och skanderande av krigiska slagord.

År 1925 tar Einstein den politiska utvecklingen alltjämt med en axelryckning. Efter de förnedrande bataljerna i 1920-talets inledningsskede med representanter för Deutsche Physikrörelsen tycks fysiken åter hamnat i sin fåra, även om beskyllningar att han ägnar sig åt spekulativ metafysik fortfarande hörs. Hårdraget gällde Deutsche Physikrörelsen frågan om den teoretiska fysikens existens, en rätt som positivistiskt sinnade anhängare i fysikerfilosofen Ernst Machs efterföljd med emfas förnekade. Den tyska positivismen under 1900-talets första årtionden höll envist fast vid sinneserfarenhet, en induktiv forskningsmetodik med tonvikt på traditionell laborativ fysik. Einsteins relativitetsteorier och den framväxande kvantfysiken fördömdes av högljudda positivister under anförande av upprorsmakaren Philipp von Lenard, samma yttring av likstel konformism som i 1910-talets ingenjörs-Sverige medförde att Einstein höll på att gå miste om Nobelpris.

Naturen skjuter fram sina fenomen utan sinne för ordning, utan att följa en linje, utan plan, på samma sätt som ett barn lämnar sina träklossar i oordning när det tröttnat på leken. Visserligen bär skaparguden likt barnet sin käraste leksak under armen, där den ej kan nås av forskarens nyfikenhet och förblir otillgänglig för förnuftets ordnande och danande, men Einstein och den unga kvantfysikens teoretiker anar en övergripande plan bortom det kaos vari kosmos manifesterar sig inför våra sinnen. Någonstans längs vägen hade kosmos förlorat sin enkelhet och börjat klä sig i kaos, men om det var en vinst eller en förlust var ännu omöjligt att avgöra. Traditionalisterna däremot höll sig till beprövad experimentell fysik, ett tålmodigt samlande av empiriska resultat som lades på hög utan allvarliga försök att finna en röd tråd. Denna positivistiska och de facto teorifientliga fysik stoltserade med namnet ”arisk fysik” såsom ideologisk motsats till spekulativ kvantfysik och obegriplig relativitet, som sopades ihop under skällsnamnet ”Jude Physik”.

I Berlin på tjugotalets mitt finner Einstein alltjämt den frihet som tryggar hans forskargärning. Den preussiska huvudstaden är en sjudande häxkittel av nytänkande och intellektuell förnyelse inom vetenskap, konst, litteratur och filosofi. Hyperinflationens gissel från föregående åren är undanröjt och skränet från denne politiske agitator Adolf Hitler och hans bruna mobb drunknar än så länge i stadens brus. Einsteins allmänna relativitetsteori från 1915 ses som en svår nöt att knäcka, vilket bidrar till en aura av mystik kring hans person som får honom att alltmer cementera sitt livs roll av disträ geni. Är det han som ställt upp denna teori, resonerar allmänheten, så är han ett geni, och förmår någon annan dessutom fullt ut begripa den så är denna någon ett ännu större geni. Spydigheter om relativitetsteoriernas oåtkomlighet duggar tätt. År 1919 hade den engelske astrofysikern Arthur Eddington lett en omtalad solförmörkelse-expedition till den portugisiska ön Principe utanför Västafrikas kust, vars resultat bekräftade Einsteins förutsägelse att massiva kroppar som solen och tunga stjärnor lokalt påverkar ("kröker") rum och tid som ett resultat av störningar i ljusstrålars rätlinjiga utbredning. På en kommentar av en journalist "det förefaller att Einsteins relativitetsteori är så svår att blott tre människor på jorden förstår sig på den", hade en stoisk Eddington sett ut som ett frågetecken och illmarigt frågat vem den tredje personen var.

Einstein tycks ha glömt händelserna fem år tillbaka i tiden då hans motståndare den 24 augusti 1920 hade samlats i Berliner Philharmonie till en offentlig demonstration mot judisk fysik och relativitetsteorierna. Det allvarsmättade skådespelet i ett av landets förnämsta kulturcentrum hade iscensatts av Philipp von Lenard, en österrikisk-ungersk fysiker född i Pressburg (Bratislava), som 1905 tilldelats Nobels fysikpris för sina studier av katodstrålar. von Lenards främsta insats rörde dock fotoelektriska effekten, samma fenomen som den då tjugosex år gamla Einstein teoretiskt till fyllest förklarade i en banbrytande uppsats som omsider skulle lända honom Nobelpris. Einstein lodar fotoelektricitetens fysik samma år som en frackklädd von Lenard mottar sitt pris i Stockholm. Einstein hade med avsky reagerat på mötet i Berliner Philharmonie, och någon dag senare gått till storms i *Berliner Tagblatt* mot växande fascistiska och antisemitiska tendenser inom fysikerkåren.

En månad senare möttes Einstein och von Lenard i en patetisk försoningsdebatt om bland annat relativitetsteorin. Uppgörelsen mellan diametralt motsatta åsikter om fysikvetenskapens framtida kurs ägde rum på en vetenskaplig kongress i Bad Nauheim den 23 september 1920 (Kongress der Naturforscher und Ärzte), under ordförandeskap av Max Planck. Ett referat av detta möte mellan rivaliserande åskådningar, av Einstein träffande betecknat som "tuppfäktning", hade publicerats i *Deutsche Zeitung* och upprepats i ultrakonservativa *Monatschrift für praktische Politik*, där artikelns upphovsman, en biokemist vid namn Paul Weyland, tagit parti för Lenards positivistiska linje som förfäktade den ärkekonservativa uppfattningen från 1800-talet att fysikvetenskapens arbetsfält borde inskränkas till sådant man kunde hålla i handen, hade framför ögonen eller kunde slå sig på, en gallimatiassyn som även i Sverige hölls för sanning och blev den direkta anledningen till varför Einstein länge förvägrades det Nobelpris han så väl förtjänade. De tyska positivisterna hade redan abdikerat inför fysikens nya giv och bestämt sig för att motverka den grupp som avsåg att loda naturen på teoretisk väg, där experiment slagit slint eller den behövliga teknologin saknades. Den då ännu föga kände Adolf Hitler hade i *Völkischer Beobachter* av januari 1920 spytt sin galla över denna "judefysik": "Vetenskap, vårt folks största stolthet, lärs numera ut av hebréer, vars vetenskap för dem blott utgör ett medel för att planmässigt förgifta folksjälen och därmed verka för folkets sammanbrott." Ett drygt årtionde senare blev tidningen nazismens halvofficiella språkrör, och kallade sig ”Kamptidning för Stortysklands national-socialistiska rörelse”.

Framåt år 1929 tycks Einstein ha begravt minnet av dessa kränkningar och ägnar sig åt ett behagligt liv av ostört teoriskapande i sitt älskade sommarhus i Caputh, strax sydväst om Postdam. Helt i enlighet med sin teoretiska läggning grubblar han över de stora sammanhangen rörande nationell och internationell fred framför att till ingen nytta ängslas för den snabbt växande skara av anhängare till populisten Adolf Hitler. Nationen präglas av djupa motsättningar mellan stad och land som nazisterna gör allt för att dölja eller skönmåla och ersätta med en bild av föredömlig nationell enhet under hakkorsflaggan. Ett återkommande tema i de samtal som Albert Einstein för med sina gäster i Caputh, är den snabbt förvärrande politiska situationen i Europa, i synnerhet i Tyskland. Efter den dramatiska ekonomiska kollapsen 1927, två år senare följd av börskraschen i USA, har arbetslöshet gripit omkring sig som en löpeld och över fyra miljoner tyskar står utanför den reguljära arbetsmarknaden. Det har blivit kutym att uppfatta politikens komplexa scen i enkla nationalistiska slagord. Hitlers NSDAP tycks fylla ett latent behov hos valmanskåren, och i valet till riksdagen 1930 erövrar nazisterna en femte del av platserna. Även moraliskt oförvitliga forskare som Max Planck har slutat opponera sig mot dessa agitatorer drivna av nationalistiska sympatier, och går mer och mer i nazisternas ledband. Einstein använder hela tyngden av sin reputation för att plädera för ett oberoende och världsomspännande politiskt styre, ett rättskaffens forum av kloka filosofmän som inte låter sig frestas, mutas eller utpressas, något i stil med Platons *Staten*. Bara på den vägen kan människosläktet gripa efter det sista halmstrået och få bukt med den allt expansivare nationalism som blivit till en eldfängd krutdurk av missnöje och revanschism. Det Einstein har för ögonen är en mäktigare form av Nationernas Förbund, vars medlemsstater förbinder sig att avstå en del av sin politiska makt till en överstatlig organisation och överlåta en del av sina befogenheter till ”världsregeringen”. I en molstämd brevväxling med den österrikiske psykoanalytikern Sigmund Freud skriver Einstein från sitt sommarställe att blott drastiska åtgärder förmår lägga band på människans ”medfödda tendens att hata och förstöra”. Tillsammans med den tyske skriftställaren Heinrich Mann och bildkonstnärinnan Käthe Kollwitz författar Einstein år 1932 ett desperat upprop mot ”fascismens oföreställbara hot”. Det blir hans sista politiska utspel i Tyskland. I december 1932 tar han båten över Atlanten till Förenta Staterna för en serie föreläsningar. Efter ankomst får Einstein, på besök i Pasadena (Kalifornien) för att på plats inspektera världens största teleskop, höra att Hitler med de konservativas hjälp tagit det avgörande klivet in i makten.

Han skulle aldrig återvända till Tyskland.

Otto Hahn och Lise Meitner, ca 1920

Kapitel XII

Lise Meitners fortsatta flykt förlöpte helt utan dramatik. Från Amsterdam åkte hon reguljärflyg till Köpenhamn och anlände 1 augusti 1938 till Kungälv där hon möttes av väninnan Eva von Bahr. Till Stockholm ankom hon i september.

I november 1938 strålar Lise Meitner samman i Köpenhamn med sin förre kollega Otto Hahn från Kaiser Wilhelm Institut für Chemie för att lämna instruktioner och vägledning inför det avslutande klyvningsexperimentet med uran, medan en nervös Hahn oavbrutet tittar över axeln efter hemlig polis, som dock inte förrän två år senare skulle komma att förfula bilden av den danska huvudstaden. Allt Hahn behöver göra, försäkrar hon, är att hålla fingrarna i styr, låta bli att röra eller ändra något och sätta i gång med det uran-radiumprov som hon lämnat kvar på sitt arbetsbord, där det stått orört sedan hon av makten tvingats i landsflykt. Meitners bord skulle småningom ställas ut på museum märkt ”Arbeitstisch von Otto Hahn (Otto Hahns arbetsbord). Lise Meitner har hittat en tillflyktsort i Stockholm där hon arbetar på det av Kungliga Svenska Vetenskapsakademien finansierade institut för atomfysik, under ledning av Manne Siegbahn, Nobellaureat sedan 1924 för ”röntgenspektroskopiska upptäckter och forskningar”. Siegbahn hade rykte om sig att vara kvinnohatare och en slug envåldshärskare. Det kan inte ha varit lätt för Lise Meitner att ha fördragsamhet med sin nye chef vars plumpa trakasserier måste ha sårat henne djupt, i synnerhet då hon var långt mer bevandrad i kärnfysik än sin plågoande. Tjugo år senare ger hon upp och flyttar till Storbritannien.

Alla visste varför Hahn var i upplösningstillstånd. Det var bariumspåren i det bestrålade uran-radiumprovet som fått honom att tappa fotfäste. Full av självömkan och övertygad om att tre år av intensiv forskning höll på att gå till spillo tog han i panik kontakt med sin förra kollega, ty han hade inte en aning om vad det var han snubblat över och ännu mindre visste han hur han skulle fortsätta. Liksom flertalet atomfysiker på den tiden var Hahn på jakt efter okända *transuraner*, grundämnen bortom uran i det periodiska systemet. Uran är element nummer 92 och det tyngsta ämnet som fritt förekommer i naturen. När neutroner växelverkar med strålmålet torde det ge upphov till grundämnen med högre atomnummer, liksom en kopp kaffe blir tyngre när man lägger i en sockerbit. De irriterande bariumspåren som med en dåres envishet dök upp i proven tillhörde gruppen alkaliska jordartsmetaller med atomnummer 56 och hade nog inget med saken att göra. Inledningsvis misstänkte Hahn att ämnet var artificiellt radium, bildat genom avspjälkning av två alfapartiklar (heliumkärnor) från uranatomen. Vid den tidpunkten var fysiken visserligen samstämmig att denna process var föga trolig, men hypotesen att uranet omvandlades till barium genom att avlägsna runt hundra nukleoner betraktades som rena dårskapet. Problemet var att Hahn inte hade något vettigt alternativ att komma med och han var totalt villrådig med avseende på vad det var han fått fram i experimentet.

Under sitt besök i Köpenhamn den 10 november rådgör Hahn med Lise Meitner i hopp om att finna en utväg eller få en förklaring. Meitner föreslår ett antal förbättringar av experimentet, vilka till sist möjliggör det avgörande försöket 16 och 17 december 1938, sedermera omtalat som "radium-barium-mesothorium-fraktionering" (mesothorium är ett gammalt namn för radiumisotopen Ra-228). Mätningarna är åter förbryllande. De isotoper Hahn får fram efter uranprovets neutronbestrålning beter sig inte som radium utan som barium. Hahn förstår inte vad har hänt då han hyser föga tilltro till sin egen hypotes om konstgjort radium. När radiumisotoperna uppblandades med barium lät de sig separeras, men när han arbetade med neutronbestrålat uran fungerade inte metoden. En bortkollrad Hahn skriver 19 december uppgivet till Lise Meitner:

> "Strassmann har kommit tillbaka, så jag kan äntligen gå hem. Faktiskt är det något med radiumisotoperna som är så konstigt att vi inte vill berätta för någon annan än Er för tillfället ... våra radiumisotoper reagerar inte som radium utan som barium ... Vill Ni vara snäll och fundera över om det kan vara någon variant av barium som är mycket tyngre än normalt."

Utan Meitners snille hade Hahn aldrig uppmärksammat historiens första kärnklyvning i laboratorium. På den tiden fungerade postgången mellan Berlin och Stockholm alltjämt klanderfritt vilket möjliggjorde daglig kontakt – på så sätt kunde hon styra experimenten som om hon suttit bredvid.

Tillsammans med brorsonen Otto Frisch, också han fysiker och flykting samt en av Bohrs adepter på Blegdamsvej i Köpenhamn, skulle hon under den kommande julhelgen, som gäst hos sin väninna Eva von Bahr i Kungälv, lösa kärnklyvningens gåta och räkna ut hur mycket energi frigörs när atomen klyvs, för att därefter, med en skolfrökens oändliga tålamod, brevledes förklara kärnklyvningens fysik för en oförstående blivande nobellaureat. Så här långt är alla överens om hur upptäckten av kärnklyvningen gick till. Fortsättningen är en sorglig historia om nobelkommitténs svek i samband med valet av vem som skulle tilldelas 1944-års Nobelpris i kemi. Förutom judinna var Meitner kvinna, på den tiden en synnerligen dålig kombination om man hade siktet inställt på Nobelpris. Priskommittén vågade detta nästsista krigsår inte göra sig obekväm hos Tredje rikets styresmän. Som svepskäl varför hon inte fick dela fysikpriset med Hahn anfördes att Meitner inte funnits med som medförfattare av den belönade artikeln. Att skälet var att hon tvingats fly landet, vilket erbjöd hennes förre medarbetare en once-in-a-lifetime-chans att kuppa sig till den artikel vari den lyckade kärnklyvningen tillkännagavs, bekom inte nobelkommittén. Skandalen var ett faktum och ännu en skam fläckade Alfred Nobels minne.

Uppståndelsen på KWI efter Frau Meitners flykt från förföljelsens Berlin till Sverige via Nederländerna hade ännu inte lagt sig. Slutet av trettiotalet var en vimmelkantig tid med ombytliga lojaliteter, även inom vetenskapen. Processen att entlediga judinnan Meitner hade satts i gång från olika håll, däribland av Hahns assistent Otto Erbacher, som förutom partimedlem också var institutets facklige företrädare. Meitners assistent, Kurt Philipp, var i tidens rådande angivarkultur angelägen att till varje pris undvika att chefens judestämpel skulle färga av sig på honom. En av hennes doktorander, Gottfried von Droste, hade gått med i SA och bar brun skjorta även på jobbet. Droste hade värvats av en annan doktorand, Herbert Hupfeld, vars åsikter bedömdes såpass extrema att inte ens KWI:s med nazismen sympatiserande ledning stod ut med honom och hade uppmanat honom att sluta. Hatets hjul, resulterande i Lise Meitners landsflykt sattes efter påtryckningar av Philipp och Droste i rullning av chefen för sektionen för organisk kemi vid Kaiser Wilhelm Institut, Kurt Hess, en medioker kemist och fanatiker till nazist som bodde granne med Lise Meitner på Thielallee. Meitner kom i väg i sista ögonblicket sedan Hess kvällen innan slagit larm hos myndigheterna med nyheten om hennes förestående flykt. Resten av historien känner vi till.

Efter Meitners flykt surrade Kaiser Wilhelm Institut av illvilliga rykten om Hahns fortsatta samröre med sin förra kollega. Hahn var angelägen att rentvå bilden av en obetydlig "Hänschen", som inte klarade sitt arbete utan judinnans handfasta ledning. Dessutom var det bråttom, ty paret Joliot-Curie i Paris hade under ett antal år varit svindlande nära ett resultat. Inom en vecka efter det avgörande experimentet, den 22 december, förelägger Hahn en i all hast författad notis under eget namn (med hans assistent Fritz Strassmann som medförfattare) för publikation den 9 januari 1939 i Springerförlags *Naturwissenschaften*, vars redaktör, Paul Rosbaud, ett halvår tidigare skjutsat Frau Meitner till Hauptbahnhof i Berlin. Manuskriptets inlämningsdatum är som en profetia: det var dagen för vintersolståndet, fimbulvintern hade börjat...

I Hahns tillkännagivande av den första kärnklyvningen nämns Lise Meitner endast i förbigående. (O. Hahn och F. Strassmann *Uber den Nachweis und das Verhalten der bei der Bestrahlung des Urans mittels Neutronen entstehenden Erdalkalimetalle*, *Naturwissenschaften* Vol. 27, nummer 1, sid. 11–15, 1939). Av texten framgår att Otto Hahn på egen hand löst atomfysikens gissel genom att med långsamma neutroner klyva uranatomen. Redan år 1934 hade Enrico Fermi rapporterat att han med långsamma neutroner lyckats framställa vad han ansåg vara transuraner, och hävdade att han därmed på konstgjord väg fått fram ett nytt grundämne med atomnummer 93. Under några år hölls detta för sanning, trots att den tyska kemisten Ida Noddack ifrågasatte Fermis påstående och pekade på bristande validering av hans försök. I en artikel, *On element 93* (neptunium, Np), publicerad några månader efter italienarens försök, hade hon lagt fram en djärv hypotes som i och med Meitners och Hahns klyvning av uranatomen besannades:

"...det är möjligt att kärnan slås sönder till flera stora fragment, som så klart skulle vara isotoper av kända ämnen, men ej besläktade med det bestrålade ämnet."

Ingen hade tagit hennes spekulation på allvar eller verifierat den i experiment, inte ens Noddack själv som inte heller kunde lägga fram bevis för sin profetia. Tanken att tunga atomkärnor kunde splittras till lättare grundämnen var oförenlig med tidens paradigm, tills Lise Meitner och Otto Frisch under julhelgen 1938 teoretiskt förklarade kärnklyvningens fysik.

En månad senare, i januari 1939, hade Hahn lyckats övertyga sig själv att Meitners hypotes om neutronbeskjutning som gjorde urankärnan instabil och delade den i barium och krypton, var riktig och att det faktiskt bildades lättare grundämnen och inte tyngre, som han räknat med att finna. Han ville därför revidera sitt tidigare påstående om "grannar till uran" och instämma i Meitners slutsats att det ämne han fått fram i experimenten var barium, lantan och cerium. I hans andra publikation om kärnklyvning i *Naturwissenschaften* av 10 februari 1939 förutsade Hahn att sekundära neutroner frigörs i klyvningsprocessen, vilket några veckor senare bekräftades av paret Joliot-Curie i Paris som även åstadkom vad såg ut att vara en kedjereaktion. Denna kedjereaktion, väckt till liv av sekundära neutroner varvid ansenliga mängder energi frisattes, uppfattades omedelbart av forskarvärlden som en outnyttjad potential för massförstörelsevapen. Händelsen markerar början av atomåldern.

En månad efter Hahns och Strassmanns notis i *Naturwissenschaften* publicerar Lise Meitner och Otto Frisch kärnklyvningens teoretiska bakgrund i en artikel inlämnat till *Nature* den 16 januari 1939, (Meitner, L. och Frisch, O. R. *Disintegration of Uranium by Neutrons: A New Type of Nuclear Reaction. Nature* 143 (3615): 239). I denna artikel ger Meitner och Frisch en elegant och uttömmande förklaring av kärnklyvningens fysik och döper fenomenet till *fission*, en fackterm som stått sig sedan dess. Namnet tillkom på grund av likheten mellan kärnklyvning och bakteriers sätt att genom delning föröka sig, ett bevis om något att artikelförfattarna *före* paret Joliot-Curie blivit medvetna om den kedjereaktion som kärnklyvning ger upphov till. Frisch fick namnförslaget av den amerikanske biologen James Arnold, även han verksam vid Bohrs laboratorium i Köpenhamn. Otto Hahn kallade samma fenomen *Zerplatzen*, på svenska "sönderrämna" eller "ersätta". Lise Meitner fick grundämnet 109, meitnerium, uppkallat efter sig. Den efter Otto Hahn uppkallade transuranen med atomnummer 105, hahnium (i Sovjetunionen nielsbohrium), döptes först om till unnilpentium och 1997 slutgiltigt till dubnium, efter den ryska staden Dubna där ämnet på sextiotalets slut för första gången syntetiserades.

När Hahn tilldelades 1944-års Nobelpris i kemi (utdelat 1946) för "hans upptäckt av fission, klyvning av tunga atomkärnor", gjorde han sitt yttersta för att förringa Meitners ovedersägliga roll i experimenten. I en intervju med *Stockholms Tidning* från veckan före prisutdelningen bagatelliserade han Meitners andel i upptäckten och tonade ner hennes betydelse till den av en underordnad och föga pålitlig kemiassistent. Svenska Vetenskapsakademiens tillkännagivande

15 november 1945 nådde den nyblivne Nobellaureaten via engelska *Daily Telegraph* då han vid den tidpunkten alltjämt var de allierades "gäst" på hemlig ort (Farm Hall), tillsammans med en del av Nazitysklands kärnfysikaliska intelligentia. Inför Nobelprisets utdelning var Hahn fortfarande inte betrodd att ensam resa till Stockholm. Han följdes häck i häl av den brittiske majoren Ronald Frazer som av ockupationsmakten hade utsetts till hans "skugga". Inte med ett ord refererade den nyblivne Nobellaureaten i sitt tacktal till Lise Meitners centrala roll i den belönade upptäckten.

Assistenten Strassmanns roll i dramat kan bara lända honom till heder. Han vägrade ta emot de tio procent av prispengarna som Hahn mot tystnadslöfte försökte muta honom med. Under kriget gömde Fritz och Maria Strassmann i flera månader den judiska pianisten Andrea Wolffenstein i sin våning. Efter kriget tilldelades han staten Israels finaste utmärkelse: "Rättfärdig bland folken" (Chassidey Umot Haolam). I Jerusalem, på Har Hazikaron, Åminnelseberget, hedras Strassmanns minne med ett träd på de "rättfärdigas aveny" vid Yad Vashem holocaustmonumentet, Israels arkiv och centrum för "hågkomst av Förintelsens offer och hjältar".

I allt Lise Meitner företog sig siktade hon högt. Att även hennes brev skulle komma att räknas till den kategori föresvävade henne aldrig. Ändå hör de dit såsom vittnesbörd av stor uppriktighet och som varnande dokument om vårt århundrades upprepade svek och moraliska förfall. Dock var hon inte mer än människa, och Hahns manipulerande med sanningen träffade en känslig nerv hos henne. Lise Meitner hade en stark tilltro till vetenskapens sanning, en tilltro som med åren blev hennes livsmaxim, det ljus i tillvarons mörker som för henne gjorde livet värt att leva. I ett brev till sin väninna Eva von Bahr utgjuter Lise Meitner sin besvikelse över att Hahn vägrade erkänna hennes ovädersägliga bidrag till kärnklyvningens upptäckt:

> "Jag tycker det är sårande att Hahn inte i en enda intervju nämner vårt trettioåriga samarbete. Hans motiv verkar minst sagt komplicerade. Han är övertygad om att Tyskland behandlats orättvisst, ännu mera så genom att han förtränger det förflutna. Hans enda tanke här var att tala för Tyskland. Också jag är en del av hans förträngda historia. Jag hade ändå skrivit till honom innan han kom hit, så vänligt som jag förmådde, att anständiga tyskar bara kan hjälpa Tyskland genom att hålla sig till sanningen. I sitt svar skrev han att amerikanerna nu gör samma saker i Tyskland som tyskarna gjorde i de ockuperade länderna. Jag svarade honom att han inte uppriktigt kunde mena detta och att även om varje ockupation självklart är av ondo och att missdåd förekommer, så kan han inte blunda för att tyskarna tog livet av miljoner oskyldiga människor. Han svarade inte, och när han kom hit bad han mig att inte diskutera politik.
>
> Jag är övertygad om att Hahn inte ville arbeta på bomben, men i en intervju uttalade han att: 'han var glad över att tyskarna inte behövde bära ansvaret för den bomb över Hiroshima som orsakat tusentals män-

niskor en meningslös död.' Han borde åtminstone sagt att han var glad, med tanke på att Tyskland gjorde så många ännu värre saker. Men det var han inte kapabel till. Kanske är det att begära för mycket, jag är osäker. Alla dessa år har jag gjort mitt yttersta för att inte bli bitter eller misstrogen, man måste ta människor för vad de är. Men min livsglädje våndas av alla ansträngningar."

Samma decembermånad 1938 som Hahn i *Naturwissenschaften* tillkännager den första kärnklyvningen, och exakt en månad efter Kristallnatten mellan 9 och 10 november, som inledde nazismens landsomfattande pogrom mot den judiska befolkningen, fogar Peter Debye ännu en svart sida till sitt eftermäle genom att i egenskap av ordförande i tyska fysikerförbundet den 9 december 1938 skicka ett brev till samtliga medlemmar vari han uppmanar forskare av judisk börd att avsäga sig sitt medlemskap. Han avslutar sitt upprop med den nazistiska hälsningsfrasen Heil Hitler!, något han ingalunda var tvungen att göra och av eftervärlden har uppfattats som ännu ett opportunistiskt utspel varmed han ställer sig under regimens beskydd, alternativt som en poänglös gardering mot repressalier:

> "Under rådande omständigheter kan de rikstyska judarnas medlemskap i Deutsche Physikalische Gesellschaft inte fortsätta. I överensstämmelse med styrelsens beslut uppmanar jag härmed samtliga medlemmar som innefattas av ovan angivna beskrivning att träda ur fysikerförbundet.
> Heil Hitler!

Fem forskare i fysikerförbundet följer uppmaningen och avsäger sig sitt medlemskap i fysikerförbundet.

Reichskristallnacht, den historiska höstnatten mellan 9 och 10 november 1938, upplyst av krossat glas efter de tusentals fönster som krossades då en mobb från främst SA, men även civila, gick bärsärkagång mot sina judiska landsmän, var en upptrappning av det meningslösa våldet mot näringsidkare av mosaisk tro vars verksamhet, alltsedan Hitler 1933 gripit makten, kringskurits av repressiva lagar och förordningar. Femhundra judar föll offer för SA-männens påkar eller kastades ut på gatan genom fönstren, tillsammans med sina tillhörigheter; trettiotusen judar arresterades och fördes till koncentrationsläger, närmare trehundra synagogor brändes och över sjutusen butiker vandaliserades och plundrades. Oklart är vem som beordrade Kristallnatten eller om aktionen var planerad sedan tidigare. Somliga hävdar att Adolf Hitler i allmänna ordalag talat om behovet av en markering efter den polske juden Herschel Grynszpans attentat mot Tysklands ambassadsekreterare i Paris, Ernst vom Rath, och att detta fick Goebbels och Göring att iscensätta drevet. Kristallnatten blev början till det vedervärdiga och statsstödda våld som nådde sin kulmen i Förintelsens folkmord.

Vid trettiotalets mitt skakades fysikvetenskapen av en makaber maktstrid. Inom utbildningsväsendets fakulteter infördes führerprincipen: varje enhet ställdes under ledning av en regimlydig person som ansågs representativ för det "nya Tyskland", med uppdrag att ställa sig i spetsen för en auktoritär och strikt hierarkisk organisationsstruktur: *varje Führer sitt eget Reich*. Representanterna för den "ariska fysiken", med nobellaureaterna Johannes Stark och Philipp von Lenard i spetsen, vädrade morgonluft. Äntligen hade tiden blivit mogen för att sätta sina gallimatiasplaner på en "tysk vetenskap" i verket. Till att börja med gör de fruktlösa försök att avsätta Max Planck som ordförande i preussiska vetenskapsakademin efter beskyllningar att han "blott är en teoretiker vars arbeten står i strid med den sunda förnuftets fysik som garanterar det tusenåriga rikets storhet". Också Peter Debye klandras för att vara teoretiker. Till skillnad från många kolleger i samma sits ser han dock ingen anledning att lämna landet. Han bidar sin tid i Leipzig. Till en kollega i Jena skriver han att det är "hög tid att någonting händer inom fysikvetenskapen, om inte tysk naturforskning ska kollapsa". Tidig vår 1935 gör Debyes förre lärare, Arnold Sommerfeld, ansträngningar att få honom att acceptera en befattning i München; Sommerfeld går så långt som att erbjuda sin egen position som chef för universitetets fysikavdelning. Likväl får han nobben. Tack, men nej tack. "Mitt kall", skriver Debye i sitt svarsbrev, "ligger i Berlin".

Vid ingången av 1936 tycks åskmolnen över Berlin dra förbi. Planck har mot alla odds lyckats försvara sitt ordförandeskap i Preussische Akademie der Wissenschaften, vilket banar väg för Debyes avancemang. Det enda kvarvarande molnet på hans himmel är regimens ultimatum att ofördröjligen växla in sitt holländska pass mot ett tyskt dito...

Året efter Kristallnatten och Tysklands intåg i Polen går Debyes opportunistiska flört med Hitlerregimen överraskande i stå. Den 30 december 1939 skickar han en kryptisk nyårshälsning med närmast landsfaderlig frasering till Arnold Sommerfeld:

> "Att inte misströsta och ständigt vara beredd att fånga upp det goda som sveper förbi, utan att ge ondskan mer utrymme än absolut nödvändigt. Detta är en grundsats jag många gånger i mitt liv haft nytta av. Jag hoppas att det nya året kommer att skänka oss mer av det goda än vår klena hopp för närvarande låter förmoda.
> Professor Peter J. W. Debye, 30 december 1939"

Med facit i hand var Debyes nyårshälsning ett avskedsbrev. Under det år som gått sedan tillkännagivandet av kärnklyvningen har myndigheterna börjat belägra hans skapelse. Heereswaffenamt, motsvarigheten till svenska Försvarets Materielverk, hade inte varit blinda för upptäcktens militära löften, och, i strid med tidigare överenskommelser, i oktober 1939 tagit över ledningen av Kaiser Wilhelm Institut für Physik. Enligt avtalet med Rockefeller Foundation, det nya laboratoriets finansiär, fick KWIP under inga omständigheter ägna sig åt vapenforskning. För att ge militärens tilltag ett sken av fredligt syfte drog Heereswaffenamt åt tumskruvarna på Debye och beordrade honom att skyndsamt söka tyskt medborgarskap om han ämnade fortsätta som chef för Kaiser Wilhelm Institut für

Physik. Nu var det inga hövliga svepskäl längre, utan ett ultimativt krav. En förutsättning för militärens intervention var att den falska bilden av fredlig grundforskning på KWIP under längre tid kunde hållas uppe gentemot donatorn, en våghalsig balansgång mellan illusion och brutal makt.

Heereswaffenamt hade inte vilat på sina lagrar och i all hast tagit initiativ till *Uranverein*, det organ som skulle samordna och övervaka utvecklingen av atomvapnet. Debye deltog i uranklubbens konstituerande möte och hade troligen varit villig att ägna sig åt kärnvapenforskning om nazisterna inte varit så omedgörliga i sina krav på tyskt medborgarskap. Debye var tveklöst en mer erfaren experimentalist än Kurt Diebner och Werner Heisenberg, de två som senare anförtroddes ledningen av var sitt kärnvapenprojekt, och det förefaller troligt att tyskarnas försök att framställa kärnvapen skulle gått avsevärt snabbare fram med Debye vid rodret. Debye hade dock fått nog. Den här gången var den vanligtvis inte lätt skrämde kraftkarlen lyhörd för de förtäckta hoten, och 23 januari 1940 stiger han i Genua ombord atlantångaren till Förenta Staterna för att, så som avslutning på det utdragna nobelfirandet, hålla de sedan länge inbokade s k Bakerföredragen vid Cornelluniversitet i Ithaca, New York. Han skulle inte återvända, och jämte många av sina kolleger stanna i det nya landet för att där bygga upp en fysik i förskingring, vilket efter kriget resulterade i att fysikvetenskapens maktbalans försköts från gamla världens Europa till USA.

Debyes uppseendeväckande nyårsbrev andas en seren atmosfär av sorg och sårbarhet, uppblandad med uppgivenhet, en genuin oro för hur det ska gå för de medarbetare han tvingas lämna vind för våg, som en lekboll för ondskans vindar. Med några ord vidrör han värderingar som undandrar sig förkunnelsens kantiga språk, ord som berör mer än de konkret utsäger. Det är en helomvändning. Det finns en dubbelhet i det korta budskapet, en viss sentimentalitet eftersom han, då han av Heereswaffenamt förvandlats till villebråd, förlorat såväl tyngd som taggar, samtidigt som hans person verkar ha vunnit i ödmjukhet. Kärnan i hans sammansatta väsen var aldrig fullt tillgänglig för någon och ordvalet döljer mer än det övertygar. Inte med ett ord tar Debye upp vetenskapen, den lidelse som likt sin egen skugga följer hans liv, liksom vänskap från Kindergarten under ens liv kan klamra sig fast vid sitt objekt i ”zwei Selen, ein Gedanke, zwei Herzen und ein Schlag”. Brevet förefaller skrivet av en annan person än den stolte och självsäkre maktpamp som aldrig vek åt sidan för något eller någon. Det är anmärkningsvärt att Debye inte med ett ord berör vetenskapen, kanske var det en såpass djupt rotad böjelse att han inte brydde sig om att kuva den, eller så hade upptäckten av kärnklyvningen, följd av militärens stöld av fysikens intellektuella egendom, fått honom att tappa fattningen. Detta sagt som reservation i fall jag skulle hemfalla åt att tillskriva honom fler brister än de han redan led av.

Förutom direktör för KWI:s fysiksektor och ordförande i Deutsche Physikalische Gesellschaft var Debye styrelseledamot i tyska akademi för avionik och bekant med flygöversten Hermann Göring. Det är troligt att styrelseledamöterna fick förhandsinformation om Nazitysklands krigsplaner som gav insikt i vartåt det barkade. Debyes hastiga uppbrott den 16 januari sammanfaller nämligen med det planerade, men i sista ögonblicket uppskjutna datum för tysk inmarsch i Holland. Troligtvis kom Debye till insikten att i och med den förestående invasionen av fosterlandet hans sista reträttväg hade skurits av, och att han skulle bli tvungen att tillbringa ett utdraget krig på förlorarsidan. Han har slutat bry sig om vem som segrar, bara det kom till ett slut och allt skulle bli som vanligt igen. Han bekymrar sig inte om framtiden. Tids nog skulle den hinna ikapp honom, och hursomhelst har alla för ögonblicket fullt upp med att överleva.

Debye var dock ännu inte redo att ge upp de ekonomiska favörer som följde med chefskapet på Kaiser Wilhelm Institut. Formellt var han tjänstledig med bibehållen lön och 23 juni 1941 skickar han ett telegram från USA till Berlin vari han anmäler sina planer att inom kort återuppta sitt ämbete. Tänkas kan att han gjorde detta utspel av omsorg för sina kvarvarande anhöriga i Tyskland, som var beroende av hans lön och hade sitt hem i tjänstebostaden. I alla händelser var det ett spel för gallerierna ty några månader senare, 14 augusti 1941, söker han amerikanskt medborgarskap. Mot Einsteins uttryckliga vilja utnämns han till professor vid Cornell University som han förblir trogen till sin pensionering 1952.

Einstein hade som bekant inga höga tankar om Debye, vilket kommer till uttryck i transkriptionen av det märkliga förhör som FBI höll med honom i anledning av Debyes ankomst till Förenta Staterna, vari han inte skräder orden och utan omsvep eller försköningar säger vad han anser om sin kollega. En förtörnad, närmast kolerisk Einstein beskriver Debye som en potentiell spion och en extremt farlig man, ute efter vinning och kändisskap. Det var något fel på dem, de fungerade inte tillsammans, i alla fall inte där, inte då. Det är uppenbart att Einstein ville göra sig av med Debye, oklart varför, men hans ovilja att stödja honom i en svår stund i samband med personangreppen av Philipp von Lenards Deutsche Physik-anhängare spelade troligen in, samt Peter och Mathilde Debyes fördömande av Einsteins taktlösa behandling av sin hustru Mileva Maric′ i samband med parets skilsmässa. Nedan följer transkriberingen av Einsteins intervju med FBI:

> ”Einstein upplyste att han aldrig hört något negativt om Debye, men att han kände personen tillräckligt väl för att misstro honom, samt att han (Einstein) kunde acceptera saker Debye påstod sig vara sanna i egenskap av forskare, men betvivlade om Debyes uttalanden i egenskap av människa alltid var sanningsenliga. Einstein fortsatte att Debye är en slug person av utomordentlig intelligens, ytterst mångsidig och utrustad med en extraordinär förmåga att uppnå sina mål, medveten om vad som behöver göras för att vinna omedelbar och personlig framgång. Einstein sade att han trodde att Debye ej är en person med starka lojaliteter och att han gör allt som möjligen kan gagna honom. Einstein förklarade att Debye i utlandet uppfört sig misstänksamt, ej som det anstår en holländare. Som förklaring för sin hållning tillade Einstein att Debyes kolleger i Tyskland blivit förföljda sedan 1933 och att han (Debye) inte vid något tillfälle

> hjälpt dem och aldrig försökt finna lämpliga arbeten för de nödställda. Einstein sade att han inte trodde att Debye i sitt arbete på Kaiser Wilhelm Institut für Physik hade kommit i kontakt med forskning för militära ändamål men att han ansågs kapabel till det. Han sade att Debye möjligen kunde vara okej men att han var en extremt farlig man om hans motiv visade sig vara onda. Han förklarade också att Debye besatt alla egenskaper för att vara tysk spion och att han var utrustad med organisationstalang att verka som sådan. Einstein uttryckte som sin opartiska mening att Debye ej borde anförtros hemligstämplat material förrän han på övertygande sätt visat att han avslutat sin bekantskap med tyska regeringsföreträdare."

Man kan ha åsikter om Debyes moraliska oförvitlighet, men faktum är att han faktiskt hjälpte en del kolleger att fly landet, däribland sina assistenter Heinrich Sack och Willem van der Grinten, samt naturligtvis Lise Meitner. Harvardkemisten Frederick Keyes var av annan uppfattning än Einstein: "Debye avskyr allt som har med Hitler och naziregimen att göra."

Det fräna ordvalet i Einsteins *affidavit* orsakade Debye en hel del obehag. Så blev han aldrig tillfrågat att delta i de allierades Manhattanprojekt. Visserligen kvalificerade inte heller Albert Einstein själv för kärnvapenprojektet, men i hans fall var det hans freds- och icke-våldssympatier som omöjliggjorde detta. Einsteins pacifistiska hållning och politiska hemvist skymtar fram i följande klipp ur en artikel i tidskriften *Monthly Review* från 1949 under rubriken "Why Socialism?":

> "Denna stympning av individer utgör kapitalismens värsta ondska. Hela vårt utbildningssystem lider därav. En överdriven tävlingsanda ympas på studenten, som lär sig dyrka framgång som förberedelse inför en framtida karriär. Jag är övertygad om att det blott finns en väg att utrota denna förfärliga ondska, det är genom att upprätta en socialistisk ekonomi, däri inbegripen ett utbildningssystem syftande till social vinning."

Aversionen var ömsesidig, och allt som rörde deras mellanhavanden färgades av förakt: Debye beskrev Albert Einstein som en "luftballong som stigit till skyn i brist på tyngd, en person som bara var för mycket". Den redan inflammerade situationen tog en allvarlig vändning när Einstein på vårkanten av 1940 via en icke namngiven engelsk agent brevledes kontaktades av en okänd person i Schweiz som varnade för att Debye var bekant med Hermann Göring, samt att han kommit till USA på "hemligt uppdrag". Detta var obestyrkta rykten och troligtvis ren spekulation (som styrelseledamot i tyska akademi för avionik kände Debye faktiskt Göring som var styrelsens ordförande), men Einstein, som sade sig "inte ha möjlighet att bedöma sanningshalten i brevet", förmedlade detsamma till den ryskfödde handskriftforskaren Elias Avery Lowe på Princeton Institute for Advanced Study som bollade den heta potatisen vidare till en "judisk akademiker" vid Princeton, varefter universitetsledningen konfronterade Debye med anklagelserna samtidigt som ärendet överlämnades till FBI för granskning.

På den tiden grasserade i USA en hysterisk rädsla för fientlig infiltration och brevet togs på största allvar. Brevskrivaren fick i FBIs transkribering namnet "Feadler, eller något i den stilen". Troligen avsågs Hans Werner Fiedler, en doktorand som haft Heisenberg som handledare och Debye som medbedömare. När Einstein ombads precisera sig med anledning av det inträffade och peka ut vem eller vilka enligt hans bedömning kunde tänkas ligga bakom det mystiska brevet, svarade han med den utvaldes ironiska leende, ett överlägset leende som gör anspråk på att äga en sanning som rör sig högt över världsliga åsikter och mänskligt tvivel.

Inte oväntat blir Debye förnärmad av Einsteins agerande. Hans framtid i Förenta Staterna står på spel. Under sin korta tid i Amerika har situationen i Europa dramatiskt försämrats. Den tyska krigsmaskinen hade inom loppet av tre månader lagt stora delar av Europa under sig. I april föll Danmark och Norge i det tyska fälttågets Blitzkrieg, i maj bombades Rotterdam sönder och samman vilket fick Nederländerna att kapitulera efter hot om bombanfall på Amsterdam och Haag, något senare kollapsade den belgiska frontlinjen och i juni lyckades engelsmännen i absolut sista minuten och under dramatiska former evakuera sina trupper från Dunkerque.

I ett svarsbrev till Einstein, daterat 12 juni 1940, då tyska förband just intagit Paris, dementerar Debye styvnackad alla beskyllningar och påstår att han "lämnat Tyskland ity myndigheterna där tvingade mig avsäga min holländska nationalitet för att bli tysk medborgare. För några månader sedan bestämde jag mig för att under inga omständigheter återvända till Europa." Medveten om att Einstein hade svårt för främmande språk skriver Debye sitt brev på engelska och inte på bådas tyska tungomål, som ville han markera att han på kort tid anammat den amerikanska livsstilen och avsagt sig all kontakt med Tyskland. Enligt Cornelluniversitetets kansler, Edmund Day, avfärdade Debye det gåtfulla Fiedlerbrevet som "symtomatiskt för den sortens hysteri vi framöver kommer att mötas". Day försäkrade Warren Weaver, representant för Rockefeller Foundation, att han "hyste oreserverad tilltro till Debyes ärlighet och lojalitet".

Dock talar Debye inte sanning, i alla fall inte helt och fullt. Han håller fortlöpande kontakt med Tyskland. Hans dotter Mathilde (Maida) är kvar i landet hos hans svägerska i tjänstevillan på KWI-området, och han brevväxlar flitigt med en rad kolleger hemmavid.

Einstein tog upp brevet i förhör med FBI men Robert Ogden, dekan vid Cornells fakultet för humaniora, förkastade det som "ett resultat av judarnas fördomar, ... en yttring av den bitterhet som judiska flyktingar från Nazityskland hyser gentemot kolleger som, oberörda av nazismens påbud, visar sig likgiltiga för de nödställdas belägenhet genom att stanna kvar". Oavsett om detta avsåg Debye gjorde Einstein ingen hemlighet av sin hållning visavi sin kollega. När Princeton i juni 1940 anordnade en mottagning till Debyes ära lät han ostentativt bli att närvara. Vid detta tillfälle fick Weaver av matematikern Oswald Veblen förklarat för sig att "några av Debyes kolleger blivit illa berörda av hans senfärdiga beslut att framgent inte på något sätt befatta sig med tyska affärer".

Inte alla judiska immigranter fördömde Debyes person i samma skarpa ordalag. James Franck, jämte Gustav Hertz sedan 1925 nobelkrönt fysiker för sina undersökningar av atomer med hjälp av elektronbeskjutning, som troligtvis skulle ha valts till direktör för Kaiser Wilhelm Institut für Physik framför Peter Debye, vore det inte att han kastats ut från universitetet i Göttingen som ett led i nazistregimens utrensning av judiska forskare ur statsapparaten, försäkrade FBI att ”Debye är en person av tadelfritt rykte och höga ideal, helt och hållet pålitlig, som förvantas bli oreserverat lojal mot den amerikanska administrationen”. Det är anmärkningsvärt hur fundamentalt olika Debye uppfattades på avstånd, mot det intryck han väckte på nära håll. På något vis fanns i Debyes framtoning illavarslande stråk som blev en väckarklocka för dem som kände honom väl, t ex Einstein och Goudsmit, och väckte obehag på ett sätt som ej kan tillskrivas den alltid latenta professionella missunnsamheten.

I Tyskland har nyheten om Debyes avhopp mottagits med förstämning och myndigheterna var medvetna om den skada som chefen för KWI:s fysiksektor i överlöparroll kunde orsaka. KWI:s generaldirektör, Ernst Telschow, ger kort tid efter Debyes svek uttryck för sin oro i ett brev till Adolf Baeumker, kansler för Tredje rikets akademi för avionik:

> ”Enligt min mening föreligger nu risken att professor Debye beslutar att överge Tyskland. Kaiser Wilhelm Gesellschaft kommer att verka för att finna andra arbeten åt professor Debye när han återvänder från sin föreläsningsturné i Ithaca, och det vore önskvärt om även Akademin för Avionik kunde bestämma sig för motsvarande.”

I december 1939 reser Debye tillsammans med hustrun Mathilde under täckmantel till Maastricht i södra Nederländerna för att besöka sin sjukliga moder. I verkligheten ägnas besöket åt att ta avsked och planera familjens flykt. För att undvika misstankar lånar Debye en summa pengar i amerikanska dollar av sin moder, och avtalar ett möte med Telschow för att formellt underteckna sin avskedsansökan. Vid mötestillfället kunde Telschow bara konstatera att chefen för fysiksektionen föregripit honom och hade avvikit. Den 15 januari 1940 åker Peter Debye ensam från München till Milano genom Brennerpass och därifrån vidare till Genua, där han åter tar ut en stor summa pengar i amerikanska valuta som hans mamma skickat i förväg. Den 23 januari embarkerar Debye det italienskflaggade passagerarfartyget Conte di Savoia med destination New York. Parets son Peter, doktorand vid universitetet i Berlin, hade under sommaren 1939 åkt på semesterresa till vänner i Ohio och därmed befann sig åtminstone en del av familjen i USA när tyskarna angrep Danmark och Norge.

Under sina år i Förenta Staterna har Debye inte vid något tillfälle påstått eller givit sken av att han övergett Tyskland på grund av moraliska betänkligheter, i protest mot förtrycket i landet eller som en följd av kontroverser med nazileldningen över en samvetsfråga rörande kärnvapen. Visserligen hade han tagit illa vid att ledningen av Kaiser Wilhelm Institut für Physik ställts under militärt överkommando, men inte med ett ord ursäktade Debye någonsin sin landsflykt för att han inte kunnat finna sig i regimens planer på framtagning av massförstörelsevapen. Dessutom är det mer än troligt att den intellektuella utmaning som kärnvapenkapplöpningen för honom måste ha inneburit, utövade en oemotståndlig dragningskraft på tävlingsmänniskan Peter Debye. Bara Debye själv visste varför han lämnat Berlin, allt vi vet är att han aldrig uttryckte ånger eller klädde sig i säck och aska för sitt arbete i Tredje rikets tjänst. Inte någon gång försökte han rättfärdiga sitt handlande. Debye var inte den som bad om ursäkt. Mystiken kring omständigheterna för hans hastigt påkomna landsflykt och dess iögonfallande brist på motiv och förnuftsskäl gav med tiden upphov till allsköns spekulationer, medan hans undanglidande hemlighetsmakeri med avseende på den centrala frågan i vilket syfte han lämnat Tyskland, bidrog till en tätnande mytbildning kring hans person.

Debye var ingen lycksökare och det var inget Utopia han förväntade sig finna i landet på andra sidan Atlanten. Idyll? Det hade inget med idyll att göra. Absolut ingenting. Första tiden i Förenta Staterna blev en turbulent blandning av intryck, likt ett hastigt uppvaknande på en obekant plats efter en längre vila. Nya ljud, ljuset som faller annorlunda och luftens ovana sammansättning skuggar Debyes upplevelser under denna tid med ett skimmer av idel nya ting. Även det trivialt bekanta ser märkligt annorlunda ut i detta nya ljus. Han känner sig som en inkräktare och behandlas som en potentiell spion. Han befinner sig i ett mörklagt rum där han förgäves trevar efter lysknappen. Känslan av att allting är främmande, inte på ett angenämt exotiskt sätt som på en semesterresa, utan som något hotfullt och undergångsbetonat, men samtidigt avlägset bekant. Som om kopplingen mellan hans person och omgivningen upphört. Övergången från den rusiga atmosfären i Tysklands brusande och bullriga metropol till en lantlig avkrok i det vidsträckta USA, blir brutal. Tiden framställer ett antal tablåer, scener av en ytligt sett obekymrad tillvaro. En häger står på en sten i bäcken. Orörlig. Varje morgon på samma sten. För första gången sedan sin barndom kan han barfota gå ner till det spenvarma vattnet på en stig av nyslaget gräs bland den blommande ängen. Sjön ligger orörlig. Skimrar som en spegel av kvicksilver. Han hör gräset smekas av vinden och sorlet av vatten som rinner över en primitiv fördämning. Hans händer har kvar sin ungdoms förfarenhet med lien. Som om minnet sitter i händerna. Lien är gammal, med träskaft, men duger bra. Den gör sitt jobb. Han hittar ett bryne i boden och finner sig strax i färd med att vässa eggen med svepande rörelser längsmed bladet, andas luftens sövande dofter och upprepar lågt för sig själv ogräsens namn, smakar på det främmande språket, övar det ovana tungomålets akrobatik: mjölkört – willow herb –, silkeshår – sundew –, vallmo – poppy –, nattglim, rödarv, fliknäva, småtörel, spjutsporre, gåsört. Mathilde plockar varje dag ett stort fång och sätter det i en kantstött emaljkanna med blå rand som någon lämnat kvar i boden. Kannan får honom att tänka på hemma och sin ungdom. Mathilde kommer med en kaffetermos. Ljumma kvällar sitter de i bersån och river sig på armar och ben där myggor bitit, lyckliga, mitt i den klåda som håller dem vakna halva natten. Mörkret faller på, likt ett fisknät som kastas över jorden för att tjudra tiden. ”Detta är mitt arbete, mitt hopp”, tänker han, ”även om jag just nu tröskar på torra halmen. Detta är min väg. Den är svår, men riktig och jag valde den som barn.” ”Peter är så klok”, brukade hans mamma säga, ”han ska bli professor”. En sentens dyker upp i hans minne: ”Vetenskapen måste skyddas från strebrar”. Han ler melankoliskt för sig själv när han kommer på att han är just en av dem. Med insikten kommer sorgen, åtföljd av självförakt som han är tvungen att skaka av sig.

Efter en tid går tillvaron över styr för den landsflyktige Debye och det som burit löfte om ett elysium blir något helt annat. När han en dag går ner till bäcken finns den blommande ängen kvar. Men hägern är borta. Tillvaron skulle snart börja kvida och det tog FBI fyra år att bestämma sig i frågan om Peter Debye var en person att lita på. I april 1944, då kriget i Europa i praktiken redan var vunnet, gav amerikanska Army Service Force motvilligt klartecken för Debyes oförvitlighet. Att Debye var villig att engagera sig i de allierades vapenforskning medan han flytt Tyskland för att inte mot sin vilja bli indragen i Tredje rikets vapenutveckling, borde detta inte tolkas som ett tecken på proamerikanska sympatier? Det är inte så enkelt, liksom inget i hans sammansatta väsen är enkelt. Att teckna en person i silhuett ger ingen rättvis bild. Ont och gott är halvtoner av tvivel, inte svart eller vit. Varje försäkran om trohet till de allierades sak bygger på sin motsats. Han är kedjad vid sitt förflutna. En person av Debyes blixtrande intellekt och ombytliga lojaliteter är inte som en balansvåg där man kan lägga sympatierna i ena skålen och antipatierna i den andra. Debye gjorde ingen hemlighet av att hans landsflykt inte berodde på att militär stövlat in på KWI och beordrat att forskningen framgent skulle inriktas på landets krigsbehov, utan att den verkliga orsaken låg i att myndigheten varit taskiga mot honom och med hot om avsked velat tvinga in honom i ett tyskt medborgarskap han minst av allt begärde. Om han skulle ha stannat kvar i Berlin ifall han tillåtits behålla sitt holländska pass kan ingen svara på. Medan ingen vet om Peter Debye ställt upp på att arbeta för Wehrmacht, är det en inte alltför vågad gissning att han med entusiasm skulle tagit sig an atomforskningen, om så bara för utmaningens skull. År 1947, i en intervju med en holländsk tidning fick han frågan om han under kriget varit inblandad i de allierades uranforskning. Hans undvikande svar är betecknande för Debyes omdömeslösa person: ”Det hade jag naturligtvis kunnat göra, eftersom vi redan ägnat oss åt liknande forskning i Berlin, men som holländsk medborgare fann jag det moraliskt felaktigt att engagera mig i det. Dessutom hade jag annan forskning på gång vid Cornell.” Frånsett ofoget att gömma sig bakom ett fegt ”vi” är svaret förbryllande, inte blott för att man kan undra varför just det holländska folket skulle vara välsignat med en extra dos moralisk resning och föredömlig klarsyn i rustningsfrågor, utan för att Debye bättre än någon annan visste att han uppsåtligt hållits utanför Manhattanprojektet eftersom underrättelsetjänsten länge svävade i ovisshet om hans förmodade nazisympatier och -lojaliteter.

Debyes försvarare förfäras med all rätt över att hans belackare kom att fördöma hans handlande, oavsett vad han gjorde eller lät bli att göra. Ifall Debye inte velat medverka i vapenforskning hade det för hans kritiker varit anledning att beskylla honom för att alltjämt hysa tysksympatier. Men, eftersom han faktiskt blev involverad i militär forskning, tolkades detta av hans motståndare som ännu ett tecken på en opportunistisk kappvändare, en streber, angelägen att ställa sig in hos den som för tillfället höll i tyglarna. Istället för atomforskning ägnade Debye sig under kriget åt mer modesta uppdrag för vapenindustrin. I samarbete med Bell Laboratories forskade han i isoleringsmaterial för radaranläggningar. När företaget 1941 ansökte om tillstånd att engagera Debye beviljades den i december av samma år på villkoret att "Debye inte ska anförtros med konfidentiellt material rörande amerikanska flottan". Ett projekt av större strategisk betydelse var Debyes forskning kring syntetiskt gummi, en produkt det amerikanska försvaret var i skriande behov av sedan importen av naturgummi från Fjärran Östern upphört efter Japans kejserliga arméns ockupation av Stilla havsländerna. Debye fann en metod baserad på genomlysning av kolloidala polymerblandningar, som möjliggjorde att bestämma snittvärdet på molekylkedjornas storlek. Hans metod var ett värdefullt bidrag till polymerkemin som på den tiden ännu befann sig i sin linda.

I början var Debyes deltagande i forsvarsprojekt omgärdat av farsartade restriktioner. Endast under militärpolisens uppsikt fick han delta i försvarsrelaterade möten eller besöka laboratorier, ty i annat fall, som en kollega uttryckte det, "fanns risk att Debye skulle storma anläggningen och spränga den i luften". Hans kolleger fann situationen både skrattretande, horribel och ytterst pinsam. En tidigare direktör vid Bell, som samarbetade med Debye inom radarforskning, kommenterade att Debye tog den förnedrande behandlingen med en rejäl dos humor, och hans vinnande sätt gjorde honom så pass populär hos sina övervakare att de troligen skulle valt hans sida, oavsett vilket vågspel han låtit sig in på.

Frågan har rests om Debye verkligen hade för avsikt att avsäga sig kontakt med nazismen. Hans mål var att vinna tid genom förhalning, tvungen att se sig om efter försörjning i USA, så hans hustru och dotter kunde föras i säkerhet innan han kapade banden med sitt gamla hemland. Hans anställning vid Cornell i juni 1940 kullkastade denna strategi. *New York Times* rapporterade om utnämningen, och nyheten hade korsat Atlanten och landat i Berlin där den väckte stor irritation. KWI:s Ernst Telschow tryckte på för att få besked om Debyes framtidsplaner, men fick inget svar. Den första april 1941 togs beslutet att upphäva Debyes tjänstledighet och frysa hans lön eftersom han "agerat i strid med Tredje rikets önskemål", som ordföranden för Deutsche Gemeinschaft zur Erhaltung und Förderung der Forschung, Rudolf Mentzel, beskrev det. Arbetsrättsligt handlade den här åtgärden om en avstängning, inte ett avsked. Mentzel arbetade som vetenskaplig-teknisk advisör vid Uranverein, det tyska atomprojektet och blev småningom dess programdirektör. Som biträdande minister för utbildningsdepartementets avdelning för högre utbildning var han regimens främste arkitekt i vetenskapsfrågor. Mentzel var dessutom medlem i ledningsgruppen för Kaiser Wilhelm Gesellschaft, och under kriget dess andra viceordförande med uppdrag att övervaka atomprogrammet.

Den 2 maj skickar Debye överraskande ett svar till Berlin vari han meddelar att han är villig att inställa sig på Kaiser Wilhelm Institut für Physik på villkor att ”ni är beredda att garantera mina möjligheter att fullgöra mina förpliktelser under de villkor stipulerade i mitt gamla kontrakt”. Det råder inget tvivel om att Debye spelade en katt-och-råtta-lek med Telschow, oklart varför. En hypotes är att han ville skydda sin vuxna dotter Maida. Debyes hustru Mathilde hade redan fogat sig till sin man, men Maida var kvar i tjänstebostaden, tillsammans med Debyes svägerska Elizabeth Alberer – Tant Lisi – som tagit hand om Maida under hela hennes uppväxt. Den 23 juni följer Debye upp brevet med ett telegram till Tysklands generalkonsulat i Berlin:

> ”På förekommen anledning meddelar professor Debye att han är beredd att närsomhelst återuppta sitt ämbete som direktör för institutet under förutvarande villkor och när det passar. Tills vidare begär han att få fortsatt ledighet för att hålla föreläsningar på Cornell University.”

Härvidlag uppstår en för samtliga parter besvärlig situation. Debyes efterträdare, Werner Heisenberg, kan inte flytta in i tjänstebostaden då möblerna står kvar och huset ockuperas av förre chefens dotter och svägerska. Dessutom har Debye inte formellt skilts från sin befattning. Hitlers ministerium drar sig för att vräka damerna då Debye fortfarande står högt i kurs. ”Självfallet ska varje form av våld undvikas”, skriver ordföranden i Kaiser Wilhelm Gesellschaft, Ernst Telschow. Ärendet dras i långbänk då regimen vill undvika en generande rättstvist. Slutligen beslutar Reichsministerium für Bewaffnung und Munition i juni 1943 att det nog vore bäst att ingå förlikning. Debye tilldelas en månatlig kompensation om fyrahundra mark, täckning av flyttkostnader och löfte om fri ersättningsbostad ”när professor Debye återkommer, dock högst till 31 december 1946”. Debyes hustru Mathilde ursäktade sin makes agerande med att han av omsorg för deras dotter spelat ett pokerspel:

> ”Peter Debye fortsatte förhandla med Kaiser Wilhelm Institut für Physik för att även framgent under sin frånvaro uppbära lön. Detta av två anledningar: för det första var hans lön den kvarvarande familjens enda inkomst som innebar tak över huvudet, för det andra gav han sken av att vilja återinsättas i sin befattning för att undvika repressalier mot sin familj.”

Varför stannade Maida och Lisi kvar i Berlin om Debyes avsikt var att avvika? Omständigheterna kring Debyes flykt är väl dokumenterade, men likväl är situationen svårtolkad, då anklagelser om samröre med nazismen går om lott med en familjefars berättigade oro och omsorg för sin familj. Tvivelsutan menade Debye sig ha tungt vägande skäl att under en rad år trilskas med KWI:s ledning, men hans motiv är outgrundliga och väcker intrycket av en rättshaverist som vill ge igen för gammal ost. Fysikern Max von Laue tyckte det var underligt att Maida lämnades kvar i Berlin, efter det att hennes mamma åkt till Amerika för att återförenas med sin make, även om det på den tiden inte var något enkelt företag att få ordning på alla erforderliga tillstånd och utresedokument för att vistas utomlands. I ett dubbelbottnat brev från 30 januari 1939 till sin förre lärare Arnold Sommerfeld, alltså strax innan han tog båten till Förenta Staterna, skrev Debye att "Hilde (Mathilde) och Maida föredrar att stanna här för att se hur läget utvecklas". Det verkar dock som om planer funnits att få Maida ur landet. I juni 1940 skriver Mathilde från Schweiz till sin man att deras dotter när som helst väntar ett utresevisum och att mor och dotter kommit överens om att mötas i Lausanne. Maidas papper kom dock aldrig.

Under alla förhållanden verkar Debyes planer att låta dottern flytta till USA illa genomtänkta, ty i mars månad 1942 gifter Maida sig med den märiske tysken Gerhard Saxinger, en före detta officer i den tjeckoslovakiska armén som under längre tid legat inkvarterad i Debyes bostad. Vid tidpunkten för giftermålet väntar Maida barn och parets son, Norvig, föds samma år i augusti. Deras andra barn, Nordulf, kom ett år senare och det är troligt att återföreningen aldrig blev av eftersom Maida redan vid tiden för sin faders flykt i hemlighet träffat sin blivande make.

Det kan inte uteslutas att Maida förde sina föräldrar bakom ljuset och aldrig hade för avsikt att åka. Detta kan bero på att paret Debye-Saxinger var nazisympatisörer. Barnens namn är nämligen symptomatiska för den fornnordiska kultdyrkan som då var i svang i nazikretsar. En notis i Rockefeller Foundation:s arkiv väcker tanken att det ej var av omsorg för sin dotter och svägerska som Debye med näbbar och klor klamrade sig fast vid sin tjänstebostad utan att han gjorde det för egen vinning. Han skriver där att dotterns och svägerskans närvaro i villan var väl övervägd och att betrakta som en livlina till KWI.

Att Debye omväxlande föll i onåd och återinsattes bör ej tolkas som en pågående process av skam och upprättelse, ett bevis för hans eventuella skuld eller oskuld. Det utgör ett tänkesätt som i Debyes fall ska undvikas, liksom i snarlika fall rörande Heisenbergs, Plancks och andra ledande forskares vankelmod under kriget för eller emot naziregimen. Inte minst regimen velade i fallet Debye. Det vore en källkritisk försummelse att genom ett svepande fördömande eller ursäktande av någons tvehågsenhet under pågående krig blunda för de ohyggliga moraliska dilemman som forskare och andra intellektuella ställdes inför.

Tillkomsten av Kaiser Wilhelm Institut für Physik finns beskriven i Siegfried Grundmans bok från 2005, *The Einstein dossiers*:

> "Idén med ett Kaiser Wilhelm Institut specialiserat på fysikforskning går tillbaka till 1913. Institutet grundades 1 oktober 1917 med Albert Einstein som direktör. I en handskriven tillbakablick från 10 mars 1924 ställd till Kulturdepartementet framhåller Max Planck, institutets egentliga genius, att KWIP hittills varit ett provisorium, enadels på grund av bristande finansiering, andradels för att organisationen saknade adekvat ledning. Planck var av den uppfattningen att han funnit en kompetent ledare i Max von Laue. Janos Plesch, en medicinare som på tjugotalet umgicks med Einstein, träffade troligen rätt när han mindes att "Einstein på 1920-talet lagade att han 'de facto inte hade något institut att ta hänsyn

> till'. Einstein ville inget annat än 'att hålla skallen i trim', ej heller ägde han vare sig kompetens eller vilja att övervaka andras arbeten, följaktligen var han varken ledare eller underordnad. Framåt slutet av tjugotalet tappade Einstein intresse för KWIP och det föll åter på Max Planck att blåsa liv i sin skapelse."

Det var en personlig triumf för Planck när i 1938 ett permanent Kaiser Wilhelm Institut für Physik öppnades med Rockefeller Foundation som huvudfinansiär. En särskild enhet för fysik hade sedan första världskriget varit ett av Kaiser Wilhelm Gesellschaft:s prioriterade mål. Det ursprungliga institutet hade endast varit ämnat att handlägga forskningsanslag. Under våren 1929 gör Planck och andra preussiska fysiker ansträngningar att etablera ett permanent Kaiser Wilhelm Institut för teoretisk fysik. Tiden var mogen och läget var det rätta, både ekonomiskt och i linje med samhällsklimatet: republiken var välmående och den teoretiska fysiken hade genomgått en mognadsprocess vari den hade utvecklats till en omistlig tillgång för vetenskapen. Den föreslagna inrättningen för fysik var tänkt att kombinera matematisk fysik med laboratoriumfaciliteter, främst för röntgenforskning och molekylstrålar. Plancks och hans kollegers åsikt var att teoretikerna annars löpte risk att tappa fotfäste utan möjlighet att snabbt kunna ta initiativet till experimentell verifiering eller falsifiering av sina hypoteser. Som resultat därav restes knappt ett årtionde senare och efter många hinder och incidenter på vägen, med stöd av Rockefeller Foundation, ett fyra våningar högt fysiklaboratorium med den senaste utrustningen och bemannat med landets främsta experimentatorer.

Efter börskraschen i oktober 1929 sökte ledningen för Kaiser Wilhelm Gesellschaft ekonomiskt stöd hos Rockefeller Foundation. Efter bara några månader bifölls ansökan och den finansiering ordnades fram som tysk industri, vetenskapsakademi och regering i ett årtionde förgäves hade försökt få till stånd; en stödfond om en och en halv miljon Reichsmark, ett ansenligt belopp i dåtidens penningvärde, anslogs för byggandet av ett fysikinstitut under tänkt ledning av Max von Laue, samt ytterligare kontantstöd för köp av mark i stadsdelen Berlin-Dahlem, jämte ett löfte om löpande finansiering av verksamheten, villkorat i så måtto att Weimarrepubliken också förväntades dra sitt strå till stacken.

Emellertid fattades pengarna till institutets drift, något som staten enligt överenskommelsen ansvarade för, men aldrig hade för avsikt att fullfölja. Generalsekreteraren för Kaiser Wilhelm Gesellschaft, Friedrich Glum, och dess ordförande Max Planck anhöll 1931 om uppskov av byggnationen i väntan på tilläggsfinansiering, som de avsåg att arrangera med regeringens hjälp genom att koppla samman ledarskapet för KWIP med den snart lediga lärostolen i fysik vid Berlins universitet efter Walther Nernsts pensionering. Sammanslagningen förväntades inte bara generera statliga bidrag utan också göra chefsbefattningen på KWIP mer begärlig. Planck hoppades med det nya budet kunna locka bort nobellaureaten i fysik James Franck från sin professur i Göttingen, och omvandla det dittills starkt teoridominerade institutet till ett experimentellt Mecka. Han förklarade för Max von Laue, som de facto övertagit Einsteins handlingsförlamade direktorat, att han gjorde sitt yttersta för att göra chefsposten så attraktiv som möjligt. von Laue gick med på att vika undan för Franck och i praktiken bli nedflyttad till institutets andre styrman. Alltnog havererade Plancks strategi och Kaiser Wilhelm Gesellschaft fick ännu en gång dra åt svångremmen. Nernst stannade ett år till på sin professur, nazisterna grep makten, Franck flydde till USA i protest mot regimens yrkesförbudslagar, och fysikcentret stod alltjämt utan kompetent styrman befaren i list och knep.

En representant för Rockefeller Foundation anmärkte: "Fysikinstitutionens färdigställande har blivit en hjärtesak för Planck". För Max Planck var KWI den ark vari Tysklands främsta fysiker, befriade från statlig insyn, kunde ägna sig åt grundforskning och fredlig djuplodning av materiens kosmos. I juni 1934 fann han sin skapelses Noak i Peter Debye, chef för institutionen för experimentell fysik vid universitetet i Leipzig där han arbetade i föredömligt samförstånd med teoretiske fysikern Werner Heisenberg, en av den unga kvantfysikens portalfigurer som några år senare skulle ta över chefskapet för Dritte Reich:s kärnvapenprogram. Frånsett stor vetenskaplig kompetens och ett blixtrande intellekt hade Debye fördelen att vara utlänning och därmed troligen opartisk, och han förmodades besitta nödvändig tåga för att hålla nazibyråkrater och blivande krigsherrar i styr vilka gjorde fortlöpande försök att få in en fot i verksamheten. Med hänvisning till führerprincipen valde Debye sina medarbetare uteslutande på basis av vetenskapliga meriter, utan hänsyn till deras politiska lojaliteter. Han var suverän. "Führerprincipen", stoltserade Debye, "gjorde mig till en diktator i mitt eget laboratorium." Debye fann en pålitlig sekundant i Max von Laue, som ansvarade för institutets röntgenforskning.

Ett tag såg det låsta läget ut att lossna när Planck 1934 meddelar Rockefeller Foundation att han fått Reichsregeringens utfästelse att bidra med de överenskomna årliga hundratusen mark till institutets drift. Rockefeller Foundation:s representant valde dock att inte rätta sig efter löften. Amerikanerna var övertygade om att Hitler snart skulle falla, och hur som helst inte hade för avsikt att infria en muntlig garanti gällande ett tveksamt engagemang i grundforskning. Kaiser Wilhelm Institut für Chemi hade redan lagt om kursen till militär forskning, och Institutet för antropologi var engagerat i rashygieniska studier. Planck, som varit den som under lång tid hållit KWIP på rätt köl, var till åren kommen och Johannes Stark, som armbågat sig fram till en framskjuten maktposition i Deutsche Physik-rörelsen, bidade sin tid för att vid första bästa tillfälle ta över rodret. Från Rockefeller Foundation:s New Yorkkontor kom beskedet att man "visste förhållandevis litet om Stark som person" och stiftelsens styresmän drog sig för att släppa fram fonderna.

Juli 1934 besökte Rockefeller Foundation:s representant, Wilbur Earle Tisdale, Planck i Berlin och bad om en skriftlig bekräftelse av regeringens bidragslöfte. Tisdale rapporterade att "Planck slog ut armarna i en uppgivenhetsgest och utbrast att det i nuläget var utsiktslöst att förhandla med regeringen". Förhandlingarna, hävdade Planck, gick irriterande långsamt fram, om de över huvud taget alls rörde sig, och varje steg blev bemött med obeslutsamhet och ett övermått av byråkratiskt krångel. Planck, som var utled på rävspel och i andanom såg sin kära ark sjunka till botten, gjorde ett sista desperat utspel. I fyra år hade han ägnat tid och energi åt att få till stånd ett förstklassigt fysikinstitut på KWI men nu verkade det som om Rockefeller Foundation var nära att dra sig ur spelet, vilket skulle innebära en prestigeförlust, både för honom och för landet. "Den tyska fysikens framtid", argumenterade han, "står på spel ity den bygger på om vi i vår tid lyckas realisera det spjutspetslaboratorium som vi i Tyskland varit förutan under så många år."

Plancks direkta vädjan till Rockefellers samvete fick vågskålen att tippa över. I strid mot dess egna föresatser bestämde stiftelsen att lämna därhän de larmsignaler som fått den att ifrågasätta regimens trovärdighet, ignorera de domedagsprofetior om att Tyskland gjorde sig redo för krig, leva upp till ingångna avtal från fem år tidigare, utfästelser gjorda i en annan tid med andra politiska vindar, samt fullfölja sina åtaganden gentemot Kaiser Wilhelm Gesellschaft. I en intervju förklarade James Franck, som flytt till Förenta Staterna, att nazisternas ringaktning för grundforskning skulle få honom att å det starkaste ifrågasätta det kloka i att bygga ett toppmodernt fysiklaboratorium i Tyskland, vore det inte för Plancks ledarskap och integritet. Den 1 november 1934 fattar Rockefeller Foundation det ödesdigra beslutet att frigöra fonderna och begär in en skriftlig bekräftelse av regeringens löfte att ställa sig garant för den löpande verksamheten, vilket Planck efter en rad jämkanden och anspelningar på det blivande institutets betydelse för nationen slutligen lyckas utverka i februari året efter. I en sista intellektuell rififikupp övertygar den tyska fysikens nestor myndigheterna att kreditera Kaiser Wilhelm Gesellschaft med en och en halv miljon Reichsmark för Rockefeller Foundation:s dollardonation, vilken, ställd mot dåvarande kurs, egentligen inte var värd ens en miljon Reichsmark.

För att komma till insikt om Debyes roll bör man ta i beaktande hans utsatta läge i dåtidens Tyskland under nazistyre. Debye var direktör för Kaiser Wilhelm Institut:s fysiksektor och i aktiv tjänst från 1 oktober 1935 till 16 september 1939. Som direktör för Kaiser Wilhelm Institut für Physik var han i princip inte ansvar skyldig till någon överhet, eftersom KWIP inte föll under myndighetskontroll. I viss mening var Debye ansvarig inför Rockefeller Foundation, vars roll som finansiär varit central för institutets tillblivelse och såsom dess huvudman anställt honom som vetenskaplig chef för fysiksektionen. Detta ansvar gentemot stiftelsen kunde lätt komma i konflikt med påbudet om blind lojalitet och okritisk hörsamhet som naziregimen efter maktövertagandet 1933 pålagt sina undersåtar. Som holländare omfattades Debye formellt inte heller av dessa krav, vilket framkallade den bisarra situationen av en chef för ett strategiskt viktigt forskningscentrum, som mer eller mindre öppet stod över allt och alla, och vars ansvar endast gällde en abstrakt och föga aktiv auktoritet på andra sidan Atlanten.

En annan aspekt är det då rådande klimatet av svek och bedrägeri. Ordet och språket gjordes till verktyg för regimens manipulerande. Sanning blev lögn och lögn blev sanning i en sinnessjuk förvrängning av värden och begrepp. Ytterligare en komplikation är att merparten av ögonvittnen av nazismens grymheter mördades, vilket gör det hart när omöjligt att i efterhand skaffa sig en överblick inifrån. Hänsyn bör också tas till den principiella skillnad mellan oppositionella metoder i en demokrati, jämfört med ett totalitärt statsskick. I en demokrati arbetar oppositionen i öppenhet, medan motståndet mot totalitära regimer alltid sker under täckmantel. Det enda till buds stående medel till opposition blir då att i lönndom obstruera och förhala, vilket förutsätter att motståndsmannen ingår som en kugge i den struktur han bekämpar. Det fordras en närhet till makten som kan, för den som vill, väcka intrycket av delaktighet och dubbelspel. Av den anledningen svävar kritikern i en totalitär regim alltid mellan två onda ting: mellan risken att av eftervärlden bli betraktad som en vindflöjel och opportunist eller som en avskyvärd medlöpare i maskopi med förtryckaren.

Liksom lojalitet är förräderi ett kluvet begrepp. I det långa loppet blir de gärna ett. Deras avtryck flyter ihop och förblandas. Man ser inte klart längre, det man en gång förlorar får man aldrig igen. I efterhand förflyktigas rationaliseringar och lögner till ett kaotiskt myller av gott och ont inuti en och samma person.

Klarlagt är att Debye frotterade sig med makten. Det låg i hans natur att i alla lägen undvika att göra sig obekväm hos dem som för ögonblicket höll i rorkulten. I valet mellan diplomati och öppet motstånd valde han det förra, ivrig att vara till lags eller åtminstone vara med på ett hörn, kanske för att avleda, kanske för att han ville det. Det gör honom till en kappvändare. Om hans avsikt var att inifrån försvaga regimen är däremot oklart, det lutar åt att han valde den väg som pekade mot personlig vinning, vilket gör honom till en boren opportunist. Det fanns en sida i hans väsen som var beredd att tolerera vilken ideologi som helst för karriärens skull. Karakteristiskt är också att Debye såg till att alltid ha ett äss i rockärmen, som han spelade ut när motståndaren minst anade det och redan sträckte ut handen för att kamma hem potten. Dock, hur han än gjorde, vad han än sade, så innebar det ett högt spel utan garantier.

Seger eller nederlag? Debye skördade förakt, sitt eget och andras. I många fysikers ögon blev han det ruttna äpplet som anfräter hela korgen. Dock är det inte upp till eftervärlden att döma, inte upp till oss på sekellångt avstånd från händelsernas centrum att avgöra rätt och orätt. Den ständigt närvarande faran i trettiotalets Tyskland framkallade både det bästa och det sämsta hos människan. Ingen är fri från synd.

Hjältemod är inte alla givet. Det vore absurt att begära heroism av varje individ och i varje situation. Det man däremot kan kräva är medmänsklighet, ett humant beteende, empati, medkänsla med nödställda och förtryckta, samt beredvillighet att hjälpa till när och var det finns behov och möjlighet.

I viss mån gjorde Peter Debye precis det.

Kapitel XIII

Meitners och Hahns upptäckt av kärnklyvningen blev upptakten till en kapplöpning mellan de allierade och Dritte Reich. Båda sidorna gjorde försök att få fram massförstörelsevapen baserade på fission. De allierades Manhattanprojekt är det mest omtalade, men även Nazitysklands *Uranverein* (Uranklubben), under ledning av kvantfysikern och nobellaureaten (1932) Werner Heisenberg, gjorde mer eller mindre halvhjärtade försök att konstruera kärnvapen.

Genom underrättelser kände de allierade redan på ett tidigt stadium till att Nazitysklands decimerade vetenskapliga elit var engagerad i utvecklingen av fissionsbomben. I fredstid är fysikersamfundet ett öppet sällskap utan hemligheter, snarlikt en syjunta eller grekiska farbröder på en ljugarbänk i middagssolen. Fysikersamfundet brukar surra av rykten och skvaller. Nu hade det blivit tyst. En tystnad som inte gick att nonchalera. Någon gång mellan 1939 och 1940 försvann abrupt ord som kärnsprängning, klyvning, uran, fission och tungt vatten från landets nyhetsrapportering. Inga artiklar om kärnfysik skrevs längre, inga tyska fysiker tilläts delta i seminarier utomlands. Denna okarakteristiska stiltje i det vetenskapliga nyhetsflödet talade högt om för analytikerna att något strategiskt viktigt var på gång. Knapphändiga underrättelser från motståndsrörelsen i det ockuperade Norge, samt naziregimens nymornade intresse för dittills föga efterfrågade ”exotiska” ämnen som uran och tungt vatten spädde på farhågorna.

Storskaliga experiment med atomsprängning kräver tillgång till tungt vatten, vars uppgift är att minska farten hos provets sekundära neutroner. Tungt vatten ser ut som vanligt vatten, smakar som vanligt vatten (i större mängder är det dock svagt giftigt), och är på alla sätt likt vanligt vatten, med den skillnad att en eller två av vattenmolekylens väteatomer har ersatts med vätets något tyngre isotop deuterium. En vanlig väteatom skiljer sig från deuterium i att den senares kärna, förutom en positivt laddad proton, innehåller en elektriskt neutral kärnpartikel, neutronen.

Tungt vatten är utomordentligt sällsynt: det går *en* tungvattenmolekyl på tiotusen vanliga molekyler. Av den anledningen fordras svindlande mängder elektrisk energi för att fiska upp denna åtråvärda tungviktare, bokstavligen ur ett hav av naturligt vatten. För att industriellt framställa tungt vatten fordras tillgång till ett hav och billig elektricitet, krav som tillsammans stavas Norge. Efter anfallet på ett försvarslöst Norge konfiskerade ockupationsmakten omgående Norsk Hydro:s tungvattenlager framtaget vid dess anläggning i Vemork, femton mil från huvudstaden Oslo, ett tecken som ett utropstecken för de allierades spioner att tyskarna höll på med kärnfysikalisk forskning. Dessutom hade Tredje riket beslagtagit urangruvorna i Joachimstal i annekterade Tjeckoslovakien. När försörjningen därifrån höll på att ta slut rekvirerades malm från belgiska Kongo via Union Minière. Förr i tiden var uran föga efterfrågat, av samma anledning som att olja inte blev en tillgång förrän förbränningsmotorn uppfanns. Uran användes inom färgtillverkning, som glasyr på lergods, under kort tid i tandkräm, och sporadiskt som ballast i pansarbrytande granater. På det hela taget kunde ämnet knappast ses som en strategisk resurs, vore det inte att det är omistligt inom kärnforskning. Hitlertyskland köpte till och med upp lagret av uranhaltig tandkräm hos tillverkaren Auergesellschaft. Genom firmans forskningsdirektör Nikolaus Riehl och hans kollega Günther Wirth engagerades Auer från juli 1939 i Heereswaffenamt:s framställning av klyvbart uran. Företaget förfogade över ett lager skräpuran som blivit över sedan radium därur utvunnits och Auer:s fabrik i Oranienburg levererade stora mängder kutsar av höghaltig uranoxid till Kaiser Wilhelm Institut och Heereswaffenamt:s försöksreaktor (Versuchsstelle Gottow, Wa Prüf 11, Abteilung Sondergerät), väster om Kummersdorf-Gut (till 1945 Kummersdorf-Schießplatz) nära Brandenburg.

Sommaren 1939 blev underrättelserna om Nazitysklands uranprojekt alltmer alarmerande. Analytikerna var tvärsäkra på att Tredje riket skaffat ett ointagligt försprång i kapprustningen. Ovädersmolnen skockades och alla kände ångest inför den fruktade urladdningen. Denna uppfattning var så grundmurad att den räknades som ett faktum, till den grad att all tolkning av spionageuppgifter från Tyskland tog den som utgångspunkt. Så sent som 1941 flydde en tysk kemist vid namn Fritz Reiche till Förenta Staterna och avslöjade vid "debriefing" att han aldrig märkt av någon aktivitet inom atomforskningen. Informationen vidarebefordrades till Washington, men schablonbilden av en fiende som när som helst kunde slå till med massförstörelsevapen var såpass inarbetad att inte ens sanningen förmådde slå hål på den. Spillrorna av den information som via omvägar sipprade in i USA gav inget utrymme för annan tolkning än att tysk krigsindustri kommit lång väg i sin satsning på kärnvapen.

Även de sannfärdiga ryktena om krigsbrott mot ockuperade länders judiska befolkning tolkades länge som falska. Folkmordet på judarna var verkligt, oavsett vad underrättelsetjänsten därom ansåg. Bödeln som darrade på handen var en usel soldat. Dödens fasor doldes i vanvettgnistrande statistik: fler eller färre än förra veckan. Siffror brända i armen med lödkolv. Ett ändlöst följe av kasserade kroppar ringlade, iklädda sitt tärda kött, fram till gaskammarens martyrium, klöste väggarna, skorna ställdes utanför, allt togs till vara. Offerlammen gick nakna mot slakthuset som sett miljoner avskedsblickar. I tio år pekade destruktionsugnarnas sotfingrar anklagande mot himlen, medan ett folk gick upp i rök utan att den Gud som inte syntes till ställdes till svars. Här fogades ännu ett svart kapitel till det judiska folkets förskingringstragedi. Chaim Aron Kaplan skriver 28 juli 1942 i sin skakande dagbok från det belägrade Warszawagettot: "Har vi verkligen syndat mer än andra nationer, har vi gjort oss skyldiga till fler överträdelser än någon annan generation?"

I förhållande till sitt tragiska öde var det judiska folkets skuldlöshet total. Det fåtal som överlevde detta första industriella folkmord lever likväl med skuld, skingrade över jorden. Den som ifrågasätter nazisternas ansvar har vittnesbörd av sex miljoner rökplymer emot sig. Kaplan föll hösten 1942 för nazisternas hand, men hans dagbok överlevde och fortsätter att berätta, tack vare en judisk vän vid namn Rubinsztejn som tvångsarbetade utanför gettot och lyckades gömma den hos en polack. De överlevande drabbades hårdare än offren. Deras historia dör aldrig, skuldslaveriet gör sig påmint varje dag, men endast få orkar klä sin bultande smärta i ord. Nej, tiden läker inga sår. Historiens ärr sitter kvar, innanför numret präglat i armen med brännjärn. Judarnas Gud antecknar allt och lägger fram räkningen när tiden är inne. Historien är en kvarn vari övergreppen mals till dödsångest, den ångest som nöts och slipas av kvarnhjulen fyller sakta livets säck, men några frön av hat följer med, likt kiselstenar på floden Styx tomma strand, en strand utan horisont vid ett hav utan framtid; brödet som bakas smakar aldrig mer lika gott som förr. Obolen under tungan har lägervakten stulit och därmed dömt sitt offer till evig skräck i ett gränsland mellan liv och död. Den outhärdliga sorgen stänger minnena inne, men de finns där, det är i drömmen köttet minns. Om natten smyger de upp till ytan – minnena – invaderar hjärnan i ett mörker utan fyrar, utan löfte om helande glömska, en stjärnlös natt i den dröjande dödens rike. De överlevande förvandlades till de dödas väktare, fastkedjade vid sina erfarenheter som i kristider åter korsar dagen, växlar tillbaka till det järnvägsspår som försåg utrotningslägret med kroppar. I de överlevandes sorgsna ögon speglas det judiska folkets stumma smärta. Nelly Sachs, som i maj 1940 tillsammans med sin åldriga moder flydde till Stockholm, diktade: "Döden skar redan flöjter ur våra ihåliga benknotor. Mot våra senor strök döden redan sin stråke."

Att överleva koncentrationsläger under lång tid är en sak, den konstanta förnedringen och förlamande hungern, paniken i en dödsbringande oförmåga att känna sig fri, men den verkliga skräcken infinner sig inte förrän senare, efter att lägret befriats och man kunde röra sig igen, efter att barnen bränts till aska och hela ens släkt gått upp i rök. Från det ögonblick står allt man kommer att vara med om i relation till den tid man tillbringat innanför taggtrådsstängslen, döden lever inom en och gnagar på ens ben, alla dessa vakna nätter, och till slut är allt man har ingenting annat än ett ordlöst minne av död och förruttnelse; befrielsen och segern endast perifera avbräck i en utdragen dödskamp.

De överlevandes lott är värre än de dödas. De som undkom Förintelsen dömdes att, likt gengångare, i olidlig ensamhet leva i en värld de ej tillhör, uthärda ett livslångt helvete av skuld och saknad. De fortsätter att stirra ut i rymden utan att se annat än död, vilsna vandrare i tillvarons öken, en tistelöken utan förlovat land – likt en öde himlakropp täckt av minnets mörker, kretsande i en evig omloppsbana kring en svart sol. Ingen av dessa offer talar rakt ut om sina erfarenheter eftersom de bara tänker på en sak och att tala om den gör sorgen värre. Det är inte ur orden utan ur tystnaden *mellan* orden som vittnesmålen om nazismens övergrepp på judarna väller fram, ett ångestvrål utvräkt från stillhetens yta. Vid en viss brytpunkt slutar orden att fungera, och får den drabbade att inkapsla sig i ett skal, ett skal som inte brusar med havets svall utan ekar av dödens skrik. Det sägs att det kommer en tid då det inte längre skrämmer att se tillbaka på det som hänt. Att skräcken någon gång antar ordens gestalt. Ord som kommer till offret och inte lämnar något annat val än att ta emot dem och visar vägen dit livet åter är farbart. Det är dock ingen idé att tala eftersom inga ord kan återskapa det outsägbara, det förbjudna. Språket är ett alltför smärtsamt ordflöde, en rökplym som andas krematoriernas eld, utplånar sig själv när offrets erfarenheter berörs. Ingen kan gå in i en annan människas ensamhet, ingen kan känna henne på djupet, det är omöjligt att dela offrens sorg. Det är överhuvudtaget omöjligt att ens föreställa sig en ensamhet så förkrossande och tröstlös att man blir stum. Ensamheten är de levandes dödsrike. När en människa stiger in i tystnaden försvinner hon för gott, hon har gått under i minnets terror.

Genom att minnas, genom att fälla tårar för dem som inte längre finns förpassas de överlevande till förfluten tid, en ändlös räcka skräckfyllda gårdagar utan morgondag, utan hopp. Oavsett vilken framtid de än planerade att bygga åt sig kom de överlevandes fortsatta liv att präglas av rollen som offerlamm: gisslan av bödlarnas skuld och de tysta massornas svek, fångar av de dödas suckar, spillror av ett folk som inte längre finns, bärande på historiens ok att leva sida vid sida med sex miljoner spillda liv. De som överlevde Holocaust tror inte på ödet, men likafullt förefaller det paradoxalt att det avgörande mötet med nazismens ondska skulle ha varit en slump, ett tärningskast som blint valde en syster eller en broder eller ens far och mor, samma slumpens nyck som dömde de överlevande till ett liv i skuld. Hitlerstatens dödsmaskin minskade Polens judiska befolkning från förkrigstidens 3,5-miljoner till 250-tusen vid tidpunkten för förintelselägret Auschwitz befrielse 27 januari 1945. Efter kriget kom hälften av dem att lämna landet i samband med staten Israels grundande i maj 1948. Av Polens decimerade judiska befolkning tvingades år 1968 ytterligare 17-tusen i landsflykt sedan partiet i en stor hatkampanj anklagat judarna för att sabotera landets utveckling till ett kommunistiskt Utopia.

Förintelsen är en kollektiv sorg, ingen kan beklaga sin egen smärta när ett folk gasas ihjäl. Skriken från de döendes strupar kvävdes av pesticidgasen Zyklon B, en dödens vind av sex miljoner suckar. Den vedervärdiga brandlukten. Nazismen odlade en tusenårig tradition av antisemitism som inrymde främlingshat, vidskepelse och tarvlig avund, kopplad till en charlatanvetenskaplig raslära, oberörda av att de gjorde sig till utbölingar mer än deras offer.

Totalitära regimer härmar och lånar idéer av varandra. De får historien att stä'ndigt upprepa sig. Angiveri, raslagar, tortyr, intolerans och falska domar efter summariska rättegångar, tvångsbekännelser och massutrotning praktiserades på sen medeltid på den iberiska halvön, likväl som i Nazityskland. Judarna har alltid tvingats leva i skilda världar och kontakterna mellan judar och kristna korsade bara de etniska och religiösa rågångarna när praktiska frågor skulle lösas. På sina kläder bar judarna ett rött eller gult märke som ett tecken på underlägsenhet. De levde isolerade från den kristna befolkningen i inhägnade kvarter (getton). Kyrkans motsvarighet till Nazitysklands SS var inkvisitionen, denna kyrkans armé anförd av dominikanerorden, i folkmunnen kallad "Domini canes" – Guds hundar –, som med stöd av hjälpredor ur det heliga brödraskapet Santa Hermandad – en brokig skara av landstrykare, slagskämpar och benådade strafffångar – spred fruktan, skräck och död genom hänsynslöst förföljelse av det folk som i deras närsynta ögon korsfäste och mördade Kristus och sågs ner på som gnagare på den kristna samhällskroppen. Inkvisitionen avskaffades så sent som år 1834. Så tidigt som på 1400-talet, i den del av Europa vi numera kallar Spanien, talades om "limpieza de sangre", blodets renhet, i det som Adolf Hitler på trettiotalet utvecklade till gallimatiasteorin om den ariska rasens superioritet.

Idén om den ariska rasens överlägsenhet ympades på det tyska folkets rot, så spirade den otäcka myten om ett härskarfolk besatt av plikt och ära – grundligt, ädelt, tappert, tadelfritt, måhända något tungsint lagt, dock ett handlingskraftigt folk, motsats till det sinnliga, underlägsna och falska hos fiendefolken. Propagandan kring ett utvalt folk återkrävde det som rätteligen var dess egendom, det som judarna och andra profitörer förgripit sig på. Zyklon B (Zyklon Blausäure, vätecyanid), tillverkades av Degesch GmbH, ett företag inom IG Farben. Ämnet uppfanns av Fritz Haber, nobelkrönt kemist från 1918 för Haber-Boschmetoden, namnet på ett framställningssätt för ammoniak genom syntes.

Naziregimens program för judeutrotning byggde vidare på en lång och obruten tradition av hat och avund som tog sin början på 1400-talet med blodiga pogromer i Sevilla, Cordoba, Granada och andra städer i södra delen av den iberiska halvön. I tvåtusen år har judarna utsatts för förföljelse och trakasserier, vilket hos dem har väckt ett specifikt socialt beteendemönster kännetecknat av solidaritet och samhörighet. 1816-1817 drabbades tyskstaternas befolkning av svält i sviterna efter de napoleontiska krigen, följd av en lång period av missväxt vars troliga orsak står att finna i ett massivt utbrott av vulkanen Tambora på ön Sumbawa belägen på de Små Sundaöarna i Nederländska Indien (nuvarande Indonesien). Hundra kubikkilometer vulkanisk aska och fyrahundramiljoner ton giftig svavelsyra kastades upp i stratosfären och spreds med jetvindarna över jordklotet, vilket fick medeltemperaturen att falla med knappt en grad. Solen släcktes när dess livgivande strålar reflekterades mot stoftet och speglades tillbaka i rymden utan att göra nytta. Året efter utbrottet – känt som "året utan sommar" – blev det kallaste på över trehundra år. Jordbruket över hela världen drabbades: brunnarna sinade, boskapen dog, grödorna vissnade på åkrarna. Vädret var ur lag: den 6 juni drog en våldsam snöstorm fram över nordöstra USA och i England förkortades odlingssäsongen med tre månader. Den andra augusti år 1819, när spannmålsmagasinen gapade tomma och råttorna mitt på ljusan dag öppet rörde sig på gatan på jakt efter föda, utbröt kravaller i tyska Würzburg när en mobb beväpnad med högafflar och påkar anföll stadens judekvarter. Likt en präriebrand grep oroligheterna omkring i de trettiosex småriken som efter tyskstaternas enande mellan 1864 och 1871 skulle bilda den i historiskt perspektiv unga tyska nationen. Illasinnat skvaller hävdade att stadens judiska befolkning bar ansvaret för misären, vilket fick den kristna befolkningen att gå man ur huse för att i ursinniga plundringståg mot judisk egendom straffa de gudlösa hebréerna. Judarnas historiska isolering inom inhägnade kvarter (*shtetl*) med begränsad rörelsefrihet och ett minimum av myndighetskontakter hade hos dem utvecklat en välfungerande beredskap att i alla väder klara sig själva. Detta specifikt judiska beteende, med dess tvåtusenåriga tradition av att hålla samman i *minjan* (församlingen) och efter förmåga bistå trosbröder i tider av nöd, gjorde att svälten aldrig fick fäste hos Abrahams folk i samma utsträckning som i resten av staden. Judarnas relativa välmående frammanade hos stadens kristna dunkla aningar om en ond komplott, vilket piskade upp den latenta spänningen mellan kristna och judar som bubblade under ytan. Märkliga historier började cirkulera i staden. Från början var det bara förstulna viskningar, som dock snabbt växte till regelrätt klander. Efter bara någon dag blev angreppen mer hotfylla. Det ryktades att judarna ingått en pakt med djävulen och i god tid genom hamstring av förnödenheter garderat sig mot katastrofen, och av den anledningen förmodades haft vetskap om det annalkande nödläget eller rentav utgöra dess upphov genom deras omvittnade svartkonst. Prästen underblåste ytterligare den svällande lynchstämningen genom att från predikstolen hävda att nöden utgjorde Herrens straff för att Würzburgs kristna ägnat sig åt hor och besudlat sig själva genom deras vidriga vänslande med judiska kvinnor, och så begrava sig i syndfullt mörker hellre än att möta sanningens gudaljus. Endast kristen botgörelse samt ett kyskt leverne i enlighet med Guds tio budord kunde få solen – såsom en föraning av himlens ljus och Herrens nåd – att komma åter och till brädden fylla magasinen med spannmål. Ryktet att shtettelns invånare som nedkallat detta Guds straff klarade sig från umbäranden medan resten av stadens befolkning led svår nöd, förmedlades av överlöpare – till kristendomen konverterade judiska avfällingar vilka fritt kunde röra sig i judekvarterets trånga gränder för att där spionera på sina forna bröder och samla in underrättelser om läget i gettot. Det besinningslösa våldet mot Würzburgs judiska befolkning fortplantade sig längsmed floden Rhens dalgång, från Bayern till Bayreuth, från Darmstadt och Karlsruhe till Frankfurt och Köln, samt norröver till Bremen, Hamburg och Lübeck. Kravallerna går under namnet Hep-hep-upploppet – ett antisemitiskt uttryck av okänd proveniens, vilket enligt vissa språkvetare tros vara ett ljudhärmande ord för vallpojkars läte när de driver på sina får. En alternativ förklaring är att hep-hep står för begynnelsebokstäverna i korsfararnas stridsrop "Hierosolyma est perdita", medeltida latin för "Jerusalem är förlorat". Med träpåkar och andra tillhyggen jagades och lemlästades judarna, deras hem plundrades av uppretade massor och sattes i lågor. Antalet judar som föll offer för det tre månader långa Hep-hep-upploppet är inte med säkerhet känt, men räknas i sexsiffriga tal.

Våld föder våld. Våld är en smittsam lockelse. Våld i industriell skala kräver ett namnlöst kollektiv av våldsverkare och medlöpare. Tidig torsdagmorgon den 10 juli 1941 lynchade en folkhop av fyrtio uppretade bybor från östpolska Jedwabne och intilliggande Wizna och Kolno sina judiska grannar som de i hundratals år levat tillsammans med och genom ingifte hade släktband med. Judarna brändes till döds, instängda i en ladugård, sedan byborna, beväpnade med påkar och hackor och spadar likt boskap föst ihop offren, spikat igen lagårdsdörren, och tuttat på. Fyrahundra judar miste livet i denna pogrom, utfört av polacker utan stöd av tyskar annat än att ockupationsmakten systematiskt under längre tid svartmålat Polens judiska befolkning som kommunistsympatisörer. Europas judiska befolkning som sedan medeltiden levat och känt sig som infödda tyskar, eller polacker, eller holländare, eller fransmän blev nu åter judar och gudsmördare. Främlingar, statslösa, rättslösa. Judesvin. Boskap. Hitler gjorde dem till *de andra*, en inferiör ras av profitörer som borde utrotas, från 1941 brännmärkta med en davidsstjärna på sina ytterplagg. Judarna var vana vid förtryck: så tidigt som år 1215 beordrade påven Innocentius III att judar skulle bära ett gult märke på kläderna, och det dröjde till 1782 förrän habsburgkejsaren Josef II i det så kallade *Tolerantzpatent*, (teoretiskt) avskaffade de murar av taggtråd runt gettona i avsikt att assimilera judarna i det heliga romerska rikets kristna befolkning.

Förr kunde man skilja åren från varandra genom bemärkelsedagar, likt årsringarna i en trädstam: en ovanligt varm sommar, en sjukdom, en examen, en lyckad *Shmini Atzeret* – slutfesten efter *Suckot* (lövhyddofesten) på hösten – en förälskelse eller den nya hundvalpen, men för det judiska folket är tillvaron tudelad i tiden före världskriget och tiden därefter. Av krigets vedervärdigheter återstår idag den moraliska snålblåst av främlingshat, ofördragsamhet och ett inskränkt omvärldsperspektiv som far genom samhället, ett nytt *vi* och *dom*, men vinden är lika sunkig som förr och för med sig stanken av radikalisering, demonisering, krig och förtryck. Steget mot en ny konflikt är inte långt.

Andra världskriget var det krig som massproducerade sorg i industriell skala. I en skakande reportagebok från 1961 om rättegången mot Adolf Eichmann – *Den banala ondskan: Eichmann i Jerusalem* – anmäler den tysk-amerikanska filosofen Hanna Arendt att naziregimen ställde sig tveksam till om judeutrotningen var praktiskt genomförbar. Skulle offren finna sig i att gå sin undergång till mötes utan att göra motstånd? Skulle mödrarna låta sig skiljas från sina barn när de i nattlinne och filttofflor och med sina kramdjur i famnen bars ut från sina hem? Hur skulle allmänheten reagera när deras grannar under skydd av mörkret föstes upp på lastbilsflak? ”Då höjde någon avskedskniven: Mor lösgjorde sin hand ur min för att kniven inte skulle träffa mig. Men hon rörde än en gång varsamt vid min höft och då blödde hennes hand.”, så diktar Nelly Sachs om ett mördat barn. Det var känt från laboratorieexperiment med vilda råttor och domesticerade möss att de förra inte gjorde motstånd när de placerades i en vattenbassäng med hala kanter. Efter några fruktlösa försök att forcera dödsväggen fann de sig i sitt öde när allvaret stod klart för dem, medan mössen kämpade tills de dog av utmattning. Råttorna kände intuitivt när motvärn blivit meningslöst, när det var dags att finna sig i sitt öde.

Tyskarnas ifrågasättande av judeutrotningen var inte ett utslag av samvetskval; de tvivlade på *metoden*, det var ett logistiskt spörsmål, liksom man kan hysa tvivel om ett tekniskt projekt är genomförbart som planerat inom avtalad tid och överenskomna ramar, om det går att slutföra helt och fullt utan att förr eller senare kollapsa under tyngden av sina inneboende motsägelser eller genom nötning mellan dess delar. Tvivlet var ett intellektuellt tvivel, det tvivel som är en utmaning, inget samvetstvivel som är ett ok eller en rening. I enlighet med beprövad vetenskap utfördes två experiment övervakade av tekniker. Natten till 13 februari 1940 deporterades 1300 judar från Stettin, efter en avsiktligt vagt hållen förevändning att deras bostäder var i vägen för krigsstrategin. Offren fördes under skändliga former till Lublin; ingen satte sig upp mot den anonyma överhet som med stämpelförsedda dokument beordrat avvisningen.

Andra utrensningen inträffade hösten samma år då Baden och Saarpfaltz tömdes på sin judiska befolkning. Niotusen vettskrämda offer vräktes in i boskapsvagnar och försvann från jordens yta. Också här vägde lydnad tyngre än döden: judarna hörsammade fogligt myndighetens anvisningar, de var sedan tusen år vana vid en fientlig överhet. Deras grannar såg på utan att röra ett finger, de följde händelsen från bakom tjocka draperier som en makaber teater. Projektet genomfördes med stor framgång och metoden att dölja deportering bakom en mask av intetsägande myndighetsbeslut visade sig fungera. Grannarna förblev tysta och gjorde sig därmed medskyldiga till folkmord.

Kunde man tro på underrättelserna från det ockuperade Europa eller ville man inte tro på dem? Åtskilligt talade emot att Nazityskland utvecklade kärnvapen. Brottstycken av information inhämtade av motståndsrörelsen och slavarbetare från landets hemliga anläggningar antydde att fienden inte kommit ett tuppfjät närmare sitt mål att konstruera "uranstaplar", kärnreaktorer nödvändiga för framställning av vapenplutonium. Vissa rapporter däremot tydde på motsatsen, de intalade analytikerna att något stort var på gång, som när landets kärnfysiker för andra gången sammanträffade med fysikern Erich Schumann, Reichsforschungsrat für Heereswaffenamt – riksforskningsråd för arméns krigsmaterielverk. Paul Harteck, professor i fysikalisk kemi vid Hamburgs universitet, också han en av Heereswaffenamt:s rådgivare hade i april månad 1939, blott några månader efter Hahns tillkännagivande av den första kärnklyvningen, pekat på "den principiella möjligheten till utlösandet av en kedjereaktion i uran". Efter detta uttalande meddelade Wilhelm Groth, en av Hartecks assistenter, att han "tillrätt sakens fullföljande genom krigsministeriet". Heereswaffenamt agerade snabbt: från år 1939 forskades på Hartecks institut uteslutande för militärens räkning, särskilt i metoder för isotopseparering och framställning av vapenuran. Från 1940 studerade han, jämte österrikaren Hans Suess, moderatormaterial baserat på tungt vatten, till vilket ändamål de 1941 konstruerade en ny typ av omvandlingsenhet för katalytisk framställning av tungt vatten för Norsk Hydro. I krigets efterdyningar greps Harteck av allierade Alsosförband och internerades på engelska Farm Hall som ett led i projekt Epsilon, tillsammans med delar av Nazitysklands kärnforskningselit. Suess emigrerade 1950 till USA, och ägnade sig, i samarbete med 1934-års Nobelpristagare Harold Urey, åt kosmokemi med avseende på förekomsten av grundämnen i meteoriter.

Amerikanerna slog knut på sig själva i sitt hemlighetsmakeri. När militärledningen upprepade Nazitysklands misstag och beordrade Manhattanprojektets forskare att avstå från att publicera sina resultat, blev detta för Sovjetunionen ett tecken som ett utropstecken. Georgij Fljorov, en fysiker på permission från armén och assistent till den ryska atomfysikens fader Igor Vasiljevitj Kurtjatov, lade märke till att det inte längre kom ut artiklar om kärnfysik från USA, det hade blivit knäpptyst på atomfronten. Han drog slutsatsen att USAs militär på allvar börjat forska i kärnteknik och rapporterade till kamrat Stalin i ett memo. Sovjetledningen höll med och beordrade en egen satsning under Kurtjatovs ledning för att hinna i kapp.

Det som främst oroade underrättelsetjänsten var Nazitysklands plötsliga och till synes grundlösa fäbless för uran. På den tiden var uran av ringa betydelse inom färg- och glasindustrin och någon obetydlig mängd radium användes för att framställa självlysande siffror på urtavlor. När förbud infördes mot utförsel av uran från ockuperade Tjeckoslovakien kunde möjligheten inte längre uteslutas att tyskarna efter en väntad invasion av Belgien skulle konfiskera urantillgångarna i Kongo. Därmed skulle merparten av dåtidens fyndigheter av uran falla i fiendens händer. Att exportförbudet i själva verket bottnade i Wehrmacht:s planer att använda naturens tyngsta ämne som dödvikt i pansarbrytande stridsvagnsgranater tänkte ingen på.

När Kongo allt oftare började nämnas, kom den ungerske fysikern Leo Szilard på idén att be fysiklegenden Albert Einstein om hjälp. Genom sitt arbete, först i England och senare i Chicago, hade Szilard god insikt i hur långt forskningen kring kärnklyvning hade kommit. Einstein var sedan lång tid tillbaka bekant med Belgiens drottningmoder Elisabeth och det skulle kanske gå att via hans kontakter skicka en varning till Belgiens regering. Leo Szilard och Eugene Wigner, bägge ungrare och fysiker som undflytt judeförföljelsen, bestämde att söka upp Einstein och dryfta saken med honom. Visserligen skulle Einstein precis åka på semester till Long Island, men han ställde upp för att diskutera en såpass viktig angelägenhet.

Einstein var till sin läggning vänlig och hjälpsam, i synnerhet i frågor rörande krig och fred; hos honom fanns inte en tillstymmelse till falskt patos eller divalater. Han var dock medveten om sin roll i vetenskapen, vilket gav hans person en anstrykning av tungsinthet, dock alltid rak i ryggen och med stor inre trygghet. I rollen som fysikens grå eminens var han höjd över småsinthet och missunnsamhet, såsom arvtagare till årtusenden av judeförföljelse utrustad med ett stoiskt lugn.

Lise Meitners och Otto Hahns upptäckt av kärnklyvning i december 1938 väckte stort gensvar hos fysiker över hela världen, och följdes av en våg av frenetiskt experimenterande i Tyskland, England, USA och Frankrike. Nyheten om den första kärnsprängningen nådde Förenta Staterna 26 januari 1939, då dansken Niels Bohr tog upp ämnet i sitt öppningstal inför femte Washingtonkonferensen om teoretisk fysik. Bohrs tillkännagivande bekräftades omgående av experimentella fysiker, däribland namnkunnige Enrico Fermi vid Columbia University, assisterad av Leo Szilard och John R Dunn. Fermi, gift med Laura Capon, en kvinna av judisk börd, hade 1938 hedrats med Nobelpriset för sitt "bevisande att nya grundämnen som är radioaktiva åstadkoms genom bestrålning med neutroner och för sin upptäckt av kärnreaktioner med långsamma neutroner". Så fort Nobelfestligheterna var avklarade undkom paret de italienska raslagarna genom att söka asyl i USA.

Från 1933, året då Hitler med de konservativas stöd gripit makten, forskade Szilard i nukleära kedjereaktioner. Samma år åkte han till London, utmanad av en notis i tidningen *The Times* vari en pessimistisk Rutherford kommenterade svårigheten i att utvinna energi genom att spjälka litiumatomer med protonstrålar, en metod som hans team av unga fysiker med John Cockcroft och Ernest Walton i spetsen året innan utvecklat i en serie experiment vari litiumatomer klövs till alfapartiklar (heliumkärnor) efter ett intensivt bombardemang med snabba protoner från en linjär accelerator:

> "Dessa processer torde i teori frigöra ett avsevärt energiöverskott, jämfört med den ursprungliga protonen, men i det stora hela kan man inte förvänta sig få ut någon nettoenergi, det var en extremt olämplig och ineffektiv metod för energialstring, och var och en som söker efter en energikälla baserad på atomära omvandlingar pratar i nattmössan. Ämnet var dock av vetenskapligt intresse och gav fördjupad insikt i atomen."

Den gången missade den rutinerade och vanligen framsynte fysikmaestron Ernest Rutherford poängen: hans assistenter John Cockcroft och Ernest Walton, delade 1951-års fysikpris för "deras pionjärarbete vid genomförandet av kärnomvandlingar medelst artificiellt accelererade partiklar".

Inte heller Szilard lyckades åstadkomma en kedjereaktion i lätta isotoper. Tanken är enkel i teori: om antalet sekundära neutroner överstiger *ett*, skulle detta överskott efter kort tid ge upphov till en exponentiellt ökande skur av neutroner, var och en i stånd att spjälka atomer. Med facit i hand vet vi nu att tanken var rätt men valet av strålmål felaktigt. Rutherford, Szilard och andra fysiker på trettiotalet hade fokuserat på klyvning av *lätta* grundämnen. Det fordrades en experimentator med Meitners snille för att inse att det blir avsevärt lättare att klyva *tunga* och *instabila* atomer med långsamma, så kallade termiska neutroner, vilka i jämförelse med proton- eller elektronstrålar har fördelen att ej påverkas av elektriska krafter i atomens inre. Dock återstod att finna vägar att bromsa sekundära neutroners fart, samt se till att den galopperande ökningen av fria neutroner ej löpte amok, vilket efter en bråkdel av en sekund skulle resultera i en katastrofal smäll. Den amerikanske journalisten Richard Lee Rhodes beskrev i Pulitzerprisbelönade *The Making of the Atomic Bomb* hur Szilard redan 1933 fått uppslaget till en neutroninducerad kedjereaktion:

> "I London, där Southampton Row går förbi Russell Square, mitt emot British Museum i Bloomsbury, väntade en lättretad Leo Szilard en grå morgon under depressionstiden tills trafikljusen skulle slå om. Under natten hade ett duggregn fallit; det var tisdagen den 12 september 1933,

> en råkall, fuktig och grå gryningsmorgon. Framåt tidig eftermiddag skulle det åter börjar dugga. När Szilard senare berättade historien, nämnde han aldrig vart han varit på väg denna håglösa morgon. Det är möjligt att han inte haft något mål; han hade för vana att ta en promenad när han behövde tänka. Hur som helst kom ett annat mål i vägen. Trafikljuset slog om till grönt. Szilard steg ner från trottoaren. Medan han korsade gatan öppnades i andanom en reva i tiden och han såg en glimt av framtiden, en framtid som spred död och förödelse, en fasansfull framtid."

Småningom fogade Szilard sig till Enrico Fermis forskningsgrupp vid Columbia University, där fysikinstitutets chef George B Pegram gav dem fria händer att bygga en reaktor driven med naturligt uran. På trettiotalet rådde oenighet huruvida man som klyvningsmaterial skulle välja den sällsynta isotopen uran-235, eller, vilket Fermi förespråkade, den avsevärt vanligare isotopen U-238. Slutsatsen av Fermis och Szilards experiment blev att det var möjligt att hålla i gång en kedjereaktion i naturligt uran, förutsatt tillgång till tungt vatten som ett lämpligt moderatorämne. Väteatomerna i naturligt vatten sänker visserligen neutroners framfart (vilket är meningen), men samtidigt har de en tendens att uppta dem, vilket får kedjereaktionen att självslockna i brist på fria neutroner. Senare kom man fram till att denna nackdel i stort sett elimineras genom att använda tungt vatten. Till att börja med satsade Fermi och Szilard på kadmium och kemiskt rent kol (grafit) som moderatorämne.

Moderatorprincipen är enkel och kan jämföras med att kyla en kopp hett te genom att hälla i en skvätt kallt vatten. Vattnets väteatomer får neutronernas rörelseenergi (fart) att minska till följd av elastiska stötar. Vid varje kollision avger neutronen en del av sin rörelseenergi till moderatorämnet, tills neutronernas kinetiska energi är i jämvikt med omgivningen. I krocken mellan en neutron och en vätekärna (proton) förlorar den förra ungefär hälften av sin rörelseenergi, medan ett tungt bromsmaterial får den effekten att neutronen studsar tillbaka med oförändrad rörelseenergi, på samma sätt som en boll studsar mot en betongvägg utan att tappa fart. Därför utgör tunga grundämnen ineffektiva moderatormaterial.

Det var Leo Szilard som genom fysikgeniet Albert Einstein riktade president Franklin Roosevelts uppmärksamhet på de militära konsekvenserna av den nyupptäckta fissionen. Szilard engagerade omgående sina landsmän Eugene Wigner och Edward Teller, mest för att de hade tillgång till bil. Syftet med deras besök var att förmå Einstein att använda sin ställning för att varna Belgiens regering för hotet och försäkra sig om att uranfyndigheterna i belgiska Kongo inte skulle falla i fel händer. Den 12 juli 1939 åkte Szilard och Wigner i den senares bil till Peconic Bay på Long Island och hamnade efter diverse turer och omvägar hos Einstein, där de framlade sin förmodan att Nazityskland var i färd med att utveckla kärnvapen. Einsteins spontana reaktion var "Daran hab' ich gar nicht gedacht", det har jag inte haft en tanke på. Han ville dock ogärna besvära Belgiens drottningmoder med ett hypotetiskt hot som kanske aldrig skulle bli verklighet, dessutom var han osäker på regerande kung Leopolds lojalitet. De bestämde att i första hand kontakta Belgiens ambassad i USA. På stående fot dikterade Szilard ett utkast till ambassadör Georges Theunis, som nedtecknades av Wigner och försågs med kompletterande kommentarer på tyska av Einstein.

Efter några dagar hade affären svällt till betydande proportioner, främst till följd av Szilards flammande iver. På eget bevåg hade han tagit upp spörsmålet med ekonomen och bankiren Alexander Sachs, den sittande presidentens inofficielle rådgivare. Sachs insåg sakens allvar och insisterade att presidenten skulle kontaktas. Han erbjöd sig att till Roosevelt förmedla ett av Einstein författat brev. Szilard tog fram två förslag, ett kort brev och ett längre. Han besökte Einstein en andra gång den 2 augusti, den gången var det Edward Teller som rattade bilen. Alternativen framlades för Einstein som gjorde en del ändringar, vilka efter översättning kom att ingå i uppropet till presidenten daterat 2 augusti 1939. Så fort han och Teller återkom till universitetet dikterade Szilard sluttexten för en ung stenograf, Janet Coatesworth, som senare mindes sin reaktion när Szilard kommit till stycket där det nämns "en extremt kraftig bomb": "Från det ögonblicket var jag säker på att jag arbetade för en tokstolle". Brevets undertecknare, Albert Einstein, fick henne inte att ändra åsikt. Både det korta och det mer utförliga brevet skickades med ordinarie postgång till Einstein. I slutändan valde Einstein den kortare versionen, men båda skrevs under och returnerades till Szilard med ankomst 9 augusti. Breven överlämnades 15 augusti till Sachs. I denna historiska appell sökte Einstein övertyga presidenten om vikten av att beordra ett program för kärnvapen, så tyskarna inte skulle hinna före:

> "Senare tids forskning av E Fermi och L Szilard, vilken jag fått kännedom om i manuskriptform, får mig att förmoda att grundämnet uran kan omvandlas till en ny och viktig källa av energi och detta inom en snar framtid. Vissa aspekter av den situation som uppstått tycks kräva Er uppmärksamhet och, om nödvändigt, snabb handling från regeringens sida. Jag ser det följaktligen som min plikt att göra Er uppmärksam på följande fakta.
>
> Under de senaste fyra månaderna har det, genom arbeten av Joliot i Paris samt Fermi och Szilard i Amerika, blivit bekräftat att det är möjligt att i en mängd uran upprätthålla en kedjereaktion, genom vilken oanade mängder energi frisätts jämte betydande kvantiteter av radiumliknande grundämnen. Det förefaller ganska troligt att detta kan bli verklighet inom en snar framtid.
>
> Detta nya fenomen kan användas till att framställa extremt kraftiga bomber. En enda bomb av denna typ, skeppad av ett fartyg och detonerad i en hamn, kan ödelägga hela hamnen, såväl som kringliggande terräng. Dock förefaller sådana bomber vara för tunga för att medföras i flygplan.
>
> Förenta Staterna förfogar över begränsade uranfyndigheter, dessutom av låg kvalitet. Högkvalitativt uran förekommer i Kanada och i forna Tjeckoslovakien, den rikaste uranmalmfyndigheten finns dock i belgiska

Kongo. Med tanke på det läge som uppstått önskar Ni möjligen en permanent kontaktgrupp, tillsatt mellan regeringen och de fysiker som för närvarande arbetar med kedjereaktioner. Det vore önskvärt om Ni tillsätter en person som har Ert förtroende och kan agera utifrån ett inofficiellt mandat. Dennes uppdrag skulle bestå i att: a) ta kontakt med regeringsinstanser, hålla dem informerade och förse regeringen med förslag till handling, b) stimulera pågående forskning hittills finansierad av universitetslaboratorier inom befintlig budget, och att skaffa fram fonder, om nödvändigt genom kontakter med privatpersoner villiga att bidra till sådan forskning, samt möjligen att etablera samarbete med industrilaboratorier utrustade med adekvat apparatur.

Jag har förstått att Tyskland förbjudit all försäljning av uran från ockuperade Tjeckoslovakien. Dylikt handlande kan finna sin orsak i att den tyske statssekreterarens son är verksam vid Kaiser Wilhelm Institut i Berlin, där viss atomforskning pågår av samma slag som för närvarande utförs i Amerika."

Einsteins upprop nådde inte presidenten på ett bra tag, det dröjde till 11 oktober 1939 – fem veckor efter Wehrmacht:s inmarsch i Polen som markerar början av andra världskriget, och tio veckor efter brevets tillkomst – förrän Sachs fick möjlighet att föredra ärendet för en pressad Roosevelt. För att presidenten inte bara skulle kasta en hastig blick på brevet för att sedan lägga det till evig vila i Vita husets arkiv, läste Sachs högt förutom brevet också Szilards tillägg, därutöver en skrivelse som han själv författat vari han i starka ordalag yrkade på i stort sett samma handlingsplan som Einstein hade framlagt. Förutom presidenten och Alexander Sachs deltog Roosevelts adjutant brigadgeneral Edwin "Pa" Watson, samt artillerispecialisterna överste Keith F Adamson och kommendörkapten Gilbert C Hoover i föredragningen.

Roosevelt uppbådade visserligen intresse för ämnet, men efter en hård arbetsdag i ovala rummet var han för utmattad för att orka överblicka dess konsekvenser. Dock lyckades Sachs utverka en inbjudan till frukost följande morgon, vilket gav honom en andra chans att övertala presidenten. Natten ägnade Sachs åt att lägga upp en strategi som skulle tvinga Roosevelt att på allvar sätta sig in i brevets problematik. När Sachs på morgonen träffade Roosevelt i frukostrummet inledde han samtalet med en anekdot:

"Under Napoleonkrigen vände sig en ung uppfinnare vid namn Fulton till franske kejsaren och erbjöd sig att bygga en flotta av ångfartyg, med vilkas hjälp Napoleon oavsett vädrets nycker kunde landstiga i England. Fartyg utan segel? Det föreföll den mäktige korsikanen så främmande och föga troligt att han körde ut Fulton och glömde förslaget med detsamma. Detta är enligt den engelske historikern lord Acton ett exempel på hur England räddades genom motståndarens trångsynthet. Om Napoleon den gången haft mer fantasi och mindre prestige skulle det nittonde århundradets historia sett annorlunda ut."

Roosevelt satt först tyst i någon minut, försjunken i tankar. Därefter klottrade han några kråkfötter på en lapp som överlämnades till en passopp. Denne kom strax tillbaka med en dammtäckt flaska gammal konjak som varit i Roosevelt-släktets ägo sedan Napoleons tid. Presidenten skålade med Sachs och sade ”Alex, vad du är ute efter är att se till att nazisterna inte spränger oss i luften”, varefter han kallade på sin adjutant och trogen vän general Pa Watson. Pekande på dokumenten på bordet uttalade presidenten de historiska orden: ”Pa, det här betyder att vi måste agera”. Roosevelt skickade ett tackbrev till Einstein vari han skrev:

> ”Jag har funnit Er information av sådant intresse att jag har sammankallat en kommitté bestående av chefen för Bureau of Standards och en representant från vardera marinen och armén med uppdraget att ingående utvärdera möjligheterna av Ert förslag med avseende på grundämnet uran.”

Albert Einstein följde upp sitt förslag med ytterligare två upprop till presidenten, daterade 7 mars och 25 april 1940, vari han uppmanade till handling med avseende på den brådskande nukleära forskningen. Ett fjärde brev, i utkast formulerat av Leo Szilard och dagtecknat 25 mars 1945, vari Einstein argumenterade att presidenten personligen torde sammanträffa med Szilard för att diskutera administrationens politiska ställningstagande i frågor rörande kärnenergi, nådde inte Roosevelt förrän efter dennes död den 12 april. Det låg oöppnat på den avlidne presidentens skrivbord i ovala rummet.

Brevet till Roosevelt påstås ha varit upprinnelsen till Manhattanprojektet och Einsteins mest konkreta ”icke-fysikaliska” bidrag till atombombens tillblivelse (Einsteins vetenskapliga bidrag var $E=mc^2$, massenergiekvivalensen). Så är det inte. Den inofficiella reaktionen på presidentens order att skyndsamt undersöka avsändarens trovärdighet samt avgöra om Einsteins förslag höll måttet, var från början skeptiskt avvaktande och Vita huset hade aktivt motstånd att övervinna innan den från start sömniga inrättning för kärnvapenforskning lyfte.

Något som dämpade förväntningarna på det nya supervapnet var att Einstein i sitt brev till presidenten uttryckt farhågor vad gäller den hypotetiska atombombens vikt och storlek. Einsteins tvivel kan bara ha uppstått efter ett allmänt resonemang om kärnreaktorer, Szilards egentliga fackområde. I sitt brev gjorde Einstein stor sak av att bomben, enligt hans bedömning och utan att framlägga bevis, skulle bli för stor för att kunna medföras i flygplan. Också från Roosevelts tackbrev får man intrycket att presidenten omedvetet delade denna uppfattning, troligen av respekt för Einsteins reputation som världens främste fysiker. Av den anledningen uteslöts flygvapnet från det planerade projektteamet. Så uppstod en olycklig sammanblandning av förhoppningar och fakta, ett misstag som avsevärt minskade det nya vapnets förväntade strategiska betydelse.

1941 rapporterade britterna i MAUD-kommittén att kärnvapen inte var något teoretiskt hjärnspöke utan låg inom teknologins gränser, samt att tyskarna förmodades kunna färdigställa bomben kanske så tidigt som 1943. Fortfarande hände inget, ty rapporten hade städats undan i arkivet tillsammans med annat underrättelsematerial. När professor Marcus Oliphant, en av brittiska MAUD-kommitténs ledamöter, på plats i USA tog pulsen på amerikanska urankommittén blev han rosenrasande. Han rapporterade:

> ”Jag kollade upp saken med Briggs i Washington, endast för att finna att denna ociviliserade och slätstrukne man hade arkiverat rapporterna i sitt kassaskåp utan att så mycket som visa dem för de övriga ledamöterna i urankommittén. Jag blev både förvånad och upprörd.”

(Lyman Briggs, en amerikansk ingenjör och fysiker, var direktör för National Bureau of Standards – USAs normeringsinstitut organiserat under handelsdepartementet – och ordförande i Uranium Committee.)

Namnet MAUD, som i brittiska MAUD-kommitté, en i efterhand konstruerad horrör till akronym för Military Application of Uranium Detonation, sägs härstamma från ett telegram avsänt av Niels Bohr från kontinenten vari han använde meningsstumpen MAUD RAY KENT. Underrättelsetjänsten hade uppsnappat meddelandet och tolkat orden som ett anagram för ”radium funnet”. Flera år senare uppdagades att telegrammet hade varit en oskyldig hälsning till en viss Maud Ray i grevskapet Kent, en före detta au pair hos Bohrfamiljen som undervisat sonen i engelska.

Sexmannakommittén, vars roll var att initiera och koordinera uranforskningen, bestod av Storbritanniens vetenskapliga toppnamn under ordförandeskap av 1937-års nobelpristagare i fysik Sir George Paget Thomson (elektrondiffraktion), samt ledamöterna Marcus Oliphant från Australien, verksam vid Birminghams universitet, engelsmännen Patrick Blackett (Nobelpris 1948, dimkammare), James Chadwick (Nobelpris 1935, neutronens upptäckare), atomfysikern Philip Burton Moon (Birminghams universitet) och John Cockcroft (Nobelpris 1951, kärnomvandlingar).

Förberedande arbeten gjordes av Lise Meitners systerson Otto Frisch och Rudolf Peierls, båda vid universitetet i Birmingham. Som landsflyktiga från Tyskland och Österrike rubricerades de ”enemy aliens”, och tilläts av den anledningen ej aktivt delta i försvarsprojekt. Redan i februari 1940 hade Frisch och Peierls börjat studera fissionsprocesser i uran-235, varvid de kom till slutsatsen att ämnets kritiska massa var endast ”a pound or two” samt att merparten av massan omvandlades till energi *innan* det resterande materialet spreds vind för våg i explosionen. Sedan de i detalj undersökt uranbombens sprängkraft, lämpliga konstruktioner och tillvägagångssätt för att separera isotopen U-235 från naturlig uranmalm, författade de en lägesrapport, det så kallade Frisch-Peierls-memorandum, som tillställdes deras chef, professor Marcus Oliphant. Oliphant skickade rapporten till Henry Tizard, ordförande i strategiskt viktiga och inflytelserika Committee on the Scientific Survey of Air Defence, som i sin tur tog initiativ till MAUD-kommittén. Vid denna kommitténs första sammanträde, 10 april 1940, kom man överens om ett forskningsprogram, i första hand med fokus på isotopseparering och kedjereaktioner.

I juli månad av 1941 fick tyskfödde Franz (Francis) Simon, en termodynamiker verksam vid Clarendon Laboratory i Oxford, i uppdrag att undersöka möjligheten att separera uran-235 genom gasdiffusion. Den av honom föreslagen anrikningsteknik, utvecklad tillsammans med Nicholas Kurti, överfördes senare till Manhattanprojektet. Namnkunnige astrofysikern Ralph Fowler, från 1932 professor i teoretisk fysik vid Cavendishlaboratorium i Cambridge och dekorerad hjälte från första världskriget, utnämndes till kommitténs förbindelseofficer med ansvar för kontakterna med amerikanska och kanadensiska myndigheter. Trots vacklande hälsa på grund av en allvarlig skada han dragit på sig i ententens misslyckade Gallipolifälttåg 1915-1916 mot den ottomanska hären, i syfte att öppna upp en ny front i ett läge där västfrontens skyttegravskrig kört fast, var Fowler en utmärkt liaisonofficer som väl kände till förhållandena i USA efter flera längre vistelser i landet som gästprofessor vid Princeton och universitetet i Wisconsin-Madison. Fowler rapporterade MAUD-kommitténs betänkanden till amerikanska Uranium Committee:s ordförande Lyman Briggs i Washington, som låste in dem i sitt kassaskåp där ingen kunde nå dem.

Inte förrän i december 1941 började militärledningen i USA ta kärnvapenfrågan på allvar. Det hade mindre med nya vetenskapliga rön eller tekniska landvinningar att göra än med den krassa maktpolitiska verkligheten, ty nu var landet i krig med både Japan och Tyskland. Einsteins brev till presidenten var glömt sedan länge. USAs kärnvapenprojekt gick av stapeln den 6 december 1941, dagen före Japans anfall på ett söndagssömnigt Pearl Harbor som blev upprinnelsen till Förenta Staternas deltagande i andra världskriget. Uppbackad av presidenten började atomkapplöpningen sätta fart. I augusti 1942 omvandlades Förenta Staternas dittills spretiga kärnvapenforskning till det gemensamma engelsk-amerikansk-kanadensiska Manhattanprojekt (ursprungligen Development of Substitute Materials), tre år senare resulterande i atombomberna över Hiroshima och Nagasaki. Kärnvapenprojektet fick sitt namn av Manhattans ingenjörsdistrikt i New York. Högkvarteret fanns på adressen 270 Broadway. Till Manhattanprojektets militära ledare utsågs general Leslie Groves, befälhavare för amerikanska ingenjörskåren. Utvecklingsarbete och produktion koncentrades kring fyra platser i USA: Metallurgical Laboratory i Chicago, Oak Ridge i Tennessee (Site X), Hanford (Site W) i Washington och Los Alamos Science Laboratory i New Mexico (Site Y).

Kapitel XIV

I september 1942 tog general Leslie Groves kontakt med fysikern Robert Oppenheimer för att erbjuda honom tjänsten som vetenskaplig ledare för Los Alamos Science Laboratory, Manhattanprojektets vetenskapliga hjärta i Storbritaniens, Kanadas och USAs gemensamma satsning på kärnvapen. Det finstilta i uppdraget gjordes upp av Groves, Oppenheimer, överste Kenneth D Nichols och general George Marshall på ett fjärrtåg från Chicago till västkusten.

Groves var brigadgeneral inom United States Army Corps of Engineers, ingenjörstrupperna. 1918 tog han examen från sitt lands mytomspunna militärakademi i West Point efter inledande studier vid University of Washington och Massachusetts Institute of Technology. Med sin erfarenhet från byggandet av Pentagon förde Groves kommandot över kärnvapenprojektet, från september 1942 till 1947, då ansvaret övertogs av Atomic Energy Commission. Ett år senare lämnade han armén för en chefsbefattning hos elektronikföretaget Sperry Rand (sedermera Unisys och Honeywell) fram till sin pensionering 1961.

Kärnvapenforskning pågick under andra världskriget huvudsakligen vid Columbia University och Metallurgical Laboratory vid University of Chicago, Oak Ridge National Laboratory i Tennessee nära Knoxville, Hanford i Washington samt vid Los Alamos Science Laboratory i den amerikanska sydstaten New Mexico. Groves rapporterade till general George Marshall, generalstabschef för amerikanska armén. Groves var den som skrev under ordern att ”leverera den första specialbomben så fort vädret tillåter visuell bombfällning efter 3 augusti 1945”. Ordern att bomba Hiroshima vidarebefordrades till general Carl Spaatz, chef för flygvapnets operationer i Stilla havsområdet. Efter kriget hävdade Groves att beslutet att fälla bomben hade varit president Trumans (vilket formellt också var fallet), men senare nyanserade han sina ord genom att tillägga ”vad mig anbelangade var hans beslut ett sätt att inte lägga sig i saken, i grunden ett beslut att inte ingripa i den överenskomna strategin.”

Överste Kenneth D Nichols ansvarade under kriget för uranseparation vid Clinton Engineer Works i Oak Ridge och plutoniumframställning vid Hanford Engineer Works. Han var en av Groves närmaste män och efter kriget Robert Oppenheimers chef vid Atomic Energy Committee, sedermera hans baneman. Nichols sammanfattade Groves ledarskapsstil i följande skildring:

> ”General Groves är det värsta fanskap jag någonsin har arbetat för. Han är överdrivet krävande. Han är en skithög till kritiker. Han är en slavdrivare, aldrig berömmande. Han bryr sig inte om befälskanaler. Han är extremt intelligent. Han är utrustad med modet att i rätt tid fatta tuffa beslut. Han

är den störste egoist jag någonsin stött på. Han vet vem som har rätt och håller fast vid sina beslut. Han svämmar över av energi, och förväntar sig av andra att de sliter lika hårt, eller hårdare än han själv ... vore det upp till mig att upprepa atomprojektet och jag fick välja chef, skulle jag välja general Groves."

Groves menade inte att Oppenheimer, i sin roll av projektets vetenskapliga ledare skulle vara de övriga forskares överman vad gäller kompetens. "Oppenheimer hade två nackdelar", skrev han i sina memoarer *Now It can Be told: The Story of the Manhattan Project,* "(Oppenheimer) hade absolut ingen lederskapserfarenhet och han hade inte fått Nobelpris." Amerikanska Military Policy Committee kunde dock inte komma på en mer passande kandidat, och Groves tog det modiga beslutet att föreslå Oppenheimer till vetenskaplig direktör för Los Alamos Science Laboratory. "Man framhöll", svarade Groves i en intervju efter kriget, "att det behövdes en Nobelpristagare eller åtminstone en äldre fysiker med tillräcklig auktoritet över primadonnorna, men jag höll fast vid Oppenheimer och historien har givit mig rätt. Ingen annan än han hade kunnat åstadkomma vad denne man lyckades med." Det Groves var ute efter – och det han med råge fick i person av Robert Oppenheimer – var en energisk och sakkunnig mellanhand mellan forskare och militärledning, inte nödvändigtvis den klarast lysande stjärna på fysikhimlen. Ytterligare en av Oppenheimers tillkortakommanden som Groves bestämde sig för att ha överseende med var hans förflutna, förmörkat av täta kontakter med kommunistsympatisörer. Efter atomenergikommissionens omtalade rannsakan 1954 av Oppenheimer, resulterande i indragning av hans tillstånd att befatta sig med hemligstämplat material, skrev Groves: "Jag har aldrig uppfattat det som ett misstag att välja Oppenheimer för en topphemlig post inom försvaret. Han fullgjorde sitt uppdrag och han gjorde det bra."

Groves och Oppenheimer blev ett omaka radarpar som trots avgrundsdjupa åsiktsskillnader lyckades med konststycket att samsas för att förverkliga andra världskrigets strategiskt viktigaste projekt. I *Racing for the Bomb: General Leslie R. Groves, the Manhattan Project's Indispensable Man*, skriver författaren Robert S Norris:

> "Att Oppenheimer och Groves kom bra överens är ingen hemlighet. Groves såg i Oppenheimer en 'övermodig ambition' som var hans drivkraft. Han insåg att Oppenheimer var frustrerad och sårad; att hans bidrag till den teoretiska fysiken inte hade fått det erkännande han trodde sig vara värd. Detta projekt kunde vara vägen till odödlighet. En del av Groves geni var att väva samman andras ambitioner med sina egna. Groves och Oppenheimer kom så bra överens eftersom vardera parten hos den andra såg den inre styrka och intelligens som krävdes för att uppnå det gemensamma målet: framgångsrik användning av atombomben för att få slut på andra världskriget.
>
> De hade en mycket egendomlig relation. Oppenheimer kunde emellanåt vara hånfull mot studenter eller kolleger när de inte hängde med i hans rappa tänk. Detta gällde aldrig Groves. Tålmodigt svarade Oppenheimer på

alla frågor generalen ställde. Groves i sin tur behandlade Oppenheimer som en porslinsdocka, ett finstämt och delikat instrument som skulle spelas på med finess."

I sitt livs roll som vetenskaplig ledare för ett av världens största industriprojekt fick Oppenheimer med raffinerad diplomati och enveten energi hundratals egocentriska forskare att sträva mot ett gemensamt mål, och dessutom etablera ett kongenialt samarbete med general Groves som kom hela projektet till godo. Det kan inte ha varit lätt för den unge Oppenheimer, själv en av Förenta Staternas briljantaste hjärnor, att underordna sitt snille det hägrande målet och låta andra än sina egna idéer komma fram i en prestigelös vetenskaplig tävlan.

Oppenheimer liknade en stjärndirigent i en orkester vars musiker saknar partitur. Musikerna sitter i var sitt bås, utan kontakt med varandra. Dirigenten är den ende som har ett grovutkast till musikstycket på notstället och hans uppdrag är att framföra ett komplicerat och aldrig förr spelat verk. Det är så Oppenheimer måste ha känt det. Det var ingen sinekur att ansvara för ett projekt som gick ut på att producera ny kunskap i industriell skala. På grund av militärledningens benhårda disciplin och överdrivna hemlighetsmakeri hade projektet svårt för att lyfta, en direkt följd av att ingen visste vad den andre höll på med. Ett bottenfruset klimat av misstro och övervakning hotade att sinka företaget – militärledningen insåg till en början inte att de bästa uppslag blir till i spontana möten mellan forskare som får tänka och spåna fritt. Arméstabens modell byggde på en för forskningsändamål demoraliserande och kontraproduktiv princip, känd som "compartmentalization", en långtgående uppdelning i små enheter utan kontakt, en numera obsolet och toppstyrd managementstil där information trögt sipprar igenom organisationen enligt ett till överdrift genomfört "need-to-know"-schema. Söndra och härska. Endast en handfull forskare kvalificerade för en helhetsvy över projektet. Under sådana förhållanden blir forskning väsentligen en övning i att inte blamera sig. Den påtvingade isoleringen fick geisten att skrumpna. Man gjorde felbedömningen att se på upptäckter som fritt svävande ting, utan kontext eller sammanhang. Fysiker, liksom alla professionella yrkesmän, är i regel lyhörda för varandra, och det är i mötet dem emellan de fruktbärande idéerna kommer till. Värdet i stötar och riposter under ett spontant resonemang på tu man hand ska inte underskattas. De hundratals räkneassistenter, som strikt taget var mindre beroende av regelbundna kontakter med kolleger, satt veckorna i ända med komplicerade beräkningar som de varken förstod eller såg resultat av. Utan återkoppling i form av svar på den tysta frågan om deras slit hade varit till nytta för projektet, fortsatte de likt robotar att mata in obegripliga data i oförstådda formler. Richard Feynman och Robert Oppenheimer, båda med inblick i programmets mål, lyckades omsider övertala arméledningen att lätta på trycket, en åtgärd som gav omedelbar utdelning i form av en markant ökning av arbetsprestationen.

Innan Robert Oppenheimer tillträdde sitt ämbete som vetenskaplig ledare för Manhattanprojektet var han ett av den amerikanska fysikens mest lovande affischnamn. När Groves och Oppenheimer träffades undervisade det 38-årige fysiksnillet på University of California i Berkeley samt på California Institute of Technology. Året dessförinnan hade han börjat forska i neutronfysik; bland annat beräknade han hur mycket klyvbart uran behövs för att konstruera en bomb och hur stor sprängverkan den förväntades utveckla.

I maj 1942 valde Nobelpristagaren Arthur Compton Oppenheimer till att förestå en arbetsgrupp vid Caltech som studerade kärnvapenrelaterade frågor. I den egenskap tog han under sommaruppehållet initiativ till en "summer school" i Berkeley i syfte att ta pulsen på det aktuella forskningsläget. En del av Oppenheimers grupp av lovande unga fysiker skulle inom kort tillfrågas att delta i det allierade atomprojektet i Los Alamos på delstaten New Mexicos ökenslätt.

"Alla föll för hans förtrollning", sa Philip Morrison, en av de fysiker som följde med Oppenheimer till Manhattanprojektet, "han var imponerande, det bokstavligen lyste om honom." Blivande Nobelpristagaren Isidor Rabi däremot invände mot Oppenheimers energiska person:

> "Det stod en aura av mystik runt honom som stundom verkade dåraktig. Han kunde fälla fåniga kommentarer, och ägna sig åt att berätta långrandiga anekdoter när han var på det humöret. När han satte sig på sina höga hästar kunde han vara stötande arrogant. Gick saken honom emot spelade han offer. Han var en mycket underlig spelevink."

Engelska och amerikanska forskare samt en del centraleuropeiska forskare som undkommit judeförföljelsen, deltog från 1942 i Manhattanprojektet. Mot slutet av 1943 koncentrerades utvecklingsarbetet till två anläggningar: Los Alamos Science Laboratory i New Mexico och Metallurgical Laboratory i Chicago. Manhattanprojektet sysselsatte tidvis över trehundra forskare, lika många räkneassistenter och 250 militärer. Laboratorie- och fabrikspersonal inräknade var i storleksordningen 150-tusen personer engagerade i kärnvapenutveckling. Projektet ledde omsider till Trinitytestet 16 juli 1945 i New Mexicos öken. Den första atombomben hade en sprängverkan på knappt femton kiloton TNT. Sedan provsprängningen 1945 och fram till 1996-års avtal om provstopp har över tvåtusen kärnvapen sprängts i utvecklings- eller forskningssyfte, både under och ovan jord.

Den 6 augusti 1945 fälldes uranbomben *Little Boy* över Hiroshima, tre dagar senare följd av plutoniumbomben *Fat Man* över hamnstaden Nagasaki – två konstruktionsmetoder hade för jämförelses skull gått samman i ett enat folkmord. Över fjorton kvadratkilometer av staden Hiroshima brändes och vid slutet av 1945 hade 140-tusen människor befunnits döda eller saknade i en stad med 280-tusen invånare och 40-tusen militärer. Inte nog med att de överlevande – "hibakusha" – fick genomlida svåra trauman. De och deras barn utsattes också för social utfrysning eftersom befolkningen till en början trodde att strålskadade bar på en okänd smitta. Många valde att flytta utomlands.

Bomben över Nagasaki skördade närmare 80-tusen offer. Inom loppet av någon minut dog nio av tio personer som befann sig på upp till en halv kilometers avstånd från "ground zero". Anfallen företogs från Stilla havsöarna Tinian (Hiroshima) och

Yakushima (Nagasaki) av B-29 bombplan åtföljda av observationsplan. 15 augusti 1945 kapitulerade Japan villkorslöst. Tyskland hade då redan sträckt vapnen efter blodiga man-mot-man-strider på huvudstaden Berlins gator. En gissning är att Berlin med ett hårsmån undkom en nukleär attack, tack vare att de allierades landstigning i Normandiet och Sovjetunionens forcerade marsch mot Tysklands metropol förlöpte smidigare än befarat.

Förenta Staternas moraliska rätt att använda bomben för att tvinga det japanska kejsardömet till underkastelse har starkt ifrågasatts. USA har försvarat bombens användning med en rosenkrans av undanflykter. Alltsedan krigsslutet har dess traditionella "försvar" varit att en invasion med marktrupper skulle krävt långt fler liv än bomberna på Hiroshima och Nagasaki. Det är ett bakvänt resonemang, ett sätt att avhända sig ansvar genom att klä sig i en falsk anständighetsmantel, ett lögnaktigt försvar av en sjuk sak, och nog finns alltid skäl både för att ta livet av ens nästa och för att inte göra det. Vissa ändamål låter sig aldrig rättfärdigas utifrån medlens uselhet. Åtskilligt har skrivits om varför USA valde att sätta in ett oprövat vapen som först och främst slog mot civilbefolkningen. Som skäl angav stridsledningen viljan att komma till ett snabbt avslut av ett världskrig. Men också att Förenta Staterna ville markera sin militära styrka gentemot Sovjetunionen och samtidigt lugna hemmaopinionen att de på Manhattanprojektet satsade dollarmiljarderna var väl använda pengar.

Japans civilbefolkning fick ospecifika varningar i form av flygblad, distribuerade från luften av B-29-or, med allmänt formulerade hot. Ordalydelsen hade karaktären av en uppmaning till folkligt uppror mot regeringen, beskriven som en militärjunta, mer än konkreta hot om ett nära förestående anfall med kärnvapen:

> "Läs detta ingående: det kan rädda ditt liv eller en närstående eller en väns liv. De närmaste dagarna kommer några eller samtliga städer nämnda på baksidan (av flygbladet) att förstöras av amerikanska bomber. I dessa städer finns militära anläggningar, verkstäder eller fabriker som tillverkar krigsmateriel. Vi kommer att förstöra all utrustning använt av militärjuntan för att förlänga detta meningslösa krig. Dessvärre saknar bomber ögon. I överensstämmelse med Amerikas humanitära policy utfärdar det amerikanska luftvapnet, som inte önskar att skada oskyldiga människor, nu denna varning och uppmanar er att lämna städerna och rädda era liv. Amerika krigar inte mot det japanska folket, utan strider mot den militärjunta som förslavat Japans folk. Den fred som Amerika vill åstadkomma syftar till att befria folket från militärjuntans förtryck och leder fram till att ett nytt och bättre Japan kan uppstå. Ni kan åstadkomma fred genom att begära att ett nytt och bättre ledarskap tillsätts som verkar för att avsluta detta krig. Vi kan inte lova att endast nämnda städerna kommer att anfallas, men några eller samtliga kommer att drabbas, så beakta denna varning och evakuera städerna omedelbart."

Sommaren 1945 var Japan slaget på alla stora fronter och amerikansk militär hade i blodiga landstigningar och närstrider återerövrat merparten av de ockuperade

Stillahavsöarna. Även om landet de facto var besegrat vägrade dess stridsledning att kapitulera och man beräknade ha kvar två miljoner man i stridsdugligt skick, samt ett okänt antal kamikazeplan och självmordspiloter redo att med sina liv försvara Japans territorium. Den amerikanska regeringen ville till varje pris undvika en blodig landstigning på det japanska öriket; man visste att japanerna var slagna men var osäker på om de själva insåg detta. Kejsare Hirohito och hans närmaste krets önskade omgående få slut på kriget och hade förgäves via Sovjetunionen sonderat diplomatiska kanaler för att denna inställning skulle komma till Förenta Staternas kännedom; Japans militärledning däremot vägrade ännu inse att striden var förlorad och att det av omtanke för landets befolkning var läge att lägga ned vapnen. I Potsdamdeklarationen av 26 juli 1945 hotade de allierade (utom Sovjetunionen) med "total förstörelse" om Japan inte gick med på villkorslös kapitulation, vilket avvisades av dess militärkommando som desperat klamrade sig fast vid en förlorad sak.

Mot slutet av andra världskriget hade i flygräder en mängd japanska städer ödelagts efter intensiva bombardemang med sammanlagt över hundratusen ton sprängmedel, däribland stora delar av huvudstaden Tokyo samt Nagoya, Osaka och Kobe. *En* bombräd över Tokyo krävde hundratusen dödsoffer. 67 japanska städer hade helt eller delvis blivit skövlade efter upprepade bombanfall som räknade en halv miljon döda och över fem miljoner hemlösa. Hiroshima hade fram till 6 augusti 1945 undgått luftanfall och förstörelse. Som residensstad i Hiroshima prefektur och militärt centrum sedan Meijiperioden, utgjorde staden ett strategiskt viktigt mål. En livlig hamnstad med många förläggningar och försvarsindustri som ännu inte blivit utsatt för det amerikanska flygvapnets förödande bombattacker. Emedan staden dittills skonats skulle stridsledningen kunna mäta atombombens kvantitativa skadeeffekter på befolkning, byggnader och egendom.

Tidigt på morgonen den 6 augusti 1945 startade planet Enola Gay med dess tolvhövdade besättning – framfört av flygflottiljens chef, överste Paul Tibbets och flygkapten Richard Lewis, assisterade av navigatorn Theodore "Dutch" van Kirk – från ön Tinian i ögruppen Marianerna (sedan Versaillesfreden från 1919 ingick Marianerna i japanska Stillahavsmandatet), en havsidyll som förvandlats till en jättelik militärbas inför den planerade invasionen.

Hiroshima var det första bland fem utvalda mål, jämte Yokohama, Kokura, Niigata och tempelstaden Kyoto. Det senare målet ströks från listan av krigsministeriets Henry L Stimson mot general Groves uttryckliga vilja.

Enola Gay – en B-29 tillhörande amerikanska flygvapnets 509th Composite Group – utgjorde huvudplanet i en eskader om sju plan med destination Hiroshima (Enola Gay, Straight Flush, Jabit III, The Great Artiste, Full House, Necessary Evil och Top Secret). Flygplanets last, uranbomben *Little Boy* (Grabben), var över tre meter lång, 75 centimeter i diameter och med en vikt på cirka 4 ton, varav 60 kilogram utgjorde det egentliga atomsprängmedlet, uppdelat i två subkritiska delar av uranisotopen U-235. Uranisotopen hade anrikats ur uranmalm genom gasdiffusion, en separationsmetod baserad på den minimala skillnad i massa mellan U-235 (endast 0,7% av råmaterialet) och U-238. Viktskillnaden mellan isotoperna uran-235 och uran-238 uppgår till knappt en procent, vilket gör det tekniskt möjligt men likväl oerhört svårt att genom upprepad diffusion av uranhexafluorid anrika (ansamla, koncentrera) den mindre vanliga men begärliga isotopen.

Vid sjutiden på morgonen upptäckte japansk radar fientliga flygplan på väg in i Hiroshimas luftrum. Flyglarmets tjut hördes över staden och varningar till befolkningen utfärdades via radio som ett led i landets civilförsvar. Stadens invånare var luttrade och vana vid flyglarm eftersom inflygningslederna av de amerikanska B-29:or, som dagligen anföll Tokyo och andra städer, gick rakt över eller strax vid sidan om Hiroshima. Strax därefter iakttogs ett spaningsplan över staden, men inga spår efter den befarade anfallsvåg av tunga bombplan, varpå Hiroshimaborna, i tron om att den akuta faran var över, återgick till sina morgonsysslor. När radiostationen klockan 08:00 utfärdade ytterligare en varning om inkommande bombflyg, ignorerades den av de flesta som ett falsklarm, eller så trodde man att det åter rörde sig om spaningsflyg.

Klockan 08:13 öppnade andrepiloten, Richard Lewis, Enola Gay:s bombluckor och kl. 08:15 fälldes *Little Boy* över Hiroshima på order av artilleriofficeren major Thomas W Ferebee. Van Kirks navigation hade fört planet till målet på sex och en halv timme, bara några sekunder efter schema. Efter fritt fall i 44 sekunder detonerade bomben 576 meter över målet i ett inferno av hetta och strålning med en sprängverkan motsvarande 15-tusen ton TNT. Den ursprungliga planen var att fälla bomben över Aioi-bron, men en stark sidovind drev den ur kurs till en punkt ovanför Shima kirurgklinik och huvudpostkontoret. Ett litet shintotempel intill förångades. I detonationsögonblicket flammade himlen över staden upp i ett ohyggligt sken. En väldig eldslåga drog fram över staden, från öst till väst. I explosionens centrum steg temperaturen till över en miljon grader, vilket fick luften runtomkring att krevera i ett jättelikt eldklot som brände allt i dess närhet till aska. Vattnet i floderna kokade. Ögonvittnesskildringarna är samstämmiga; de berättar om ett fasansfullt ljussken tusen gånger starkare än middagssolen, tätt följt av en våg av ohygglig hetta. För de flesta Hiroshimabor hade atombomben varit ljudlös. Skrällen från explosionen hördes först flera mil från målområdet. Fönsterrutor upp till 15 kilometer från detonationsplatsen träffades av en jättelik knytnäve och krossades av tryckvågen, kännbar upp till 60 kilometers avstånd. Höghus rasade samman, hustaken gav vika och trägolven i underliggande våningar brast. De som befann sig inomhus föll handlöst ner i rummen inunder. Många blev instängda i de demolerade byggnaderna och kunde inte komma loss. Deras öde blev att invänta den förgörande eldstorm som spred sig från kvarter till kvarter tills lågorna efter en tid gjorde slut på deras lidanden. De överlevande utgjorde en fasaväckande syn. Förvirrade offer sprang nakna runt bland bråte och kollapsade byggnader, huden på deras kroppar var svartbränd, köttet lossnade och föll av. Offren fick sår som liknade tatueringar efter hängslen, bälten, knappar och andra klädnadsdetaljer inbrända på kroppen. På deras sargade höljen syntes avtryck efter de klädesplagg de haft på sig innan hettan satte dem i lågor. Skuggorna efter föremål som befunnit sig i vägen för hettan hade lämnat ljusa strimmor på den sönderbrända vävnaden.

Det har sagts att de lyckligaste människorna i Hiroshima var de som dog ögonblickligen. En överlevande berättade: ”Det jag minns är folk med röd, sönderbränd hud, hängande i trasor från armarna, stapplande likt spöken. Deras ögon hade pressats ut från sina hålor, alltjämt fästa vid skallen hängde de ned, vissa 30 centimeter. Det var ett rent helvete.” Många av offren fanns inne bland ruinerna. Oskadda men fastklämda brändes de till döds i en kör av jämmerskrik och rop om hjälp. Något vatten att släcka bränderna med fanns inte. Ej heller mankraft som kunde släcka elden. För de överlevande gällde det att komma bort från det brinnande helvetet, ut på öppna fält. Vattenledningssystemet var utplånat. Vatten fanns endast i floderna Kyuohotagawa och Motoyasugawa. Frampå dagen drabbades många av illamående och kräkningar. Man trodde först att det berodde på den ”elektriska” ozonlukt efter den luft som blivit joniserad i explosionen. Inom en radie av 1,6 kilometer var förödelsen total. Hettan från explosionen antände tusentals bränder som blåste upp till förgörande eldstormar. Elden och tryckvågen ödelade allt inom en tio kilometers radie, undantaget en del jordbävningssäkrad bebyggelse i det traditionellt skalvdrabbade området. En halvtimme efter explosionen föll ett kraftigt regn nordväst om Hiroshima. Det ”svarta regnet” var mättat med radioaktivt damm och sot från det stoftbemängda svampmolnet som rivits upp av explosionen.

Det radioaktiva nedfallet var en bidragande orsak till att befolkningen över ett vidsträckt geografiskt område utsattes för hälsovådliga stråldoser, vilket medförde följdskador i form av tiotusentals sekundäroffer under lång tid. Som en följd av skyfallet kom även områden långt från explosionens centrum att kontamineras. När besättningen i Enola Gay såg ut över staden hade den blivit osynlig och luften fläckades av ett askfärgat sotmoln, upplyst av ett Hadesljus av tusentals brandhärdar och jättelika eldsvådor. Andrepiloten, kapten Richard Lewis, utbrast: ”Oh my God, what have we done?”

När besättningen återvände till basen mottogs den med jubel som hjältar. Generalerna Carl A ”Tooey” Spaatz och Curtis E LeMay hade flugit dit från Guam för att ta emot dem. Förstepiloten Paul W Tibbets Jr tilldelades Distinguished Service Cross. Efter en uppsluppen välkomstceremoni och påföljande debriefing bjöds på en hejdundrande fest. General LeMay dunkade kamratligt sina män i ryggen och sa: ”Grabbar, ät och drick, ta en dusch och sov så mycket ni vill!” Nagasakiuppdraget tre dagar senare skulle bli helt annorlunda.

Japans militärhögkvarter, som nåtts av kaotiska larmrapporter, möttes av tystnad när försök gjordes att anropa stadens militärbas. Från radarövervakning visste stridsledningen att inget massivt angrepp ägt rum. Ett spaningsplan kommenderades ut för att ta reda på vad som hänt. Via radio meddelade dess skärrade besättning att stora delar av Hiroshima jämnats med marken. Den första konkreta nyheten om händelsen nådde Tokyo i form av Vita husets officiella tillkännagivande, sexton timmar efter anfallet.

Innan uranbomben *Little Boy* fälldes över Hiroshima hade sporadiska protester förekommit från delar av Manhattanprojektets personal. Leo Szilard på Metallurgical Laboratory i Chicago, som 1939 tagit initiativet till kärnvapenutveckling genom det brev han tillsammans med Albert Einstein tillställt USAs president Roosevelt, startade en namninsamling *mot* användning av bomben. Åttioåtta fysiker skrev under petitionen. För att motbevisa Szilards påstående om brett stöd beordrade Manhattanprojektets ledare, general Leslie Groves, en enkätundersökning bland forskarstaben på Metallurgical Laboratory. Resultaten blev inte vad han och militärledningen väntat sig. Åtta av tio av Manhattanprojektets forskare pläderade *för* en offentlig styrkedemonstration innan atomvapnet skulle sättas in mot Japan. Namnlistan hemligstämplades och sekretessen hävdes först på 1960-talet.

I juni 1945, månaden före provsprängningen, tillsattes av Metallurgical Laboratory i Chicago på initiativ av Szilard en "Committee on Social and Political Implications", som framlade sitt betänkande till krigsministeriet. Kommittén bestod av sju vetenskapsmän, bland dem Szilard, under ordförandeskap av Nobelpristagaren James Franck. Huvudsyfte med Franckkommissionens pläderande var att avråda från användning av atomvapnet och rapporten underströk att Förenta Staterna i längden omöjligen kunde upprätthålla monopol på kärnvapen: "Sålunda kan vi inte hoppas undvika en kapplöpning i fråga om atombeväpning, vare sig genom att hemlighålla grundläggande vetenskapliga fakta rörande atomkraft för konkurrerande nationer, eller genom att undanhålla den erforderliga råvaran för en sådan kapplöpning." För att förstärka effekten av Franckkommitténs budskap riktades en petition till den nytillsatte presidenten Harry Truman, undertecknad av åttioåtta vetenskapsmän vid Metallurgical Laboratory.

Truman och hans militära rådgivare beaktade ej Franckkommitténs rekommendation; bomberna över Hiroshima och Nagasaki fälldes utan förvarning. Allmänt formulerade hotelser hade visserligen sänts i förväg till Japan, däribland en förteckning över trettiofem städer som utgjorde potentiella mål, men varken Hiroshima eller Nagasaki fanns med på listan.

Trumans hållning visavi Franckkommitténs betänkanden framgår med all tydlighet av Vita husets presidentiella dagböcker. Det är anmärkningsvärt att presidenten här utan omsvep deklarerar att atomvapnet uteslutande skulle sättas in mot militära mål. Det är tveksamt om hundratusentals invånare av Hiroshima och Nagasaki föll inom denna kategori. Ingen vet varför Truman valde att föra allmänheten bakom ljuset. Måhända ljög han lika mycket för sig själv som för sina landsmän. Det man inbillar sig blir ett slags sanning, fast den är farlig. Men det man vill andra att tro på är alltid lögn. Truman uppfattade världen med dubbla ögon, den framstod på en gång som idyllisk och korrupt:

> "Vi har upptäckt den mest förskräckliga bomben i världens historia. Möjligen är den eldens förstörelse profeterad under Eufratdalens storhetstid, efter Noak och hans berömda ark ... Detta vapen kommer att användas mot Japan ... Vi kommer att nyttja det på så sätt att militära anläggningar, soldater och sjömän utgör målet, ej kvinnor och barn. Även om japsarna är vildar, skoningslösa, obarmhärtiga och fanatiska, kan vi inte, som världens ledare med ansvar för allas vår gemensamma välfärd, fälla detta förskräckliga vapen över vare sig den gamla eller den nya huvudstaden ... Målet kommer att bli ett rent militärt sådant ... Det förefaller vara det mest förödande vapen någonsin, men det kan göras till det mest användbara." Harry S Truman

(1884-1972), Förenta Staternas 33:e President, (Dagbok, 25 juli 1945)

Bombningen av Nagasaki den 9 augusti 1945 har traditionellt hamnat i skuggan av atombomben över Hiroshima. Staden är vackert belägen på ön Kyushu:s västkust i Nagasakibukten vid Urakamiflodens paradisiska mynning. Härifrån hämtade den toscanske tonsättaren Giacomo Puccini inspiration och bakgrund till sin opera Madame Butterfly (1906, svensk premiär 1908) och på den lilla ön Dejima vistades Linnélärjungen Carl Peter Thunberg 1775–1776 inkognito, förklädd till holländsk läkare, då Japan på den tiden hölls stängt för andra än holländska handelsmän. Med list lyckades han följa med till huvudstaden Yedo (Tokyo) medan han under resan samlade in material till landets första flora. Under 1900-talets inledande decennier hade staden blivit centrum för Mitsubishi:s krigsindustri och förvandlats till kejsardömets vapensmedja.

Fram till 1 augusti hade Nagasaki undgått bombardemang, då staden utsattes för en intensiv räd med bland annat brandbomber. Några bomber slog ned på varvsområdet sydväst om staden. Också Mitsubishi:s stål- och vapenfabrik blev träffad, medan sex laddningar av misstag släpptes över Nagasaki:s medicinska fakultet och intilliggande sjukhus.

Överkommandot hade bestämt sig för att med några dagars mellanrum fälla två atombomber över Japan, för att ge fienden en chans att villkorslöst kapitulera efter det första angreppet. Enligt planerna skulle den andra bomben 11 augusti fällas över staden Kokura, med Nagasaki som alternativmål. När vädertjänsten spådde att dåligt väder var på väg in över öriket beslöt stridsledningen att tidigarelägga anfallet. Nytt datum sattes till 9 augusti.

Medan Enola Gay:s besättning fortfarande firade sina framgångar stötte besättningen för den andra missionen på allvarliga problem när den tilltänkta basen Iwo Jima hotades av en tyfon. I sista ögonblicket tvingades militärledningen flytta operationen till Yakushima. Innan start rådde stor förvirring. Enligt planen skulle major Charles S Sweeney leda anfallet i The Great Artiste. Det visade sig att detta plan fortfarande var lastat med mätinstrument efter räden mot Hiroshima och det fanns ingen möjlighet att också få plats med *Fat Man*. Sweeney och hans besättning tog då över kapten Frederick C Bocks B-29, döpt Bock's Car, medan Bocks besättning bytte till The Great Artiste. Vid genomgång av checklistan efter lastning av bomben upptäckte flygteknikern, förstesergeant John D Kuharek, ett haveri i en av B-29:ans pumpar vilket minskade tillgången till flygbränsle med närmare tretusen liter. Felet innebar en allvarlig begränsning av planets räckvid och risken var överhängande att det vid återkomst inte skulle hinna landa innan bränslet tog slut. Det fanns dock ingen tid att förlora: skulle Japans militär övertygas att USAs andra bomb inte var ett tomt hot var man tvungen att fortsätta.

Fat Man (Tjockisen) var ett passande namn. Bomben var konstruerad kring en ihålig kärna av plutonium-239, omgiven av ett sfäriskt skal av högexplosiva korditladdningar vilka i detoneringsögonblicket med våld komprimerade plutoniumsfären till en massiv boll vars massa överskred ämnets kritiska massa för kedjereaktion. *Fat Man* vägde över 4,5 ton, var 3,25 meter lång, med en diameter av en och en halv meter – dubbla storleken mot Hiroshimabomben. Mängden klyvbart material uppgick till 8 kilo plutonium-239, framställt i bridreaktorer i Hanford.

Fysikern Robert Serber, Oppenheimers förtroende och högra hand, skulle enligt planerna följa med major T Hopkins i The Big Stink för att filma explosionsförloppet med höghastighetskamera, men lämnades på landbacken eftersom han glömt sin fallskärm. Detta medförde att radiotystnad inte kunde upprätthållas då Hopkins behövde hjälp med att hantera den komplicerade kameraanordningen. Medan två flygplan från vädertjänsten, Up an' Atom och Laggin' Dragon som åkt i förväg, rapporterade goda väderförhållanden över Kokura och Nagasaki, upptäcktes ett elfel i plutoniumbombens eldledningscentral. En signallampa markerade att avfyrningskretsen av okänd orsak hade kortslutits. Efter en enerverande halvtimme som varade i en evighet lyckades artilleriofficeren kapten Frederick L Ashworth med assistans av andrelöjtnant Phillip M Barnes lokalisera felet till en trasig strömbrytare och avhjälpa felet.

När bombplanet nådde målet täcktes Kokura med dess vapen- och ammunitionsdepåer av tjock dimma vilket uteslöt visuell bombfällning. Planets besättning hade inget annat val än att sätta kurs mot alternativmålet. Nagasaki hade valts på grund av Mitsubishi:s komplex av stål- och vapenfabriker i stadens industriområde. Också där hotades uppdraget av ett massivt molntäcke, men med tanke på planets snabbt sjunkande bränslenivå beslöt förstepiloten major Charles Sweeney att chansa. I sista sekunden öppnades en spricka i molntäcket rakt ovanför industrikomplexet. Klockan var 11.02 på förmiddagen när artilleriofficeren, kapten Kermit K Beehan, fällde *Fat Man* över Nagasaki. Plutoniumbomben med en sprängkraft motsvarande 21 kiloton TNT detonerade 43 sekunder senare, 469 meter ovanför marken, nästan tre kilometer från det planerade målet. Nu sprängdes *Fat Man* rakt över Urakamikatedralen, mellan Mitsubishi:s stålfabrik och torpedofabriken. Bombningen hade föregåtts av luftlarm 07:50 på morgonen, lokal tid. Klockan 08:30 kom signalen "Fara över". Strax före klockan elva på förmiddagen observerades två B-29:or i luftrummet ovanför staden, men detta föranledde inget larm då man antog att det rörde sig om spaningsflyg. Någon minut senare, klockan hade då blivit 11:00, släpptes instrument i tre fallskärmar från ett av planen. Klockan 11:02 detonerade bomben.

Trots Nagasakibombens avsevärt större sprängkraft blev förödelsen mindre än Hiroshimabombens, då den fälldes över en dalgång. Förstörelsen begränsades av den kuperade terrängen vars kullar hindrade explosionens utbredning. Det innebär inte att staden skonades. Området inom en kilometer från detonationsplatsen totalförstördes av tryckvågen, nära åttio procent av bebyggelsen rasade samman. Olikt det avsevärt modernare Hiroshima bestod Nagasaki till stora delar av äldre eldfängda trähus av över lag svagare konstruktion. Upp till femton kilometer från ground zero krossades fönsterrutor och dörrar.

Liksom i fallet Hiroshima är det omöjligt att exakt ange antalet dödsoffer och skadade i räden mot Nagasaki. Stadens fullmäktige har angivit dödstalet till fler än 70-tusen, samt i storleksordningen 20-tusen offer i bombens efterverkningar i form av letala strål- och brännskador. Siffran baseras på uppgifter av Nagasaki City Atomic Bomb Records Preservation Committee från juli 1950: 73 884 personer dödades omedelbart, 74 909 skadades och 17 358 senare dödsfall kopplades till bomben.

Besättningen av Bock's Car och det medföljande spaningsplanet såg strax efter detonationen ett jättelikt eldklot slå upp mot stratosfären. För att undvika att bli träffad tvingades piloterna till en hastig undanmanöver. Planet skakades av fem tätt på varandra följande chockvågor och det var nära att flyga genom det radioaktiva molnet som fyllde luftrummet. Med knappt 1500 liter bränsle kvar var hemmabasen Tinian inte att tänka på. Kursen lades om till Okinawa, också det bortom säkerhetsavstånd. Förstepiloten Sweeney beordrade radiooperatören, sergeant Abe M Spitzer, att förvarna sjöräddningen att det kunde bli aktuellt med en kontrollerad kraschlandning i havet. Sjöräddningen svarade aldrig, den hade redan gått i hamn i tro om att Bock's Car återvänt från sitt uppdrag. Under inflygning till Okinawa anropades kontrolltornet upprepade gånger för instruktioner inför landning, dock utan att få svar. Till sist var besättningen tvungen att kasta lysgranater för att dra till sig uppmärksamheten. Efter en dramatisk landning där en av motorerna stannade i samma ögonblick som planet tog mark och med knappt trettio liter flygbränsle kvar i tanken, fann den skärrade besättningen att förstämning lagt sig över basen. Ingen tog emot och hedersbetygelser uteblev.

Örlogskapten Frederick L Ashworth, ansvarig för bombens tekniska handhavande och fällning, lämnade följande vittnesrapport:

> ”Natten före start hördes en tropisk regnstorm smattra på plåttaket, medan mörkret med nedslående regelbundenhet revs upp av blixtar. Väderrapporten talade om storm hela vägen från Marianerna till det japanska kejsardömet. Rendezvousplatsen låg 1500 mil från basen, sydost om kusten utanför Kyushu, där vi skulle möta upp två B-29 observationsplan som startat några minuter efter oss. Skicklig flygkonst och navigering i toppklass förde oss utan incidenter till samlingspunkten. ... Fem minuter efter ankomst till rendezvousplatsen fick vi sällskap av den första av våra B-29:or. Det andra planet kom aldrig fram, det hade drivits ur kurs av nattens storm. Efter fyrtio minuters väntan fortsatte vi till målet utan det andra planet. ... Under inflygning visade instrumenten att bomben var färdig för användning. Vi förberedde oss för fällning av den andra atombomben över Japan. Turen var dock inte på vår sida, ty målet täcktes av dimmoln och rök. Vid tre tillfällen påbörjade vi vår inflygning, utan att lyckas. Medan luftvärnsgranater exploderade runt planet och fiendeflyg attackerade oss, satte vi kurs mot alternativmålet, Nagasaki. Bomben briserade med en bländande blixt, medan en pelare av svart rök sträckte sig efter oss. Ur rökpelaren blommade en jättelik svamp av turbulent rök, upplyst av röda eldflammor som på mindre än åtta minuter nådde upp till 40-tusen fot. Genom gluggar i molntäcket nedanför såg vi resterna av vad hade varit Nagasaki:s industriområde, höljt i ett täcke av svart rök och inringat av eldsvådor. Vid det laget hade bränslenivån sjunkit betänkligt, och efter en hastig runda över Nagasaki vände vi direkt till Okinawa för nödlandning och tankning.”

Efter bomben mot Hiroshima tvivlade Japans krigsledning fortfarande på USAs förmåga att tillverka kärnvapen. Efter Nagasakiräden fanns inte längre utrymme för vare sig förnekelse, tvivel eller hopp. Samma dag som USA anföll Nagasaki förklarade Sovjetunionen krig mot Japan och slog Kwantungarmén i Manchuriet i en förödmjukande batalj. Kejserliga överkommandots ordförande, Sumihisa Ikeda, kallade den en gång oövervinneliga japanska armén för "ett tomt skal".

När nyheten om bomben över Nagasaki nådde Tokyo föreslog utrikesminister Shigenori Togo att acceptera Potsdamdeklarationens kapitulationsvillkor, undertecknade av USA, Storbritannien och Kina. Japans generalstab, på motståndarsidan känt som "The Big Six", kunde inte enas om ett beslut och överläggningarna fortsatte dag som natt tills premiärministern, amiral baron Kantaro Suzuki, den 10 augusti 1945 klockan två på natten, bad Japans kejsare Hirohito att fälla avgörandet. Kejsaren tvekade inte ett ögonblick: "Jag önskar varken fortsätta denna förstörelse eller tillfoga världens folk ännu mer lidande: nu är vi tvungna att härda ut det outhärdliga."

Inom Japans stridsmakt levde kvar en förlegad hederskultur av "att aldrig ge upp". Viceamiral Takijiro Onishi, hjärnan bakom kamikazestrategin, argumenterade att "ingen kan slå Japan om vi är beredda att satsa tjugo miljoner liv på en motattack". Onishi begick senare *harakiri.* I strid med tradition och protokoll sammankallade Hirohito ett möte och vid middagstid 15 augusti tillkännagav kejsaren i ett förinspelat radiotal att Japan kapitulerade. Från 28 augusti 1945 ställdes Japan under allierad överhöghet av Supreme Commander for the Allied Powers (SCAP), general Douglas MacArthur. I sex år skulle han "regera" över det slagna kejsardömet. Den formella kapitulationsceremonin, som bekräftade fientligheternas upphörande, hölls 2 september ombord det amerikanska slagskeppet USS Missouri. I ett flertal år förekom här och var enstaka skärmytslingar i avlägsna och isolerade delar av den asiatiska kontinenten och på isolerade Stilla havsöar med japansk militär som vägrade stryka flagg. Krigstillståndet upphävdes officiellt i San Francisco-fördraget av 28 april 1952. Fyra år senare ratificerades vapenstilleståndsfördraget mellan Japan och Sovjetunionen.

Japans kejsare Hirohito, av sina undersåtar vördsamt titulerad Tenno Heika (Himmelska härskaren), kallades fram till krigsslutet också Himlens son. Han ansågs härstamma i rak led från kejsardömets anfader Jimmu Tenno, enligt legenden den himmelska solgudinnan Amaterasus och vindguden Susanoos sonsons sonsons son omkring sexhundra år före vår tideräkning. Efter kriget framförde Sovjetunionen krav på att kejsaren skulle abdikera och lagföras som krigsförbrytare. Japans kommunistparti, ledd av Sanzo Nosaka, instämde i kravet vilket förväntades splittra landet och leda till folkligt uppror. Douglas MacArthur blev en drivande kraft bakom de allierades ansträngningar att ansvarsbefria kejsare Hirohito och kejsarfamiljens prinsar Chichibu, Tsunneyoshi Takeda, Asaka, Higashikuni och Hiroyasu Fushima, genom att låta dem slippa stå till svars för krigsbrott inför Tokyotribunalen. Så tidigt som 26 november 1945 bekräftade MacArthur att inga krav ställdes på kejsarens avgång, förutsatt att hans roll framgent hölls inom ramen för en strikt ceremoniell position.

Inför Tokyorättegången samarbetade SCAP nära med den kejserliga familjen i det dubbla syftet att ansvarsbefria monarken och prinsarna, samt tillse att hovet ej skulle klandras eller bli indragen i rättsprocessen av vare sig de anklagade eller deras ombud. I egenskap av de allierades högsta befäl förlänade general MacArthur åtalsimmunitet åt mikrobiologen Shiro Ishii och hans medarbetare i den kejserliga arméns beryktade "Unit 731", Japans laboratorium för bakteriologisk krigföring i Ping Fan och Mukden i ockuperade Manchuriet på Kinas fastland. Utfästelsen gjordes i utbyte mot forskningsresultat från biologiska experiment på krigsfångar från USA, Storbritannien, Australien och Nya Zeeland. Den 6 maj 1947 rapporterade MacArthur att "det är möjligt att kompletterande material kan erhållas från Ishii om han och hans medarbetare får löfte om att informationen stannar inom underrättelsetjänsten samt att den inte kommer att användas som bevis för begångna krigsbrott."

Ett uppbåd av forskare och medicinare från Fort Detrick i Maryland, amerikanernas centrum för biologisk krigföring, åkte i all hast till Manchuriet för att på plats finkamma arkiven och intervjua offren för Ishiis ondskefulla experiment på människor. Sedan expertgruppen med egna ögon konstaterat att ohyggliga brott mot mänskligheten begåtts, rapporterades likväl pragmatiskt och cyniskt till krigsministeriet i Washington att "bevisen ingalunda bör uppfattas som en uppmaning att lagföra Ishii och hans grupp för krigsbrott". Segermakten USA fascinerades av resultaten av biologiska experiment på människor, omöjliga att utföra i hemlandet på grund av etiska, sociala och juridiska restriktioner. Att Ishiis vanvettiga försök under många år orsakat ett fasaväckande lidande för tusentals krigsfångar var glömt, nu gällde det att roffa åt sig åtråvärt forskningsmaterial om biologisk krigföring.

Ishiis experiment på fångar började 1932 vid Fort Zhongma i samband med Japans inmarsch i Manchuriet, fortsatte under andra Japan-Kinakriget 1937-45, och slutade med det japanska kejsardömets kapitulation i augusti 1945. År 1935 revs Zhongma fånglägret och människoexperimenten överfördes till nybyggda Unit 731, ett sex kvadratkilometer stort komplex med laboratorier, baracker för tusen fångar, krematorier, lagerbyggnader och militärförläggning, under täckmantel av ett avancerat vattenreningsprojekt. Anläggningen uppfördes av kinesiska slavarbetare och kringgärdades av strikt sekretess. De byggnadsarbetare som haft insyn i laboratoriernas hemligaste delar arkebuserades så fort anläggningen stod färdig.

Varannan dag tappades utvalda krigsfångar på en halv liter blod och när de blivit för svaga för att arbeta föll de offer för Ishiis experiment efter en giftspruta eller exponering för en dödlig smitta. Varje gång Ishii var i behov av en mänsklig hjärna till något experiment, lät han vakterna välja ut en lämplig fånge som hölls fast medan hans skalle utan åthävor klövs av ett slag med huggare, varefter den döende hjärnan i rappt tempo fördes till laboratoriet. Offrets kvarlevor eldades upp i ett av lägrets krematorier, medan kvarvarande krigsfångar stålsatte sig mot dödsskräcken och med bävan inväntade sin tur. Även dissekering av levande människor förekom i stor utsträckning. Ett av Ishiis paradexperiment var att utsätta nakna krigsfångar för extremt låg temperatur, ett led i ett ohyggligt forskningsprogram som var en blåkopia av Joseph Mengeles diaboliska experiment på europeiska judar. Efter behandlingen "tinades" offren upp med olika, i regel mycket smärtsamma metoder.

Inte sällan utsattes deras lemmar för slag med påkar tills de ekade med en malmklockas klang, signalen på lyckad infrysning. Fångarna kunde hängas i flera dygn med huvudet nere för att utröna hur lång tid det tog för dem att kvävas. Deras njurar kunde pumpas fulla med hästurin eller så fick de luft insprutad i blodomloppet för att framkalla livshotande embolier. Ett flertal projekt gick ut på att med våld tvinga fångar att inta mat eller dryck förorenad med kolerabaciller eller andra smittoämnen.

Efter krigsslutet internerades Japans krigsförbrytare i Sugamofängelset i Tokyos Ikebukurodistrikt, som undgått förstörelse i samband med de allierades bombningar. De "rangordnades" enligt en dalande skala med avseende på brottets art och omfattning, från Class A till Class C. A-förbrytarna omfattade personer i höga befattningar, misstänkta för att ha burit ansvar för krigets utbrott och fortgång. B-förbrytarna var sådana som uppsåtligt begått "konventionella" illdåd eller allvarliga brott mot mänskligheten relaterade till krigshandlingar. Under Class C rubricerades högt uppsatta i militärledningen anklagade för planering, ordergivning, och auktorisering av illdåd eller för uraktlåtenhet att förhindra sådana.

Av de åttio misstänkta inom Class A ställdes tjugoåtta mellan maj 1946 och november 1948 inför The International Military Tribunal for the Far East – Tokyotribunalen (IMTFE). Av dessa tjugoåtta var nio civila och nitton militärer:

- Premiärministrarna Kiichiro Himanuma, Koki Hirota, Kuniaki Koiso och Hideki Tojo (4)
- Utrikesministrarna Yosuke Matsuoka, Mamoru Shigemitsu och Shigenori Togo (3)
- Krigsministrarna Sadao Araki, Shunroku Hata, Seishiro Itagaki och Jiro Minami (4)
- Marinministrarna Osami Magano och Shigetaro Shimada (2)
- Generalerna Kenji Dohihara, Heitaro Kikura, Iwane Matsui, Akira Muto, Kenryo Sato och Yoshijiro Omezu (6)
- Ambassadörerna Hiroshi Oshima och Toshio Shiratori (2)
- Finansrådgivarna Kaoki Hoshino, Okinori Kaya och Teichi Suzuki (3)
- Kejsarens närmaste rådgivare Koichi Kido (1)
- Geopolitiska filosofen, kallad "Japans Goebbels", Shumei Okawa (1)
- Amiral Takasumi Oka (1)
- Överste Kingoro Hashimoto (1)

Mikrobiologen och massmördaren Ishii fanns inte med på listan: han var oumbärlig för USA och värd sin vikt i guld, liksom Peenemünde:s raketingenjörer och Nazitysklands atomfysiker.

Åtalspunkterna i rättsprocessen mot krigsförbrytare inkluderade "planering och verkställande av mord, lemlästning och omänsklig behandling av POW och civila, inhumant tvångsarbete av krigsfångar och civila, plundring av enskild och allmän egendom, skövling av byar och städer utan militärstrategiskt syfte, massmord, våldtäkt, plundring, stråtröveri, tortyr och andra barbariska grymheter, begångna mot ockuperade länders värnlösa civilbefolkning. Som chefsåklagaren vid IMTFE, Joseph Keenan, sammanfattade åtalet: "krigsherrarna ska fråntas nationalhjältars trollglans och framställas som de skurkar de är – idel ordinära stråtrövare och mördare".

Tokyotribunalen sammankallades i kraft av Kairodeklarationen av 1 december 1945, Potsdamdeklarationen av 26 juli 1945, Kapitulationsakten (Instrument of Surrender) av 2 september 1945, samt Moskvakonferensen 26 december 1945. Kairofördraget var en åsiktsförklaring av USAs president, ledaren för Folkrepubliken Kina och Storbritanniens premiärminister som stipulerade dessa länders föresats att

(1) med alla tillåtna militära medel bekämpa Japan,

(2) Japan till Kina avstår ockuperade kinesiska områden i Manchuriet, Formosa och Pescadorerna, samt

(3) övriga ockuperade områden tagna med våld.

Därutöver fattades beslut att

(4) garantera Koreas rätt till självständighet, och

(5) militära operationer mot Japan fortsätter tills landet villkorslöst kapitulerar.

I Potsdamdeklarationen, undertecknad av USA, Kina och Storbritannien, till vilken Sovjetunionen anslöt, bestämdes att

(1) Japan skulle ges möjlighet att kapitulera och

(2) Japans territorium omfattar öarna Honshu, Hokkaido, Kyushu, Shikoku samt ett antal mindre öar.

Fördraget betonade att de allierade inte hade för avsikt att förslava det japanska folket eller upphäva landets suveränitet, men att krigsförbrytare samt de som begått illdåd mot krigsfångar från allierade länder skulle ställas inför rätta. På Moskvakonferensen fastslog USA, Sovjetunionen och Storbritannien, till vilken folkrepubliken Kina anslöt, att "Överkommandot ska utfärda de order nödvändiga för implementering av kapitulationskraven, ockupation av och kontroll över Japan, samt därmed sammanhängande tilläggsdirektiv." Kapitulationsförklaringen undertecknades å kejsarens och den japanska regeringens vägnar och kontrasignerades av de nio allierade länderna. Japan kapitulerade villkorslöst, förband sig att följa Potsdamdeklarationen och hörsamma det allierade överkommandos order: "Kejsarens och den japanska regeringens befogenheter att styra landet övertas av de allierades överkommando som tar de steg det anser nödvändiga för att verkställa kapitulationskraven."

Atombomberna över Hiroshima och Nagasaki blev början till en makaber kapplöpning mellan öst och väst. Sovjetunionen genomförde sitt första kärnvapenprov 29 augusti 1949, Storbritannien 3 oktober 1952 nära Montemelloöarna utanför Australiens västkust. Frankrike följde 13 februari 1960 med en provsprängning i Saharaöknen. Folkrepubliken Kina detonerade sin atombomb 16 oktober 1964 nära sjön Lop-nor i provinsen Sinkiang. En amerikansk vätebomb med sjuhundra gånger större sprängkraft än fissionsbomben över Hiroshima, provsprängdes 1 november 1952 på Enewetok atoll tillhörande Marshallöarna. 1955 sprängde Sovjetunionen en fusionsbomb (vätebomb), konstruerad efter ritningar förmedlade av spionen Klaus Fuchs.

Werner Heisenberg i uniform

Kapitel XV

Förenta Staterna 1942. Strax före jul når kriget Chicago. Ryktet sprids att Luftwaffe planerar att på juldagen fälla en smutsig atombomb över staden och dess vattentäkter i Michigansjön. Utfartsvägarna blockeras när barnfamiljer i fordon fullastade med ägodelar flyr det radioaktiva uran som närhelst kan börja dugga från en grådaskig himmel. Navet i USAs kärnvapenprojekt, Metallurgical Laboratory vid Chicago:s universitet, töms på forskare. Oron späds på när myndigheterna på årsdagen av anfallet på Pearl Harbor börjar portionera ut geigermätare till en skärrad befolkning.

Veckan innan, den 2 december, har Enrico Fermi i sin provisoriska kärnreaktor under läktaren av universitetets idrottshall för första gången lyckats hålla igång den kedjereaktion som utgör en förutsättning för all atomkraft. Uranatomerna i provet kränger och en del spjälkas när en skur av neutroner utan svårighet forcerar de höga murar av elektricitet runt atomernas inre, och får dem att svälla och rinna över. Fermis atommila avger knappt nog energi för att få en glödlampa att lysa, men händelsen är likväl en milstolpe i de allierades kärnvapenprogram, ty nu har forskarna klarat av det värsta hindret. Hitler ligger långt före, det vet alla, och propagandaministern Joseph Goebbels hotade häromdagen med vedergällning och ödeläggelse.

Tredje riket 1942. Werner Heisenberg firar julhelgen som nyutnämnd chef för Dritte Reich:s atomprogram. 1939, kort tid efter Meitners och Hahns upptäckt av kärnklyvning, beordrades han att ställa sig till Heereswaffenamt:s förfogande och gjordes ansvarig för landets kärnvapenforskning. Heisenberg delar sin tid mellan Kaiser Wilhelm Institut i Berlin, där personalen gör sitt yttersta för att slippa ta notis om Führerns ovälkomna sändebud, och Leipzig, där han i källaren under sitt gamla laboratorium för befäl över en grupp lojala fysiker.

September 1939, vid samma tidpunkt som president Roosevelt mottar Einsteins och Szilards appell, träffas nio av Tysklands kvarvarande atomfysiker på Heereswaffenamt i syfte att lägga upp en gemensam strategi för det nya vapnet. Några veckor senare ansluter Werner Heisenberg och dennes faktotum, Carl von Weizsäcker, till denna kärntrupp. Liksom de flesta intellektuella är Heisenberg splittrad i fråga om kriget. Å ena sidan vill han ej önska sig en tysk seger, å andra sidan lika ogärna ställas inför ännu ett förödmjukande nederlag i en ärelös upprepning av Kaiserns debacle för tjugofem år sedan. Visserligen förhåller Heisenberg sig ljummen till Hitlers sak, men intrigerar sig likväl fram till en inflytelserik karriärpost. 1942 får han som han vill och utnämns till ständigt motarbetad chef för arméns atomrustningsprogram. Det finns förvisso konkurrerande intressen, som uppfinnarbaronen

Manfred von Ardennes privatfinansierade laboratorium i Lichterfelde, Reichspost (!) och kulturministerium (!). Dessa udda rivalers gemensamma nämnare är att de bojkottar ”opportunisten från Leipzig”. Särskilt postverkets Karl Wilhelm Ohnesorge gör varje ansats till samverkan till en fars och driver postens vapenprojekt enbart för att ställa sig in hos Reichsführer Adolf Hitler.

Tysklands dränering på kompetens som en följd av att Hitler 1933 kuppat sig till makten och stiftat yrkesförbudslagar för forskare av mosaisk tro, kommer att stå landet dyrt. 1942 förestår Heisenberg ett förlamat prestigeprojekt för en nation tömd på snillen, samtidigt som han tvingas ägna värdefull tid åt bittra fejder om allt skralare tilldelning av tungt vatten, uranoxid och specialstål. Särskilt uran – använt i tandkräm, färg och glas – har av okänd anledning blivit eftertraktat av sådana som rimligen inte kan tänkas vara inblandade i kärnforskning. Efter en tid framkommer att han inte bara slås mot medtävlare inom forskning utan också mot Wehrmacht:s planer att använda uran som dödvikt i pansarbrytande granater.

Att ha tillgång till uranmalm och att hantera ämnet är olika saker. Uran är farligt att handskas med, mindre för dess radioaktivitet som för dess giftighet. Heisenberg uppmanade leverantören Berlin-Auer att i uranberedningen använda sig av kvinnor och barn från koncentrationslägret i Sachsenhausen. 1942 uppsnappar spiontjänsten att en strid ström av regimfångar dagligen rör sig mellan lägret och Auer:s fabriker. Tillsammans med andra skärvor av spionmaterial kan det inte leda till annan slutsats än att Hitler börjat ägna sig åt kärnvapenforskning.

En av Heereswaffenamt:s första åtgärder har varit att konfiskera det tunga vattnet producerat av Norsk Hydro i det ockuperade Norge som en biprodukt av företagets gödselframställning. Norsk Hydro:s tungvattenanläggning låg i mycket oländig terräng i Rjukanfos nära Vemork. Fabriken var avsedd för tillverkning av konstgödsel och det numera strategiskt viktiga tungvattnet utgjorde endast en betydelselös sidoprodukt. Gödselframställning är extremt energikrävande och anläggningen uppfördes i Vemork just på grund av dess närhet till billig vattenkraft. När vattenmolekylerna spjälkas till väte och syre, som ett led i gödseltillverkningen, blir det relativt enkelt att tillvarata tungvatteninnehållet.

Vemorkanläggningen blev under andra världskriget ett högprioriterat mål för allierad sabotage, sedan det blivit känt att dess tungvattenproduktion ökats från förkrigstidens beskedliga hundra kilogram till fem ton per år. Efter Norges ockupation konfiskerade IG Farben:s ingenjörer Norsk Hydro:s tunga vatten för användning som bromsmaterial i kärnreaktorer avsedda för framställning av vapenplutonium. Ett sätt att sinka Tysklands kärnvapenprojekt var att lamslå dess tungvattenförsörjning. Vid två tillfällen utsattes den tillnärmelsevis ointagliga fästningen i Vemork för sabotageförsök, varav det första blev ett blodigt fiasko och det andra åstadkom omfattande skador. Efter kort tid kunde dock produktionen återupptas.

Werner Heisenberg var ett av fysikvetenskapens stjärnskott under 1920- och 1930-talen. Född 1901 i Würzburg studerade han i München och Göttingen, i en tid kännetecknad av stora omvälvningar i fysiken då kvantteorin utvecklades. När yran kring firandet av det nya seklet hade lagt sig började fysikerna lägga märke till att en rad atomära fenomen inte lät sig förklaras med befintlig teori. Experimentalfysikernas nya favoritinstrument, det nyss uppfunna katodstråleröret, gjorde det för första gången möjligt att få en glimt av det kosmos som döljer sig inuti materien. Experimenten visade en besynnerlig mörkervärld som avvek från det rymdens kosmos som dittills stått i centrum för forskningen. Man slogs av insikten att skapelsen inte var så felfri som både fysiker och kardinal under sekler hållit för sanning. Guds gästabud – med stjärnrymdens omätliga djup samt ett ännu mörkare svalg i form av bottenlös natt inuti atomerna – det var ofärdigt, trasigt på något vis. Spår efter subatomära vålnader trädde fram i fysikernas instrument. Av allt att döma hade naturvetenskapens heligaste dogm satts ur spel, den som helgats alltsedan Isaac Newtons dagar på 1600-talets andra hälft hade tillskrivit naturen en obruten kausal kedja av orsak och verkan i ett principiellt deterministiskt och förutsebart händelseförlopp. Mikrokosmiska fenomen dök upp utan orsak, de spirade utan synbar rot ur ingenting. Vid varje händelse delade mikrokosmos sig i ett begreppsvidrigt myller av scener för att bereda plats åt även det osannolika att ske.

Den nya kvantfysiken gjorde narr av vetenskapens praxis att kunskap förnyas i sirapströg takt, med utgångspunkt i beprövad lärdom. Kvantfysiken visade att det inte alla gånger är god vetenskap att utgå från det gamla och verifierade, varefter man omsorgsfullt lägger på ännu ett tunt lager av nytt vetande. Det var dags för radikala ingrepp i fysikens grundvalar, det går inte att hoppa över en avgrund i flera små skutt. Avgrunden var den smärtsamma övergången från en lagbunden värld av *vissheter* till den kvantfysikens hoppjerkevärld av *sannolikheter*. Arnold Sommerfeld – känd för sina förbättringar av dansken Niels Bohrs atommodell – sammanfattade forskningsläget så här: ”Varning för ras! Tills vidare stängt på grund av ombyggnad”. Max Planck hade mot slutet av det nya århundradets första år upptäckt att ljuset inte är en obruten ström av energi, vilket man dittills trott, utan kan uppfattas som partikelliknande paket av energi, numera kallas de fotoner. Hans upptäckt, motvilligt gjort för att få ordning på den havererade teorin för värmestrålning, lade grunden till kvantmekaniken, en ny vetenskapsgren för beskrivning av fenomen i atomernas mörkervärld. Han jämförde fysikerkåren med ett myrsamhälle i färd med att renovera sin illa åtgångna stack: ”Var och en springer upphetsad med sitt stycke nyfunnen kunskap till ett ställe som behöver repareras, men knappt lägger han det ifrån sig förrän någon snappar upp det och bär det åt ett annat håll.”

Fysikerna upptäckte att tingen i mikrokosmos är suddiga, inte av instrumenttekniska skäl utan för att naturen *själv* är suddig och obestämd. De mikrokosmiska tingen kunde vara *här*, men samtidigt *där*, eller *där* eller *där*. Det vetenskapen kan veta om en elementarpartikel låter sig endast formuleras i sannolikhetstermer. Newtons klassiska fysikteori, byggd på okorrumperbara vissheter, ersattes av en teori för mikrokosmos enligt roulettprincipen. Begreppet ”visst” byttes ut mot ”möjligt”. Omkring 1920-talets mitt utvecklade den unge Werner Heisenberg en teori för naturens oskärpa, och myntade därmed ett nytt begrepp i fysikvetenskapen – osäkerhetsprincipen. Osäkerhetsprincipen, eller obestämdhetsprincipen, uttrycker *inte* en begränsning hos människans kunnande. Den utsäger att naturen *själv* lider av en principiell okunskap. Mikrokosmos är suddigt. Oförutsägbart i det enskilda fallet. Därur följer att vårt vetande *om* naturen också blir kringskuret. Naturens oskärpa finner sitt ursprung i att mikrokosmiska ting förutom en "tingnatur" också uppvisar egenskaper som påminner om vibrerande vågor. Denna dualism av å ena sidan "tinget som våg", å andra sidan "tinget som partikel" har blivit kvantfysikens begreppsgrund.

Werner Heisenbergs rykte byggde på att han, jämte österrikaren Erwin Schrödinger, på tjugotalet hade lagt grunden till en helhetsbeskrivning av mikrokosmos i kvantteorin. Det berättas att hans teori föddes ur en envis hösnuva som länge besvärat honom, till den grad att han fick rådet att under en tid vistas i den pollenfria havsmiljö på den nordtyska semesterön Helgoland för att bli av med kroniskt obehag i form av örontjut, rinnande näsa och rödsprängda ögon.

Under några veckors påtvingad bortavaro från sin docentur i Göttingen ägnar han sig åt att staka ut riktningen för sin forskning och reflektera över de mikrokosmiska tingens vågnatur. Helgoland är en karg ö, en barriär av gneis och granit fördubblad av sin spegelbild i vattnet, likt en fästning. Heisenberg sätter sig på ett klippblock och ser ut över det spegelblanka havet. Vattnets rytmiska kluckande är sövande. Vågsvallet är osynligt, havets andhävning har upphört. Himlen speglar sig i det loja havet vars vågor är för tröga för att brytas. Likväl bildas egendomliga krusningar av interferens kring stenblocken av svart granit medan dyningens mjuka suckar fyller tystnaden. Heisenberg tröttnar strax på leken, och när solen börjar sjunka ner på himmelskupolen får han ont i ögonen av ljusreflexerna på vattenspegeln. Tystnaden hörs, eller är det öronen som slutat tjuta? Stillhet. Stumt ljud som i en kinofilm, ljus och skugga. Solen silas genom molnen, likt ett blyinfattat fönster föreställande den romerska guden Janus, han som avbildas med dubbelansikte. Månne redan romarna visste vad han är nära att upptäcka. Ljus och skugga: ljuset är verkligt, det är diskreta paket av energi, men vad är skugga? Skugga är ingenting, inget ting, varken våg eller partikel. En illusion, men likväl verklig. Samma tänkesätt går som en röd tråd genom fysikhistorien: forskarna häftar existens vid ett intet, ställer sin lit till en negation. Mutti hemmavid brukar varna för kalla stenar som han bör undvika att sätta sig på, ty kylan kan tränga in i baken och göra honom förkyld. Tränga in i kroppen? Likt en skugga är ju kyla ett intet, frånvaro av värme. Kan ett intet gå i vågor? Han tror inte ett ögonblick på det, inte mer än han tror på ett intet som tränger in i skinkorna, vilket däremot hans moder verkar vara helt säker på. Eller på Gud. Det är svårt att tappa tron på Gud, men ännu svårare är att ge upp sin tro på fysiken.

Denna vår 1925 är Heisenberg just tjugofyra år fyllda och frånsett allergibesvär full av livslust och tillförsikt. På inrådan av äldre kolleger har han för sin fördjupning valt teoretisk fysik, inte av tvång som Albert Einstein eftersom utrustningen slutar fungera så fort hans namn nämns, utan för att karriärmöjligheterna inom den teoretiska fysiken lockar. Ärligt talat är det tvärtom: framtidsutsikterna för experimentella fysiker är ruskigt dåliga – tiden är ju sådan och segerländerna har efter kejsarens nederlag i det Stora kriget sett till att det inte på länge kan bli tal om tillämpad forskning. Vaterland har viktigare bekymmer än vapen, det har annat att tänka på, även om detta sorgliga krig redan känns historia, vore det inte för att all experimentell forskning gått i stå. Från England har han häromsistens fått sig tillsänt ett gulnat tidningsklipp från januari 1919. Artikeln handlar om öppnandet av fredskonferensen i Versailles. En bild tagen utanför magnifika spegelsalen visar statsmännen Clemenceau, Lloyd George, Wilson och Orlando som med allvarsamt tomma blickar stirrar i kameran. De ska i stålets, det heliga krigsstålets namn rita nya kartor, utdöma skadestånd, bestämma om repatriering och försoning, tala om rättvisa, förbrödring och återuppbyggnad. Rättvisa för vem?, undrar han, kejsaren finns inte med på bilden, så Heisenberg kan inte svära på att han var med på konferensen.

Heisenberg har tagit intryck av den franske fysikerprinsen Louis de Broglies materievågor, de som låter någonting hos formlösa elektroner gå i vågor. Denna vanvettiga anhopning av motsägelser, undflyende våg och konkret ting inuti en och samma elementarpartikel, hur ska det gå till? Våg eller ting? Vågting eller ingenting? Samtidigt har våghypotesens avväpnande dunkelhet tagit hans förnuft i besittning. Han är medveten om att partikeln går rakt fram, det är inte den som åker upp och ner likt en gunga i lekparken eller likt havets dyningar, men vad är det då som ”vågar”, vad är det som går i vågor? Ingen vet. Vad gäller ljuset kunde man hjälpligt reda sig genom att peka på induktionsfenomenet, det som låter vågor av elektricitet alstra vågor av magnetism, men det kryphålet verkar stängt för elektronen. Ingenting förändras hos denna partikel, den ena är den andra lik, som vilken elektron som helst, dess stabilitet har sedan gamle Thomson upptäckte den strax före sekelskiftet visat sig vara evig och oföränderlig till den grad att fysikerna baserat begreppet elementarladdning på den. Elementarladdningen, den minsta laddningsmängd som fritt förekommer i naturen, är just inget annat än en elektrons laddning. Att låta något hos elektronen guppa som ett flöte på en stilla skogstjärn eller rulla som en havsvåg verkar orealistiskt. Det låter sig inte tänkas. Tänka gör man med sitt förnuft, men förnuft och kvantförnuft tycks vara väsensskilda saker. Någonting rör sig i vågor, annars hade de Broglie inte fått sin berusande hypotes om materievågor att gå ihop. Ända in i märgen vill han tro på den, han är övertygad om att kalkylen håller. Beräkningen är ju så barnsligt enkel, så man undrar varför ingen tidigare kommit på tanken. Det räcker med att kombinera Plancks formel för ett kvantums energi (energin hos ett kvantum är proportionell mot dess frekvens, E=hf) med Einsteins berömda $E=mc^2$, och vips, bitte schön, danke schön, lyfter de Broglies materievåg från papperet och flyger sin väg till berömmelse. Själv har han ännu inte läst de Broglies doktorsavhandling, men ryktet går att den är den kortaste som någon någonsin lagt fram. Det fordras nog en person av fransk fursteätt som de Broglie för att på några ynka sidor riva ett sekelgammalt paradigm.

Problemet hans snille nu är upptaget av, går tillbaka på fysikens grundvalar. Det är inte ett sådant alldagligt problem som härrör från att tinget i vetenskapen *blir* sitt namn. Fysiken är tokfixerad vid namn och klassificeringar. Ibland känner Heisenberg sig som en botaniker och önskar att han hade mer kunskap om vad som är vad. I alla tider har vetenskapen trampat i Carl von Linnés fotspår och ägnat sig åt makalöst sakletande. Begäret att namnge tingen står för ett slags intellektuell jaktinstinkt, en drift att fånga in, äga och hålla kvar för framtiden. Bara sådant som har ett namn är verkligt. Hans ambition är inte att sätta namn på fenomenen, han vill veta vad de är

”på riktigt”. Kan det vara så, skulle det kunna vara så att de Broglies materievågor är som skuggor, nog så verkliga men samtidigt något immateriellt? Heisenberg kom att tänka på *imponderabilier*, detta romantikdoftande ord från en svunnen tid för beskrivning av ovägbara ting tycks passa in på vågtinget. Även om skuggan är ett intet lever den i symbios med ljuset: skugga och ljus är synkoperande storheter. Ett ingenting i form av en skugga vittnar om ett någonting som är ljuset. Ljus är någonting, något ting. Skugga är ingenting, inget ting. Han vet för lite, kan för lite, hans matematikkunskaper räcker inte till för den sortens hjärnakrobatik. En helhetsbeskrivning av de mikrokosmiska tingen verkar oåtkomlig, den ligger utom räckhåll för hans förstånd, men halvvägs skulle duga.

I Republikens sjunde bok beskriver Platon hur fångar, fastkedjade i en grotta, bara kan se skuggor som osynliga föremål utanför kastar på väggen. När fångarna släpps ur grottan värker först deras ögon och för en stund tror de att skuggorna de såg i grottan var verkligare än föremålen. Till slut klarnar blicken och de förstår hur sinnrik världen är. Fysikerna befinner sig i en sådan grotta, fjättrade vid begränsningarna hos deras experiment. I synnerhet kan de endast studera materien vid förhållandevis låga temperaturer, där det är sannolikt att symmetrierna är spontant brutna, så naturen inte längre är enkel och enhetlig. De har inte kunnat komma ur denna grotta, men genom att länge och idogt iaktta skuggorna på väggen kan de åtminstone klara ut formen hos de symmetrier som, fast de är brutna, utgör exakta principer som styr alla fenomen, och ger uttryck för skönheten hos världen utanför.

Heisenberg lyssnar uppmärksamt på sina tankar. Klippstranden har blivit hans hörsal. Han hör gamle Planck mässa i katedern, han som varnat honom att inte ha bråttom. Det tar tid att bli fullärd. Det ska ta tid. Det får ta tid. Den äldre läxar att bara gamlingar som han får lov att ha bråttom, så att säga av naturliga skäl ... medan tiden är ... så länge det varar ... medan yngre förmågor med all tid i världen framför sig borde fundera både en och två gånger innan de bestämmer sig.

Ett mörkgrått, fransigt moln rusar fram över himlen, vrider sig, vänder, stampar mot vinden, rivs sönder, splittras, upplöses, återuppstår. Molnet förmörkar den himmel där Heisenberg bortklemas av den helgoländska gästfriheten. Molnet förblir oskarpt hur mycket han än plirar med ögonen för att få fokus, även i det starkaste teleskopet kommer det att framstå som suddigt.

Hur mäta ett moln? Hur stort är ett moln? Eller hur litet? Vad avgör att nu ..., just nu ..., i denna punkt tar molnet slut och himlen tar vid. Det är omöjligt. Det går inte. Det låter sig inte göras. Ett moln är ingen klimp av förlamad materia på ett laboratoriumbord, utan lika suddig som röken från hans cigarett eller planeten Mars i ett teleskopokular. Molnet tillhör imponderabilierna, icke-ting som finns, utan att de fördenskull kan tas på eller mätas. Icke-ting vilkas rörelser ej låter sig bestämmas, men samtidigt utövar inflytande på verkligheten. Molnet är en kvalitet, en kvalitet utan kvantitet. Molnet är som filosofen Charles S Pierces *qualia*, den subjektiva kvaliteten hos upplevelser som inte materialistiskt kan beskrivas. På sätt och vis fyller det ut hela himmelsskålen.

Med ett utsträckt finger pekar han på en punkt där molnet finns: i den punkten är molnet mest som moln. Men det går lika bra med en annan punkt, vilken som helst egentligen, men där är ”molnheten” – den egenskap som gör molnet till just ett moln, det som skiljer ett moln från blå himmel – mindre. Det handlar om sannolikheter, sannolikheten att vara moln i denna punkt, eller oddset att vara moln i en annan punkt: pekar han på ett läge vid horisonten och frågar sig om molnet finns *där*, blir svaret ett tvekande nja ..., jo ... på sätt och vis är det väl också där, men det är nog mest *där* ..., fast säkrare *där*, och molnet är mest som moln i den punkt han nu pekar på. Ritar han upp sannolikheten för att vara moln för alla lägen på himlen, fås en bestämd puckel i den punkt där de flesta är överens om att *där*, just *där* är molnet mest som moln. Grafen blir som en båge när han låter blicken panorera från centrum till molnets periferi, den liknar en halv våg och lägena på halvvågen motsvarar de punkter där molnet *är*, medan punkter utanför grafen ej tillhör molnet. På motsvarande sätt kan man laborera med två tärningar: kastar man två tärningar ett antal gånger kommer grafen över antalet ögon för varje kast att uppnå ett maximum vid sådär sju. Sannolikheten att slå sju är störst medan sannolikheten att få två eller tolv är avsevärt mindre, dock är den aldrig noll. Kast mellan två och tolv är visserligen möjliga, men utfallen har olika sannolikheter. Sannolikheten för att slå trettio ögon eller hundra är däremot noll, oavsett hur länge man håller på. Vissa saker i naturen är heliga och låter sig ej förverkligas, inte ens i den bästa av världar.

I och med att det är omöjligt att exakt peka ut var molnet finns, blir det ogörligt att förutsäga var det kommer att befinna sig härnäst. Molnets rörelse på himlen blir då en fråga om vilken punkt man kallar centrum. Men inte ens det fungerar: centrumpunkten flyr undan medan tiden går. Heisenberg provar möjligheten att betrakta molnet ”på avstånd”, det vill säga han bryr sig mindre om dess form utan ritar i tankarna en ring runt molnet. Ringens fart och framtida lägen låter sig nu uppskattas och han lyckas extrapolera det tänkta molnets rörelse på valvet någorlunda tillfredsställande, visserligen inte till fyllest men hjälpligt ändå. Annat blir det däremot när han stirrar på en fix molnpunkt; hur mycket han än framhärdar förlorar han strax kontrollen över helheten. Inte ens själva molnpunkten lyckas han hålla fast under en längre tid. Lägesbestämningen, där han drar en ring runt molnet, ger resultat med avseende på dess fart, medan en noggrann fokusering på en ”fast” punkt gör molnets rörelse oförutsägbar. Vilket är riktigt? Att dra en hypotetisk ring runt fenomenet och följa dess rörelse i grova drag, eller att veta var molnet är, till priset av att förlora vetskap om dess fart och framtid? Det går inte att samtidigt (det vill säga med *en* mätning) bestämma molnets fart och dess läge, det är omöjligt.

Går det att fånga ett moln med matematikens hjälp?

Heisenberg tar fasta på sin ingivelse att jämföra sannolikhetspuckeln med en våg. Kan det vara så att de Broglies materievågor faller inom begreppet imponderabilier, att de motsvarar vågor av sannolikhet? En våg som inte går att väga. Endast sannolikheten att anträffa en elementarpartikel *här* men inte *där* går att veta: sannolikhetsvågen är en våg av information om partikeln, en kunskapsvåg. Vågen berättar vad som går att veta om partikeln. Elementarpartikeln reser genom mikrokosmos ledsagad av en kunskapsvåg som fortlöpande, men uteslutande i form av sannolikheter, spekulerar i dess framtid och visar vägen. Vågens viktigaste egenskap är dess våglängd, men den låter sig inte bestämmas utan att följa den ett stycke tid:

partikeln är lika suddig som ett moln på en klarblå himmel. Eftersom det åtgår ett stycke tid för att bestämma vågens längd (eller frekvens) har partikeln under denna tidrymd förflyttat sig och är inte där man trodde att den fanns. Vågtinget har blivit en vålnad, det kan finnas *här* men också *där*, dess fart kan vara *si* eller *så*, det är det ingen som vet eller kan veta. Tinget är obestämbart.

Albert Einsteins förhållande till Heisenbergs och Schrödingers kvantfysik var kluvet, grundat på hans konventionella, måhända förlegade, uppfattning om kosmos som ett avancerat deterministiskt urverk. Han var viss om att på botten av allting fanns en *mekanisk* princip, ett mål som gjorde hans tid i USA till ett livslångt men fruktlöst famlande efter en förenad teori för gravitation och elektromagnetism. Einsteins och Bohrs åsikter om kvantfysikens status kännetecknades av rakbladsvassa motsättningar. I känslosamma meningsutbyten mellan båda giganter nagelfarades på trettiotalet fysikens nya grundvalar. Einstein var inte imponerad. Kvantmekanikens sannolikhetsbaserade beskrivning av mikrokosmos förblev i hans ögon ett surrogat, ett provisorium för den heltäckande teori som visserligen ännu inte fanns men en vacker dag skulle finnas, det var han säker på. Förvisso hade sannolikhetskalkyl historiskt vid ett flertal tillfällen tillgripits i fysiken men endast när det handlade om fenomen som var för invecklade eller för många för att kunna beskrivas i alla delar. Den kinetiska gasteorin från 1800-ta-lets slut var en sådan statistisk teori byggd på sannolikheter. Antalet atomer i en volym gas utgör ett begreppsöverskridande tal, i stil med en etta följd av tjugofyra nollor, och ingen vid sina sinnens sunda bruk skulle komma på idén att beskriva rörelsen hos var och en av dessa atomer, inte för att det skulle vara omöjligt utan för att det skulle vara ett sisyfosarbete, ett lönlöst evighetsarbete, ett slit utan slut som likafullt redan från början kan approximeras med hjälp av statistik, just på grund av att det rör sig om ett stort antal identiska atomers slumpmässiga rörelse. Hur beräkningen går till är inte svårt att ange i princip, men fysikerns liv är för kort och räknemaskinens prestanda för dålig för att den ska kunna genomföras. Hursomhelst: den som mot bättre vetande envisas med att försöka, kommer snart underfund med att en dylik beräkning leder till triviala upprepningar och att atomernas hastigheter följer en statistisk lagbundenhet som går under namnet Maxwell-Boltzmannfördelning. På samma sätt som det inte är någon idé att innan ett kast arrangera tärningen med sexan uppåt eller nedåt, är det gagnlöst att undersöka varje atoms rörelse för att finna samband mellan exempelvis tryck, volym och temperatur. Atomernas mikrokosmos har i Ludwig Boltzmanns kinetiska gasteori lyfts upp till makroskopisk skala i form av begrepp som tryck och temperatur, makroskopiska *utanpå*-storheter för beskrivning av ett oberäkningsbart komplex av rörelser och stötar i mikrokosmos. Det enda svar man kan ge den envise tvivlaren är att den statistiska teorin ger en fullgod bild av verkligheten, den stämmer i de fall där fysikerna kunnat göra en jämförelse. Så länge tvivlaren inte kommer med något tungt vägande skäl för motsatsen, har han själv att genomföra sin kalkyl och visa att dess resultat inte följer gängse teori, innan han blir tagen på allvar.

I sina diskurser om kvantfysikens grundvalar försökte Einstein och Bohr övertrumfa varandra i att hitta på tankeexperiment inspirerade av Thomas Youngs berömda interferensförsök från 1800-talets första år, detta sedermera historiska experiment som en gång för alla, trodde man, visade att ljuset består av vågor och inte av en ström av korpuskler, vilket Newton på sin tid hävdat. Hundra år efter Youngs omvälvande interferensexperiment hade Planck och Einstein än en gång korrigerat fysikvetenskapens paradigm genom att visa att ljuset mycket väl kan uppfattas som en ström av ljuspartiklar, små paket av ren energi, döpta till *fotoner*. Bohr och Einstein munhöggs i närmare tio år kring mikrokosmiska tankeexperiment i pseudorealistisk stil, i syfte att belysa fysikens grunddrag och påvisa inkonsekvenser och motsägelser. Motsägelser, ett tyglat tumult, bättre är inte världen. Många gånger trodde sig Einstein ha kommit på ett tankeexperiment som grusade kvantfysikens anspråk på att utgöra en fullständig teori. Bohr kontrade med insiktsfulla invändningar och illustrerade sin ståndpunkt med reviderade skisser avseende i regel orealistiska experiment. Huvudtemat för deras diskurser rörde frågan hur man ska förhålla sig till de avvikelser från klassisk fysik som den nya fysiken, efter Max Plancks upptäckt av ljusets partikelnatur, givit upphov till. Kvantteorin avslöjade helhetsdrag hos naturen långt utanför den traditionella fysiken. Klassisk fysik, kom de fram till, utgör mer eller mindre grova idealiseringar som endast äger giltighet i gränsfall, när verkan efter en orsak är stor i förhållande till ett kvantum. Ett exempel är elektricitetsteorin vari en kropps laddning behandlas som ett *kontinuum* som kan anta vilket värde som helst, medan kvantfysiken klarlägger att laddning är ett *diskontinuerlig* begrepp, uppbyggt av heltalsmultipler av elementarladdningen. I de flesta experiment är laddningsmängden så stor i jämförelse med en ensam elektrons laddning att det inte gör någon skillnad, liksom det inte gör skillnad om man vinner 1,000,000 kronor på lotto eller 1,000,001 kronor. Den som vinner det större beloppet är visserligen principiellt rikare än den som får miljonen, men det saknar helt betydelse.

Den utdragna polemiken andas en spänning mellan två fysikgiganter, beroende på djupgående motsättningar i deras hållning visavi den nya fysiken. Mycket stod på spel. Avsedda som lärda samspråk gav diskursen intrycket av en duell mellan jämnstarka motståndare. Ingen var beredd att göra avkall på sin övertygelse, ingen ville förlora denna prestigekamp mellan två stora hjärnor. Einstein utnyttjade skickligt sin omvittnade förmåga att binda samman skenbart motstridiga erfarenheter, ovillig att göra avsteg från sitt ideal i form av ett lagstyrt kosmos byggt på kontinuitet och kausalitet. Bohr i sin tur spelade en gentlemannaroll genom att gång efter annan och utan att höja rösten vederlägga Einsteins tankedigra men stundtals omotiverade kritik. Diskursen stod fram till sin död 1933 under uppsikt av den österrikisk-holländske fysiker och professor vid ansedda universitetet i Leiden, Paul Ehrenfest, god vän med både Einstein och Bohr. När ett meningsutbyte fick känslorna att svalla och vännerna höll på att bli osams hällde Ehrenfest skickligt olja på vågorna med den skämtsamma men måltraffande förmaningen att Einsteins kritik av kvantfysiken till förväxling liknade inställningen hos relativitetsteoriernas belackare, dessa intellektuellt handikappade positivister från Deutsche Physikrörelsen som Einstein nedlåtande kallade stofiler. Han försökte på alla sätt dra in relativitetsteorin i resonemanget genom att referera till att det, oaktat relativitetens många omtolkningar av vetenskapens sätt att beskriva tid och rum, ändå varit möjligt att hålla fast vid den omhuldade kausalitetsprincipen, medan kvantteorins centrala tes av ett objekts *principiellt* ovetbara växelverkan med mätanordningen kullkastar den traditionella fysikens satser, grundade på händelsers kausala ordningsföljd.

Einstein skyllde naturens inneboende oskärpa på felande precision, tekniska brister som inte går att undvika, men som troligen kunde elimineras i någon avlägsen högteknologisk framtid. Den moderna tolkningen bygger på analogin med ett fotografi som alltid blir principiellt oskarpt i och med att filmen måste exponeras under ett stycke tid för att kunna lämna avtryck i emulsionen. Under den tid slutaren är öppen rör objektet sig, vilket leder till en fundamental oskärpa hos det som observeras. Felet i Einsteins resonemang låg däri att han stjälpte av naturens *principiella* suddighet på en klenkompetent fysiker och hans instrument. Newtons determinism förbytts då till den mänskliga faktorns indeterminism. Einstein hade fel. Heisenberg visade att själva kosmos lider av en inbyggd onoggrannhet, utan vilken naturen skulle sluta fungera. Elementarpartiklarna i mikrokosmos är så små att varje observation, varje experiment, utgör ett störande ingrepp som aldrig kan göras ogjort. Det spelar ingen roll hur mycket fysikern än ökar precisionen, ty värdet på det som mätes i ett enstaka experiment förblir lika suddigt som ett moln på den helgoländska himmel. Pappas dyra Hasselblad tar inga skarpare bilder på ett moln än barnets Instamatic.

Världen är som den inte kan undgå att vara. Kosmos är ej medvetet och vare sig gör eller tillåter aktivt någonting. Naturens göranden och låtanden är inga planlagda handlingar utan resultat av slumpkast.

Insikten om naturens grundläggande okunskap utgör förra seklets mest betydelsefulla upptäckt. Heisenberg gjorde naturens indeterminism till en för mikrokosmos central princip. Naturen är inte trevande och osäker på grund av mätfel, utan ”av naturen”. Det tvivel inbyggt i kosmos medför att nya ting kan uppstå utan någon som helst kausal orsaksrelation i förfluten tid. Den heisenbergska obestämdheten är naturens probersten, den provar alla upptänkliga vägar för att sedan planlöst välja ut en i mängden som är farbar. Liksom en flod ständigt söker nya utlopp i okända riktningar, rinner naturen fram där det är möjligt, där kosmos är farbart. Paradoxalt nog har ingen hypotes bidragit mer till vår kunskap om mikrokosmos än just Heisenbergs formulering av naturens obestämdhet, som ju när allt kommer omkring är en ovetbarhetsprincip.

Världen är beroende av kvantmekaniska händelser. Inte ens en såpass alldaglig tingest som en strömbrytare fungerar om inte ledningselektronernas suddighet med avseende på deras lägen gjorde det möjligt att kränga sig förbi ett hinder i form av brytarens kopparoxidtäckta lameller. Redan på vägen till förpackningslinjen i fabriken täcks lamellerna av ett *isolerande* oxidlager. Följaktligen skulle brytaren inte fungera om den inte fick draghjälp av mikrokosmos. Lägesobestämdheten, ovissheten om elektricitetspartikeln befinner sig *här* eller *där*, gör det principiellt omöjligt att veta på vilken sida om det isolerande hindret elektronen befinner sig, den kan lika väl befinna sig på ”rätt sida”, och det är så strömmen leds fram.

Heisenbergs obestämdhet får världen att fungera. Den skapar en nödvändig gråzon kring varje tings numeriska värde. Liksom låssmeden ser till att nyckeln inte passar för tätt i låset för att undvika att båda fastnar, fordrar också naturen ett spelrum för att tingen ska finna varandra och kunna växelverka. Ytterligare ett exempel: om ljusenergi om 13,56 eV behövs för att frigöra väteatomens elektron och naturens obestämdhet ej funnits, så skulle joniserat väte inte förekomma i världen, ty sannolikheten att en foton (ljuspartikel) av just det exakta energiinnehållet dyker upp på rätt plats vid rätt tillfälle är försvinnande liten. Tingens obestämdhet medger dock ett spelrum åt noggrannheten avseende jonisationsenergin: det går lika bra med 13,555 eller 13,565 eV, liksom det räcker att betala med ett tiokronorsmynt för att köpa en gottispåse vars prislapp är på 10:49. Obestämdheten utgör ett *sine qua non* för att kosmos ska fungera.

Enrico Fermi

Kapitel XVI

Till grund för kärnvapen ligger en bärande princip i Einsteins speciella relativitetsteori från år 1905 – den om massans och energins ekvivalens, deras likvärdighet. Äldre kemi- och fysikstuderande har lärt sig lagen om energins och massans oförstörbarhet. I den gamla skolan kunde varken massa eller energi förintas, energi kunde endast *omvandlas* från en form till en annan, som t ex när elektrisk energi i en glödlampa omvandlas till värme och ljus. Det är riktigt att i kemiska reaktioner massan till synes bevaras. Det finner sin förklaring i att kemisk affinitet endast berör atomers yttre elektroner; reaktionsenergin är för liten för att mätbart påverka massan. Gäller det däremot fysikaliska omvandlingar där atomkärnan är inblandad kommer man snabbt underfund med att massa *kan* omvandlas till energi, och vice versa. Som en konsekvens av sin teori om tid och rum modifierade Einstein kemins och fysikens gamla grundsats genom att visa att energi och massa utgör två sidor av samma fenomen och att de är ömsesidigt utbytbara. Som ett PS till sin avhandling om speciell relativitet ställde han upp en formel som idag kan betraktas som var mans egendom: $E=mc^2$, på fysikens fikonspråk massenergiekvivalens. E står för energin, m för massan oberoende av materiens art och c^2 för ljushastigheten i kvadrat. En liter drivmedel som medelst förbränning omvandlas till restprodukter avger en energimängd som för dagens fordon räcker till att köra några mil. Kärnfysikalisk omvandling av samma massa (i runda tal ett kilogram) däremot avger en energikvantitet E som är 1 (kilogram) gånger ljushastigheten i kvadrat (9 10^{16} m^2/s^2), alltså i storleksordningen 10^{17} J (joule). Frågan blir nu: hur mycket är 10^{17} joule? *En* joule är 1 Ws (wattsekund). 10^{17} joule är 10^{17} wattsekunder eller i runda tal 3 10^{10} kWh (kilowattimmar), en kolossal mängd energi motsvarande USAs sammanlagda produktion av elenergi för kalenderåret 1939, eller en 600 miljoner mil lång körsträcka i exemplet med bilen.

Försöken på 1930- och 1940-talen att tämja atomkraften löper i stora delar parallellt med framväxten av nya teoretiska insikter i atomkärnans uppbyggnad. Vid denna tidpunkt uppstod också den omkastning som numera kännetecknar fysikforskningen, där teoretiska rön i regel *föregår* experimentalisternas upptäckter, som fått karaktären av empiriska bekräftelser av teoretiskt förutsagda förlopp.

Nyzeeländaren Ernest Rutherford var den förste som 1919 vid anrika Cavendishlaboratorium i England förverkligade alkemisternas dröm att framställa guld ur kornockor genom att omvandla kväve till syre efter bestrålning med alfapartiklar (heliumkärnor) från radioaktivt sönderfall av grundämnet radium. Radium upptäcktes av polskfödda Marie Curie strax efter förrförra sekelskiftet, sedan hon efter år av ohyggligt slit lyckades isolera ett gram av ämnet ur flera ton uranhaltig malm som blivit över efter industriell färgtillverkning. Rutherford använde en behållare försedd med ett tunnt "fönster" av silverfolie. Utanför fönstret placerade han en skärm bestruken med zinksulfid, ett material som lyser upp med en liten ljusblixt när det träffas av mikrokosmiska partiklar. Lådan fylldes med kvävgas och en bit radium som utsöndrade alfapartiklar. Eftersom silverfolien var för tjock för att släppa igenom dessa förhållandevis stora alfapartiklar förutsade dåtidens teori att inget ljus skulle visa sig på skärmen. Icke förty syntes sporadiska ljusblixtar vilka signalerade att skärmen träffats av partiklar av mindre storlek än alfapartikeln (alfapartiklar är kärnor av helium, bestående av två protoner och två neutroner). Partiklarna visade sig vara snabba protoner (vätekärnor) bildade i en transmutationsprocess hos kväveatomerna. När kvävekärnan infångar en alfapartikel frigörs en proton. Kvävekärnan behåller alfapartikelns två protoner, medan en annan proton i hög fart slungas ur kärnan och ger upphov till en karakteristisk ljusblixt på detektionsskärmen. Kvävekärnans sju protoner ökar därmed till åtta, vilket är grundämnet syre.

Ett drygt årtionde senare (1932) visade Harold C Urey vid Columbiauniversitet att transmutationstakten ökade brant om man istället för alfapartiklar som mikrokosmiska bräckjärn använde kärnor av den tunga väteisotopen deuterium, bestående av en proton och en neutron. Deuteriumprojektilerna accelererades i en av Ernest Lawrence och hans assistent Stanley Livingston år 1931 konstruerad cirkulär partikelaccelerator – *cyklotronen*. Lawrence första cyklotron vid Kaliforniens universitet i Berkeley var en oansenlig mackapär med en radie på 12,5 centimeter som i omgångar accelererade protoner till åttiotusen elektronvolt (eV), samma energi som partikeln erhåller när den genomlöper en spänningsskillnad på åttiotusen volt. Lawrence belönades för sin uppfinning med 1939-års Nobelpris i fysik. Tio år dessförinnan hade Lawrence lanserat sin våghalsiga idé om en ny typ av cirkulär accelerator och presenterat den för universitetsstyrelsen med hjälp av en grov skiss på en tillknycklad papperslapp han plockat upp ur byxfickan. Idén till en maskin som accelererar laddade partiklar till höga hastigheter hade han någon vecka tidigare fått när han på universitetets bibliotek mållöst bläddrat i gamla årgångar av tyska *Arkiv für Elektrotechnik*, och fastnat för en artikel vari en norsk fysiker vid namn Rolf Widerøe redovisade sina försök att accelerera laddade partiklar till nära ljusfarten genom omväxlande ryck och knuffar från ett oscillerande RF-fält.

Widerøe beskrev en *linjär* accelerator, i princip en uppsättning elektroder monterade i ett evakuerat rör, vilka omväxlande halade in och sparkade till protoner eller elektropositiva joner. Genom högfrekvent växling av det elektriska fältets polaritet drogs jonen först in i elektrodområdet för att sedan med våld sparkas ut därifrån när polariteten vände. Med den beskrivna tekniken lyckades han 1929 accelerera kalium- och natriumjoner i två elektrodsteg. Upphovet till själva idén går ännu längre tillbaka: en partikelaccelerator baserad på upprepad acceleration hade redan 1924 föreslagits av den svenske geofysikern Gustav Adolf Ising. I en cyklotron låser ett starkt magnetfält laddade partiklar, protoner eller elektroner, i cirkulära banor, samtidigt som de av ett högfrekvent växelspänningsfält accelereras till ansenlig fart tills de slutligen avlänkas mot ett strålmål. I en sådan cirkulär accelerator utnyttjas förhållandet att ett magnetfält påverkar en laddad partikel med en kraft riktad vinkelrätt mot fältet och partikelns rörelseriktning. Förutsatt att fältet är homogent kommer partikeln då att röra sig i en cirkulär bana. Själva accelerationen åstadkoms när partikelstrålen två gånger för varje varv får en "dunk i ryggen" av elektriska fält kopplade till en högfrekvent oscillerande potential. Maskinen döptes "magnetisk resonans accelerator", idag säger vi cyklotron. Till en kostnad av tjugofem dollar stod i början av januari 1931 en enkel prototyp färdig som i ett hundratal varv accelererade protoner till 80-tusen eV. Ett år senare togs en modifierad prototyp fram i tio tums storlek vars prestanda överskred en miljon elektronvolt. Sedan dess har acceleratorfysiken växt i prestanda och storlek: i dagens Large Hadron Collider (LHC) vid Europas forskningscentrum CERN i Genève beskriver laddade elementarpartiklar cirkulära banor i en 27 kilometer stor acceleratorring.

Livingston berättade senare om den stora dagen då cyklotronen provkördes för en grupp nyfikna studenter och personal från universitetet: "Jag kommer ihåg att jag ställde in oscillatorn på den högre frekvensen, medan Lawrence tittade över min axel och finjusterade magnetens resonans. Medan galvanometernålen slog i taket och indikerade att protoner med en energi av en miljon elektronvolt körde in i kollektorn, utförde Lawrence en avancerad indiansk stridsdans medan han ropade ord som ingen förstod. Nyheten att maskinen sprängt miljonvoltsvallen spred sig som en löpeld och resten av dagen hade vi fullt upp med att visa upp miljonvoltsprotoner för en häpen publik."

Efter engelsmannen James Chadwicks upptäckt 1932 av den neutrala kärnpartikeln – neutronen –, efter förberedande arbeten av Irène Joliot-Curie och hennes make Frédéric i Paris samt av Walther Bothe och Herbert Becker i Heidelberg, tänker vi oss atomkärnan som ett hårt packat konglomerat av positivt laddade protoner och ett varierande antal elektriskt neutrala neutroner. Protonantalet avgör vilket grundämne det rör sig om, medan neutrontalet ger upphov till mer eller mindre stabila variationer med avseende på atommassan inom ett och samma grundämne. Grundämnen med samma laddningstal men olika masstal till följd av fler eller färre neutroner kallas sedan 1913, på förslag av den engelske fysikern Frederick Soddy, *isotoper*.

Neutronens upptäckt vid Cavendishlaboratorium, sju år dessförinnan profetiskt förutsagd av dess karismatiske ledare Ernest Rutherford, medförde insikten att atomkärnan kittades samman av en dittills okänd kraft – den starka kärnkraften. I själva verket signalerade Chadwicks neutroner ytterligare en kraft: i obundet tillstånd utanför atomkärnan är neutronen nämligen instabil. Den splittras med en halveringstid på femton minuter till en proton, en elektron och en antineutrino. Därmed inte sagt att en neutron skulle vara uppbyggd av en proton, en elektron och en antineutrino; neutronsönderfallet är ett exempel på fysikvetenskapens nya insikt att materia (massenergi) kan omvandlas till andra materieslag och/eller ren energi. För att förklara neutronens sönderfall fordras en kraft, eller mera korrekt en mekanism, sedermera döpt till *svaga kraften* eller elektrosvag växelverkan.

Kort tid efter John Joseph Thomsons upptäckt av den fria elektronen vid 1800-talets slut och Ernest Rutherfords avslöjande något år in på 1910-talet av en extremt liten hård kärna innesluten i atomens avgrund av tomhet, stod det klart att även om atomkärnan fanns om man frågade en experimentell fysiker, så kunde den inte finnas i teoriböckerna annat än som avskräckande paradox. Repellerande elektriska krafter mellan kärnans protoner torde nämligen utan dröjsmål blåsa iväg rasket. Följaktligen fordras en attraherande kraft på subatomär nivå, verksam inuti atomkärnan, som håller protonernas flykt i schack. Denna växelverkan mellan kärnpartiklarnas kvarkar, vars stryptag överträffar den elektriska repulsionen, är *starka kraften.*

Starka kraften märks inte minsta spår av i vår värld. Detta är i sig ett mirakel och ett säkert tecken på dess korta räckvidd: starka kraften verkar blott över ett avstånd motsvarande en kärnpartikels diameter, en miljondel av en miljarddels meter. På motsvarande sätt träffar ett luftboxande barn aldrig sin motståndare, smockarna kan hänga i luften, barnet kan fäkta bäst det kan, men armarna är för korta. Slagen når inte fram. Det är den starka kraftens bindningsenergi som utgör kärnkraftens källa. Kärnkraften är 10^{39} gånger starkare än tyngdkraften, den i mänsklig skala viktigaste kraft som får saker och ting att falla till marken, det vill säga tusen gånger en miljard gånger en miljard gånger en miljard gånger en miljard gånger starkare än gravitationskraften!

Kraftverkan i naturen kommer till stånd genom partiklar som fått det vackra namnet virtuella bosoner. Dessa kraftpartiklar kommer till världen inom ramen för Heisenbergs obestämdhetsrelation som beskriver hur kosmos tillåter ”energilån utan säkerhet”, under korta tidrymder vilkas varaktighet bestäms av ”lånets storlek”. Den mekanism som får kraften att verka bygger på ett oavlåtligt utbyte av virtuella bosoner som ”bollas” mellan kärnpartiklarnas kvarkar, varvid attraktion eller repulsion uppstår som en följd av stötar och impulsutbyten. När den ena partikeln skickar iväg en virtuell boson får den en *rekyl,* på samma sätt som en skridskoåkare glider baklänges när den kastar en snöboll mot någon. När en sådan ”virtuell snöboll” träffar en annan partikel får denna en *stöt.* Resultatet av bådas rörelser märks i världen som en repulsion. Attraherande krafter blir till på ett snarlikt, men något mer komplicerat sätt.

Den ovanbeskrivna mekanismen återger dagens syn på kraftverkan som utvecklats efter 1960-talet och går under namnet Standardmodellen. På trettiotalet ansåg fysikerna att den kraft som kittar ihop atomkärnan till en mer eller mindre stabil klimp av hårt packade protoner och neutroner, härrörde från ett utbyte av elektroner mellan protoner och neutroner. På det hela taget var det en lysande idé, framfört vid tjugotalets slut, något år innan Chadwick bekräftade neutronens existens. Idéns upphovsman var Werner Heisenberg, vem annars? Förra gången han andades gudaluft blev resultatet obestämdhetsrelationen och Nobelpris i fysik. En neutron är nämligen till förväxling lik en proton och en elektron ihop. Neutronens marginellt större massa väcker intrycket av en proton hopslagen med en elektron. Ett dylikt proton-elektronpar skulle vara elektriskt neutralt och också på andra sätt likna en neutron, undantaget en egenskap hos elementarpartiklar döpt *spinn,* ett mikrokosmiskt fenomen upptäckt på tjugotalet av holländaren Samuel Goudsmit och hans studiekamrat George Uhlenbeck. Elementarpartiklarna i kosmos roterar som pyttesmå leksakssnurror. Spinnet är en egenskap hos elementarpartiklar, vilken kan uppfattas som ett kvantiserat mått på mängden "snurr" hos partikeln. Med kvantteorins begrepp "kvantiserat" avses att en fysikalisk storhet består av diskreta enheter, liksom ett paket bitsocker med en viss vikt sammansätts av ett antal submängder (kvanta) i form av enhetliga sockerbitar.

Det var detta spinn eller rättare sagt *bristen* på spinn som fick Heisenbergs snilleblixt att slockna. Hans hypotes var inte alls långsökt och bekräftades på sätt och vis av det radioaktiva betasönderfallet vari en neutron omvandlas till en proton och en elektron (plus en på den tiden oupptäckt antineutrino). Sönderfall av den här typen märks i världen genom en stadig ström av elektroner som strilar ut från det radioaktiva ämnet. Heisenbergs förslag gick ut på att den ur neutronen skapade eller frigjorda elektronen "krockar" med en proton i närheten som i kollisionen omvandlas till en neutron, under det att en attraherande kraft mellan partiklarna förmedlas. Summan av kardemumman blir då att neutronen ombildas till en proton medan den ursprungliga protonen blir en neutron, med andra ord i det stora hela händer ingenting, frånsett att en starkt attraherande kraft förmedlats under det att partiklarna bytt plats med varandra.

Heisenbergs scenario var helt i linje med dåtidens fysikaliska bevarandeprinciper: laddningssumman förblev oförändrad, den einsteinska massenergin bevarades likaså och situationen förblev i allt väsentligt densamma *efter* som *före*. Heisenberg ville med sin djärva hypotes inte ha sagt att neutronen verkligen skulle bestå av en proton och en elektron, på samma sätt som en sockerkaka består av *x* delar vetemjöl och *y* delar socker, utan att neutronens massenergi och laddningsneutralitet inte förbjuder att härur nya partiklar bildas.

All fysikteori, hur raffinerad den än må vara, sviker med tiden sig själv, men Heisenbergs modell var fel från början. Trots hosiannarop och axelklappar från kolleger (utom Wolfgang Pauli) överskattade Heisenberg på minst tre avgörande punkter styrkan i sin modell. Den ena punkten var en komplicerad sådan, den hängde ihop med fria elektroners energifördelning: man fick den aldrig att stämma med den statistik som hans hypotes krävde. Utöver denna tekniska finess, som fysikerna troligen hade kunnat kringgå med ett stycke finurlig matematik som de är mästare på när de hamnat i trångmål, kom mekanismen i konflikt med en annan bevarandelag i naturen, nämligen den som stipulerar att i varje fysikalisk process spinntalet förblir oförändrat. I sönderfallet av en neutron till en proton och en elektron bevaras till synes ej spinntalet. Neutroner, protoner och elektroner har samma kvantiserade spinnmängd vilken, uttryckt i en i sammanhanget irrelevant fysikstorhet, är plus eller minus 1/2 (plus eller minus ska här uppfattas som medsols- och motsolsrotation). Neutronens spinn (plus eller minus en halv) kan omöjligen täcka upp både protonens och elektronens halvtalsspinn. I Heisenbergs teori gick spinntalen inte ihop. Detta brott mot spinnets bevarande i Heisenbergs modell för starka kraften inspirerade Wolfgang Pauli och skulle leda in honom på nya spår. Om man tänker sig att i neutronsönderfallet förutom en proton och en elektron dessutom en *tredje* partikel med spinn plus eller minus en halv bildas går ekvationen ihop. Denna hypotetiska partikel, döpt till *neutrino* (italiensk dimunitivform med betydelsen liten neutron), förblev i närmare trettio år en undflyende spökpartikel. I julinumret 1956 av *Science* tillkännagav Frederick Reines och Clyde Cowan med medarbetare att de funnit den masslösa neutrinon, en experimentell bragd möjliggjord tack vare de jättelika neutrinoflöden alstrade i kärnreaktorer. Reines belönades med 1995-års Nobelpris i fysik. Reines och Cowans experimentella bekräftelse av neutrinon, vars existens egentligen aldrig hade betvivlats, fick partikelns ursprungliga förslagsgivare Wolfgang Pauli, själv hedrad för sin gissning med Nobelpris i fysik 1945, att skicka ett gratulationstelegram till University of California där upptäckten gjorts: ”Tack för nyheten. Allt kommer den till del som tålmodigt väntar. Pauli.” Paulis telegram slutade cirkeln. Den hade börjat med ett brev till Lise Meitner, avsänt 4 december 1931, vari han efter den minst sagt udda hälsningsfrasen ”Dear radioactive ladies and gentlemen” föreslog en elektriskt neutral elementarpartikel med mindre än en procent av protonens massa som förklaring till det radioaktiva betasönderfallets kontinuerliga energispektrum. Med tiden började forskarna luta åt uppfattningen att den gäckande neutrinen var en masslös elementarpartikel, fram till 2015 då Nobelpriset i fysik åter stod i neutrinens tecken. Takaaki Kajita från Japan och Arthur B McDonald från Kanada belönades för sin forskning som visade att universums tre neutrinoslag (elektronneutrino, myonneutrino och tauneutrino) har olika men pyttesmå massor.

Dock hade unge Heisenberg i sin iver att få sitt namn inskrivet i fysikböckerna begått ännu ett misstag: hans modell råkade i konflikt med den krassa verklighet som till syvende och sist utgör fysikteoriernas måttstock. Hans föreslagna mekanism gav kärnkraften alldeles för stor räckvidd. Heisenbergs kraftbärande elektroner, frampiskade ur tunga neutroner, fick evigt liv om de händelsevis *inte* råkade ut för ett möte med en proton i atomkärnan. Den starka kraften, i naturen blott verksam inuti atomkärnan, skulle svälla över alla bräddar och få universum att klibba ihop till en formlös liten klump av partiklar.

Den japanska fysikern Hideki Yukawa kom något år senare (1935) med en egen version av Heisenbergs havererade modell för kärnkraften. Yukawas teori var också felaktig men förde i vart fall det goda med sig att den banade väg för upptäckten av ett okänt partikelslag – *mesonerna.* De flesta fysiker var på den tiden osäkra på om kvantfysiken, ursprungligen utvecklad för att beskriva elektroners fysik, kunde tillämpas på atomkärnan, medan andra var sysselsatta med att till varje pris rädda fysikens heligaste princip – lagen om energins bevarande – från förgängelse. Den tycktes nämligen fortlöpande falsifieras i experiment med radioaktivt betasönderfall. Detta var strax innan Pauli föreslog neutrinons existens, något år senare (1934) av landsmannen Enrico Fermi införlivad i hans teori för radioaktivt betasönderfall.

Yukawa grundade sin teori på Heisenbergs obestämdhetsprincip, den grundsats som ”reglerar” villkoren för energikreditgivning i mikrokosmos. Virtuella partiklar uppstår nämligen spontant ”ur tomma intet”, det vill säga genom tillfälliga energilån inom ramen för Heisenbergprincipen. Ju större den virtuella partikelns massa (större energilån enligt Einsteins $E=mc^2$), desto kortare blir den livstid efter vilken den återgår till ren energi. Den virtuella bosonens räckvidd, och därmed kraftens verkningssfär, är direkt avhängig dess livstid. Under sin livstid Δt kan partikeln maximalt tillryggalägga en sträcka $c \cdot \Delta t$, där c står för ljusets hastighet. Dess korta verkningsradie tydde på att starka kraften förmedlas av tunga partiklar, uppskattningvis med en massa mitt emellan elektronens och protonens. Dessa okända partiklar döptes *mesoner*, efter det grekiska ordet *mesos* som betyder mitt emellan (jfr Mesopotamien, landet *mellan* Tigris och Eufrat; italienskans *mezzo*, som i mezzosopran har samma betydelse: en sångröst vars omfång ligger mitt emellan sopran och alt). Yukawas mesonteori *On the Interaction of Elementary Particles* belönades med 1949-års Nobelpris i fysik.

Idén till virtuella mesoner hade slagit Yukawa som en blixt från klar himmel när han bevistade en kongress där Heisenberg som en av talarna berättade om sin sedermera legendariska ovetbarhetsprincip. Naturens fundamentala ovetbarhet handlar, som bekant, om den principiella svårigheten att samtidigt avgöra läge och hastighet, respektive energi och tid, hos en partikel. Denna grundläggande suddighet hos naturens storheter är en följd av att vågtingen i mikrokosmos upptar ett stycke tid och ett stycke rum. Detta gjorde det, enligt Yukawa, möjligt för en proton att under kort tid anta gestalt av proton-plus-meson, förutsatt att den energi som åtgår till att lyfta en meson ur intigheten in i existens, återbördas till kosmos inom den tid given av obestämdhetsrelationen. I mikrokosmos kan nya ting spontant uppstå ur intet, givet att de är virtuella, det vill säga kortlivade. Virtuella partiklar lever i gränslandet mellan "att finnas" och "att inte finnas". Den hypotetiska mesonens livstid räckte precis för att nå närmaste kärnpartikel, den kom inte längre än så eftersom dess "vara" då tagit slut. Följdfrågan blev nu hur man skulle gå till väga för att hitta dessa hypotetiska och flyktiga skapelser. Svaret blev, som så ofta på den tiden då högenergetiska experiment i laboratorium var något fysikerna bara kunde drömma om, att mesoner bildas i den sekundära kosmiska strålningen, den flora av exotiska partiklar sprungna i existens när energirik partikelstrålning från rymden oavlåtligt bombarderar jordens övre atmosfär. I kärnreaktioner mellan snabba protoner från rymden och luftens protoner skapas mesoner, gissade Fermi. Dessa skulle uppskattningsvis ha en livstid på någon miljondels sekund, tillräckligt för att lämna spår i experiment. Lösningen blev att flytta partikeldetektorerna från fysiklaboratoriet till närmaste bergstopp för att där invänta det tillfälle då protoner från rymden kolliderade med luften.

Yukawas teori för den starka kraften förutsade tre mesoner – en oladdad, en plusladdad och en minusladdad sådan. Mesonens massa, uttryckt i partikelfysikens egenartade energimått MeV/c^2, belöpte cirka 140 MeV/c^2, vilket Yukawa kom fram till genom att kombinera det matematiska uttrycket för partikelns heisenbergska obestämdhet med den starka kraftens faktiska räckvidd om cirka *en* fermi (10^{-15} m). I och med dessa tre laddningsvarianter bildar Yukawas partiklar en grupp lätta mesoner – pimesonerna eller pionerna. I Guds hage blommar tre pioner: π^+, π^- och π^0. Från 1900-talets mitt och framåt upptäcktes hundratals tyngre mesoner och detta krösiska överdåd gav på sjuttiotalet upphov till allvarliga dubier rörande deras status som "elementar"-partiklar. Det sägs att hetlevrade Enrico Fermi undrade vad alla dessa olustiga tingestar var till för, och att han kunde ha blivit trädgårdsmästare ifall det var nödvändigt att känna dessa nya ting vid deras rätta namn. Mesonernas mångfald har varit avgörande för fysikens Standardmodell vari mesoner och kärnpartiklar (baryoner) byggs upp som kombinationer av två eller tre av naturens sex kvarkar och lika många antikvarkar. Yukawas hypotetiska meson hittades 1936 i USA av Carl Anderson och Seth Neddermeyer i de skurar av kosmisk strålning som når jorden från världsrymden, men det visade sig strax vara fel partikel. Anderson hedrades samma år med Nobelpris för sin upptäckt 1932 av den positivt laddade elektronen (positronen), som bekräftade engelsmannen Paul Diracs relativistiska kvantteori (som förutsade existensen av antimateria). Ödet lät Anderson finna en partikel han misstog för att vara Yukawas negativa pimeson men som i själva verket var en *myon*, en tung elektron med en massa tvåhundrafaldigt större än en vanlig elektron. Det dröjde till 1947 innan britten Cecil Powell fann mesonen i kosmisk strålning, vilket renderade honom 1950-års Nobelpris i fysik. Ironiskt nog var Andersons myon (ibland stavad muon) en sönderfallsprodukt efter de mesoner alla febrilt letade efter, men det visste ingen då.

När Ernest Rutherford år 1919 förvandlade kväve till syre var det hans andra lyckade försök att loda atomkärnan. Tio år tidigare hade han under flera års tid studerat hur alfapartiklar från ett radioaktivt preparat studsar mot en tunn guldfolie och registrerat spridningen hos dessa mikrokosmiska projektiler. Resultatet hade blivit insikten att atomer för det mesta består av bottenlös rymd, frånsett en liten hård kärna i centrum vars positiva laddning uppväger negativt laddade elektroner kretsande runt kärnan. År 1932 övertog Cockcroft och Walton stafettpinnen i Rutherfords laboratorium genom att bestråla metalliskt litium med protoner accelererade över en spänning av 700-tusen volt. Från strålmålet emanerade alfapartiklar (heliumkärnor), ett tecken på att någon form av kärnomvandling ägt rum. Litium består av tre protoner och fyra neutroner. När en infallande proton frontalkrockar med kärnan uppstår en partikelklunga bestående av fyra protoner och fyra neutroner (beryllium, Be-8) som omedelbart sönderfaller till två alfapartiklar. Nu är det så finurligt ordnat i kosmos att två alfapartiklar tillsammans väger något mindre än en litiumkärna plus en proton. Den "felande" massan omvandlas till rörelseenergi hos alfapartiklarna, i överensstämmelse med Einsteins massenergiekvivalens, $E=mc^2$.

Denna första kärnsprängning med artificiellt accelererade protoner utfördes vid Cavendishlaboratorium i engelska Cambridge, på den tiden ett Mecka för experimentalister under ledning av den laborativa fysikens envåldige ayatolla, Ernest Rutherford. Acceleratorspänningen kom från en kaskadgenerator byggd kring en högspänningstransformator och ett antal dubbleringssteg, vardera bestående av två kondensatorer och två likrikare. Själva acceleratorn var ett ihåligt porslinsrör med en protonkälla i övre änden, kopplad till högspänningens pluspol; minuspolen anslöts till strålmålet nederst i röret. I röret fanns dessutom ett antal ringformade fokuseringselektroder, även de anslutna till högspänningskällan, dock med lägre potential. Fokuseringselektrodernas uppgift var att hålla samman partikelstrålen i det evakuerade röret. Den av Cockcroft och Walton observerade kärnreaktion var att litiumkärnan upptog en proton och till följd därav omvandlades till två alfapartiklar. Det påstås att Cockcroft efter upptäckten av kärnomvandlingen sprungit ut på gatan och ropade "Vi har sprängt atomen!". Nyheten om deras lyckade experiment tillkännagavs 30 april 1932 i *Nature*.

Cockcrofts och Waltons experiment blev en strålande bekräftelse av Einsteins hypotes att massa och energi utgör ömsesidigt utbytbara och i grunden identiska storheter; tanken på storskalig användning av kärnomvandlingar för energiproduktion tycktes inte längre lika främmande. Alla var dock inte lika optimistiska. Fysikern Henry DeWolf Smyth, som mellan 1935 och 1949 förestod Princeton University:s fysikavdelning (med ett uppehåll för krigsårens Manhattanprojekt), skrev så här:

> "Kan vi få 1/276000 erg från en litiumatom som träffas av en proton, (*erg* är ett gammalt energimått i cgs-systemet, 1 erg motsvarar en tiomiljondels joule), så skulle vi förvänta oss att i runda slängar få en halv miljon kilowattimmar energi genom att kombinera *ett* gram väte (protoner) och *sju* gram litium (strålmålet). Detta förefaller bättre än att elda kol. Svårigheten ligger i att framställa snabba protoner och att kontrollera den frigjorda energin. Samtliga experiment vi har talat om, har gjorts med ytterst små mängder material, visserligen tillräckligt stora med avseende på antalet atomer, men försvinnande små i jämförelse med sedvanliga massor – inte ton eller kilogram utan bråkdelar av ett mikrogram. Den vid experimenten åtgångna energimängd har alltid överstigit den i transmutationen frigjorda energin."

Henry ("Harry") DeWolf Smyth skulle få ångra sin pessimism, ty fem år senare lyckades Enrico Fermi åstadkomma den första kontrollerade kedjereaktion i uran i en primitiv kärnreaktor uppfört under läktaren av universitetets squashbana. Under kriget forskade Smyth inom Manhattanprojektet i kärnklyvningens energialstring. Tre dagar efter den ur teknisk-vetenskaplig synvinkel lyckade bombningen av den japanska staden Nagasaki, publicerade han den så kallade Smythrapporten – en offentlig och av sekretesskäl allmänt hållen redogörelse av Manhattanprojektet – som dess chef, general Leslie Groves, tagit initiativet till. Rapportens fullständiga namn var *Atomic Energy for Military Purposes – The Official Report on the Development of the Atomic Bomb under the Auspices of the United States Government, 1940-1945.*

Rapporten tillkom av två skäl. För det första insåg militärkommandot att det dittills topphemliga projektet skulle tilldra sig oerhört intresse hos allmänheten från det ögonblick atomvapnet för första gången kommit till användning och nyheten därom delgivits i medierna. Smythrapporten var projektets officiella historieskrivning och innefattade därtill en redovisning av anläggningar samt en kort genomgång av den för kärnkraft relevanta teori. För det andra syftade rapporten till att vägleda projektets med yppandeförbud belagda forskare med avseende på vad som var tillåtet att röja offentligt. Av den anledningen innehöll rapporten endast harmlöst stoff inom grundläggande kärnfysik som ej omfattades av de rigorösa sekretessbestämmelserna. Före publicering hade rapporten minutiöst granskats för att utesluta att känsligt material kunde spela andra länder i händerna. Rapporten nämnde inga detaljer om vapnets tekniska utformning och dess första utgåva innehöll knappt några illustrationer. Trots dessa försiktighetsåtgärder var flertalet politiker kritiska och hävdade att Smythrapporten hade öppnat en Pandora ask genom att avslöja atomhemligheterna för USAs nya fiende, Sovjetunionen. Rapporten, utgiven av Princeton University, mottogs med stort intresse, särskilt i länder som närde egna kärnvapenambitioner. Den såldes i 130-tusen exemplar i hemlandet och översattes till ett fyrtiotal språk.

De kärnreaktioner som ägde rum i Cockcrofts och Waltons experiment fordrade en konstant ström av snabba partiklar för deras upprätthållande. Det åtgår en hel del energi för att med hjälp av acceleratorer framställa tillräckligt högenergetiska projektiler, vilket gör att processen inte ger något överskott i form av nyttoenergi. Därtill fordras en *kedjereaktion*, en process som fortlöpande frigör ny ”ammunition” och av egen kraft håller ”lågan tänd”. När man gör upp eld får tändstickans värmeenergi det lilla spånet att antändas i en kupad hand medan man försiktigt blåser för att tillföra syre, varefter överskottsvärmen successivt antänder nytt bränsle. De kärnreaktioner som man på trettiotalet kunde åstadkomma hade ingen sådan motsvarighet. Utan ständig tillförsel av nya ”tändstickor” i form av högenergetiska partiklar slocknade atomelden. Nu är det så förträffligt ordnat i mikrokosmos att vissa kärnprocesser alstrar samma slags partiklar som också sätter i gång dem, och gör så i tillräcklig mängd för att föra reaktionen vidare. En sådan självgående nukleär process kallas för en kedjereaktion, nödvändig om man ämnar tillvarata kärnenergi i stor skala. Den elementarpartikel som med fördel används som atomslägga är *neutronen*, den elektriskt neutrala kärnpartikeln, upptäckt 1932 av James Chadwick.

En första experimentell indikation av en neutral kärnpartikel kom redan 1930 när Walther Bothe och Herbert Becker vid Physikalisch-technische Reichsanstalt i Heidelberg bestrålade grundämnet beryllium med alfapartiklar från ett radiumpreparat. De observerade en genomträngande strålning som de först höll för gammastrålning, högenergetisk elektromagnetisk strålning (*ljus*) med kortare våglängd (mer energi) än röntgenstrålning. Irène Curie – dotter till legendariska Marie Curie som i seklets början upptäckte radium och polonium – utgjorde, jämte sin make Frédérick Joliot, ett radarpar att räkna med i den unga atomfysiken. De studerade denna strålnings effekter på paraffin och uppmärksammade att ibland en energirik ”proton” frigjordes. År 1932 lyckades Chadwick lägga det komplicerade pusslet. Han identifierade den hemlighetsfulla emissionen (”protonen”) som härrörande från en kärnpartikel med ungefär samma massa som protonen, dock utan laddning. I en frontalkollision mellan en sådan neutron och en proton i atomkärnan överförs hela den förras rörelsemängd till protonen. Samtidigt insåg man att atomkärnan är uppbyggd av protoner och neutroner och inte, som man dittills trott, av protoner och elektroner.

Under 1930-talet stötte fysikerna för första gången på storskaliga atomära processer i naturen, när tyskamerikanen Hans Bethe från Cornell University framlade sin teori för energialstring i stjärnor, varmed hans namn 1967 skrevs in på fysikvetenskapens Nobelhimmel. Bethe hade efter Hitlers maktövertagande lämnat Tyskland för England, varifrån han 1935 fortsatte till Förenta Staterna, sedan han utnämnts till biträdande professor vid Cornell (där senare också Peter Debye skulle hamna), det lärosäte han skulle förbli trogen för resten av sitt liv. Bethe studerade i Frankfurt och disputerade i München för Arnold Sommerfeld. Sin postdoktorala fördjupning gjorde han 1930 som Rockefeller Foundation Fellow i engelska Cambridge samt hos Enrico Fermi i Rom under höstterminen 1931 och 1932. När stämningen i Tyskland blev hotfull sedan yrkesförbudslagen för forskare av judisk börd vunnit laga kraft, flydde Bethe, som då hunnit bli professor i Tübingen och hade judiskt påbrå, 1933 landet. Under kriget var han verksam vid Manhattanprojektet där han ersatte Edward Teller som chef för Los Alamos Laboratory:s teoretiska arbetsgrupp.

Bethe löste det sekelgamla spörsmålet varifrån stjärnor hämtar den energi som låter dem oavbrutet lysa i upp till femton miljarder år. (Den brittiska astronomen Cecilia Payne-Gaposchkin hade redan 1925 i sin dissertation visat att solen mestadels består av väte.) Den process som får stjärnorna att glittra, hävdade Bethe, var *fusionen*. Dittills hade man antagit att stjärnorna lyste antingen genom förbränning av kol, sammandragning till följd av gravitation eller friktion orsakad av instörtande materia från rymden. Medan fission beror på *klyvning* (spjälkning) av tunga instabila grundämnen i lättare fragment under utsändande av neutroner, är fusion en process vari lätta grundämnen som väte medelst ett invecklat samspel mellan starka kraften och elektrosvag växelverkan under högt tryck och hög temperatur *smälter samman* till tyngre element. På så vis är de varandras motsatser även om i båda fallen energi frisätts, dels i form av rörelseenergi, dels som högenergetisk strålning och kopiösa mängder neutriner. Den frisatta energin transporteras till stjärnans yttre delar genom strålning, strömning och ledning som får dess yta att lysa med synligt ljus. Fusion i stjärnor genomlöper olika stadier, beroende på stjärnans tillgång till fusionsämnen och dess temperatur. Omvandlingarna fortgår i cykler, från den enklaste proton-proton-cykeln vari väte smälter samman till helium, till komplicerade mekanismer så som CNO- eller kol-kväve-syre-cykeln, fram till slutstationen i form av järn och nickel, varefter fusionen avstannar. För fusion av grundämnen tyngre än järn och nickel fordras nämligen *energitillförsel* och följaktligen en energikälla vilken i regel saknas, förutom i sällsynta fall då jättestjärnor gjort slut på fusionsämnen och i spektakulära supernovautbrott kollapsar till neutronstjärnor eller svarta hål, under det att de i högt tempo fusionerar järn och nickel till tunga ämnen upp till uran, i apokalytiska processer, som får dem under veckor till månader att flamma upp miljardfalt.

En del av partikelns massa omvandlas i kärnprocesser till energi, detta gäller både fusion och fission. Vid kärnklyvning (fission) används i regel uran. Grundämnet uran förekommer i form av ett flertal isotoper, ämnen med samma laddningstal (antalet protoner) men olika masstal. Naturligt uran består till 99,3% av isotopen med masstalet 238. Den kallas av den anledningen U-238. Återstoden, den 0,7% som inte är U-238 har masstalet 235 (U-235), med obetydliga inslag av U-234. En atomkärna av isotopen U-235 innehåller 92 protoner och 143 neutroner, medan U-238 har 146 neutroner i kärnan. Emellertid, vilket är mikrokosmos fascinerande mysterium, är massan av en urankärna något mindre än summan av massorna av dess ingående partiklar. Det kan liknas vid ett paket smörgåspålägg som i sin förpackning skulle väga mindre än summan av skivorna var för sig! En del av massan åtgår till att binda samman kärnpartiklarna (skivorna) till en kompakt atomkärna (paketet). Denna energi är bindningsenergin. Massaförlusten till följd av bindningsenergin är störst för grundämnen ungefär halvvägs mellan väte och uran (järn, nickel), inte de lättaste som väte och helium och inte heller det tyngsta, uran. Klyvning av urankärnan i två tillnärmelsevis jämnstora fragment ger upphov till dotterprodukter som tillsammans väger mindre än kärnan vägde *före* klyvning. Masskillnaden multiplicerad med ljushastigheten i kvadrat avges i form av energi (strålning, rörelseenergi, neutriner), den energi som får atombomber att brisera och kärnreaktorer att producera värme.

U-238 kan visserligen klyvas av snabba neutroner, dock utan att ge upphov till en kedjereaktion, vilket gör denna isotop av ringa värde för de flesta tillämpningar. I kärnforskningens barndom trodde fysikerna att de skulle vara tvungna att processa stora mängder uranmalm för att därur frigöra U-235, vare sig denna isotop skulle användas till en bomb eller till fredlig framställning av elektricitet. Kemiska separationsmetoder "biter" inte på isotoper eftersom de i kemiskt hänseende är identiska. Endast fysiskt skiljer U-235 sig från U-238 med avseende på dess atomvikt. Detta reste mer eller mindre oöverstigliga problem eftersom isotopernas massor skiljer sig från varandra med inte mer än drygt en procent, vilket ställer höga krav på separationsprocessens noggrannhet. Masspektrometrar kan visserligen skilja isotoperna åt, men dylika instrument är laboratoriumutrustning som processar mikroskopiska mängder material, inga fullskaleanläggningar för industriellt bruk. I en masspektrometer detekteras dessa masskillnaderna genom att ett joniserat (upphettat) ämnes beståndsdelar avböjs olika starkt i fältet av en stark elektromagnet. Vid passage genom magnetfältet sorteras materialet upp i fraktioner beroende på respektive isotops massa.

Resultaten av en försöksanläggning byggd av cyklotronens uppfinnare Ernest Lawrence, föll väl ut och antydde att masspektrometerns princip kunde tillämpas för att få fram relativt ansenliga mängder av den begärliga isotopen uran-235. Lawrence hade under trettiotalet lyckats med konststycket att konstruera en cyklotron som accelererade partiklar till fyrtio miljoner elektronvolt. Han belönades 1939 med Nobelpris för sitt pionjärarbete. Som en följd av att kriget i Europa brutit ut förlades utdelningsceremonien till campus på Berkeley där prisets hederstecken överlämnades av Sveriges generalkonsul i San Francisco, Carl E Wallerstedt. Lawrence förre assistent, Stanley Livingston, valdes 1970 in i National Academy of Sciences efter en lysande karriär som fört honom från Berkeley till MIT och Fermilab.

Problemet var att finna en elektromagnet till den planerade storskaliga masspektrometern. USA hade visserligen ännu inte dragits in i kriget, men vapenindustrin gick likväl på högvarv och det fanns ingen möjlighet att inom överskådlig tid få fram en tillräckligt kraftig elektromagnet. En magnet av den styrka som Lawrence efterlyste tillverkas inte i brådrasket. Lawrence var en handlingens man som insåg att nöd bryter lag och han lät montera ned den halvfärdiga enmeterscyklotronen, hans stolthet och en imponerande teknologisk prestation. Till följd av krigshotet hade arbetet på den nya acceleratorn stannat av och dess elektromagnet, vars kärna bestod av fyratusen ton högvärdigt magnetiskt järn, var tillgänglig. Cyklotronens magnet användes till en industriell masspektrometer döpt *Calutron*, en krystad förkortning för "cyklotron" och "California University". Senare (1942) utökades Manhattanprojektets anläggning för isotopavskiljning med en jättelik 184-tums cyklotron, uppställd vid Columbia University.

Isotopframställning utgör en tvärvetenskaplig ingenjörsutmaning vari kemi, fysik, reglerteknik, mekanik och elektronik förenas. Mot slutet av 1942 beslöts att sammanföra erfarenheterna i en separationsanläggning i Clinton Tenessee, färdigställd vintern 1944-1945.

Vid ingången av krigsåret 1940 påbörjades vid Columbia University under ledning av Harold Urey (väteisotopen deuteriums upptäckare) forskning kring andra separationstekniker än den elektromagnetiska. En lovande metod byggde på den redan 1896 av engelsmannen lord Rayleigh upptäckta gasdiffusionsteknik, ett förfarande som går ut på att om gaser av olika atomvikt tillåts diffundera genom en porös vägg in i en vakuumkammare så passerar de lättaste beståndsdelar först förbi hindret, något senare åtföljda av de tyngre. Genom upprepad diffusion erhöll Urey små mängder av anrikat uran-235. Gasdiffusionstekniken använde uranhexafluorid, vid rumstemperatur ett fast ämne som övergår i gasform efter någon uppvärmning. Urey mötte enorma svårigheter att finna lämpliga porösa filtermaterial, ett spörsmål han var tvungen att lösa eftersom metoden kräver jättelika ytor när den uranhaltiga gasen genomlöper filtren i tusentals steg. Sedan Urey löst de tekniska hindren överfördes anläggningen till fabriken i Tenessee där den togs i drift vårvintern 1945.

Ytterligare en separationsteknik vars princip byggde på termisk diffusion utvecklades 1938 av Klaus Clusius och hans yngre kollega Gerhard Dickel som ett led i Tysklands atomprogram. Clusius var professor vid Ludwig-Maximilians-Universität i München och en av drivkrafterna i Uranverein, Tredje rikets utvecklingsgrupp för kärnvapen. Efter Lise Meitners och Otto Hahns upptäckt av kärnklyvning i december 1938, hade Paul Harteck, i sin roll som försvarets vetenskapliga rådgivare och föreståndare för sektionen för fysikalisk kemi vid universitetet i Hamburg gjort Heereswaffenamt uppmärksam på kärnklyvningens strategiska potential. 24 april 1939 tog Harteck, jämte docenten Wilhelm Groth, kontakt med Reichskriegsministerium för att diskutera kärnkraftens vapentekniska möjligheter. Två dagar tidigare hade Georg Joos bevistat ett föredrag av Wilhelm Hanle om tillämpning av kärnklyvning i en *Uranmaschine* (kärnreaktor) och informerat Reichserziehungsministerium (Utbildningsdepartementet) om forskningsläget. Utbildningsministeriet bollade ärendet vidare till Abraham Esau, ordförande i Tredje rikets forskningsråd, Reichsforschungsrat. Den 29 april sammanträffade en grupp forskare under ordförandeskap av Esau på departementet för att staka ut en strategi för framtagning av vapen baserade på en kedjereaktion i uran. Gruppen bestod av Walther Bothe, Robert Döpel, Hans Geiger, Wolfgang Gentner, Wilhelm Hanle, Gerhard Hoffmann och Georg Joos. KWI:s Peter Debye var inbjuden men hade avböjt. Sammanträdet resulterade i informell forskning vid universitetet i Göttingen under ledning av Joos, Hanle och Reinhold Manntopff, en grupp som skämtsamt kallade sig *Uranverein* (uranklubben) och vars officiella beteckning var Arbeitsgemeinschaft für Kernphysik. Redan i augusti 1939 gick denna första Uranverein i graven sedan dess eldsjälar inkallats till militärtjänst. Sedan Heereswaffenamt manövrerat ut forskningsrådet togs initiativet till ett officiellt kärnvapenprojekt under militär ledning.

Denna andra Uranverein påbörjade sin verksamhet 1 september 1939, dagen för Nazitysklands invasion av grannlandet Polen. 16 september hölls ett konstituerande sammanträde i Berlin under ordförandeskap av Kurt Diebner, en av Gerhard Hoffmanns tidigare studenter från universitetet i Halle. Kort tid därefter hölls ett andra sammanträde där Klaus Clusius, Robert Döpel, Werner Heisenberg och Carl Friedrich von Weizsäcker närvarade. Vid detta tillfälle placerades Debyes Kaiser Wilhelm Institut für Physik formellt under Heereswaffenamt:s överhöghet, med Kurt Diebner som administrativ direktör. Samma år tillkännagav Clusius och Dickel att de funnit en teknik för anrikning av uran baserad på termisk diffusion. Clusius och Dickels separationsmetod blev föremål för en rad experiment för anrikning av uran, utförda inte bara av Klaus Clusius själv utan också av Paul Harteck, Rudolf Fleischmann och Wilhelm Groth. 1942 utökades laboratorieexperimenten till full skala och halvhjärtade försök gjordes – kantade av prestigekäbbel och öppen antagonism – att konstruera kärnreaktorer, "uranstaplar" eller "Uranmaschinen" med tungt vatten från Norge som moderatormaterial.

Paradoxalt nog var det den tyska folksjälens vana att göra saker grundligt som underlättade för de allierade att spionera på Nazitysklands atomprogram. Med sedvanlig "Gründlichkeit" dokumenterade Uranverein sina framgångar i en serie forskningsrapporter under rubriken *Kernphysikalische Forschungsberichte*, interna och hemligstämplade artiklar distribuerade till ett fåtal betrodda personer. Rapportförfattarna fick order att förstöra sina utkast och inga kopior av det tryckta materialet fick göras. Trots det lyckades engelska underrättelsetjänsten, via MI6-agenten Frank Foley och förläggaren Paul Rosbaud, komma över artikeln om Clusius och Dickels diffusionsmetod, och under sommarhalvåret 1944 implementerades den tyska tekniken i Tennesseefabriken. I andra världskrigets efterdyningar kom det amerikanska Alsosteamet över tyskarnas samlade forskningsdokumentation som vidarebefordrades till US Atomic Energy Commission, där materialet förvarades bakom lås och bom fram till deklassificering 1971. Manhattanprojektets ingenjörer tillämpade aldrig Clusius och Dickels metod för någon egentlig framställning av rent uran-235. Istället användes tekniken, efter ett lyckat försöksprojekt, för att förse Calutronanläggningen med till hälften anrikat material i syfte att öka dess utbyte.

Clusius och Dickels metod för isotopseparation använde en vertikal kolonn med en strömförande tråd utefter längdaxeln. När gaser av olika molekylvikt släpps in i röret tenderar den tyngre gasen att lägga sig utmed cylinderns periferi. Teknikerna vid Manhattanprojektet studerade denna process och byggde en försöksanläggning där man finslipade tekniken.

Bland i naturen fritt förekommande grundämnen räknas uran med atomnummer 92 som det tyngsta, även om minimala spår av neptunium (element 93) finns i uranmalm. I början av 1940 kom man underfund med att så kallade transuraner, grundämnen med högre atomnummer än 92, kunde syntetiseras genom att bombardera ett uranhaltigt ämne med deuteroner (kärnor av tungt väte) från en cyklotron. Ett av dessa artificiella grundämnen, plutonium med atomnummer 94, visade sig lättklyvbart. Plutonium kan även tillverkas i särskilda så kallade bridreaktorer, efter det engelska ordet "breed", på svenska "föda fram". Plutonium (Pu, upptäckt av Glenn Seaborg, Nobelpris 1951) är en silvervit metall tillhörande gruppen aktinider i det periodiska systemet. Eftersom plutonium är ett grundämne med egen kemisk signatur öppnade detta för effektiva kemiska extraheringsmetoder.

Arthur Holly Compton vid universitetet i Chicago var den som förklarade tillblivelsen av plutonium i samband med neutronbestrålning av uran-238. När ett uranämne bestrålas med snabba neutroner kan det hända att en kärna av U-238 infångar en neutron vars energi är för stor för att spjälka atomen. Emellertid orsakar inkräktaren stor oreda i kärnan. Atomen exciteras och utsänder en gammastråle, samtidigt som en instabil uranisotop, U-239, bildas. Efter i medeltal en halv timme utsänder kärnan en elektron till följd av betasönderfall. Denna elektron är ett tecken på att en neutron i kärnan splittrats till en proton, en elektron och en antineutrino. Elektronen och neutrinon lämnar kärnan och kvar blir protonen. Uranatomen har då omvandlats till ett nytt grundämne med atomnummer 93 och oförändrat masstal. Detta grundämne är *neptunium*, Np. Denna första transuran syntetiserades 1940 av Edwin McMillan och Philip H Abelson vid Berkeley Radiation Laboratory med University of California:s stora 60 tums cyklotron, även om den rumänske fysikern Horia Hulubei och fransyskan Yvette Cauchois vid Paris-Sorbonne universitet redan två år tidigare funnit spår av det nya grundämnet i uranmalm. Neptunium är hög-radioaktivt med en halveringstid av några få dagar. Vid sönderfallet utsänder det en elektron och ett kvantum genomträngande gammastrålning. Sönderfallsprodukten av neptunium är ett grundämne med atomnummer 94, plutonium, med kemisk beteckning Pu. Plutonium är ett relativt stabilt grundämne (halveringstid 88 år), som går att hantera i form av ett vitt metalliskt pulver. Likt uran-235 är det klyvbart i en kedjereaktion och därmed lämpligt som nukleärt sprängämne.

För att åstadkomma kärnomvandlingar i uran-238 behövs neutroner, vilka man avsåg att erhålla genom klyvning av U-235, samt få fram dem i en kontinuerlig ström med hjälp av en kedjereaktion. Snabba neutroner från klyvningen framkallar omvandlingar från U-238 till U-239, men samtidigt fordras ett oavbrutet flöde av långsamma neutroner för att hålla igång kedjereaktionen. Tungt vatten är ett lämpligt ämne för att bromsa in snabba neutroner till termisk hastighet. Underrättelse-rapporter från Norge indikerade att tyskarna konfiskerat Norsk Hydro:s lager av tungt vatten och tagit åtgärder för att öka produktionen. Förutom tungt vatten kan även grafit eller kadmium användas som moderator.

Den andra december 1942 lyckades italienaren Enrico Fermi för första gången upprätthålla en kedjereaktion i uran i en gallerlik konstruktion under läktaren av universitetets idrottsstadion, Stagg Field. Denna första fungerande atommila hade formen av en jättelik kub, uppbyggd av grafitblock vars hörn skurits bort. I hålen mellan grafitblockens bikakestruktur placerades klimpar eller pellets av uran (s k kutsar) med en totalvikt av sex ton. Uranbränslet räckte inte till för att täcka samtliga hål i bikupan varför Fermi fyllde de lediga platserna med uranoxid.

En kontrollerad kedjereaktion fordrar någon anordning för att dämpa flödet av långsamma neutroner utan vilken klyvningsprocessen lätt går i sken, med risk för ett totalhaveri i form av en härdsmälta. Som "styrstavar" använde Fermi kadmiumstrimlor som sköts in genom små ihåligheter i uranstapeln. Grundämnet kadmium har lätt för att absorbera neutroner, och kadmiumstrimlorna kunde omväxlande bromsa eller gasa kedjereaktionen genom att skjuta dem längre in eller ut ur grafitstapeln. Sedan man upptäckt att neutronerna frigjordes med en viss fördröjning kunde reglering ske mer eller mindre automatiskt med hjälp av givare i atommilan som fortlöpande mätte antalet långsamma neutroner. För att starta upp klyvningsprocessen behövs några termiska neutroner, vilket i regel sker av sig självt som resultat av den alltid förefintliga kosmiska strålningen, eller så tillsätts en neutronkälla i form av en bit radium innesluten i beryllium (samma princip som Bothe och Becker tillämpade i sina experiment 1930).

Effektuttaget av Fermis atommila var ytterst beskedligt, till att börja med i storleksordningen en halv watt, senare gradvis utökat till tvåhundra watt. Fermi vågade inte fortsätta längre än så, då hälsovådlig strålning läckte ut från den primitiva oskyddade kärnreaktorn. All uppmärksamhet hade varit fokuserat på atommilans tekniska konstruktion, utan hänsyn till det livsnödvändiga strålningsskyddet.

Fermis kärnreaktor var för liten för att någonsin kunna framställa den mängd plutonium som behövdes för kärnvapen. Vid slutet av 1942 hade forskarna med cyklotronens hjälp fått fram inte mer än ett halvt gram plutonium, ett knappnålshuvud material. Visserligen räckte detta för att analysera ämnets kemiska egenskaper, men någon form av storskalig produktion av vapenplutonium måste bli till för att förverkliga målet att tillverka nukleära vapen. Man övervägde att bygga en stor reaktor i anslutning till Clintonfabriken i Tennessee. Som kylmedel för att leda bort reaktorvärmen föreslogs helium, men kemikoncernen DuPont, som fått uppdraget att konstruera atommilan efter Fermis direktiv, kom fram till att vattenkylning var att föredra. Detta krävde i sin tur riklig tillgång till vatten. Efter fältstudier utsågs ett isolerat läge vid en havsvik i Columbiafloden nära Hanford som uppfyllde kravspecifikationen. Projektledningen siktade på plutoniumproduktion av cirka ett kilogram i månaden. Effektuttaget av den reaktor som kunde leverera denna mängd ökade från Fermireaktorns knappa tvåhundra watt till cirka en miljon kilowatt, ett jättelikt företag och en ingenjörsutmaning som heter duga. Det största tekniska problemet var hur kylvattnet skulle ta upp spillvärmen. Att låta vattnet fritt flyta fram i direktkontakt med uranet ansågs olämpligt eftersom det reagerar kemiskt med kylmedlet, vilket snabbt skulle resultera i en livsfarlig och ohanterlig soppa av pulvriserat kärnbränsle. Det var nödvändigt att förhindra uranet från att komma i direktkontakt med kylvattnet, samtidigt som dess värme upptogs. Till att börja med undersökte teknikerna möjligheten att kapsla in kärnbränslet med någon form av bakelitbaserad ytbeläggning, men dessa försök övergavs strax till förmån för inneslutning i skyddande metallrör eller bränslestavar.

Ett dittills obeaktat problem var hur reaktorfatet kunde avskiljas från omgivningen. I synnerhet neutroner har lätt för att sippra igenom hinder och det blev nödvändigt att förse reaktorn med ett skyddande hölje av betong eller stål, alternativt något annat absorberande material. Samtidigt som denna strålningssköld torde vara strålnings- och lufttät för att undvika att själva luften i reaktorhallen blev radioaktiv, krävdes fysiska genomföringar för kylvattenpumpar samt för att vid behov byta ut bränslestavarna. Det med plutonium anrikade uranet innehöll en del oönskade högradioaktiva klyvningsprodukter som krävde stor försiktighet vid transport till separationsanläggningen.

Topphemliga Site X, Clinton Engineer Works nära Oak Ridge i Tennessee utformades som en serie luft- och strålningstäta sektioner, åtskilda av tjocka betongväggar. Varje sektion utrustades med täta behållare och centrifuger för utfällning av plutonium. Från produktionslinjens första station fördes det kemiskt lösta ämnet fram i ett rörpostliknande system av pumpar som allteftersom transporterade det gradvis renade plutoniumämnet genom fabrikens sektioner till dess att slutprodukten i form av en plutoniumlösning fri från uran och oönskade klyvningsprodukter erhölls. Själva råmaterialet (använt kärnbränsle) är toxiskt men inte överdrivet farligt ur strålningssynpunkt. Ej heller avger slutprodukten plutonium några akut hälsovådliga strålningsmängder, men dess giftighet i kombination med den konstanta ström av alfapartiklar som materialet utsänder gör det vanskligt att hanteras i nära kontakt med kroppen då plutonium har en tendens att ansamlas i benmärgen och av den anledningen är starkt cancerframkallande. Dotterprodukterna, det vill säga de fragment vari urankärnan delas upp när den träffas av en neutron, är i regel utomordentligt radioaktiva. Eftersom kärnklyvning väsentligen är en slumpprocess omfattar klyvningsprodukterna ett brett spektrum av ett trettiotal olika grundämnen. Merparten av dessa klyvningsfragment låter sig omvandlas till flytande fas, men måste slutligen tas om hand i någon form av upparbetning eller slutförvaring. Det använda uranbränslet innehåller förutom plutonium och klyvningsprodukter en försvarlig mängd uranisotoper. I Manhattanprojektet var kärnklyvning endast ett medel för att syntetisera plutonium, och i stort sett inga åtgärder togs för att tillvarata vara sig det värdefulla restmaterialet eller den alstrade energin.

Upparbetning är namnet på processer vari uttjänt bränsle från kärnkraftverk med en rad kemiska och fysikaliska metoder omvandlas, så det kan återvinnas, alternativt för att erhålla ett mer lätthanterligt radioaktivt avfall. Processen är en del av dagens kärnbränslecykel. Eftersom den upparbetade produkten kan användas för framställning av kärnvapen, sker all dylik verksamhet under internationell kontroll. Upparbetning av kärnbränsle använder kemiska och fysikaliska metoder för att avskilja användbara komponenter från oönskade klyvningsprodukter och kontaminerat avfall. Upparbetning tjänar flera syften vilkas betydelse har förändrats över tiden. Från början användes upparbetning uteslutande för att utvinna plutonium för kärnvapenframställning. I och med kärnkraftens kommersialisering kan upparbetat plutonium numera återbrukas i termiska reaktorer. Upparbetat uran, huvuddelen av använt kärnbränsle, är bara ekonomiskt försvarbart, när råvarupriset är högt. Särskilda bridreaktorer kan inte bara drivas med återvunnet plutonium eller uran, utan också med andra aktinider. Kärnbränslecykeln ökar energiverkningsgraden av naturligt uran mer än sextio gånger. Trots energi- och avfallshanteringsfördelar är upparbetning en "het potatis" på grund av risken för kärnvapenspridning, sårbarhet för nukleär terrorism, samt hög kostnad jämfört med engångsanvändning.

Medan Enrico Fermi och hans team var tvungna att ta en rad åtgärder för att hindra den nukleära kedjereaktionen från att skena, stod Robert Oppenheimer och forskarna vid Los Alamos Science Laboratory inför det omvända problemet. För dem var frågan hur de kunde konstruera en bomb med största möjliga sprängverkan.

För en atombomb krävs absolut rent uran-235 eller plutonium. Ett litet stycke klyvbart material kommer aldrig att brisera, ty även om en kedjereaktion mot förmodan skulle komma igång, självslocknar den efter kort tid när för många neutroner flyr materiestycket utan att åvägabringa klyvning. Hos ett större stycke klyvbart material däremot, överstigande en viss kritisk storlek, kan ingenting hejda att kärnklyvningen går såpass fort fram att ett explosivt förlopp uppstår. Av den anledningen konstrueras bomber så att två stycken underkritiskt material i detonationsögonblicket med stor kraft förenas till en kritisk massa av rätt form och storlek.

En atombomb av Hiroshima/Nagasakistyrka innehåller cirka femtio kilogram uran eller sexton kilogram plutonium. När massan blivit kritisk kommer varje kärnklyvning att resultera i ytterligare klyvningar vilka sätter i gång en kaskad av upprepade kärndelningar i en kedjereaktion. Klyvningsmaterialet, plutonium-239 eller uran-235, hålls isolerat i två eller flera delar fram till vapnets användning. Utlösningsmekanismen är vanligen en konventionell sprängladdning som i detonationsögonblicket för ihop det klyvbara materialets delar till en homogen massa som överstiger ämnets kritiska värde. Man strävar efter att på kortast tid uppnå optimal kompression. Eventuellt tillförs flytande strontium som neutronkälla. Krevaden inträffar cirka 500 miljondels sekund från tidpunkten för uppnående av kritisk massa.

Materialets kritiska massa är ingen storhet som är huggen i sten. Inom vissa mer eller mindre snäva ramar går det, medelst bombens utformning, att uppnå kritisk massa med större eller mindre mängder klyvbart material. Den enklaste metoden är att skjuta ett stycke uran-235 som en projektil mot ett annat stycke som måltavla. Nackdelen med denna metod är att materialet troligen kommer att finfördelas i en halvtam, så kallad ”smutsig” explosion då klyvningskaskaden inte i tid hinner sprida sig genom materialet. I värsta fall händer inte mer än att klyvningsämnet i form av radioaktivt damm lägger sig över målområdet. Det fordras en konstruktion som *fördröjer* tidpunkten för bombens brisering tills de flesta atomer unisont klyvs i en samordnad smäll. I en kärnreaktor med grafit som moderatormaterial kan man minska uranets kritiska massa genom att bygga in den i ett hölje av grafit som kastar tillbaka de neutroner som är på väg att lämna reaktorn. En besläktad teknik tillämpas vid konstruktion av atombomber. Bomben omges då av reflektionsskärmar i syfte att minska neutronläckage.

Plutonium är ett allotropt ämne; med ordet avses att ämnet förekommer i olika rymdstrukturer. Den svenske naturforskaren Jacob Berzelius från Väversunda sörgård i Östergötland myntade år 1841 begreppet och publicerade två år senare sina resultat i Kungliga Vetenskapsakademiens handlingar under rubriken *Om allotropi hos enkla kroppar, såsom en af orsakerna till isomeri hos deras föreningar*. Plutonium finns i sex allotropa tillstånd vilket utnyttjas vid konstruktion av små taktiska kärnvapen. Man har då en oval (rugbyboll) av ^{239}Pu som befinner sig i δ-fas (ytcentrerad kubisk kristallstruktur). Efter en linjär implosion bildas en sfär (fotboll), samtidigt som ämnet övergår i α-fas (monoklin kristallstruktur). Därvidlag ökar densiteten från 15,92 g/cm^3 till 19,86 g/cm^3, vilket gör laddningen kritisk och startar en kedjereaktion med påföljande detonation.

Effekterna av en kärnvapenexplosion beror självfallet på dess sprängverkan men dessutom på vilken höjd detonationen sker. Höghöjdsdetonation innebär att vapnet sprängs i övre atmosfären, så högt att tryckvågen ej skadar markmål. Det radioaktiva nedfallet blir försumbart. Istället kommer bombens elektromagnetiska puls att slå till i full kraft. Denna puls slår ut elektronik över ett stort område. I händelse av ett krig fordras endast ett fåtal bomber för att lamslå fiendens elektroniska infrastruktur.

Den typiska användningen, tillämpad vid bombningen av Hiroshima och Nagasaki, utgörs av luftdetonation på en höjd upp till någon kilometer över marknivå, vilket ger upphov till det svampmoln man (felaktigt) förknippar med en kärnvapenexplosion. Luftdetonation maximerar det markområde som utsätts för tryckvågen, vilket gör den effektiv mot oskyddade mål, så som fysisk infrastruktur, byggnader och människor.

Vid markdetonation får eldklotet direktkontakt med marken, vilket medför att kontaminerat stoft sugs upp av uppströmmar och faller ut i samband med nederbörd. En krater bildas och förödelsen blir lokalt omfattande medan virvlande radioaktivt stoft och askflagor sprids av vinden över ett vidsträckt område. Markdetonationer är effektiva mot skalförstärkta punktmål så som missilförvaringar eller bunkrar. Provsprängningen i New Mexicos öken föll inom denna kategori.

En kärnvapenexplosion åstadkommer skador genom det eldklot som bildas med ett sken många gånger starkare än solen, intensiv värmestrålning, en kraftig chockvåg, joniserande strålning samt en elektromagnetisk puls som skadar elektronisk utrustning. Ljus- och värmestrålning bländar eller förstör synen under lång tid. Värmestrålningen orsakar allvarliga brännskador och får eldfängt material att spontant antändas, resulterande i förgörande eldstormar. Skadeeffekterna beror på avståndet från och storleken av bomben, men rakt under detonationspunkten (ground zero) förångas allt liv, medan sten och sand smälter till ett glasliknande material. Chockvågen färdas till att börja med i överljudhastighet, men övergår efter kort tid till ljudfart. Luftens plötsliga kompression i närheten av ground zero medför att kraftiga uppströmmar bildas vilket ger upphov till ett svampmoln. När tryckvågen passerat sjunker lufttrycket efter några sekunder åter till det normala. Därefter kommer en ny chockvåg in mot explosionspunkten som varar i flera sekunder. Detta på grund av att undertryck uppstår över epicentrum. Efter cirka tio sekunder återgår lufttrycket till normala värden. Tryckvågen kan jämna byggnader med marken. Bombningen av Hiroshima och Nagasaki skördade flest offer genom att bebyggelsen rasade samman av chockvågen eller fattade eld, dels direkt till följd av värmestrålning, dels indirekt genom omkullvälta köksspisar och annan öppen eld.

En ofta förbisedd effekt av ett storskaligt atomkrig som drabbar de överlevande är dess atmosfäriska långtidspåverkan. När askan från oräkneliga bränder ansamlas i den övre atmosfären och av jetströmmarna sprids över stora områden, kommer under oöverskådlig tid solens instrålning att hindras från att tränga ned till jordytan, vilket ger upphov till ett klimatfenomen kallat "atomvinter". Missväxt och hungersnöd följer när jorden under lång tid blir kall, kallare, ännu kallare.

Varje kärnvapenexplosion ger upphov till joniserande strålning vars verkan kan delas upp i två faser. Primärstrålningen i samband med detonationen, bestående av gamma-, elektron- och neutronstrålning, härrör från eldklotet. Denna strålning är högintensiv och svår att skydda sig mot men avtar fort. Den åtföljs av radioaktiv strålning från kontaminerat markstoft i atmosfären.

Effekterna av explosionens joniserande strålning beror på hur kraftig den är och under hur lång tid man exponeras. Är den tillräckligt intensiv medför den döden. Lägre strålningsdoser ger i varierande grad upphov till illamående, blodiga kräkningar och rubbningar i blodbilden. Gammastrålning och neutroner skadade benmärgen hos de offer som befann sig nära epicentrum i Hiroshima och Nagasaki. Det dröjde flera dagar innan symptomen visade sig men sedan inträdde döden snabbt. All exponering för joniserande strålning ger på sikt en förhöjd risk för cancerrelaterade sjukdomar och missbildningar i andra generationen. Erfarenheterna från Hiroshima och Nagasaki har givit vid handen att till och med vanliga klädesplagg och tunna husväggar i trä skyddar mot den förgörande initialblixten.

Den elektromagnetiska pulsen drabbar all elektronik. Den fångas upp av antenner, kablar och ihåligheter, och orsakar funktionsfel eller kortslutning. Magnetiskt lagrad information raderas. Denna osynliga elektromagnetiska puls är en av atombombens allvarligaste militärstrategiska skadeeffekter genom dess destabiliserande effekt på dagens störningskänsliga samhällsorganisation.

I *US Strategic Bombing Survey 4* skildras effekterna av explosionen över Hiroshima och Nagasaki:

> "Vid explosionen avgavs energi i form av ljus, hetta, strålning och lufttryck. Hela strålningsspektret, från röntgen- och gammastrålar via ultravioletta och ljusstrålar till ultraröda värmestrålar färdades med ljusets hastighet. Chockvågen som skapades av det oerhörda trycket bildades praktiskt taget i själva explosionsögonblicket men fortplantades mycket långsammare, det vill säga med ljudets hastighet. Överhettade gaser, bildade av det ursprungliga eldklotet, expanderade utåt och uppåt ännu långsammare. ... På den punkt närmast under explosionen förkolnade människokroppar till oigenkännlighet. ... Den chockvåg som åtföljde explosionen var tillräckligt kraftig för att trycka in armerade betongtak, för att inte tala om sämre hållbara byggnadskonstruktioner. Eftersom explosionen inträffade på såpass stor höjd blev trycket på marken rakt under explosionspunkten inte högre än vad en konventionell sprängning skulle ha åstadkommit och avtog successivt med dess avstånd från ground zero. Chockvågen var emellertid kraftigare och varaktigare än vid en konventionell sprängladdning, och ända upp till 200 meters avstånd i Hiroshima och 600 meter i Nagasaki skadades eller förstördes betongkonstruktioner. Tegelhus blåste omkull på ett avstånd upp till 2,4 kilometer i Hiroshima och 2,8 kilometer i Nagasaki."

I den brittiska rapporten *The effect of the Atomic Bombs on Hiroshima and Nagasaki* från 1946 görs en jämförelse mellan atombombens skadeverkningar och effekterna av den massiva bombräden mot Hamburg på sommaren 1943, samt vårkampanjen mot Tokyo 1945:

> ”Både i Hiroshima och Nagasaki blev all verksamhet praktiskt taget förlamad till följd av de skador som anställdes. Även de mest ödeläggande konventionella bombningarna, exempelvis dem mot Hamburg, sommaren 1943, och mot Tokyo, våren 1945, paralyserade inte tillnärmelsevis samhällsorganisationen i samma omfattning.”

Varför förmedla detta? Varför ge massmord narrativ form när det varken finns något narrativt eller meningsfullt? Därför att vi inte får glömma de ohyggligheter som i fredens namn begåtts i andra världskrigets slutskede. Därför att samma sak inte får hända igen. Samtidigt bör vi komma ihåg att atomkraft ej uteslutande är av ondo. Legio är dagens fredliga tillämpningar av kärnkraft inom medicin, teknik och energiförsörjning, och ett samhälle utan atomkraft i någon form låter sig svårligen tänkas, trots freds- och miljörörelsens välmenta men naiva försäkringar om motsatsen. Kärntekniken är ännu ett steg i människans strävan att råda över sin omgivning för att skapa välfärd, och ingen teknologisk eller vetenskaplig landvinning av betydelse har någonsin raderats från hennes kollektiva minne till förmån för en återgång till äldre och mindre effektiv teknik. För att småningom lära sig behärska den avsevärt renare och miljövänligare fusionstekniken, vilken på sikt skulle lösa fissionens besvärliga problem med avseende på spridningsrisk och avfallshantering, utgör kärnkraft en mellanstation där framstegståget gör ett tillfälligt uppehåll för att, när tiden blivit mogen, fortsätta mot nya horisonter. Bestående fred uppnås ej genom att böja nacken inför hot om risker, ej heller genom förbud, moratorium eller forskningsstopp. Bestående fred – om den alls är uppnåelig och inte blott en eskapistisk utopi – bygger på ömsesidig respekt och fritt utbyte av tankar mellan folken.

Bakom all diskussion om atomenergi ligger hotet om kärnvapenkrig. Även omdet är svårt att bedöma atomkrigets effekter på mänskligheten, är det angeläget att politikerna försöker. Varje diskurs om användning och kontroll av kärnenergi måste bedömas utifrån en ansvarsfull uppskattning av effekterna vid ett eventuellt krig. Det finns härvidlag aldrig anledning att inte fästa avseende vid tillgängliga fakta från det förflutna, innan man ger sig på vågspelet att ur fantasin sia död och undergång i ett framtida krig. Många förslag till kärnvapenkontroll härrör från en felbedömning eller åtminstone en vidskeplig bedömning av atombombens effekter i ett storkrig. Icke-våldsprofeten Albert Einstein uttryckte sig så här eskatologiskt om saken: ”Jag vet inget om ett fjärde världskrig, annat än att det kommer att utkämpas med påkar och pilbåge.” Charles Babbage, räkneautomatens uppfinnare, framhöll för nära två sekel sedan: ”Må man inte frukta de felaktiga slutsatser som kan dras av fakta; de misstag som beror på avsaknaden av fakta är avsevärt talrikare och envisare än de som bygger på ett osunt resonemang utgående från riktiga fakta.” I *The Times* från 15 augusti 1945 kritiserade tidningens marinkorrespondent, konteramiral Henry George Thursfield, i följande profetiska ordalag Sir William Beveridges tes att atomvapnet ”med största säkerhet förvisat alla andra vapen till museet”:

> ”... det är ju känt att människan för krig, men man glömmer ofta korrelatet till denna sats, nämligen att det är människan som *förlorar* krig. För ögonblicket är det en populär tendens att identifiera människans militära prestanda med maskiner. Flygplanet, stridsvagnen, slagskeppet, radarn och atombomben har alla sina förespråkare som vidhåller att just det vapnet varit avgörande för de allierades seger. På en del håll anser man tydligen att om ett land bara har tillräckligt med kärnvapen så kan det vara försäkrat om segern i ett kommande krig. Men historien om det militärt överlägsna Tysklands nederlag i andra världskriget kullkastar definitivt en sådan teori.”

Frågan är om ett land över huvud taget kan bombas till underkastelse. Bomberna över Hiroshima och Nagasaki fälldes när Japan i praktiken redan förlorat kriget. Ett slående faktum är också att de allierades bomboffensiv mot Tyskland, trots ofantliga mängder sprängmedel och brinnande fosfor, endast marginellt resulterade i att landets produktion och folkets stridsmoral påverkades, trots att det vid den tidpunkten var engagerat i ett omfattande markkrig där nederlaget var givet och där det redan gjort ohyggliga förluster i manskap och materiel. Amerikanska och engelska bombplan fällde under andra världskriget över tre miljoner ton konventionella bomber över Tyskland och Japan. Eftersom en atombomb i 1945-års utförande har en sprängverkan motsvarande tjugotusen ton TNT, talar enkel matematik för det orealistiska antal kärnvapen av WWII-storlek som behövs för att krossa fienden.

Fusionsbomber (vätebomber) kullkastar dock saken totalt, till följd av deras exponentiellt ökade sprängverkan jämfört med konventionella fissionsbaserade stridsspetsar. Tsar Bomba, en av de kraftigaste vätebomber hittills, testades av Sovjetunionen den 30 oktober 1961. Dess explosiva verkan motsvarade femtio miljoner ton TNT, cirka fyratusen gånger kraftigare än Hiroshimabomben. Ursprungligen var Tsar Bombas sprängverkan tänkt att vara det dubbelt stora, men de sovjetiska forskarna drog öronen åt sig och halverade styrkan.

Vid en bedömning av följderna av anfallen på Hiroshima och Nagasaki bör beaktas att civilbefolkningen var helt oförberedd, vilket mångfaldigade antalet offer. I citerade *US Strategic Bombing Survey* anmäls att:

> ”Till det enastående höga dödstalet bidrog att anfallet kom som en överraskning, att många byggnader störtade samman och en mängd eldsvådor uppstod. 70- till 80-tusen människor dödades eller saknades och nästan lika många skadades. Man får den rätta föreställningen om dessa siffror om man gör en jämförelse med räden över Tokyo den 9-10 mars 1945 där antalet dödsoffer inte var större, trots att det förstörda området var mer än tre gånger så stort. ... Nagasaki var tre dagar senare knappast bättre förberett, även om obekräftade rykten om katastrofen i Hiroshima förekommit i tidningarna den 8 augusti.”

Eftersom inget flyglarm givits, befann sig bara fyrahundra personer i stadens skyddsrum, avsedda att inrymma en tredje del av befolkningen:

> ”Industriarbetarna hade för det mesta redan börjat sitt arbete, medan en del var på väg, och nästan alla skolbarn samt en del kontorister var sysselsatta ute i det fria med att anordna brandgator eller flytta värdeföremål ut på landet. Anfallet kom fyrtiofem minuter efter signalen ”faran över” från det föregående flyglarmet. Eftersom inget nytt flyglarm gavs och befolkningen inte fäste sig vid flygplan som kom i mindre grupper, blev explosionen en fullständig överraskning. Ingen hade sökt skydd, många befann sig ute och övriga i bräckliga bostadshus eller fabriker.” (*US Strategic Bombing Survey*)

US Strategic Bombing Survey kom efter kriget till följande slutsats:

> ”Baserat på en detaljerad analys av alla tillgängliga fakta, samt med stöd av vittnesuppgifter från överlevande japanska regeringsföreträdare, är det denna expertgrupps övertygelse att Japan med visshet skulle ha kapitulerat före 31 december 1945 och troligtvis före 1 november 1945, även om atombomberna ej hade satts in, även om Ryssland inte förklarat krig mot Japan, och även om någon invasion ej hade övervägts eller planerats.”

Med andra ord: atombomberna hade varit förgäves.

J. Robert Oppenheimer

Kapitel XVII

Förenta Staterna 1942. Fyrtio år fyllda tillbringar Robert Oppenheimer julhelgen tillsammans med sin hustru och ettårige son. För två år sedan har han blivit blixtförälskad i tyskfödda Katherine Puening, Kitty, vilket urartade i en snårskog av förvecklingar och pinsamheter när det kröp fram att Katherine var gift för tredje gången och Robert sedan många år trolovad med psykiatristuderande Jean Tatlock, ovillig att överge deras förhållande genom att stiga åt sidan för en rival.

Katherine var dotter till Frank Puening, en till England utvandrad tysk ingenjör från Nordrhein-Westfalen. Modern, Kathrine, var på håll släkt med drottning Victoria och en gång i tiden förlovad med Wilhelm Keitel, från 1938 högsta befäl i Nazitysklands överkommando för krigsmakten OKW och en av regimens mest rabiata drivkrafter bakom Förintelsen. Den radikala Katherine läste vid franska Sorbonneuniversitet innan hon flyttade till Förenta Staterna och gifte sig med en musiker från Boston. Förhållandet upphörde 1932 och Katherine blev kort tid efter skilsmässan bekant med Joseph (Joe) Dallet, en fackföreningspamp för metallarbetare med partibok i kommunistpartiet. Sex veckor efter deras första möte ingår Katherine och Dallet äktenskap. Paret lever på understöd i ett nedgånget pensionat i Youngstone, medan Dallet utan framgång kandiderar för posten som stadens borgmästare. Äktenskapet var olyckligt och 1935 flyttar Katherine tillbaka till England för att ta hand om sin åldrige fader. Dallet och Katherine höll dock kontakt tills han 1937 stupade i Fuentes de Ebro där han som officer i Abraham Lincoln Batallion deltog i spanska inbördeskriget i de internationella brigaderna mot Francos nationalistregim. Katherine begav sig åter till USA och börjar läsa växtfysiologi vid Kaliforniens universitet, där hon träffar sin blivande tredje make, Richard Stewart Harrison, en radiolog vid CalTech engagerad i cancerforskning, som hon skiljer sig från när hon och Robert Oppenheimer börjar umgås. Han var väldigt, väldigt oerfaren och upp över öronen förälskad. I november 1941 ingick Robert och Kitty äktenskap. Paret fick två barn, sonen Peter (1941) och dottern Katherine med tillnamnet Toni (1944).

Under kriget florerade envisa rykten om Oppenheimers dubbelliv och han hade ett långvarigt förhållande med Ruth Tolman – en klinisk psykolog gift med en kollega, kemisten Richard Chase Tolman. På trettiotalet blev Oppenheimer ovän för livet med fysikaliska kemisten Linus Pauling på CalTech som han hade ett forskningssamarbete med inom området kemiska bindningar, Paulings expertisområde. Pauling hedrades 1954 med Nobelpris i kemi för sin forskning kring molekylära bindningar. 1962 tilldelades han Nobels fredspris för sitt engagemang i kampanjen mot ovanjordiska kärnvapenprov, vilket gör honom till den ende person som ensam förärats med två Nobelpris. Tanken med samarbetet var att Oppenheimer skulle ta hand om teorins matematiska utformning medan Pauling ansvarade för tolkningen. Samarbetet och deras mångåriga vänskap upphörde tvärt då Oppenheimer började uppvakta Paulings hustru, Ava Helen. Medan Pauling var på sitt arbete hälsade Oppenheimer på Ava i bostaden och bad henne följa med på en kärlekstripp till Mexico. Fru Pauling berättade incidenten för sin man, varefter Linus Pauling omgående bröt alla kontakter med sin vän.

Sedan Oppenheimer avancerat till vetenskaplig ledare för Los Alamos Science Laboratory erbjöd den botfärdige syndaren sin förre kollega tjänsten som chef för atomprojektets kemisektion. Pauling uppfattade erbjudandet som en klumpig försoningsgest och avböjde med hänvisning till att han var pacifist.

Time Magazine av 8 november 1948 ger följande målande porträtt av Julius Robert Oppenheimer, av sina många vänner kallad ”Oppie”:

”Fram till 1936 hade Oppenheimer aldrig röstat; han var 'med visshet en av världens mest apolitiska människor'. Men, under depressionstiden såg han unga, välutbildade fysiker knäckas av arbetslöshet; han hörde också talas om släktingar som tvingats lämna Nazityskland. Som Oppenheimer intygade: 'Jag vaknade upp med insikten att politik var en del av livet. Jag blev vänstermänniska, gick med i lärarförbundet, hade många vänner med kommunistiska sympatier. Thomaskommittén gillade antagligen inte det men jag ångrar inget; jag känner mest skam för att det hände såpass sent i livet. (Med Thomaskommittén avses senatens House Committee on Un-American Activities under ordförandeskap av J Parnell Thomas.) Det mesta av det jag då trodde på förefaller i dagens ljus vara fullständigt nonsens, men det var en del av min utveckling till att bli en hel människa. Om inte för denna senfärdiga men omistliga skolning, hade jag aldrig lyckats med mitt arbete för Los Alamosprojektet.'

Sedan kom omvändningen. På en fest i Pasadena träffade den då 35-årige Robert Oppenheimer Katherine Puening Harrison, en nätt brunett, gift med en radiolog och doktorand i växtfysiologi vid UCLA. Ett år senare, efter det att hennes skilsmässa gått igenom, gifte Kitty och Robert sig. Om följderna av detta ingrepp i sina levnadsvanor säger han: 'En viss inskränkthet hade börjat infinna sig'.

Fru Oppenheimer fick honom att emellanåt pressa sina kläder, och övertalade honom att bära tweedkavaj, ibland till och med sportjackor i olika färger istället för traditionella kritstrecksrandiga kostymer. Hon fick Robert att klippa håret allt kortare (han har snaggat hår numera). Han började inta tre måltider om dagen och, frånsett vid sällsynta tillfällen, sluta med att stanna uppe halva natten.

På Princeton hade Fru Oppenheimer i studiesyfte fått ett växthus installerat i anslutning till institutets storslagna gamla mangårdsbyggnad med arton rum. Hon övergav sina studier för att sköta hushållet och ta hand om barnen (en pojke, Peter 7, och en flicka, 'Toni' 4). Oppie, som har en åsikt om det mesta, har kommit på en teori för barnuppfostran: 'Häll bara kärlek i ditt barn, det får du alltid igen.'"

För tillfället har Oppenheimer lagt forskningen på hyllan och blivit talangscout för landets topphemliga atomprojekt, kallat Manhattan District av det fåtal invigda som känner till det. Manhattan District var ett kodnamn, avsett att uppfattas som en av staden New York:s ambitiösa planer på modernisering av city. Oppenheimers uppgift vid denna tidpunkt i historien är att med list, övertalning och charm värva fysikvetenskapens vassaste hjärnor för att förverkliga ett mål han inte får lov att ens nämna förrän vederbörande tackat ja. Hans framtoning är frimodig men anspråkslös. Han har egentligen inga argument och förlitar sig på sin omtalade karisma som låter unga fysikerlöften släppa allt när frälsaren kallar.

Oppenheimers framgångar väger lätt mot de problem som mörkar hans mellanhavanden med säkerhetstjänsten. Hitintills har hans levnadsbana varit allt annat än rak och det dröjer till juli 1943 förrän han officiellt tillsätts och får den säkerhetsklassning som ger honom insyn i USAs statshemligheter. Det fordras ett personligt ingripande av projektets militäre ledare, general Leslie Groves, innan säkerhetstjänsten ger med sig och motvilligt visar överseende med den belastning han under sitt liv som radikal vänsterintellektuell samlat i sin personakt.

Julhelgen 1942 har samarbetet mellan Groves och Oppenheimer pågått i ett halvår, under vilken tid de ägnat sig åt att sondera lämplig terräng för atomlaboratoriet. Slutligen fastnar de för västra USAs söder, långt från tätbefolkat område och onåbart för fientligt flyg. Några veckor tidigare, den 25 november, har biträdande krigsministern John McCloy för statens räkning och med stöd av krigslagarna beslagtagit Los Alamos, en egendom i delstaten New Mexico inte långt från Santa Fé, ett vidsträckt ökenområde tillhörande en privatskola, belägen på en avplattad kulle av eroderat berg, en *mesa* nära en övergiven indiansk kultplats. Varken Groves eller Oppenheimer kände till privatskolan – Los Alamos Ranch School. Skolan kom på förslagslistan tack vare Percival C Keith, medlem i planeringskommittén för Office of Scientific Research and Development, vars söner under ett sommarlov hade tältat på området. Som ägare till en ranch i Sangre de Christobergen kände Oppenheimer vagt till Los Alamos; vid ett flertal tillfällen hade han till häst färdats i området och övernattat. Skolan bedömdes kunna ge husrum åt trettio forskare, vilket var den då gångbara uppskattningen av projektets behov av forskningspersonal. Ingen insåg vid den tidpunkten att ökenstaden efter några månader skulle fungera som tillfälligt hem åt sextusen invånare.

Sedan 1939 och Einsteins varning för ett förestående atomkrig hade endast obetydliga framsteg gjorts i Förenta Staternas kärnvapenforskning. Liksom Nazitysklands atomforskning riskerade också USAs program att sjunka ned i ett träsk av prestigestrider och osämja mellan intressegrupper. Leo Szilard, initiativtagare till och författare av Einsteinbrevet, en av Manhattanprojektets främsta snillen, ansåg efter kriget att målet fördröjts med minst ett år och sannolikt mer, till följd av myndigheternas kortsiktighet och käbbel mellan illvilliga fraktioner inom forskarvärlden, politiken, underrättelsetjänsten och krigsmakten.

Robert Oppenheimer var inte general Groves förstahandsval. Från början hade han tänkt sig cyklotronens uppfinnare, Ernest Lawrence, Nobelpristagare och en auktoritet på kärnfysikalisk instrumentering. Militärkommandot ville dock ogärna släppa Lawrence, som ansågs omistlig i det tekniskt tunga separationsarbetet av uranisotoper. Oppenheimer hade fått mycket goda vitsord av Arthur Holly Compton, också han Nobellaureat sedan 1927. Sommaren 1942 hade Oppenheimer vid Kaliforniens universitet i Berkeley frivilligt tagit på sig projektledarskapet för en utvald grupp unga forskare och gjort så bra ifrån sig att till och med tvivlarna blivit imponerade. Dessutom hade han, tillsammans med två studentassistenter, uppfunnit en förbättrad metod för elektromagnetisk avskiljning av vapenuran från den svårklyvade isotopen uran-238, vilket med åtminstone hälften reducerade kostnaden för framställning av atombombens uranhjärta.

Det omaka paret Groves-Oppenheimer får på något magiskt vis USAs förlamade atomprojekt att åter sätta fart. Inom loppet av tjugoåtta månader, från april 1943 då verksamheten i Los Alamos tog sin början till augusti 1945, lyckas Oppenheimer i sitt livs roll som vetenskaplig ledare för en grupp forskare, ingenjörer och tekniker pressa fram två fungerande atombomber av inbördes fundamentalt olika konstruktion.

Oppenheimers första uppgift är att rekrytera en kompetent forskningsstab. De flesta i hans situation skulle börjat underifrån i befälskedjan för att omsider kröna arbetet med affischnamn. Oppenheimer gör tvärtom. Med hot om Nazitysklands nära förestående seger om de vägrar ställa upp för nationen, lockar han efter tålmodigt lirkande till sig några av tidens fysikeräss – så som Hans Bethe, Richard Feynman, Edward Teller, Emilio Segré, Felix Bloch, Rudolf Peierls, James Chadwick, Niels Bohr, Otto Frisch, Eugene Wigner, Leo Szilard, samt (spionen) Klaus Fuchs – och låter sedan prestigens och ryktenas graviterande verkan göra sitt, varefter en växande kö av snillen vallfärdar till USAs söder för att bli en namnlös kugge i ett topphemligt forskarlag.

På det hela taget var det en besvärlig resa. Projektets rekryter tog först tåget till Lamy i New Mexico. Därifrån var det tio mil till Santa Fé, där de checkade in hos Dorothy McKibbin som utfärdade det obligatoriska passerkortet som gav tillgång till området. Efter Santa Fé väntade en knappt sex mil lång resa i nordvästlig riktning, som kunde ta allt från två till sex timmar, beroende på väder- och vägförhållanden.

Våren 1943 slussas hundratals fysiker, kemister och tekniker via gamla kulturstaden Santa Fé till denna hemliga ökenbas – plats Y –, för byborna känd som internat för havande ogifta lottor, vilket är vad kontraspionagetjänsten vill att allmänheten ska tro. De nyanlända anmäler sin ankomst på adressen 109 East Palace, en gammal kringbyggd gård i mexikansk stil, där dessa trötta långväga resenärer välkomnas av Dorothy McKibbins strålande leende och de uppmuntrande orden ”Only thirty-five miles to go”. Under sitt långa liv höll Fru McKibbin kontakt med sina skyddslingar, omgiven av minnen och fotografier, och från samma anspråkslösa kontor där historien om världens första kärnvapen tog sin början. Varje forskare eller tekniker som passerar hennes mottagning stärks av den omtalade Dorothy-smajlen och oroas av den officiella gula informationsmappen med hotelser och förbud som utgör statens välkomsthälsning. Projektets hjälpsamma hjärta är hon, tillika reception och resebyrå, bytescentral för barnvagnar och hästar, sjukmottagning och apotek, och allt det övriga namnlösa men ovärderliga en hemlig stad i krigstid med flera tusen invånare, undangömd på en bergsplatå i öknen, behöver för att kunna fungera. Som till exempel en lämplig bröllopslokal, vilket åtminstone tjugo förälskade par fann i hennes hem.

Inte långt från 109 East Palace Ave i Santa Fé ligger Castillo Str. Bridge vid Paseo de Peralta där spionen Klaus Fuchs sommaren 1945 överlämnade plutoniumbombens ritningar till agenten Harry Gold, vilket gav Sovjetunionens kärnvapenprojekt en flygande start och en tidsbesparing av uppskattningsvis två år. Kemisten Gold, med kodnamn Goose (sv. gås, men också dumbom) hade 1935 värvats som spion för Sovjetunionen och rapporterade direkt till den sovjetiske generalkonsul Anatoli Yakovlev. Gold dömdes 1951 till trettio års fängelse men frigavs redan i maj 1965.

Förenta Staterna – Tredje riket 1943. En ödets ariadnetråd förbinder Robert Oppenheimer med Werner Heisenberg. Atomprojekten i Tyskland och USA har gemensamt att båda anförs av jämnåriga unga fysiker, båda briljanta, båda karismatiska. Heisenberg och Oppenheimer känner varandra väl sedan deras gemensamma doktorandstudier i tyska Göttingen, men är ovetande om att deras livsvägar åter korsat varandra. De förenas av en inre rastlöshet som inte går att ta miste på, den nervösa energi som påträffas hos personer utsatta för övermänsklig press: en manisk målmedvetenhet ympad på en rot av molande tvivel.

År 1943 hävdar en rysk immigrant vid arméns säkerhetstjänst – Boris Pash – Oppenheimers olämplighet för statlig tjänst i en rapport till krigsministeriet i Washington. Pashs otacksamma uppgift är att övervaka atomprojektets vetenskaplige chef vart han än går. När ett brådskande telefonsamtal sammanför Oppenheimer med sin försmådda kärlek Jean Tatlock, är Pash misstänksam och på sin vakt.

Ingen vet varför Oppenheimer ville ta farväl av sin förra fiancé inför avresan till New Mexico, ej heller varför Jean efter Oppenheimers giftermål med Katherine Puening envisades med att hålla kontakt. I Oppenheimers liv fanns alltid en tredje med i bilden, ett *ménage à trois*. Allt vi vet härrör från Pashs redogörelse av parets möte i San Francisco, 12 och 13 juni 1943. Allt vi känner till är hans rapport, vari denne spionjägare och tillförordnad stabschef för avdelning G-2 i Kalifornien, sammanfattar sitt snokande under två ödesdigra dygn, den rapport som tio år senare ödelägger Oppenheimers karriär och utgör grunden för beslutet att förvägra honom tillgång till hemligstämplat material.

I sin redogörelse låter Pash påskina att Oppenheimer hade för avsikt att till vänsterrörelsen överlämna resultaten av atomforskningen och att "subjektet" i detta syfte sammanträffat med en kvinna vid namn Jean Tatlock, känd för sina kommunistiska kontakter och dito sympatier. Pash hävdar att Tatlock troligtvis vidarebefordrat hemligt material till höga instanser inom kommunistpartiet. Det är allt vi vet, förutom att det slutade illa för Jean Tatlock. Ett halvår senare tog hon sitt liv.

Det råder föga tvivel att Jean Tatlock inspirerade Oppenheimer och väckte hans intresse för rättvisefrågor. Bland annat introducerar hon honom för den engelske poeten John Donnes metafysiska diktning, vars bevingade ord om människan som en del av en organisk väv gjorde outplånligt intryck på honom. Hans privilegierade uppväxt ter sig med ens blek och avlägsen. För första gången släpper den nervositet som varit hans ständiga följeslagare i tillvaron, och han lär sig acceptera sitt osäkra och trevande jag, fullt av självförebråelser om inbillad otillräcklighet. Donne var en av 1600-talets förkämpar för människans bördsrätt till frihet och värdighet. Han är känd för ett stycke som Oppenheimer (liksom Ernest Hemingway i *Klockan klämtar för dig*) anammar och gör till vägvisare för sitt fortsatta liv. Somliga har hävdat att Oppenheimer valde namnet ”Trinity” för det första kärnvapentestet som en postum hyllning till Jean med en av Donnes diktrader i minnet:

> ”Ingen människa är en ö, hel och fullständig i sig själv; varje människa är ett stycke fastland, en del av det hela. Om en jordklump sköljs bort av havet, blir Europa i samma mån mindre, liksom en udde i havet skulle bli, liksom dina eller dina vänners ägor; varje människas död förminskar mig, ty jag är en del av mänskligheten. Sänd därför aldrig bud för att få veta för vem klockan klämtar; den klämtar för dig.” (Meditation nr. 17 ur *Devotions Upon Emergent Occasions*, 1632, XVII)

När Oppenheimer 1954 tvingades bort från Atomic Energy Commission och hans oförvitlighet ifrågasattes och ställdes mot andras svek, beskrev han i ett brev till dess ordförande, general Kenneth D Nichols, dagtecknat 4 mars, i följande ord sitt förhållande till Jean Tatlock:

> ”Under våren av 1936 introducerades jag av vänner för Jean Tatlock, dotter till en framstående professor i engelska språket vid universitetet; under hösten började jag uppvakta henne, och vi kom att stå varandra nära. Vid minst två tillfällen var vi såpass nära giftermål att vi betraktade oss som trolovade. Mellan 1939 och hennes död 1944 träffade jag henne oregelbundet. Hon berättade om sitt medlemskap i kommunistpartiet, till och från, där hon aldrig tycktes finna vad hon sökte. Jag tror inte att hennes intressen var av politisk art. Hon älskade detta land, dess invånare och dess livstil. Hon stod, visade det sig, på god fot med många sökare och kommunister, med vilka jag omsider också stiftade bekantskap. Jag vill inte väcka intrycket att just mitt förhållande till Jean Tatlock fick mig att träffa vänstersympatiserande vänner och känna sympati för omständigheter vilka så här långt varit främmande för mig, som till exempel lojalisternas kamp i Spanien och immigrantarbetarnas livssituation. Några av de övriga bidragande orsaker har jag redan nämnt. Jag fann en ny sorts kamratskap, och trodde på den tiden att jag höll på att bli en del av mitt land och min samtid.”

Oppenheimer och Jean Tatlock träffades hösten 1936. På den tiden var Jean doktorand i psykologi vid Stanford University Medical School i San Francisco och Oppenheimer nybliven professor vid Berkeley. Höstterminen 1941 blev hon legitimerad psykolog. De träffades hos Oppenheimers hyresvärdinna, Mary Ellen

Washburn, som anordnat en välgörenhetsgala till stöd för Spaniens lojalister, vilka på den tiden aktivt uppbackades av Förenta Staternas kommunister. Oppenheimer beskrev sitt möte med Jean Tatlock med orden: "hon var en lyrisk, medkänslig och brinnande själ. Alla som kände henne intygade att hon var den enda person i rummet som man i efterhand alltid kom ihåg." Den 22-åriga studentskan var en mörkhårig skönhet med ett sprudlande intellekt. Oppenheimer var, som han själv uttryckte det, "mottaglig för kärleken" och han blev snabbt djupt förälskad i Jean och hennes passionerade förhållande till livet och rättvisan. Bördig från en gammal fin familj var hon ett attraktivt parti för den unge fysikern. Deras möte blev inledningen till en eldfängd relation som 1940 abrupt tog slut när han började uppvakta Katherine Puening Harrison. Somliga hävdar att Oppenheimer och Tatlock under den förres tid som vetenskaplig ledare för Los Alamos Science Laboratory fortsatte att ha en utomäktenskaplig relation, medan andra vidhåller att de träffades vid blott *ett* tillfälle, det ödesdigra mötet i San Francisco 12-13 juni 1943, när Oppenheimer stod i begrepp att flytta till forskningsanläggningen i Los Alamos i New Mexico.

Tatlock hade stort inflytande på Oppenheimer. Som rikemansson hade han aldrig upplevt samhörighet med samhällets svaga och behövande, och när han och Jean Tatlock började umgås var Robert Oppenheimer känd som vad vi idag skulle kalla en "nörd", vars intressen uteslutande gällde vetenskapen, där han var på god väg att göra sig ett namn inom den teoretiska fysiken. Det var Jean som engagerade Oppenheimer i rättvise- och medborgarrättsfrågor, som fick honom att blotta den dittills försummade och undanstoppade sociala och empatiska delen av sitt kalejdoskopiska jag. Jean Tatlock berörde saker, samma saker som man hemmavid föraktfullt fördömde med de rikas självsäkra intolerans och förakt, men hon beskrev dem med andra ord, visade nya infallsvinklar, såg på tillvaron med andra betoningar. Hon kastade nytt ljus över hans rikemanshjärtas skrymslen, gav riktning åt hans sökande, pekade på missförhållanden och orättvisor i samhället vilka han genom sin uppväxt skyddats från; Jeans inflytande var ett uppvaknande och ett klargörande, som gav hans nervösa lodande av en stor och farofylld värld ny riktning. Oppenheimer började dela sin fiancés vänstersympatier, och bidrog ekonomiskt till partikassan sedan han genom arv blivit förmögen efter sin faders frånfälle. I ett luxuöst föräldrahem på elfte våningen av en skyskrapa på 155 Riverside Drive – nära Hudsonflodens strand och West 88th Street på Manhattan – växte han upp i den besuttnes överdåd, med tjänstehjon, barnsköterskor och guvernanter, utan kontakt med samhällets skuggsidor. Ovetande om de kompromisser och uppoffringar som utgör den krassa verkligheten i mindre bemedlades liv, kunde han ha kommit från en annan planet; man får bilden av en vilsegången sökare som med förvåning tar in omvärlden, en nyfikenhet efter fattigdomens exotism, likt en tidsresenär från en annan värld, en upptäcktsresande vars plirande ögon betraktar allt det främmande med ett illmarigt hånsnörp. Lynnig och oberäknelig. En bortklemad rikemansson.

Robert Oppenheimer föddes 1904 i en förmögen överklassfamilj av judiska textilimportörer. Han hade en åtta år yngre broder, Frank Friedman, som småningom också valde fysikerbanan och deltog i Manhattanprojektet. Fadern, Julius Oppenheimer, hade 1888 utvandrat från Tyskland; modern, Ella Friedman, var en förtjänstfull bildkonstnär. Föräldrarna var livligt konstintresserade och i familjens samling ingick tavlor av den holländske målaren Vincent van Gogh, jämte verk av Pablo Picasso, Paul Cézanne, Édouard Vuillard och Paul Gauguin. Somrarna tillbringade familjen på ett residensliknande lantställe på Long Island där bröderna ägnade sig åt segling och mineralletning.

Den unge Robert börjar sin bildningsresa på Alcuin lågstadieskola. Från år 1911 går han på Ethical Culture Society School, en fashionabel inrättning grundad av pedagogen och moralfilosofen Felix Adler, rotad i den så kallade etiska rörelsen, en livssyn som verkade för konfessionsfri moralundervisning, och vars motto var ”Deed before Creed”, Handling går före Tron. Felix Adler var från Hessen i Tyskland och son till Samuel Adler, en av förgrundsfigurerna i Movement for Reform Judaism och överrabbin vid Temple Emanu-El i New York. Roberts fader var en av etiska rörelsens ledare och mellan 1907 och 1915 medlem i dess styrelse. Den unge Robert visar sig snart vara ett tomt kärl att fyllas med kunskapens brygd. Han är en studiebegåvning; på egen hand läser han in årskurs tre och fyra på mindre än ett år och hoppar över halva årskurs åtta. Redan då tycks han driven av en inre ilska, väcker intrycket att ständigt vara på helspänn, tills en pockande intellektuell utmaning ger den katharsis han så väl behöver. Under sitt sista år i grundskolan utvecklar han en passion för kemi, som ersätter hans tidigare intresse för litteratur och mineralogi. Den unge Oppenheimer beskrev sin mineralletning i ett utförligt brev till New York:s Mineralogiklubb, vilken, ovetande om att brevet kom från en tolvårig yngling, uppmanade honom skriva en artikel i ämnet. Oppenheimers första vetenskapliga ”paper” blev en succé som befäste hans ställning inom familjen som blivande vetenskapsman.

Efter ett studieuppehåll i ett år till följd av kronisk *colitis*, en allvarlig åkomma i tjocktarmen som han drabbades av under bergsklättring i Joachimstal, började Oppenheimer läsa på Harvard College. Medan han sakta började återhämta sig från sjukdomen anställdes hans förre engelsklärare, Herbert Smith, som privatlärare och mentor. Som miljöombyte företog de en resa genom sydvästra USA, där Robert grundlade sin livslånga fäbless för ridsport och utvecklade en brinnande kärlek till New Mexico:s landskap och dess invånares lättsamma livsstil.

Jämte huvudämnet kemi krävde studier vid Harvard kompletterande fördjupningskurser i historia, litteratur, filosofi och matematik. Efter rekordsnabba studier lämnade han tre år senare Harvard med toppbetyget *summa cum laude* (med största beröm). Vid denna tidpunkt börjar han visa de första symtomen på psykisk ohälsa. Han skriver till en studiekamrat ”Jag vill bara dö”. Senare i livet skulle han minnas sin tid som kandidat på Harvard med en ”känsla av avsky och att något var på tok”.

Från 1924 fördjupar Oppenheimer sina kunskaper i kemi och fysik vid Christ's College i engelska Cambridge. Innan avresan skrev han till Ernest Rutherford och bad att få arbeta vid Cavendishlaboratorium. Han bifogade ett rekommendationsbrev av sin förre professor i termodynamik, Percy Bridgman, som argumenterade att Oppenheimers experimentella oskicklighet mer än väl uppvägdes av imponerande kunskaper i teoretisk fysik. Rutherford, envåldshärskare på labbet som inte hade tålamod med fumliga klåpare, lät sig dock inte bevekas och Oppenheimer var tvungen att på vinst och förlust företa resan till England utan bindande löfte om praktikplats. I Cambridge blev legendariske John Joseph Thomson – Nobelpristagaren som strax före sekelskiftet upptäckte den fria elektronen – den som slutligen förbarmade sig över det unga snillet, på villkoret att han först tog en grundkurs i laborationsteknik. Där lyckas Oppenheimer strax bli ovän med sin handledare, Patrick Blackett, en officer i engelska marinen som blivit en framstående experimentell fysiker och 1948 skulle hedras med Nobelpris för sin uppfinning av dimkammaren och därmed utförd forskning kring kosmisk strålning. Antagonismen gick för långt, i alla fall om man hyser tilltro till historien i *American Protheus: the Triumph and Tragedy of J. Robert Oppenheimer*: Oppenheimer lämnade ett äpple insprutat med sömnmedel på Blackets skrivbord, ett klumpigt mordförsök eller ett studentikost pojkstreck. Först vägrade universitetsledningen se mellan fingrarna och avsåg att hålla räfst och rättarting med delinkventen, ett öde han med nöd och näppe undkom sedan hans föräldrar mutat lärosätet med en ansenlig donation och löfte om att deras ögonsten skulle gå i terapi hos en namnkunnig psykiatriker på Harley Street i London. Oppenheimer befanns lida av *dementia schizophrenia*, en ålderdomlig och numera obsolet diagnos för symtom härrörande från schizofreni. Likt en tickande bomb hade han burit på anlaget till sjukdomen från den dag han föddes till sitt arv. Behandlingen avbröts tvärt när patienten visade sig vara ett ”hopplöst fall vars fortsatta terapi förväntas göra mer skada än nytta”.

Till sitt yttre var Robert Oppenheimer en magerlagd, reslig och kedjerökande person med en böjelse för dyrbara slokhattar enligt det senaste modet, som lät bli att äta och sova under långa perioder av intensivt arbete och tankeverksamhet. En hetlevrad natur, utrustad med ett tygellöst intellekt och ett tumultuariskt gytter av motstridiga karaktärsdrag, fjättrade i en ranglig kropp. Det fanns tillfällen då han plötsligt och helt utan orsak kunde explodera i våldsamma vredesutbrott och skrämmande anfall av sjukligt raseri, riktade lika mycket mot sig själv som till människor i sin omgivning som han var fäst vid. Hans maniska personlighet och vulkaniska temperament förmörkades av en självdestruktiv läggning, vilket fick oanade konsekvenser när han på semester i Paris försökte strypa Francis Fergusson, hans resesällskap och vän. Fergusson, som lagt märke till att hans kamrat var i obalans, ville bryta den negativa tankespiral som hotade att förgifta stämningen och spoliera semesterupplevelsen, genom att i förtroende göra Oppenheimer delaktig i sina planer att fria till flickvännen Frances Keeley. Bekännelsen gjorde Oppenheimer rosenrasande. Ett sådant raseri, en sådan ilska var honom inte främmande och han var medveten om det, han blev ett med sin aggression utan att rädas den eller göra ansträngningar att tygla sin vrede. I blint hat gav Oppenheimer sig på sin kamrat som hann avvärja attacken. Så Fergusson hade backat iväg, vettskrämd skyndat därifrån innan något mer allvarligt hände, övertygad att hans vän led av en grav störning. Fergusson lät saken bero, det var ju trots allt ingen stor sak, tyckte han, även om han kallade incidenten för ett ”kränkande övergrepp”. I hela sitt liv var Oppenheimer en neurasteniker, plågad av depressioner och rastlöshet, jagad av inre demoner, ett gift som fördärvade hans lust att leva och ökade hans ångest att dö. Inför sin bror Frank ursäktade han sig med orden ”Jag behöver fysiken mer än jag behöver vänner”.

Efter en två år lång vistelse i England förkovrade Oppenheimer sig i teoretisk fysik vid anrika universitetet i Göttingen med Max Born som handledare, en av de stora inom den unga kvantfysiken. År 1954 hedrades Born med Nobelpris i fysik för perturbationsteorin. I Göttingen stiftade Oppenheimer livslånga bekantskaper med tidens blivande fysikkoryféer, som Werner Heisenberg, Wolfgang Pauli, Paul Dirac, Edward Teller och Enrico Fermi. Under andra världskriget skulle Heisenberg på fiendesidan spela samma roll som han som vetenskaplig ledare för Tysklands kärnvapenprojekt. Några av Oppenheimers studiekamrater skulle tio år senare fly till USA där de under kriget deltog i Manhattanprojektet. Andra blev involverade i nazitysk kärnforskning.

Emellertid lyckades den amerikanska doktoranden också här reta gallfeber på sina studentkolleger genom att vid upprepade tillfällen mer eller mindre öppet ta över professor Borns föreläsningar. Hans beteende upplevdes som såpass störande att en upprörd Maria Goeppert (Nobelpris 1963 för upptäckten av atomkärnans skalstruktur) riktade ett ultimatum till Max Born, undertecknat av samtliga kurskamrater, vari de hotade att bojkotta undervisningen om han inte omgående fick tyst på bråkstaken. På sitt vänliga förekommande sätt "glömde" Born petitionen på katedern, där Oppenheimer inte kunde undgå att läsa den, varmed problemet löstes utan ytterligare pinsamheter och prestigeförlust för någon.

I mars 1927 disputerar Robert Oppenheimer för filosofie doktorsgraden, tjugotre år gammal och med Max Born som handledare. Efter det obligatoriska muntliga förhöret suckade James Franck (Nobelpris 1925 för sin forskning kring elektronstrukturen hos atomer): "Tack och lov att det är över, jag var rädd att han skulle börja förhöra *mig*." Oppenheimer stannar kvar i Göttingen året ut och publicerar där ett dussintal små forskningsrapporter, merendels bidrag till kvantteorin. Tillsammans med sin förre läromästare Max Born utvecklar han en teori som förenklar beräkning av en molekyls komplicerade vågfunktion genom antagandet att atomkärnan på grund av dess större massa kan betraktas som stationär i förhållande till elektronerna. I början av 1930 föregriper Oppenheimer sin engelske kollega Paul Diracs förutsägelse (1932) om den positiva elektronen – positronen – vars existens han slutar sig till på kvantmekaniska grunder. Oppenheimers mest kända bidrag till fysikvetenskapen är ett "paper" från 1939 *On Continued Gravitational Contraction* vari han förutsade det fenomen numera kallat "svarta hål", anomalier i rumtiden som uppstår när döende jättestjärnor i brist på fusionsbränsle imploderar i en tyngdkraftsdriven kollaps.

I september 1927 belönas Oppenheimer med United States National Research Council:s forskartjänst vid CalTech. Percy Bridgman ville ha in honom på Harvard och den gordiska knuten löstes till allas belåtenhet genom att låta den nyblivne filosofie doktorn inleda det akademiska året på Harvard och tillbringa resten av året på California Institute of Technology. Mot slutet av 1928 besöker han Paul Ehrenfest, professor vid universitetet i holländska Leiden och god vän med både Einstein och Bohr. Ehrenfest, en holländsk-österrikisk teoretisk fysiker i Boltzmanntraditionen, försökte först avstyra visiten i följande ord:

"I fall du tänker tillbringa ett år i Europa och komma med ditt tunga matematiska artilleri, skulle jag be dig att inte bara låta bli att komma hit till

> Leiden, men om möjligt inte till Holland överhuvudtaget, det säger jag för att jag gillar dig och vill fortsätta med det. Men, om du däremot vill tillbringa några månader i lugn och ro, och med lekfulla diskurser som ofrånkomligen utmynnar i sin utgångspunkt, med småprat med mig och mina unga studenter kring grundläggande frågor – utan att tänka för mycket på att publicera – nåväl då är du med öppna armar välkommen."

Efter en imponerande föreläsning om kvantfysik på stapplande holländska, ett språk han ingalunda behärskade men hade pluggat in för att imponera på sin kollega, får Oppenheimer det öknamn han skulle tilltalas med för resten av livet, den holländska dimunitivformen *Opje*, senare angliserad till Oppie. Från Leiden fortsätter han till Zürich där han på Eidgenössische Technische Hochschule forskar i kvantmekaniska spörsmål tillsammans med italienaren Wolfgang Pauli (Nobelpris 1945 för upptäckten av uteslutningsprincipen), vars säregna stil han beundrar.

Åter i USA utnämns Oppenheimer till biträdande professor vid University of California. Hans rykte har föregått honom och fysikinstitutionens eldsjäl, Raymond T Birge, tvingas dela det nya stjärnskottet med CalTech. Oppenheimers rykte på den tiden värderas mer efter skyhöga förväntningar än efter substans och resultat. Han har rönt aktning och uppskattning men ännu inte vunnit berömmelse. Hans framtid är fulltecknad, det finns ingen tom fläck över till annat än vetenskapen.

Innan Oppenheimer hann tillträda sin professur upptäcktes vid en hälsoundersökning att han drabbats av en mild form av tuberkulos. I sällskap av brodern Frank kurerar Robert sig under några veckor på en ranch i Sangre de Christobergen i New Mexico, den plats i världen han kom att älska framför andra, ett lantställe som Oppenheimer först hyr och senare förvärvar. När han för första gången hörde att stället var till uthyrning, utropade han glatt "Hot dog!". Därefter kallades egendomen Perro Caliente, spanska för "het hund". Han tillfrisknar snabbt i den mexikanska solen och antar efter återkomsten till Berkeley med stor energi utmaningen att lära ut fysik till Amerikas unga generation. Oppenheimer blir strax en omtyckt och uppskattad lärare, även om hans framtoning i större sammanhang lätt kunde uppfattas som blyg och reserverad och saknade den hypnotiska verkan han hade i en spontan diskussion på tu man hand om något aktuellt fysikproblem.

Oppenheimer var en färgstark personlighet som inte lämnade någon oberörd. Antingen avgudade man honom för hans blixtrande intellekt och strikta estetik, eller så uppfattades hans "von oben"-stil som tillgjord, ett tecken på en pretentiös och osäker posör. Hans studenter föll i regel inom den förstnämnda kategorin: även om han inte var den främste bland likar i världens ögon, så blev han det i deras. De var som läskpapper eller ökenvandrare som girigt sög upp mästarens ord. I deras ögon kunde han inte göra fel och hans brister skylldes på en tankspridd excentrikers genialitet. Han var den sublimt intellektuelle, det egensinniga snillet som citerade diktrader och gjorde suggestiva hänsyftningar på utdödda språk till för dem okända poeter från antikens högkulturer. Kritan i hans hand svävade över svarta tavlan, symbolerna dansade med overklig säkerhet och elegant flyt som om han visste exakt vart ett komplicerat fysikalisk resonemang skulle föra honom, ty fysik *utan* matematik blir vidskepelse och skrock. Matematikens krumelurer ger uttryck för en naturens princip, en princip som endast låter sig avkodas med snåriga differentialekvationer, de som är skapargudens stenografi, ett sätt att korrekturläsa teori mot verklighet, pröva om abstraktionen adekvat beskriver konkretionen, även om man bör akta sig för att yppa en sådan tanke högt, innan teorin stämplas med hybrisordet "paradigm". En vetenskaplig förklaringsmodell är lika sann som dess förmåga att formulera prognoser om en laborativ verklighet, en tillrättalagd miljö berövad från den fria naturens oräkneliga tillfälligheter och kausala interaktioner som kan ha avgörande betydelse för ett "naturligt" förlopp. Vetenskapens arbetsfält håller sig inom laboratoriets avgränsade betingelser, mimikry för naturens slumpstyrda realitet. En vetenskaplig modell utsäger *att* ett visst fenomen uppstår, *hur* det uppstår och *när* det uppstår, men förblir svaret skyldigt på den pockande frågan *varför*, ty att fråga efter naturens *varför* strider mot vetenskapligheten. Fysikvetenskapen bygger visserligen på kosmos lagbundenheter, men ingen teori kan *förklara* dem.

Visst kunde Oppie vara krävande och arrogant när han var på det humöret, men det gjorde detsamma. Hans elever kunde gå genom eld för honom, och varje hans obetydligaste skämt eller förflugen replik upphöjdes till bevingade ord, orakelord av visdom och allvetande. "Ett vibrerande energifält av urkraft stod kring honom", berättade en av Oppenheimers tidigare elever på tal om hur hans lärομästare uppfattades av sina studenter. Oppenheimer förstod sig på att gjuta nytt liv i gamla läglar genom att fylla vetenskapen med en humanistisk dimension, och spred på så vis en gnostisk glädje som djuplodade tingens väsenskärna. Hans föreläsningar höjde sig över det rena förnuftet till en estetisk rationalism, uppfyllde studenternas behov av tankeklarhet och tillfredsställde deras traktan efter naturens harmoniska helhet. Ingen vill väl överlämna sig åt en värld i kaos, alla hoppas att naturen slutligen ska blotta en dold harmoni. Inför deras ögon rullades en skön värld upp, vari vetenskapens stringenta formalismer uppmjukades med filosofi och fick en äventyrlig innebörd i ett bländande panorama av litterära citat, som han fritt trollade fram ur minnet. Han visade sina elever att fysik är mer än dess utrangerade mekanistiska dogm som lär att ingen verkan finns utan orsak – den kausalitet som likt en osynlig demiurg styr universum –, och så frammanar bilden av en värld som blir den bästa av världar när ett humanistiskt perspektiv kompletterar förnuftets torrsubstans, givet att fantasi och verklighet företräder människans dubbla väsen, även om man sällan möter så olika sidor inuti en och samma person. För Oppenheimer var fysikvetenskapen kropp *och* själ: jordnära förnuft i resonans med humanismens klangbotten. För honom var utbildning och bildning inga seriella utan parallella processer. Innebörden av "att undervisa" inskränkte sig hos honom inte till att dela med sig av fackkunskap. Att undervisa var att visa under. Fysikvetenskapen var för Oppenheimer ett heligt sakrament. Han lärde att fysikens naturliga hemvist är, men inte *bara* är, matematiken. Man talar inte för inte om *eleganta* problemlösningar eller *vackra* teorier. Fysikteori, när den är som bäst, uppvisar en skönhet som leder till en positiv värdering av just den kreativt estetiska intelligensen. Den fogar samman saker man känner till, fast på ett nytt sätt som låter en göra verifierbara utsagor om saker man ännu *inte* känner till. Det kunde vara tröttsamt att vara i hans sällskap, men inte någonsin var det tråkigt. Oppenheimers studenter föll pladask för predikan, de bländades av hans eleganta sätt och sög upp varje hans ord som var han en messias som förkunnade ett nytt evangelium. De dukade under för hans bländande tjuskraft, stolta över att tillhöra de utvalda och visade sin tacksamhet genom att ta professorns ord för kontanta, svarade med det brinnande nit hos unga människor som följer en lysande förebild. De måste ha känt samma hänförelse som fransmännen i Upplysningens barndom på 1700-talet – en euforisk stämning av förnuftskryddad utvecklingsoptimism och framtidstro. I hans ögon brann en eld som många misstog för att vara driv och energi men i själva verket var flammor av den oro som oavlåtligt brann i hans bröst, den eld som var hans livs följeslagare och småningom skulle förtära honom. Hans studenter ville bli som han, ty för dem förkroppsligade han den goda vetenskapen, han var en Apollon på kunskapens Olympen. De ansträngde sig att, i sin avgudade läromästares efterföljd, läsa vetenskapliga texter på originalspråk. De härmade hans flanörstil, imiterade hans tonfall och övertog hans apparition, dold av en disträ chosighet.

Oppenheimers lärstil – hur attraktiv och övertygande den än må ha framstått som i hans disciplers ögon – var inte bara av godo, vilket han själv visste mycket väl. Lika mycket som han undervisade indoktrinerade han, tillverkade karbonkopior av sig själv som skulle bli nästa generationens fysiker. Också idag föds varje barn till världen lika okunnigt som en grottmänniska på sin tid. Varje nyfödd utgör ett oskrivet blad eller *tabula rasa*, ett begrepp myntad av den engelske filosofen John Locke i *Essay concerning Human Understanding* (1689) även om ursprunget går ända tillbaka på Platons idéer om att all kunskap finns latent inom människan sedan födelsen. Det som hindrar människan från att ideligen falla tillbaka i stenåldern är att varje ny generation i en mångskiktad lärprocess ingjuts (delar av) den kunskap som bygger på kollektiv och beprövad erfarenhet. Livet igenom är varje människa både lärjunge och medtävlare i vetandets stafettlopp. Var och en lär av sin omgivning, av sina närmaste och främmande, hämtar in erfarenheter om faror och fallgropar genom lekfullt experimenterande, vinner och förlorar, samlar på hög och glömmer, blir älskad eller bränd av livets brutala sidor. Mänskligheten måste kunna förlita sig på den kunskapsauktoritet som förra generationer förvärvat för att så berika sin egen, samtidigt som vetandet aldrig blir lika fast som marken under ens fötter, men förhoppningsvis stabil nog för att en ny generation ska kunna gå över den. Kunskap är som nattgammal is, ömtålig och bräcklig, farlig att gå på. Kunskap är också ett levande ting, en *färskvara*, och för att dess dynamik ska leda till framsteg – *ny kunskap* – räcker det inte med "korvstoppning" av konturlöst vetande, utan framför allt fordras självständigt tänkande som borgar för att den blivande naturforskaren odlar sin trädgård, utvecklar sin förmåga att längre fram i karriären loda nya och förut okända *sammanhang*, nyttja paradigmet som ett stöd för tanken utan att låta det stelna till förtorkade dogmer, därur hämta inspiration till annorlunda perspektiv, en ny idé, koppla samman den med en gudagnista hämtad ur en förflugen mening som av okänd orsak bevarats i minnet sedan studietiden, binda ihop den med egna reflexioner. Emellertid kan utbildning också vara ett sätt att konservera slitna synsätt, utan att stimulera till nya, i och med att skolan också lär oss imitera och utantillrabbla, ett arv från skolastikens gamla lärdomstradition som hävdade att man inte behöver förstå för att lära sig något. Inte sällan är det ögontjänarna som får de höga betygen, men från och med universitetet förväntas studenten härma sina lärare på ett sådant övertygande och sofistikerat sätt – utan att det märks – att det inte bara framgår att vederbörande anammat stoffets innehåll utan dessutom gjort det till sin personliga egendom – *bildning* –, en aspekt av sitt förvärvade kunskapsjag som den nyblivne forskaren sedan bär mig sig genom livets egen tid och rum, in i en ny tid och under en annan himmel. Det är denna del av lärandeprocessen som stundom gjorde Oppenheimers lärstil problematisk i och med att hans "apostlar" var ständigt upptagna av mimicry. Ändå blev hans elever sinsemellan lika olika som de var lika sin förebild och läromästare.

Oppenheimers kolleger avundade hans intuition, som ofelbart ledde in honom på rätt spår när lämpliga forskningsmål skulle stakas ut. De misstänkte att han var en snobb, vilket han också var. Han kunde vara en mycket intagande personlighet, om han ville, *när* han ville, vilket inte alltid var fallet. Somliga irriterade sig på hans rastlöshet, den nervositet som fick honom att balansera på stolen med risk att ramla baklänges, gungande fram och tillbaka medan han diskuterade ett intrikat fysikaliskt spörsmål, till synes oberörd av att kollegernas uppmärksamhet alltmer gällde stolens öde och Oppenheimers rangliga kropps svängning, redo att hoppa upp i sista sekunden när olyckan var framme, reste sig plötsligt för att skriva ner en tanke eller en formel på svarta tavlan för att strax återgå till balansakten med stolen som vickade betänkligt i takt med hans tal och gester, samtidigt som han lyckades prickskjuta kritan så den i en snyg kastparabel hamnade i lådan på väggen utan att vare sig studsa eller missa, medan åhörarna fick allt svårare att koncentrera sig på diskussionen så länge experimentet med stolen i dynamisk jämvikt fortgick. Oppenheimer samarbetade med Nobellaureaten Ernest Lawrence, cyklotronens uppfinnare, och hjälpte till att tolka mätresultaten av experiment med elementarpartiklar. År 1936 utnämns han till ordinarie professor i fysik vid universitetet i Kalifornien, mot löftet att dra ner på sitt engagemang på CalTech. Efter protester från detta lärosäte enas parterna om att Oppenheimer varje läsår i sex veckor tar tjänstledigt från sin professur i Berkeley för att föreläsa på CalTech.

Genom sitt förhållande med Jean Tatlock öppnades Oppenheimers ögon för de oförrätter som många i det amerikanska samhället utsattes för. Fostrad i hemmets trånga krets av bekymmerslösa "happy few", svältfödd på socialt umgänge med andra än samhällets vinnarlag, hade han hittills sett tillvaron i svart och vitt. Men Jean var färg, en springbrunn av färg. Det var som en uppenbarelse. Och en befrielse. Han upptäckte världen utanför, en för honom främmande planet, de fattigas, de förtrampades och de förslavades nedbrytande verklighet. Dessa ofria varelser på samhällets skuggsida, nonchalerade och förtryckta av en privilegierad överklass vilka med de rikas avsmak för det vulgära ansågs tillhöra en underlägsen kast av anonyma fattighjon. Jeans inflytande förvandlar landets fattiga till individer av kött och blod, levande människor av samma skrot och korn som han själv. Hon talar med radikal glöd om arbetarnas nöd, om deras styrka, samhörighet och uthållighet, men också om deras laster och tillkortakommanden. I bjärta toner skildrar hon de fattigas torftiga vardag av trångboddhet, lort, spritmissbruk, sjukdom, hunger och misär, och ger så denna rättslösa massa ett ansikte och en röst av liv och färg. Hon får anställning som barnpsykiater på Mount Zionsjukhus i San Francisco och introducerar honom för vänner och bekanta i kretsen av kommunistsympatisörer. Via henne kommer han i kontakt med Rudy Lambert, fanatisk kommunistisk fackföreningsledare och på 1940-talet chef för partiets säkerhetsavdelning. Oppenheimer förfäras men grips av en innerlig känsla av samhörighet med samhällets nitlottade, Amerikas namnlösa bottenskikt. Han vill vara mitt ibland dem, dela deras kamp, strida för deras rättigheter. Även om den ovana miljön skrämmer honom växer hans självtillit när han tror sig äntligen ha funnit ett mål utanför vetenskapen att leva för. För första gången blir Oppenheimer fri från den nervösa otålighet som hittills, likt sin egen skugga, följt honom hack i häl på sitt livs vandring.

Lambert var sovjetspion och hans namn dyker upp i ett 1945 uppsnappat meddelande till sovjetryska KGB med en förteckning över västländernas urantillgångar. Det är troligt att Lambert gillrade en fälla och utnyttjade sina vänskapliga kontakter med nyfrälste Oppenheimer för att pumpa honom både på pengar och information om atomprojektet, det var i alla fall vad atomenergikommissionens ledamöter ansåg om saken när de i juni 1954, efter en mycket uppmärksammad prövning av Oppenheimers vandel under sin tid som vetenskaplig ledare för Manhattanprojektet, beslöt att återkalla hans säkerhetsklassning. I *Decision in the Matter of Dr. J. Robert Oppenheimer*, skrev kommittén:

> ”I 1943 förnekade dr Oppenheimer för överste Lansdale att han kände till Rudy Lambert, en befattningshavare inom kommunistpartiet. Vid det tillfälle frågade dr Oppenheimer överste Lansdale hur Lambert såg ut. Nu däremot bekräftar dr Oppenheimer under ed att han var bekant med Lambert och träffade honom före 1943 vid åtminstone ett halvt dussin tillfällen; han intygade att han en eller två gånger ätit lunch med Lambert och Isaac Folkoff, ytterligare en funktionär inom kommunistpartiet, för att diskutera bidrag till kommunistpartiet, och att han kände till att Lambert hade en hög befattning inom partiet. (Folkoff, bättre känd som ”Volkow”, var amerikanska kommunistpartiets grundare och kontaktman på västkusten för Sovjetunionens underrättelsetjänst.)

Överste Boris Pash, som följt efter Oppenheimer på dennes omtvistade kärleksmöte med Jean Tatlock i San Francisco under sommaren av 1943, upprepade under ed inför kommisssionen att han i sin rapport av mötet till krigsministeriet yrkat på att Oppenheimer med omedelbar verkan skulle stängas av från sin post, men att han som svar fått en direkt order från Washington att släppa fallet. Det har aldrig klarlagts varifrån Pash fick ordern att lämna Oppenheimer i fred, vilket i alla år givit bränsle åt allehanda konspirationsteorier att Oppenheimer sauverades av en högt uppsatt sovjetspion i USAs militärledning. Pash fortsatte sitt vittnesmål med att återge hur Oppenheimer sökte upp honom och berättade att han hade kontaktats av en rysk spion som han lyckats överlista, enligt Pash en osannolik gallimatiashistoria som Oppenheimer fabulerat ihop för att skaka av eventuella misstankar. Bara dikt och skönmålning.

Kort tid efter den graverande incidenten i San Francisco och Washington:s uttryckliga order att låta saken bero, hittas Jean Tatlock 6 januari 1944 drunknad i sitt badkar. Olyckshändelse, självmord eller mord; omständigheterna är oklara och uppgifterna över lag knapphändiga. Sedan Jeans fader under någon dag förgäves försökt nå henne på telefon, bröt han sig via ett fönster in i sin dotters lägenhet och fann henne avliden i badrummet. I väntan på polisens ankomst brände han privata foton och papper, ingen vet vilka eller varför. Jeans fader samt hennes vänner och kolleger bedyrade i förhör att hon aldrig visat tecken på suicidalt beteende. Ärendet avskrevs som självmord. Människorna har väl alltid varit trasiga.

Häxprocessen mot Robert Oppenheimer, resulterande i att staten 1954 tog heder och ära av en av sina främsta vetenskapsmän som nationen stod i tacksamhetsskuld till, är en kolsvart sida i USAs efterkrigshistoria. Hökarna hade fått vittring på sitt byte. Kanske ville de statuera ett exempel, troligare är dock att de fått nog av denna fredsduva som med nyktra vetenskapliga argument och under skydd av det förhatliga ”fria ordet” trollband massorna med sitt fredsbudskap. Denna fredsduva som mäklade samförstånd mellan nationerna och pläderade för öppenhet inom vetenskapen, medan hans många motståndare menade att det nog var dags att lära ryssen veta hut. Måhända har världen av någon för allmänheten okänd anledning sluppit undan det kärnvapenkrig mot Sovjetunionen som hökarna i Pentagon på femtiotalet planerade för.

Oppenheimer kämpade för sin heder från underläge. Han var dömd på förhand. I en beklämmande uppvisning av hyckleri och avund avsattes han under förnedrande former från sitt fredsbevarande arbete inom atomenergikommissionen. Somliga ser i Oppenheimers offentliga förnedring ett exempel på att låsa stalldörren efter det att hästen blivit stulen, medan andra talar om en ”häxjakt motsvarande Dreyfusaffären på syndabockar för att släta över den amerikanska politikens tillkortakommanden”. Skräcken för röda faran var djupt rotad och kalla kriget kastade domedagsskuggor över det amerikanska samhället. Järnridån var en kil av eld och blod som delade världen i Öst och Väst. Alla fruktade ett kärnvapenkrig och det spekulerades i vedergällning och ”pre-emptive strike” (angrepp i avskräckande syfte). Goda grannar blev ovänner för livet efter ett förfluget ord. Familjer splittrades som svorna fiender på grund av en avlägsen kusins bolsjeviksympatier. Senator McCarthys antikommunistpropaganda födde ett förkastligt angivarklimat, vari beklagligt nog också åtskilliga av de forskare som på trettiotalet flytt Förintelsen agerade bödel. Oppenheimer, som var öppet kritisk till vätebomben och en frispråkig försvarare av fritt utbyte av forskningsrön inom atomenergiområdet, fråntogs sin säkerhetsklassning och förbjöds att framgent befatta sig med hemlig information. Utan egen förskyllan drogs några av Oppenheimers studenter med i sin läromästares fall: Joseph Weinberg, David Bohm och Bernard Peters.

Vad var det som hände 1954?

Oppenheimer stämplades som överlöpare och förklarades en säkerhetsrisk av gamla vänner och kolleger i en skamlig skenprocess med idel självgoda sanningsägare och arroganta översittare på åklagarsidan. Präktighetens kvacksalvare och viktigpettrar, hämndlystna hökar som trodde sig vara utan synd: William Borden, verksamhetschef för Joint Committee on Atomic Energy, FBI-chefen J Edgar Hoover, senatorn Joseph McCarthy, fysikkollegan Edward Teller som aldrig kunde förlåta sin förre chef för en dispyt över vätebomben medan kriget ännu rasade, flygvapenchefen generalmajor Roscoe Taylor, ivrigt påhejade av Lewis Strauss, den nye presidentens rådgivare i atomenergifrågor. I sammanlagt tjugosju timmar tvingades Robert Oppenheimer vittna om sitt livs intimaste detaljer i en skrämmande uppvisning av hat och avund ovärdig en rättsstat.

Vad låg bakom? Varur föddes detta hat? Vad fick kommissionen att agera? Vad fick den att hysa tilltro till förra kollegers svartmålande vittnesmål? Varför dömdes Oppenheimer på en rad vaga indicier? Varför denna rättsröta över en fråga som hur som helst kunde ha löst sig själv inom överskådlig tid eftersom Oppenheimers kontrakt ändå snart skulle löpa ut?

Frågorna är bestickande, svåra att svara på, omöjliga att nonchalera.

Kapitel XVIII

En nation är inte större än de idéer den frambringar. Men, hur får man ett folk att tro på en idé? Människans förmåga att glömma är enorm, men den överträffas av hennes förmåga att komma ihåg förnedring. Enklast är att dra upp gamla oförrätter, svek och kränkningar som nationen utsatts för i dåtid. Att vedergällningens tid är kommen, att folket har rätt att återta det som den gemensamma fienden roffat åt sig. Krig är att hämnas för förnedring. Detta är krigets recept som piskar fram folkets vrede och försäkrar om massornas stöd.

Krig är ett vapen laddat med vansinne. Förnuft saknade den militära aktion som finns på bild i detta kapitel, en aktion utan strategisk poäng. Bilden är intressant av flera anledningar, en av dem är att den på ett kusligt sätt påminner om ett ikoniskt fotografi taget 23 februari 1945 av den legendariske krigsfotografen Joe Rosenthal, det som visar hur amerikanska soldater driver USAs flagg ner i sanden på Mt Suribachi på den just återerövrade stillahavsön Iwo Jima. Historien rinner över av fanor som om vartannat trycks ner i erövrad, återerövrad, men alltid blodstänkt jord.

Bilden visar tyska soldater som hissar krigsflaggans hakkors på berget Elbruz krön. Fotot är taget strax före Stalingrad, andra världskrigets naturliga tidmätare och vattendelare: antingen dateras en händelse till före Stalingrad eller till efter Stalingrad. Det värsta har de framför sig och blod väntar dem när de klättrat ned för berget. Kriget tar inte slut på länge. Kommandot har fått hjälp av en inhemsk guide med lokalkännedom om hur man tar sig upp för sluttningarna, ty en av dem, han till höger i bilden med ansiktet riktat mot kameran, saknar reglementsenlig uniformmössa, och har huvudet täckt med en halsduk eller pälsmössa, det går inte att säga vilket. Elbruz är ett berg i ryska Kaukasus i delrepubliken Kabardinien-Balkarien, inte vilket berg som helst utan Europas högsta, och tänkas kan att stridsledningens avsikt var att också i bokstavlig mening lägga världen under sig. Det var i så fall en ursäkt för att dölja en annan anledning. Berget delar sig i två toppar: den västra (Zapadnaya) är högst med 5642 meter över havet, den östra spetsen (Vostochnaya) slutar tjugo meter lägre. Namnet Elbruz kommer från persiskan, och betyder just två toppar. Fotografiet är taget den 20 augusti 1942.

Snön sveper berget runtomkring, den sliter och slipar. Dag och natt hackas sönder och blandas huller om buller; i snöröken är det mörkt och ljust om vartannat. Isbark i mustaschen, soldaternas skäggstubb täcks av isad svett. Fukten fastnar vid huden som tungan mot kallt järn. Bilden användes i propagandasyfte av Goebbels ministerium, även om Hitler sägs ha gått i taket när han fick se den, upprörd över att tid och blod gått till spillo i en opåkallad kamp mot ett ryskt berg. En specialenhet av alpinjägare ur första och fjärde Gebirgs-Division – bergsinfanteridivisioner tillhörande Waffen-SS – hade fått order att bestiga berget. I rasande snöstorm nådde de toppen, varefter svastikan vajade över Europas högsta berg, en symbolladdad bild om någon. Oberfeldwebel Wilhelm Kümmerle drev ner flaggen i snön på vad han trodde var bergets högsta punkt, men så var det inte. De stod femhundra meter från målet och fyrtio meter under toppen. Kümmerle överlevde klättringen med sextio år, de övriga på bilden stupade vid Stalingrad.

Från augusti 1942 till februari 1943 slog tyska 6:e armé en ring av dödlig eld runt Stalingrad vars hjältemodiga invånare försvarades av en numerärt underlägsen 62:e skyttearmé. Målet för det tyska anfallet var att säkra flanken inför erövringen av Rysslands oljekällor i Kaukasus. Ryssarna gav sig inte förrän tyskarna, minus en miljon döda och sårade, haltade hem. Alla känner till historien, hur som helst saknar språket ord för att skildra detta drama. Ingen vet hur så mycket lidande, blandat med så mycket mod, ska kläs i ord. Slaget om Stalingrad blev krigets vändpunkt, en militär katastrof som regimen i Berlin aldrig repade sig från. Efter nederlaget vid Stalingrad skulle Dritte Reich utkämpa ett utdraget försvarskrig och gradvis falla sönder, fram till landets sammanbrott och kapitulation 1945.

Operation Elbruz var Reichsführer SS Heinrich Himmlers idé. Som vice-inrikesminister och högsta polischef kom han att bli Förintelsens organisatör. En drömmare och psykopat, som såg det som sitt kall att förse det tyska folket med historiska och företrädesvis fornnordiska rötter, tänkta att efter segern nyttjas som täckmantel för att samla de förslavade europeiska folken kring ett konstruerat heroiskt förflutet. I sitt uppdrag stödde han sig på mysticism, fornnordisk asatro, och en fanatisk hängivenhet till nazismens naiva rasideologi och livsåskådning, formulerade i partifilosofen Alfred Rosenbergs programbok från 1930 *Der Mythus des zwanzigsten Jahrhunderts*. I denna bok nämns orden myt och religion i så gott som varje mening och Rosenberg hävdar behovet av en ”Mythos des Blutes”, myten om det nordiska blodet, en nygammal blandning av religion och statsideologi syftande till att ersätta kristendomen. Dygder som hölls högt i denna ariska troslära var ära och plikt, aldrig kärlek och empati. Att nazismen fick massorna med sig berodde till en del just på det tyska folkets längtan efter ordning och reda, som felaktigt togs för rättvisa. Enligt Rosenberg – som förutom hos Himmler inte fick gehör för sitt program hos Tredje rikets styresmän – skulle judisk imperialism och påvekyrkans maktanspråk bytas ut mot en tysk vikingareligion. Inom ramen för en uråldrig mystisk tradition – geomantik – studerades dösen, skeppssättningar, hällristningar, domarringar och andra forntida byggnadsverk, samt seden att med slagruta spåra vattenådror, en traditionell form av vidskepelse vilande på en vettlös föreställning om jordiska energifält.

Himmler tillhörde nazismens toppskikt. I Dachau nära München lät han uppföra det första förintelselägret för att omhänderta judar, homosexuella, ”politiskt kriminella” och arbetsskygga. Fler läger följde, i en tävlan om det effektivaste sättet att avliva regimens fiender. Medlidandet är alltid krigets första offer. Tio år efter nazisternas maktövertag utnämns Himmler till inrikesminister. Ett år senare, efter det misslyckade attentatet på Adolf Hitler, avancerar han till kommendant för landets hemarmé. I april 1945 framför han på eget bevåg ett kapitulationsförslag till väst-

Elbruz, 20 augusti, 1942

makterna, utesluts ur partiet och blir fråntagen sitt ämbete. Med falska papper försökte han i krigsslutets kaos bluffa sig till flyktingstatus, blev igenkänd och hamnade i brittisk förvar, där han i maj 1945 tog sitt liv.

År 1935 inrättade Himmler, Herman Wirth och Walther Darré, nationalsocialistiska forskningsstiftelsen Ahnenerbe (Förfädernas Arv), vars verksamhet gick ut på antropologisk forskning kring de germanska folkens ursprung. Himmlers dröm var att skapa ett renrasigt Tyskland med stark förankring i historiens mylla. Forskningsresor för att studera hällristningar och därur hämta fornnordiska motiv som inspiration till en ny ordning med dithörande bomärken och efternamn, organiserades till Bohuslän med svensknazisten konteramiral Claes Lindsström, befälhavare för Sveriges Östersjöflotta, som lots. Som nyfunna familjenamn föreslogs Hakenkreuz, Sonnenrad, Wolfsangel, Toten-Rune, Leben-Rune, Odal-Rune, med flera i samma sinnessjuka anda.

Elbruz är ett historiskt omtalat berg. Muntliga källor gör gällande att Elbruz är den klippa vid vilken Prometheus fjättrades sedan han stulit elden från gudarna och givit den människan i gåva. Prometheus är en hjälte i grekisk mytologi, namnet betyder "han som tänker efter innan". Han har en bror, Epimetheus, av namnet att döma en omdömeslös person, "han som tänker efter för sent". Grekerna räknade Prometheus brott till konstens och vetenskapens ursprung. Elbruz kallades under antiken Strobilos, tallkotte. I det tyska fälttåget mot den ryska björnen – *Unternehmen Blau* (Operation blå) – ingick en kringgående tångrörelse söderifrån i syfte att säkra oljefälten i Kaukasus, samtidigt som Rysslands försörjningslinjer av drivmedel skulle kapas som handen på en tjuv. En del av denna flank omdirigerades till Elbruz för att resa Tysklands flagga på Europas tak, en symbol för övertagande av herraväldet på jorden. En urgammal persisk mytologi framställer detta berg (Harborz, högvakten) som världens centrum och urkälla för jordens energi, vilket var allt en svärmare av Himmlers kaliber behövde i väg av vetenskap för att ge klartecken till en av krigets mest bisarra operationer.

Tredje rikets vetenskap var starkt påverkat av metafysik och mystik. Detta blev en bidragande orsak till att Nazitysklands kärnvapenprogram havererade. Redan innan kriget ens hade börjat prioriterade regimen den "forskning", avsedd att förse landet och dess kultur med ett klädsamt förflutet, framför förnuftsbaserad research. Ahnenerbe var ett "förhistoriskt germanskt kulturcentrum" som dess stiftare, Heinrich Himmler, formulerade det. Från början kallades organisationen "Studiengesellschaft für Geistesurgeschichte Deutsches Ahnenerbe" (Forskningsgrupp för själens forntidshistoria, tyska Ahnenerbe), men döptes 1937 om till "Forschungs- und Lehrgemeinschaft das Ahnenerbe (Forsknings- och undervisningssällskap Ahnenerbe). Forskningen koncentrerades till Wewelsburg, en gammal biskopsfästning med anor från 1200-talet, två mil sydväst om Paderborn i Nordrhein-Westfalen. Himmler bestämde sig för Wewelsburg främst på grund av dess unika symbolvärde som han fann i slottets närhet till Teutoburgerskogen där en allians av germanska stammar år 9 e Kr hade krossat det romerska imperiets krigshär.

Ahnenerbe (*ty*, *Erbe*, arv, *Ahnen*, anor) var ett slags SS-universitet, vilket gav sken av att organisationen ägnade sig åt seriös forskning. Istället höll Ahnenerbe på med att i lönndom fabricera en trovärdig bakgrund till myten om den överlägsna ariska rasen. Den utgick från att hitta (på) bevis för det sinnessvaga påståendet att den ”nordiska rasen” i grå forntid styrt världen, ett påfund som, även om det hade varit sant, aldrig kunnat legitimera nazismens övergrepp. Även när myten om makt upphöjs till ideologi behöver den en rationell grund för dess existens, liksom lögn behöver ett grand av fakta för att med framgång kunna vikariera som sanning. Den som har makten över ett lands historia kontrollerar det. När kulten korrumperas av makten och upphöjs till statsideologi är det ett tecken på att härskaren tappat greppet om verkligheten och håller på att förlora tron på sitt budskap. Den ägnar sig åt spriding av det andens virus som heter lögn, men kan inte hindra att själv bli smittad.

Genom att placera nationens framtid i en kontext av ärofylld förfluten tid kom all den förändring som regimens propaganda tutade ut över folket på något nostalgiskt sätt att te sig välbekant och trygg, emedan den ju redan hade ägt rum. Nazipropagandan använde historien för att ge samtiden glans. När en lögn upprepas länge nog tar folket den till sig som en sanning, ty folket vill tro. Den förut ångestfyllda framtiden kom nu att lysa med igenkännandets välkomnande ljus och tedde sig inte längre främmande och hotfull. Det förflutna, glimmande av ädelt mod och ärorik heder, har en enastående förmåga att lämpa sig för det mesta när det inmutas av en skicklig agitator. ”Ordning och reda som förr i tiden” är ett oslagbart om än slitet budskap, täckt med ett nationalromantiskt skimmer, som få motsätter sig och många kan relatera till.

Från det gamla biskopssätet Wewelsburg sköljde en flodvåg av ihåliga försvarsskrifter för en ond tro över landet, en kraftlös näve knuten runt lögner rörande det tyska herrefolkets ”germanskhet”. Censur och förbud var, förutom maktyttringar, tecken på sjukdom och förfall, en tynande styrka som höll på att glida ur händerna på förtryckarna i brist på fasthet och konkretion. Bakom terrorns mask fortsatte regimen att spela ett förlorat spel, vände sig mot det egna folket och begärde det omöjliga att det skulle finna sig i grundlösa dogmer. Den tyska folksjälens traditionella respekt för makt luckrade på så vis upp fältet för nazismens barbari. Makten kände ingen solidaritet med sin kusin möbelsnickaren eller sin broder byprästen, ty den hade på falska grunder tillskansat sig privilegier oåtkomliga för andra och därmed förlorat umgängesrätten med sin härkomst.

En väsentlig del av vårt kunnande inom teknik, naturvetenskap, byggnadskonst, medicin, musik, psykologi, filosofi med mera, härstammar från Europas centrala delar. De tysktalande länderna blev under 1800-talet och 1900-talets inledande decennier ett Eden för vetenskapen. I synnerhet naturvetenskapen spelade en central roll i tyskstaterna. Vetenskap som grogrund för nytänkande och innovation saknar motstycke i andra länders historia. Detta är ett faktum, ett faktum som inte förklaras med tomma paroller om centraleuropéernas förträfflighet. Tyskarna är nog som folk är mest. Istället beror det på komplicerade skeenden, ett samspel mellan sociopolitiska faktorer under framförallt 1800-talet. Det tyska bildningsidealet och universitetens traditionellt höga utbildningsnivå framkallade den symbolbild vi idag förknippar med begreppet forskare, en målinriktad person i vit rock, driven av en osläckbar intellektuell törst och skapande nyfikenhet; en parodisk bild, måhända rentav en nidbild, men ändå den bild vi respekterar och känner igen.

Tysklands betydelse som vetenskapens föregångsland går ej att förneka. Hur kunde då denna förebild för andra nationer, detta land som fött Einstein, Kant och Beethoven, detta folk av klarsynta tänkare, geniala konstnärer och inspirerade tekniker, som lyft Europas fordom murkna teknologi till 1900-talets springbrunn av kunskap och välgång, gå ner sig i historiens vedervärdigaste vetenskapsträsk? Kan det vara så att motsatser i form av seriös vetenskap och lögnaktig ovetenskap ligger nära varandra på samma sätt som hat och kärlek finns i en punkt? Ont och gott är ett kärlekspar som håller varandra hårt i handen. Tredje rikets charlatanvetenskap rörde sig mellan villfarelse i form av ockult pseudovetenskap och klinisk forskning på värnlösa människooffer. Ahnenerbe började några år in på andra världskriget (1942) experimentera på människor. Organisationens ledare, Reichsgeschäftführer Wolfram Sievers, dömdes i Nürnberg till döden för krigsbrott och avrättades 1948. Under ledning av doktor Sigmund Rascher i Dachau placerades judar i tryckkammare för att simulera den allt högre höjd uppnådd av Luftwaffes piloter, eller utsattes för arktisk kyla för att utforska var gränsen går för vad en människa tål. 1945 avrättades Rascher av sina egna, strax innan amerikanska förband befriade utrotningslägret Dachau. Rascher hade för Himmler påstått att han kunde förlänga kvinnors fertila ålder, och som bevis anfört sin egen hustru som fött tre barn efter hon fyllt 48. Medan hon till synes väntade sitt fjärde barn anhölls fru Rascher när hon försökte stjäla ett spädbarn. Under förhör uppdagades att parets tre barn också var bortrövade. Himmler, som använt makarna i propagandasyfte, tog illa vid och lät avrätta dem sedan det dessutom framkommit att Rascher begått ekonomiska oegentligheter, mördat sin assistent som hittat komprometterande bevis och hade hotat att gå till polisen, samt förfalskat forskningsresultat. Merparten av Ahnenerbe:s så kallade forskning gick förlorad när SS 31 mars 1945 sprängde Wewelsburg strax innan allierade trupper nådde dit. Därmed gjorde de mänskligheten en utomordentlig tjänst.

Ahnenerbe:s mål var att gräva fram den ariska rasens antropologiska och kulturella historia, antingen ur jorden eller ur fantasin. Forskningen, varur tidens ondska avlades, kretsade kring tre teman: Erbe (arv), Raum (territorium) och Geist (själ), en motivkrets hårt förtöjd vid historiens kaj. Ahnenerbe:s centrala dogm fokuserade på nazismens grundlösa tes rörande den nordiska rasens överlägsenhet. Slutsatsen var given i förväg och lika med utgångspunkten, vilket gör Himmlers vetenskap till lurendrejeri. Omsorgsfullt iscensatta uppgrävningar i Tibet, Iran, Nordafrika, på Island samt i de ockuperade delarna av Ryssland var i själva verket arrangerade kulisser för en prefabricerad scenografi. I krigsmaskinens segerspår organiserade Ahnenerbe:s arkeologer skattjakter på historiska föremål. I skoningslösa plundringsräder skövlades muséer på artefakter av vad tyskarna tog som bevis för sin ariska härstamning. Den germanska rasen, hävdade de, gick i rak linje tillbaka på ett högtstående urfolk från området kring Kaukasus, och forskarnas uppgift var att i efterhand underbygga denna svajiga slutsats med handfasta bevis i form av arkeologiska fynd, vilket är att spänna hästen bakom vagnen. Ahnenerbe utformade metoden efter en i förväg given tes, sprängde alla forskningsetiska ramar, bestämde sanningen efter egna lagar, och fabricerade så det tyska folkets glorifierade proveniens, en hjälteskimrande trosbekännelse som av en ockult sekt. Över seklernas bråddjup räckte nazismen handen åt tappra urkrigare vid namn Thor eller Rune eller Totenkopf, representanter för en överlägsen ras utvald att härska över världen. Vad gäller det förflutna byggde den ariska rasens storhet på en pakt med de stora döda, vad gäller framtiden använde man sig av myten om äran, medan vetenskapen handlade om Hanns Hörbigers nattståndna tes om ett kosmos av is och eld. Framtiden byggdes kring plikt och ära, centrala element i naziideologin.

Naziideologerna trodde inte mer på sin lögn än en gatuförsäljare tror på just det egna krimskramsets förträfflighet, men de var tvungna att låtsas för att behålla sitt terrorgrepp om massorna. Universum var, enligt Hörbiger och Ahnenerbe, ett bål av isflammor som förtärde allt som kom i dess väg; på samma sätt rullade Hitlers erövringståg fram, dag som natt, utan att göra halt eller se sig om. Fälttåget skulle omsider köra fast i den tröstlösa vidd av snö och is som utgör det ryska kosmos, det iskosmos utan gräns som för varje tyskt insteg i dess fryskalla rymd gled ett omärkligt stycke bakåt, tills Hitlers generaler insåg att de gått för långt. Nu krävdes offer för att hålla isflamman levande och utan medel att undvika katastrofen började Nazitysk-land i sin ark av ensamhet ägna sig åt offergåvor till de stora döda. Genom att hämnas på judendomen, genom att ta revansch för oförrätter begångna eller inte begångna i historisk tid, tände de eldar av hat som förintade sex miljoner själar.

Tysknaturaliserade holländaren Herman Wirth var Ahnenerbe:s ideologiska hjärna. Autodidakt på området kallade han sig arkeolog och antropolog, och fick rykte om sig för kontroversiella åsikter om medeltiden och den germanska urtiden. Wirth läste germanistik, språkkunskap, historia och musikvetenskap, först i Utrecht, sedan i Leipzig. Vid första världskrigets utbrott tog han värvning i Tysklands kejserliga armé och blev tysk medborgare. Krigsplacerad på en civil övervakningspost i det ockuperade Belgien, sparkades han sedan han börjat samla in pengar för den flamländska motståndsrörelsens sak. Under kort tid 1925-1926 var han medlem i NSDAP, lämnade denna organisation för att 1933 återinträda. 1928 publicerade Wirth *Aufgang der Menschheit*, vari han sjösatte myten om ett ariskt urfolk från Atlantis som tillbad solguden i ett samhälle organiserat i form av ett matriarkat. När Atlantis gick under (enligt Hanns Hörbiger, världsislärans profet, efter en kollision mellan jorden och en av dess ismånar), satte detta krigarfolk sig i säkerhet i Norden för att vårda sin kulturella särart och superioritet. Likt en förtida Erich von Däniken var Wirths mål att återskapa detta härskarfolk genom att framställa bilden av en mäktig fornkultur bevarad i hällristningar, runor och fornhistoriska byggnadsverk. Fascinerad av ristningarna i Tanums omgivningar i Bohuslän (numera världsarv) avsåg han att rekonstruera den nordiska rasens högkultur och trosvärld. Arvingarna efter Atlantis tillhörde en förnäm kast, utmärkt av övermänsklighet och en överordnad status i förhållande till mindervärdiga, icke-ariska folk. I Tanum klantade Wirth till det rejält genom grov oskicklighet. När han gjorde en avgjutning förstörde han en oersättlig hällristning, varefter han förbjöds att framgent på egen hand befinna sig i terrängen.

Det sägs att en dumbom förr eller senare alltid finner en annan dumbom som beundrar honom. Denne storskrävlare och charlatan Herman Wirths smala lycka i livet var att han hösten 1934 via bekanta kom i kontakt med Heinrich Himmler, Tredje rikets polischef. I september samma år föreläste Wirth för Samfundet Manhem om Sveriges och den germanska andens äldsta historia. Manhem, en kulturförening verksam från 1934, stod nazismen nära och dess mål var att främja "svenskheten", syftande till "tillbakaträngande av andligt förfall och nationell förnedring".

Som så många andra i SS-Ahnenerbe lyckades Wirth, undgå laga ansvar. Efter kriget försökte han sig på en karriär i Sverige där han med stöd av framstående entreprenören och industrialisten Holger Crafoord under några år bedrev Institut för Färgfoto i Lund. Crafoord var då 36 år gammal och verkställande direktör för förpackningskoncernen Åkerlund & Rausing i Lund, som småningom växte till världsomspännande Tetra Pak, tillika organisatör, inspiratör och drivkraft bakom hjälpmedelsföretaget Gambro. När Wirths bakgrund sakta började tona fram ur en förvirrad efterkrigstids administrativa dimmor, nekades han svenskt medborgarskap och tvingades återvända till ett sönderbombat Tyskland.

Wirth var en historieskulptör, en fantasins berättare vars pastischer ingen brydde sig om annat än som nationalromantisk förströelseläsning. Han hade förblivit en i raden av spekulerande drömmare som finns i utkanten av varje vetenskap, där de parasiterar på dess olösta gåtor, om inte ödet låtit honom skaka hand med nationalsocialismen. Av sagors skira stoff smidde han maktens järnhand. Hans berättelser om en högkultur av övermänniskor som av oklar anledning gått förlorad i oviss forntid, hade förblivit en i mängden av mer eller mindre egendomliga orsaksförklaringar om han inte hade upptäckts av Heinrich Himmler. I maskopi med makten blev Wirths fantasterier över den nordiska elitrasen ett ideologiskt vapen i ett rasande världskrig och indirekt orsaken till Förintelsen. Schweizaren Erich von Däniken fabulerade på 1970-talet dylika lögner på löpande band, den gången utan att en totalitär regim fångade upp idéerna och smidde propaganda av dem. Hos von Däniken var det företrädesvis utomjordiska civilisationer som, likt en grekisk Prometheus eller en mesopotamisk Ioannis, skänkte människan den kunskap som fick henne att stå ut från sin omgivning. Hos von Däniken, liksom hos Wirth, talade stenarna i terrängen ett hemligt språk, viskade stolta krigarsagor från en svunnen urvärld, en högkultur långt före sin tid, långt före vår tid. Det Wirth – likt en kapten Nemo som gått i land – uppfattade av stenarnas vittnesbörd var historien om Atlantis, vars ädla folk av arier tvingades fly vattnet när olyckan var framme. De bosatte sig i Norden, och ägnade sig åt att för flyttblock från istiden diktera historier om ariernas ärorika förflutna och sia i deras arvingars framtid som Übermenschen. Deras testamente karvat i svenskskogarnas granit och diabas finns, så hävdade Wirth, än idag att läsa på runstenarna.

Ett av Ahnerbe:s oräkneliga oetiska projekt var "Lebensborn" (livets brunn), ett "avelsprogram" syftande till att förädla den ariska rasen och skapa den elitras som efter krigets slutseger skulle anföra det nya Stortyskland och trygga landets framtid som världshärskare. Ahnenerbe:s rasideologer med Reichsführer Heinrich Himmler i spetsen fruktade att den ariska genskatt i det blivande stortyska imperium, omfattande en stor del av den eurasiska kontinenten med icke-ariska folkslag, med tiden skulle "urvattnas" till följd av blandäktenskap och tillfälliga förbindelser vilket medförde att den nordiska rasen löpte risk att utarmas av genetisk utspädning just till följd av Dritte Reich:s framgångsrika expansion av landets Lebensraum. Ahnenerbe och Himmler befarade en oönskad följdeffekt av det tyska segertåget i form av den ariska rasens genetiska undergång. I tyskockuperade områden inledde soldater ofta lokala förbindelser, i regel tillfälliga och utanför äktenskapet. Soldaten kunde när som helst bli krigsplacerad vid någon annan front eller rentav redan vara gift hemma i Tyskland. Så uppstod den motsägelsefulla situationen där Hitlertysklands exempellöst expansiva framgångar, hur ärofyllda de än vara månde ur ett nazistiskt perspektiv, förutom segern också bar på fröet till undergång av den renrasiga ariskheten. Ariskhetens dominanta genetiska arv fick inte gå förlorat genom att låta soldatens säd hamna på hälleberget. Den unge soldatens sunda och naturliga parningsdrift skulle användas för nazismens sak genom att bevara ariskheten och skapa övermänniskan. En soldat behöver avkoppling, det kan ju vara hans tur i morgon... Projektet gick av stapeln den 15 augusti 1936 i sydtyska Steinhöring med öppnandet av den första Lebensbornkliniken, Heim Hochland. Det operativa ansvaret för Lebensborn åvilade en särskild avdelning för rasfrågor inom SS, Rasse- und Siedlungshauptamt RuSHA.

Lebensbornprogrammet hade Ahnenerbe:s och Reichsführer Heinrich Himmlers fulla stöd, ivrigt påhejad av svensken Herman Lundberg, chef för Statens Institut för Rasbiologi i Uppsala som bidrog med "expertråd" med avseende på hur tyska män av renrasigt ariskt ursprung med fördel kunde sprida sina överlägsna gener. Projektet drev ett antal barnhem och kliniker, merendels i ockuperade Norge, där ogifta ariska kvinnor i hemlighet kunde föda sitt barn som, efter en urvalsprocess vari Himmler själv kunde medverka, adopterades bort till utvalda ariska familjer, företrädesvis med koppling till SS. Åtta av Nazitysklands tolv barnhem utanför landsgränserna fanns i Norge. Anders Björkman skrev 17 januari 2016 i Svenska Dagbladet:

> "När Kari (Kari Rosvall, ett av tyskbarnen) hade tagits ifrån sin mor fick hon ett nummer, inte ett namn: I/5431. Hon och de andra utvalda barnen fraktades i enkla trälådor till Lebensbornhemmet Hohehorst i tyska Bremen. Här fick hon ett 'nazistiskt dop', en ceremoni vid ett altare med ett stort hakkors ovanför och på golvet en kudde där barnet I/5431 lades ner. Man läste ett utdrag ur 'Mein Kampf' medan en SS-soldat höll en dolk ovanför barnet. Det hela avslutades med att en SS-man å barnets vägnar svor trohetseden till Hitler."

Cirka åttatusen *Tyskerunger* föddes under kriget bara i Norge inom ramen för Lebensbornprogrammet. Tyskerunger var en nedsättande beteckning för de uppskattningsvis 13-tusen illegitima barn födda ur tillfälliga förbindelser mellan norska kvinnor och tyska soldater. Dessa barn och deras mödrar utsattes efter kriget för omfattande övergrepp, stigmatisering och social utfrysning. Norrmännen var angelägna att fortast möjligt göra sig av med krigsbarnen som betraktades som en moralisk belastning för landet, då de visade att också i Norge, liksom i andra länder under kriget, kärleksförbindelser med soldater ur ockupationsmakten hade förekommit. Bara någon månad efter Norges befrielse tillsatte regeringen en kommitté, *Krigsbarnutvalget*, vars uppdrag var att undersöka juridiska möjligheter att deportera tyskbarnen till annat land. Man förhandlade utan framgång med länder som Sverige, Tyskland och Australien innan kommittén lades ner i brist på resultat. Till stöd för försöken anfördes att Lebensbornbarnen var svagsinta och dysfunktionella, en följd av att *tyskertøserne* (norskans *tøs* betyder *slampa)* som inlåtit sig med ockupationsmakten var i hög grad imbecilla och asociala, vilkas dåliga anlag troligen förts vidare på deras avkomma.

Ahnenerbe:s forskning var oforskning. Osynliga trådar av orsak och verkan förband Nazitysklands seriösa forskning med Ahnenerbe:s charlataneri. 1942 skrev Himmler ett brev till Ahnenerbe, varur följande:

> ”Var snäll och lämna över den här korrespondensen till Wüst (avser Walther Wüst, professor i indoeuropeiska språk i München), men be honom att lämna tillbaka personalen. Wüst ska ta kontakt med Heisenberg, ty vi behöver honom här för Ahnenerbe så fort det blir ett fullfjädrat universitet, och vi ska nog få denne man, som är en god forskare, att samarbeta med de våra om Världsisläran.”

Bland Ahnenerbe:s publikationer fanns *Journal för samtliga naturvetenskaper*. I denna tidskrift spekulerade nazisympatisörer kring sin amatörforskning. De var anhängare av en i nazikretsar favorit teori om universums uppbyggnad, kallad Världsisläran. Enligt Världsisläran bestod himlakropparna av is. Denna teori konkurrerade länge med en annan udda nationalsocialistisk kosmologi – Hohlweltlehre – läran som låter människan bo på jordklotets insida, samt med Franz Wetzels teori från trettiotalet – Wünschelruten- und Pendelforschung (slagrute- och pendelforskning), också kallad Radiästhesie (*lat.* radius, stråle och *grek.* aisthesis, sinnesförnimmelse) – ett statsfinansierat forskningsprogram inom Ahnenerbe under namnet Institut für Wünschelruten- und Pendelforschung, med säte i München.

År 1912 utgav den österrikiske ingenjören Hanns Hörbiger i samarbete med amatörastronomen Philipp Fauth boken *Glazialkosmogonie*, ett sorgligt hopkok av kosmiska spekulationer, vars vacklande utgångspunkt var att rymden utgör en värld av is. Där antiken föreställde sig tingen gjorda av vind, vatten, eld och jord, var Hörbigers kosmos ett dödsrike av fruset vatten, som kunde ställa till med förödelse när det begav sig. Rymden var ett slagfält av eld och is, en oupphörlig kamp som, enligt teorins upphovsman, kastade ljus över den mängd oförklarliga fenomen som tynger astronomin. Månen hade satt honom på spåret: i unga år hade han i Galileo Galileis efterföljd spanat på jorddrabanten och 1894 i en dröm fått ingivelsen att den bestod av is. Jorden skulle för länge sedan blivit en knastertorr och ofruktbar tistelöken om inte dessa rymdens isar då och då störtade ned från himlens tak och fyllde på vattenreserverna.

Philipp Fauth – folkskollärare och Världsisläräns medförfattare – var på sin tid en känd och respekterad amatörastronom som specialiserat sig på att kartlägga månen. År 1938 hedrades han av Heinrich Himmler med professorstiteln, dock utan vare sig undervisningsplikt eller lön. Vid krigets utbrott sålde Fauth sitt bibliotek och sina teleskop till Ahnenerbe mot löfte att de så som grundplåt skulle ingå i en planerad men aldrig realiserad serie av SS-observatorier. Fauths bestående bidrag till stjärnvetenskapen är hans månkarta i skala 1:1000,000 i 3,5 meters storlek, som i oktober 1964 under titeln *Mondatlas von Philipp Fauth* publicerades av Olbers amatörastronomiska sällskap i Bremen i form av 22 stora och påkostade kartsidor. År 1923 ärade Internationella Astronomiska Unionen i London honom med en dubbelkrater på månen strax söder om stora Kopernikuskratern. Än idag heter den Fauth. I Kaiserslautern, Bad Dürkheim och Landstuhl lever Fauths minne vidare i gatunamnet Philipp-Fauth-Straße.

Engelsmannen Houston Stewart Chamberlain – framstående wagnerian och nationalsocialismens främste teoretiker – var anhängare av Hörbigers teori och bidrog genom tyngden av sin reputation till dess spridning. Vid ingången av tjugotalet instiftades *Kosmotechnische Gesellschaft* och *Hörbiger Institut* i syfte att engagera massorna i *Welteislehre*, sedan den med isig tystnad mottagits från fackvetenskapligt håll. Hörbigers stora förmögenhet förmådde sätta åtskillig kraft bakom tanken på ett kosmos byggt av is.

Med tiden inmutades teorin av nationalsocialismen för att ge en kvasivetenskaplig grund åt tesen om ett glorifierat tyskt förflutet med band till syndafloden och Atlantis. Temat blev att ”eftersom våra nordiska förfäder fick sin styrka från is och snö, utgör tron på den kosmiska isen den nordiska rasens bördsarv”. Hitler var entusiastisk anhängare av isläran och planerade ett planetarium i tre plan, vars första våning var avsedd att presentera Ptolemaios världsbild, andra våningen Kopernikus teori och övervåningen Hörbigers kosmologi, symboliskt och bokstavligen vetenskapens kulmen. Att isteorin fick maktens stöd berodde på att den lämpligen kunde användas som slagträ i kampen mot den nya fysikens kvantteori och relativitetsteorier, vilka under anförande av Nobelpristagarna Philipp von Lenard och Johannes Stark fördömdes av judefientliga Deutsche Physikrörelsen. Denna ultrakonservativa rörelse bekämpade den nya teoretiska fysiken som ett tecken på judisk dekadens och krävde en återgång till gamla tiders experimentalfysik, ägnad åt handfasta ting, saker man hade för ögonen och kunde ta på.

Hörbigers *Welteislehre* handlar om oförstådd vetenskap, otillfreds med det som förklarats och upptagits i paradigmet. Han hade i grunden inget att berätta men han idisslade sitt lilla kunnande utan minsta redig tanke på sanning. Han förvaltade sitt grand av kunskap för att riva vetenskapens hus. Liksom författare inte sysslar med att uppfinna egna skrivtecken, utan nöjer sig med det som finns och fungerar, så är inte heller forskaren ute efter att kullkasta varje laboratorieskåp som ställer sig i hans väg. Hans gärning går ut på att lägga ännu ett tunt lager av nytt vetande på det redan bevisade, istället för att rasera något alla är rörande överens om. I det avseende liknar naturvetenskapen mer ett underhållsteam än ett rivningsföretag. Hörbiger däremot var en omstörtare, en rabulist som med våld använde sitt kunskapskorn för att skapa en ny tid och en ny vetenskap, där ingen hade klagat på den gamla. Som ett tecken på hans inblandning i allt som kunde störtas över ända finns en bild från 1927 av Hörbiger i sällskap av språkförnyare. Bilden visar honom tillsammans med Edgar von Wahl, Engelbert Pigal och sonen Johann Robert Hörbiger. Tyskbalten von Wahl snitsade till ett nytt världsspråk, vägledd av erfarenhet från sin ungdom där han tvingats tala tyska med sina föräldrar, ryska i skolan, estniska på gatan och franska med husets tjänstefolk. Efter kontakter på 1880-talet med *volapük* (språk 1879 utvecklat av den tyske prästen Johann Schleyer), som han fann för svårt, uppstod så esperanto som ett projekt vari också Antoni Grabowski och Ludwik Zamenhog med flera medverkade. År 1894 lämnade Wahl esperantorörelsen och kokade ihop ett eget språk, Occidental, (efter sin död 1948 omdöpt till Interlingua), som på tjugotalet fick en viss spridning.

I tidernas begynnelse omkretsades vår planet av flera ismånar, vilka den ena efter den andra lossnade från sina fästen och i kosmiska kataklysmer anrikade jordens vattenkretslopp. Den syndaflod beskriven i bibeln var måhända den sista i en rad liknande händelser. Varje gång en ismåne kraschade översvämmades jorden ända upp till Ararats högsta platå. Vattnet drog sig tillbaka sedan det fyllt jordens ihåligheter, för att omsider låta ännu en Noaks ark stranda på en bergstopp. I Första Mosebok 8:4-5 står: ”På sjuttonde dagen i sjunde månaden blev arken stående på Ararat. Vattnet fortsatte hela tiden att minska, och när den tionde månaden kom, på första dagen i månaden, blev bergens toppar synliga.” Ararat är ett bergmassiv i östra delen av det gamla osmanska riket, gränsande till Persien och provinsen av samma namn i Armenien. Det spekuleras också att arken strandade på berget Aragat i republiken Armenien, eller på Elbruz längre norrut i Kaukasus. Syndafloden, såsom ett resultat av en kollision mellan jorden och en måne av is, förknippas dessutom med historien om Atlantis som, enligt Platon i *Timaios* och *Kritias*, gick under för trettontusen år sedan.

Jordens ismånar, som en efter en i rymdkrockar förgjordes till ånga och vatten, orsakade gigantiska geologiska konvulsioner. En mindre känd följd var omkastning av polerna, något som enligt Hörbiger gav upphov till ett förhållandevis varmt Arktis, till skillnad från dess ogästvänliga motpol: Antarktis. Dessa och andra spekulationer förband Hörbigers pseudovetenskap med historiska vittnesmål om det tyska folkets rötter vilka i nationalromantiska kretsar söktes i Thule eller Ultima Thule, ett mytologiskt land enligt antika källor beläget i norra ishavet där solen går upp en gång om året. För tusentals år sedan var Thule hem åt ariernas ursprungsras, hyperboréerna, *höganordborna*, om man skulle våga sig på en översättning av detta gammalgrekiska ord. I norra Europa har myten om ett hyperboreiskt ursprung sedan historisk tid haft en stark ställning. Hyperborealis blev en förebild för tyskarna.

Under 1500- och 1600-talen associerades nordspetsen av den skandinaviska halvön med hyperboréernas mytomspunna land och legenden om Atlantis. Föregångsverket inom de idéer som kom att kallas göticism är Uppsalaärkebiskopen Olaus Magnus *Historia de gentibus septentrionalibus* (Historien om de nordiska folken) och den äldre Olof Rudbecks *Atland* eller *Manheim*. Talet sju (septentrio) i titeln är ett uråldrigt ord för Norden, en sympatisk metafor för Karlavagnens sju oxar som om natten plöjer de kosmiska fälten runt himmelspolen. Olaus äldre broder, Johannes Magnus, var troligen den som (efter Ambrosius av Milano på 300-talet) startade skrönan om Sverige som goternas urhem, varvid han utan att darra på handen förlängde regentlängden ända bort till Noaks sonson Magog i Gamla testamentet. Rudbeck ville inte vara sämre och flyttade mytologin till Sverige: Täby var antikens Thebe, Herkules en förvrängning av Här-Kolle, Troja detsamma som Trögd utanför Enköping.

Manhem eller Manheim är uppkallat efter Atlantis riktiga namn. Golfströmmen förklarar varför detta land i ishavet hade ett temporerat klimat, medan det årslånga dygnet vid Nordpolen ledde till en mer eller mindre förståelig mytologisk förväxling av begreppen dag och år, varur så tesen om ett tusenårigt liv växte fram – ett (skenbart) år för varje dygn – som lyser igenom i Adolf Hitlers *Mein Kampf*, utkommen sommaren 1925. Det låter sig tänkas att denna myt går tillbaka på en period som tog sin början på 800-talet när Karl den store krönte sin äldste son Ludvig den fromme – frankernas konung från 813 till 840, älskad av prästståndet, ignorerad av adeln och avskydd av sina undersåter –, då jorden av oklar anledning drabbades av en värmechock som envist höll sig kvar under några hundra år. Kanske hängde denna värmebölja samman med förhöjd solaktivitet, liksom den så kallade lilla istiden på 1600-talet med sina smällkalla vintrar sammanföll med ett onormalt lugn på solens yta. Vikingarnas namn för New Foundlands numera föga gästvänliga delar – Vinland – speglar de angenäma klimatförhållanden som de där anträffade. ”Vin” avser antingen den ädla rusdrycken eller ”gräs”. Myten förmäler att guldåldern ska återvända, men först kommer Ragnarök. Germansk mytologi talar om återkomsten av en guldålder i Vattumannens tecken, en följd av de ariska folkens förening efter ett historiskt långt mörker. Jorden höll på att fullborda de sista varven i en kosmisk cykel som sades sluta i stammarnas upplösning, förutsagt i Uppenbarelseboken. Upplösningen ledde inte till världens undergång utan skulle bli en nystart för folken under tysk hegemoni. Världens renande förintelse profeteras av sierskan i fornnordiska *Völuspá* (Völvans spådom), ett diktverk från tusentalet. Gudarna och det ondas makter drabbar samman på himlens slagfält, solen förmörkas, stjärnorna rämnar från sina fästen, och jorden dränks i havet, enligt Hanns Hörbiger utgjorde dessa spådomar metaforer för när jättelika kosmiska isblock ramlar ned från himlen och ödelägger jorden.

I mytens profetia om *Ragnarök* – makternas undergång och gudarnas skymning daterande från 1200-talet – anas Heimdall, detta på alla sätt hemtrevliga ord som luktar vedspis, god mat och gästfrihet, det tyska ordet Heimat är samma ord vill jag tro, liksom svenskans ”hem”. Heimdall var gudarnas väktare, son till nio olika mödrar. Vem är då denne Heimdall, kan man undra? Den svenske astronomen Peter Nilson i *Himlavalvets sällsamheter* kallade honom Hallinskidi; ordet är av ovisst ursprung men antyder en lutande påle, i likhet med jordklotets sluttande himmelsaxel. Hallinskidi vaktade Vintergatan, stjärnhimlens regnbåge och gudarnas bro, brovalvet som om vinternatten binder samman horisonterna. Ordet ”dall”, som i Heimdall, betyder just båge eller bro. Heimdall eller Heimdallr kallas i äldre mytologi omväxlande för Hallinskiði, Rig, Gullintanni, Vindlér eller Vindhlér.

Sedan stjärnbron – Vintergatan – rämnat ska en ny värld bli till med en ny himmel och en ny sol; en ny guldålder ska uppstå, det var denna passus i myten som sökandena efter ett ärofyllt förflutet värderade högt och förde fram i sina nationalromantiska spekulationer. Finska *Kalevala* betyder ”stora vida vattnen”, så helt utan mytologiskt stöd står inte Hörbigers *Welteislehre*. På samma sätt talas i Första Mosebok om ett vatten som fanns innan världens kaos blev ett harmoniskt kosmos. Fisktecknets mörker härskade till upplösningens tid, varefter Vattumannens tidsålder tar vid när vårdagjämningen infaller när solen för första gången står i Aquarius (Vattumannens) hus i zodiaken. Denna del av islärans tankeröra har i modern tid ympats på New Age-rörelsen. Sedan antiken och något århundrade till lever vi i Fiskarnas tidsålder. I symbolisk form återkommer bilden i en fornnordisk berättelse om kvarnen (Golfströmmen) som malde fred och välgång åt världen, till den dag då en av de trälkvinnor som konung Frodhi höll sig med för att hålla kvarnhjulet igång, uttalade en förbannelse. Från den dagen malde kvarnen salt. På grund därav smakar havet salt. Så en dag bröt kvarnen sönder och sjönk. När dess jättelika kvarnstenar välte och föll i havet uppstod en vattenvirvel som världen aldrig förut skådat. Denna mytologiska virvel i norra Atlanten återkommer i berättelsen om malströmmen, som i sin tur påminner om Sampo i finska *Kalevala*. Någon förklaring för ordet sampo får vi inte i originaltexten, men i sanskrit finns ordet *skambha*, återigen i betydelsen pelare eller axeltapp, den världsaxel som håller upp kvarnstenarna i jordens kvarn, den som i norden kan ses när Karlavagnens sju oxar vrider stjärnrymdens plog runt himlens tapp, detta enligt Kleomedes i vår tideräknings första århundrade.

I *Kalevala* är Sampo den världskvarn som smeden Ilmarinen tillverkar för att få äkta Pohjagummans vackra dotter. Den sluga Pohjagumman låste in kvarnen i berget bakom nio lås och dito bommar. Fästet förankrades ända ner i jordens innandöme, så det fordrades råstyrka för att få loss den när Ilmarinen och Väinämöinen bestämde sig för att återta kvarnen. Med hjälp av en gigantisk oxe lyckades de rubba den varefter de, kånkande på sitt byte, flydde till havs, jagade av Pohjagumman i gestalt av en jättelik orm. Sagan slutar med att Sampo sjunker ned i havet. Blott några bitar kunde räddas, vilka – planterade i Finlands mull – förvandlade detta land till ett bördigt rike med rika skördar. Det kan inte uteslutas att jordaxeln någon gång radikalt ändrat läge, även om det förefaller omöjligt att med hjälp av vetenskap placera en dylik händelse tillräckligt nära vår tid så den kan ha haft möjlighet att slå rot i forntidens sagodiktning.

På 1800-talet skrev Edgar Allan Poe en fin berättelse om denna mytologiska malström (*A descent into the Maelstrom*, 1841) vari han förlade handlingen till ögruppen Lofoten utanför Norges västkust och havet utanför Moskön, Mosken eller Moskenesøy. ”Mal”, som via holländskans ”malen” på svenska blev ”mala”, påminner om myternas kvarn. En malström är en häftig virvelrörelse i trånga sund framkallad av ebb och flod. Virveln uppstår när stora mängder tidvatten tränger in i ett smalt sund och inte hinner rinna undan på grund av det mäktiga inflödet. Resultatet blir en turbulent vattensamling som med enorm kraft skapar virvlar när en mur av vatten blockerar utflödet. Ordet malström påminner om en kvarn. Också Olaus Magnus förlade världsvirveln till havet utanför Norge: på *Carta marina* från

Hanns Hörbiger

1539 står den angiven som "Hic est horrenda caribdis", i översättning "Detta är den fruktansvärda Charybdis". (Skylla och Charybdis, två legendomspunna tidvattenvirvlar i Messinasundet mellan Sicilien och Kalabrien i södra Italien.) Andra kallar platsen för världens navel (umbilicus navis). Den sammanfaller med den position där Jules Verne lät Nautilus förlisa, och tolkas som ingång till det rike som, enligt mytologin och tyska Hohlweltlehre, finns på jordens insida. Men det är en annan historia.

I 1900-talets början blomstrade denna udda kosmogoni. Hörbiger talade om sitt alster som glaciärkosmogoni, i svenska högerkretsar blev det världsisläran. Hans charlataneri blev med tiden nationalsocialismens inofficiella naturfilosofi sedan Hitler utropat dess med vitt profetskägg prydde upphovsman till "den nye Kopernikus".

Det är skillnad på förströelseläsning om astrologi, leylinjer och mystiska kraftnät, flygande tefat, paradis som förlorar sig i tidens dimma och liknande fantasifoster som uppstår när myt blandas med okunskap, och att använda denna brygd som utgångspunkt för ett lands släktkrönika. Alla gör sig skyldiga till det, det är harmlöst, skadar ingen och bidrar till samhörigheten med jorden. Sedan Heinrich Himmler i början av 1930-talet med hjälp av en krängande mytologi skapade ett heroiskt förflutet åt det nya härskarfolket handlade det inte längre om tidsfördriv eller lekfull spekulationsmystik utan om ett skräckfyllt nationalintresse som med tiden antog mardrömsliknande former. Hörbigers bisarra idéer blev omåttligt populära inom nationalsocialismen, de passade utmärkt ihop med den sinnessvaga föreställningen om blonda Übermenschen som utklassade de mindervärdiga raserna.

Vad fick Hörbiger att torgföra sin teori, för han kan väl inte själv ha trott på den, annat än som tankelek? Han hade kunnat tiga. Att tiga är inte att vara stum, att tiga är låta bli att tala, ett förvånansvärt vältaligt sätt att uttrycka sig som garanterar mången lyssnare och förlänar den tystlåtne ett i regel oförtjänt skimmer av visdom. Ingen vet vilket syfte Hörbiger hade med sin isteori, men läsaren kan lägga undan hans bok och utbrista: "Det här vara bara förströelseläsning." Sedan hans idéer fallit i naziskurkarnas händer kan vi inte längre säga så, eftersom de gjordes till en del av den historia vi inte får glömma.

Läran om världsisarna har en förtjänst: den har skänkt eftervärlden ett skolexempel på hur en vanvettig pseudovetenskap ser ut. Världsisläran var ett kalhygge, men likt andra röjningar lockade den till sig en särskild fauna. Hörbigers teori torgfördes skamlöst med god hjälp av nationalsocialismens propagandamaskin. Hans anhängare fanns även utanför tyska riket, inte minst i Sverige och särskilt bland dess sjöstridskrafter. Sedan Ture Nerman i *Trots allt!* varnat för tysk infiltration i marinkåren, tystades hans tidning genom transportförbud, vilket säger åtskilligt om den exekutiva makt som tysksinnade element vid den tidpunkten tillskansat sig också i Sverige. I ett tal till Riksföreningen Sverige-Tyskland under ordförandeskap av upptäcktsresanden och tyskvänlige punschpatrioten Sven Hedin, uttryckte Hitlers sändebud, Franz von Papen, sig så här: "När jag om tio år återkommer till Sverige hoppas jag stå på tysk mark." Ingen i sällskapet av militärer och industrialister protesterade ...

Det som fick bägaren att rinna över var en sammansvärjning 1940 inom svenska marinen av en organisation vid namn 'Brun marin/Flottans framtid', ett svenskt Gestapo i vardande, som sammanträdde i lokaler på Västerlånggatan 27 i Stockholm. Nerman avslöjade detta hot mot landets säkerhet i sin artikel i *Trots Allt!*, varpå överheten utan dröjsmål ställde honom inför skranket i ännu ett pressfrihetsmål som visserligen ogillades, men hade den effekt att tidningen drabbades av repressalier i form av transportförbud. Visserligen stoppades utgivningen inte, men tidningen fick inte distribueras, vare sig på landets vägar eller dess järnvägar. Detta var första gången en svensk tidning smugglades ut till sina läsare i Sverige och Norge, och Torgny Segerstedt på Göteborgs Handels- och Sjöfartstidning framhöll det förkastliga i att tysken fick lov att förflytta sina trupper på statens järnvägar, medan antifascistisk press ej fick resa över huvud taget.

Medan nazikollaboratörerna inom svenska marinen på Västerlånggatan 27 övade sig i tanken vad de skulle göra *om*..., tog andra konsekvenserna av sitt vägval i form av handling. På samma Västerlånggatan, men längre uppåt på nummer 75, bodde Hans Waldemar Lindén, född 1922. Som femtonåring anmälde han sig till den nazistiska organisationen Nordisk Ungdom (ursprungligen Nationalsocialistisk Arbetarungdom, från 1939 Ungdomsrörelsen Wasa), efter förebild av Hitlerjugend vars motto var "Blut und Ehre" (Blod och Ära). Två år senare enrolleras han som frivillig i finska armén. Mars månad 1941 tar han värvning i Waffen-SS och blev därmed förste svensk i tysk krigstjänst. Den 30 december samma år stupar han som Sturmmann nära Jusovka på östfronten, nitton år gammal, den förste i raden av unga svenskar som miste livet för en förlupen idé. Vad fick honom på tanken? Det läser vi i hans dagbok från 3 mars 1941 som är ett modigt dokument, skrivet av en vilsen själ: "Stupar jag, ja då har jag med mitt blod beseglat den ariska livsgemenskapen och dött för mina ideal. Jag kan stupa i lugn, i vetskap om att den Stora saken kommer att segra."

En av Hörbigers inte så fåtaliga svenska följeslagare var konteramiral Claes Olof Lindsström, ökänd för sina nazisympatier och dito kontakter. *Gotlands Allehanda* av 7 januari 1964 gör följande karriärskildring:

> "Student vid Beskowska skola, genomgick därefter sjökrigsskolan 1890-96. Med fregatten Vanadis och korvetten Saga deltog han i en sommarexpedition i Medelhavet. Före första världskriget tjänstgjorde han i tyska örlogsflottan och var adjutant hos amiralen greve Maximilian von Spee. Från 1912 var han adjutant och sedermera översteadjutant hos kung Gustav V fram till dennes död 1950. Han tjänstgjorde huvudsakligen i marinstaben och hos chefen för kustflottans stab samt några år som marinattaché i Berlin och Köpenhamn. 1930-32 var han chef för sjökrigsskolan, 1936 chef för marinstaben och därefter till 1942 befälhavande amiral i ostkustens marindistrikt."

På trettiotalet tar denne sjöbuss i amiralsuniform sin pennstump och författar en svensk isbibel i vilken han redogör för isteorins trossatser. Hans skrift *Världsisläran, en bro mellan vetenskap och myt*, gavs ut på Svea rikes bokförlag (Stockholm, 1935), startat1930 av svensknazisten Carl-Ernfrid Carlberg, en ingenjör från Chalmers, guldgymnast från Stockholmsolympiaden 1912 och stiftare av naziinspirerade Gymniska Förbundet. I sin bok presenterar amiral Lindsström Hörbigers och islärans svajiga utgångspunkter. Den ena var att Newtons gravitationslag, vari tyngdkraften avtar med kvadraten på avståndet, inte gäller. I isvärlden minskar gravitationskraften snabbare än den omvända kvadratregeln utsäger, oklart varför. Solens dragningskraft tar tvärt slut på tio neptuniavstånd från planetsystemets centrum. Begreppet "neptuniavstånd" är okänt i vetenskapen, men man kan ju gissa. Hypotesen kan, som utgångspunkt betraktad, inte utan vidare förkastas, vore det inte för dragningskraftens abrupta upphörande på tio neptuniavstånd från solen vilket strider mot all vetenskaplig sans. Dylika korrigeringar av Newtons allmänna gravitationslag har framförts under historiens lopp, bland annat för att förklara avvikelser i rörelseschemat hos Vintergatans hundra miljarder stjärnor. Isprofeterna toppade Newtons tyngdkraft med ännu en kraft, "myternas och sagornas kraft", en sympatisk metafor som dessvärre får världen att ställa sig på huvudet.

Iskosmologins centrala lärosats, som i tyska nationalromantiska kretsar snabbt jäste till en veritabel väckelserörelse, är att världsalltet består av... istappar, så nu är det sagt! Idén bygger på en fräck plagiering av fornnordiska skapelseberättelser som här anslår en myndig ton och framförs med ett skimmer av vetenskaplighet. Isteoretikerna har flyttat ut *Edda* i världsrymden. Dante Alighieris *Gudomliga komedin* från 1300-talet har is i den lägsta av helvetets nio kretsar, en liknelse för ett öde som uppfattades som grymmare än att brännas på bål.

Solens och planetsystemets tillblivelse förklaras i Hörbigers kosmologi som ett resultat av en kollision mellan en monstruös istapp och den röda jättestjärnan Betelgeuse (α Orionis, Orions hand, jämte Procyon och Sirius en del av vintertriangeln) i konstellationen Orion:

> "...ut ur eldklotet slungades den samling av fasta, flytande och gasformiga partiklar, som med tiden bildade vårt solsystem. Vad vi bevittnar när en stjärna plötsligt flammar upp i mångdubblad glans, när sålunda en *nova* uppkommer, kan enligt världsisläran helt enkelt vara ett upprepande av detta fenomen: ett solsystems födelse." (citat ur Claes Olof Lindsströms Världsislära)

Världsisläran kom fram till den originella slutsatsen att Vintergatan – det diffusa band av hundra miljarder svaga stjärnljus på vinterhimlen – gör skäl för sitt namn ity den antogs bestå av en fager slöja av isblock i alla storlekar, ett kosmiskt ishus beläget på lagom avstånd från solen för att förklara skeendena i närkosmos. När ett galaktiskt isblock lossnade från sitt fäste gav detta upphov till skador på solen i form av solfläckar. Isprojektilen kunde lätt slå en djup krater i solkroppen, från vilken en "positivt elektriskt laddad stråle av vattenånga" (som sedan frös till en dito isstråle), började svepa runt i planetsystemet.

Denna dödsstråle av is orsakade ohyggliga fenomen, varierande från monsunregn, norrsken, zodiakalljus, till jordmagnetism. Sålunda är vi här på jorden inte förskonade från den kosmiska isens förödelse, ty kom en relikt från Vintergatans

Claes Olof Lindsström

isstigar på avvägar, kunde följande hända:

> ”då upphettas isblocket genom friktionen mot luften, det spränger sönder i allt mindre stycken, ju tätare luftlager det kommer ned i, och slutligen anländer det till jorden i form av isbitar, som vi kallar hagel.” (!)

Också citatet ovan är ur Världsisläran, en bro mellan vetenskap och myt av konteramiral Claes Lindsström, med två ”s” i mitten. Stavningen är som en tanke.

Glaciärkosmogonins upphovsman, österrikaren Hans eller Hanns Hörbiger, var en ingenjör från Atzgersdorf nära Wien, som 1894 ingav en patentansökan för en ny skivventil för smältugnar till stålindustrin, varmed han lade grunden till en ansenlig förmögenhet. År 1900 flyttade Hörbiger och hans kompanjon Friedrich Rogler till Budapest där de öppnade ingenjörsfirman Hörbiger & Rogler. 1903 överfördes företaget till Wien för att förädla Hörbigers patent på ventiler för kompressorer och pumpar, vilket lyckades över förväntan. Hans son Alfred övertog 1925 ledningen för företaget, varefter senior ägnade sin resterande tid på jorden åt sitt livsverk – glaciärkosmogonin. Två av hans söner var på sin tid kända skådespelare, Attila och Paul Hörbiger.

År 1912 publicerade Hörbiger sin islära i en 800 sidor tjock bok *Glazialkosmogonie* skriven i samarbete med amatörastronomen Philipp Fauth. Boken kan uppfattas som ett svar på fransmannen Camille Flammarions verk om astronomi som i 1800-talets slutskede fick oerhörd popularitet genom sin läsvärda blandning av spekulation och allvar. Hörbigers kosmogoni inspirerade Himmler att inrätta vad som skulle bli Ahnenerbe Pflegestätte für Wetterkunde (Sektionen för meteorologi), ett slags ”think tank” för långsiktiga väderprognoser, ledd av Hans Robert Scultetus. När meteorologisektionens ”ockulta” väderprognoser slog fel blev detta den direkta orsaken till att Operation Barbarossa under den kalla och snörika vintern av 1941 ohjälpligt körde fast något tiotal verst från den ryska huvudstaden.

Denna tankesmedja bestående av intellektuella skurkar fick senare det fullständiga namnet Forschungsgemeinschaft Deutsches Ahnenerbe, en forskningsstiftelse grundad 1935 av Reichsführer-SS Heinrich Himmler, Herman Wirth och Reichsbauernführer Walther Darré. Darré var mellan 1933 och 1942 jordbruksminister i Hitlers regering, född i Buenos Aires där hans fader Oscar förestod import-exportfirman Engelbert Hardt & Co. Modern var svenskan Emilia Berta Eleonore Darré, née Lagergren. Wirth var historiker från Holland, förhäxad av arisk mytologi, medan Darré gjorde sig ett namn som partiets ideolog, chef för regimens omtalade rashygieniska avdelning och god vän med professor Herman Lundborg, från 1921 föreståndare för Statens Institut för Rasbiologi i Uppsala. Lundborg sammanstrålade regelbundet med konteramiral Claes Lindsström på Zum Franziskaner, en lokal på Skeppsbron 44 i Gamla stan. Lundborg varnade för rasblandning och påföljande degeneration av den ”nordiska rasen”, men lät bli att leva som han lärde, att döma av att han fick barn med en samisk kvinna.

Ahnenerbe finansierades dels genom Darrés jordbruksdepartement, dels med bidrag från tysk industri samlad i ”Vännernas krets” under ledning av Wilhelm Keppler. Utflykter till Sverige i syfte att dokumentera hällristningar anordnades vid flera tillfällen till Bohuslän med Claes Lindsström som lots. Bakgrunden till dessa studieresor var Himmlers storvulna drömmar om ett ariskt ursprung i det Atlantis som dolde sig i ristningarna. Ordet *run*, som i runskrift, betyder hemlig överläggning eller fördolt mysterium, och de svenska stenhällarna tilldrog sig intresse för deras potential att skapa landets heroiska förflutna.

Nationalsocialismens runmagi var inspirerad av den österrikiske ockultisten Guido von List (1848-1919) som år 1902 lanserade en uppsättning om arton så kallade armanenrunor i samband med sitt Armamentum, en "platonsk" samling av förkristna visa män från Norden. von Lists Armamentum bildade skola i en rörelse som går under namnet ariosofi, en lära kretsande kring runmystik och rasistisk ockultism, vars samlande symbol var swastikan. Ur von Lists ariosofi uppstod i Bayerntrakten efter första världskriget extremt högervridna Germanen Orden och Thulesällskapet, det senare med Rudof von Sebottendorf som grundare. Thulesällskapet, med hotfulla inslag av antisemitism, hämtade sina medlemmar till stor del ur övre medelklassen. Det beskrev sig självt som ett "studieförbund för forngermansk kultur". Sällskapet, inklusive svastika och strålglans bakom ett blankt svärd, stod modell för Tyska Arbetarpartiet DAP, år 1919 grundat av Anton Drexler och Karl Harrar. DAP var en föregångare till NSDAP. Ahnenerbe blev navet i Himmlers planer på en germansk högkultur, en halvofficiell nationalsocialistisk religion, tänkt att samla de tyska satellitstaterna under ett gemensamt ideologiskt tak.

År 1923 blev nationalsocialisterna "nazister", både till namnet och till gagnet, då satirikern och journalisten Kurt Tucholsky (på trettiotalet bosatt i Hindås utanför Göteborg och en gång i tiden, innan det begav sig, kollega med fredspristagaren Carl von Ossietzky på tidningen *Weltbühne*) för första gången brukade detta ord, inte i dess ursprungliga nedsättande betydelse av dummerjöns, utan som beteckning på medlemmar i Hitlers NSDAP.

Mysticism och charlataneri utgjorde en viktig del av Tredje rikets "kultur" och blev en bidragande orsak till att dess kärnvapenprojekt kraschade. Motsvarande sjuka böjning för det mystiska och ovetenskapliga blev orsaken till att Adolf Hitler långsamt sjönk ned i ett allt djupare beroendeträsk till följd av hans livläkares inkompetens. Hitlers "hovmedikus" – en okänd kvacksalvare vid namn Theodor Morell med praktik på fashionabla Kurfürstendamm – utsatte sin patient för dagliga injektioner med en cocktail av allehanda kända och egenhändigt preparerade barbiturater och opiater, dolda i vitamin- och glukosblandningar samt dekokter uppblandade med Pervertin, en tidig form av metamfetamin. Morell blev med tiden lika oumbärlig för Adolf Hitler som den omtalade helbrägdagöraren Grigorij Rasputin kring sekelskiftet 1800-1900 hade varit för tsar Nikolaj II och tsaritsan Alexandra von Essen.

Från 1936 blev Morell en del av Hitlers inre krets sedan han med framgång behandlat dennes personliga fotograf Heinrich Hoffmann, som berättade att doktor Morell hade "räddat hans liv". Vänskapskretsen var en brokig samling militärer och civila som Hitler och Eva Braun privat umgicks med på chalet Berghof, Hitlers semesterresidens belägen nära Berchtesgaden i de bayerska alperna. Berghof blev snabbt Tredje rikets alternativa högkvarter vid sidan av landets officiella maktcentrum, Berlin. Till följd av Hitlers val av Berghof förvandlades Obersaltzbergs natursköna sluttningar inom loppet av några år till ett populärt semesterparadis åt landets maktelit, däribland Hermann Göring, Albert Speer och Martin Bormann, vilka skaffade sig ståndsmässiga hus på området varifrån de kastade frestade blickar ut mot gästabudet på Berghof. I anslutning till huset byggdes ett komplex av skyddsrum insprängda i berget, hotell och baracker för SS samt "Örnnästet", Hitlers privata "retreat" på någon kilometers avstånd.

Morell, som i amerikanska underrättelserapporter beskrevs som en "ohygienisk och äcklig kvacksalvare", upphöjdes snart till en maktställning som livläkare sedan han kurerat Hitlers nervösa magbesvär med den probiotiska medicinen Mutaflor (*Escherichia coli*), vilket övertygade hypokondrikern Hitler att Morell var ett medicinskt geni, ett omdöme som bara förstärktes av att Morell nobbat tidigare erbjudanden från både shahen av Persien och Rumäniens konung. Också Morells rykte som undergörare i behandlingen av syfilis – den sortens sjukdom förknippad med skam och tystnad som Hitler fruktade och associerade med "judekättja" – kan ha bidragit till naziledarens åsikt. De flesta i Hitlers närmaste krets hade inte mycket till övers för Morell och avfärdade honom som en pengalysten pajas och svekfull lycksökare, ute efter vinning och status. Bakom hans rygg titulerades Hitlers mäktige livmedikus med det föga respektfulla "Reichsspritzenmeister", rikssprutmästare.

Medan kriget fortskred och motgångarna hopades sedan härjningståget mött sina första bakslag kände Hitler sig alltmer obekväm med sina rådgivare, merendels marionetter och ja-sägare, även de som tillhörde hans inre krets. Efter det misslyckade attentatet mot honom 20 juli 1944 växte hans misstänksamhet till ohöljd paranoia vilket fick hans verklighetssinne att svika. Han levde i en avskild mörkervärld som hade han uppslukats av jorden, utan beröring med tiden. Hans isolering tecknade en förvrängd omvärldsbild vars föga realistiska verklighetsunderlag gav upphov till ett ekorrhjul av kapitala felsatsningar och usla beslut som fick katastrofala följder och ytterligare förvärrade ledarens sköra psyke med utbrott av ursinnigt raseri och osammanhängande tal om vedergällning. Morells terapi gick ut på att behandla Hitlers inre demoner med centralstimulerande droger i form av stora doser amfetamin och efedrin i kombination med ångestdämpande benzopreparat och opiater. Mot krigets slut sov Hitler bort större delen av förmiddagen, och hans avtrubbade livsandar lät sig endast väckas till liv med sprutor av metamfetamin och glukos. Dagen D – 6 juni 1944, då de allierade landsatte sina styrkor på Normandiets stränder – sov han igenom invasionens första kritiska timmar utan att någon vågade väcka honom. Från denna tidpunkt blev det också uppenbart att Führern drabbats av Parkinsons sjukdom, att döma av hastigt fortskridande degenerativa symtom så som rörelsestelhet och darrningar, effekter framkallade av långvarigt drogmissbruk.

Efter Berlins fall fördes Morell till ett amerikanskt fångläger där han förhördes om sina kontakter med naziregimen. Han åtalades aldrig.

Kapitel XIX

Herman Wirths teorier om en utvald härskarras byggde på en förväxling, en sammanblandning av begreppen språkområde och ras. Under 1900-talets första decennier kunde man fortfarande öppet tala om den "nordiska rasen", en terminologi som på 1930-talet förvanskades av nazisternas skryt om en överlägsen ras som de, mer av språkligt släktskap än av genetiska skäl, kallade *arier*. "Arisk", liksom "semitisk", är en språkvetenskaplig term, de människor som talar indoeuropeiska språk kan ha totalt olika genetiska ursprung. Detta rastänkande var inget nytt för just naziideologin, tredje rikets ideologer hängde på ett mode, en tidsanda vars ursprung gick tillbaka på Darwins evolutionslära. Sverige drev från år 1921 Statens institut för Rasbiologi, och Bondeförbundets program för 1933 innehöll följande uppmaning till bevarandet av det genuint svenska: "Som en nationell uppgift framstår den svenska folkstammens bevarande mot inblandning av mindervärdiga utländska raselement, samt motverkandet av invandring till Sverige av icke önskvärda främlingar." Medan modern rasforskning utgår från underartens evolutionshistoria och genetiska släktband med närliggande underarter, grundades tidigare klassificering på morfologiska, det vill säga yttre kännetecken. Detta missbruk av begreppet ras har under historiens lopp vid flera tillfällen tillgripits som förevändning för att förfölja ovälkomna grupper, så det kan här vara på sin plats att närmare undersöka spörsmålet.

Engelskans "race" brukas uteslutande om människor, i annat fall används ordet "breed", för att ska framgå att det rör sig om avsiktlig avel. När vi talar om "olika hundraser", säger engelsktalande "different breeds of dogs". Engelskans *race* används för att omfatta mänskligheten i sitt sammanhang (the human race), eller som ett förtydligande av eller en synonym för folkgrupper (people), nationalitet (nation) och stam (tribe). Inom biologin görs ingen skillnad mellan race (species) och subspecies, alltså mellan art och underart: orden är likvärdiga, ömsesidigt utbytbara och har samma neutrala betydelse av grupper av djur eller växter uppvisande genetiska särdrag som geografiskt skiljer sig från andra grupper (populationer) inom arten. Särskilt fiskar kan visa upp en stor variation av underarter till följd av geografisk isolering, och troligen är att djur med korta livscykler mer än andra är mottagliga för differentiering. Svenska Akademiens ordlista följer biologernas definition och ger som beskrivning av ordet ras "grupp som representerar ärftlig särtyp inom en art".

Kartläggning av människans genetiska variation kan syfta till en rasindelning men detta har visat sig omöjligt eftersom variationen *inom* gruppen överträffar skillnaderna *mellan* grupperna. Det kan hända att jag är genetiskt närmare besläktad med en asiat än med min granne, utan att detta tyder på asiatiskt ursprung. Förvisso finns så kallade *alleler* som utmärker gruppen. En allel är en av flera alternativa men funktionsdugliga varianter av en gen eller annan nukleotidsekvens, som kodar för till exempel blodgrupp, hårfärg och ögonfärg. Alleler kan vara dominanta eller recessiva. De kan tänkas ha uppstått vid genduplikation och spontant fått överlevnadsvärde som svar på selektionstryck till följd av exempelvis miljötypiska sjukdomar. Allelvariation förekommer företrädesvis inom immunförsvaret, beroende på bärarens härkomstmiljö. Ju längre avstånd skiljer individerna åt, desto större blir deras genetiska variation, vilket dock ej påverkar totalintrycket att det, genetiskt sett, ej finns signifikanta skillnader mellan människogrupper. Varierande genfrekvenser kopplade till immunförsvaret återspeglar endast att geografiskt skilda grupper av människor har utsatts för lokalt selektionstryck. Härur följer miljöfaktorer som kodar för hud- och hårfärg. Nedärvningsmekanismerna är följder av långvariga evolutionära processer och den genetiska variationen mellan geografiska grupper förmedlar en bild av människans folkvandringar och hennes anpassning till nya miljöer. Mjölksockertolerans (laktostolerans) är ett exempel på en ärftlig egenskap utmärkande för människor från norra Europa, även om samma egenskap anträffas i delar av Afrika. Laktos*in*tolerans uppstår när en individ ej producerar tillräckligt av enzymet laktas, vars roll är att i tunntarmen bryta ner laktos till mindre molekylpar. Ärftliga faktorer avgör om individen i vuxen ålder har kvar förmågan att upprätthålla adekvat laktasaktivitet.

Förvirring kring "den ariska rasen" uppstod vid 1800-talets mitt. En tysk-brittisk språkforskare vid namn Friedrich Max Müller, känd för sin översättning av *Rigveda* och en av förrförra seklets mest framstående experter inom jämförande språkvetenskap, studerade en indoarisk nomadgrupp från stäpperna nedanför Kaukasus som för femtusen år sedan utvandrade till Indien, och där bosatte sig på de inhemska dravidfolkens bekostnad, en folkvandring, fredlig immigration, våldsam invasion, långsam assimilering, oklart vilket, medan följderna av denna konfrontation märks än idag. Numera finns dravidfolkens släktingar övervägande i Indiens södra landsända och utgör där den rättslösa shudrakasten, en löst sammansatt blandgrupp av låg kast som använder ordet *shudra* för att undgå förväxling med den föraktade pariakasten. Av gammal hävd benämndes det invaderande nomadfolket *arier*, ett namn som vid 1800-talets mitt felaktigt uppfattades som en ras.

När Müller insåg att han sått eld, var skadan redan skedd. Han gjorde uppriktiga ansträngningar att förklara att han med ordet arier aldrig hade avsett blodsband utan bara ville peka ut en grupp med inbördes språksläktskap, alltså inte en ras utan en benämning på en sammanhängande grupp individer (stam) som talade ett indoeuropeiskt språk, ett korrekt tillägg som dock ingen lyssnade på. Englands kolonialmakt spädde på förvirringen genom att i syfte att ge legitimitet åt deras närvaro i Indien befästa lögnen genom att hävda släktskap mellan ariska engelsmän och deras indiska kusinkaster, överklassens braminer, krigare och hantverkare.

Den indiske nationalisten Bal Gangadhar Tilak publicerade 1903 en bok, *The arctic home in the Vedas*, vari han hävdade att ariernas urhem fanns i ett område nära Nordpolen, efter den senaste istiden uppdelat i två grenar, en europeisk gren som föll tillbaka i barbari och en arisk högkultur som bevarades i Indien. Världsisläran var inspirerad av Tilaks tes. Andra källor hävdade att ariernas urhem fanns i området kring Svarta havet, under istiden en näringsrik insjö varifrån ett stort antal människor fick sin försörjning. När kölden släppte sitt strypgrepp steg havsnivån, vilket fick havet att bryta igenom den låglänta landtunga som idag utgörs av Bosporen och Dardanellerna. Överlevande som flytt området nådde småningom Kaukasustrakten som blev deras nya hem och omsider utgångspunkt för migrationsrörelser österut och västerut. Arkeologiska fynd i Svarta havet ger ett visst stöd åt denna hypotes.

Nazisterna övertog myten men använde ”arier” som ett namn på nordeuropéer, rasbiologiskt skilda från semitiska folk, i synnerhet judarna. Som bevis anfördes att *arya* (på tyska Ehre, ära) på sanskrit är en hederstitel för en ädel och högtstående person. Ahnenerbe:s vetenskapliga uppgift kan sägas ha varit att ur denna rappakalja av osanningar och halvsanningar vaska fram ett för det tyska folket glorifierat förflutet.

Nazismens fascination för Norden och dess fornkultur går tillbaka på en rörelse från 1900-talets början syftande till att konstruera en religion med rötter i gammalgermansk hedendom med kristna inslag. Dess främste företrädare var den österrikiske munken Jörg Lanz-Liebenfels, senare i livet gav han sitt namn adlig klang genom tillägget *von*. Lanz förestod en tradition som vid 1800-talets slut torgfördes av ockultisten Guido von List, en rasaktivist som kom på myten om en världsomspännande judisk sammansvärjning mot det ariska folket. List grundlade ariosofin, en ultrarasistisk lära kretsande kring den ”ariska urrasen” som den förnämsta av mänskliga raser. Lists ariosofi var inspirerad av Helena Petrovna Blavatskys teosofi, Joseph Arthur Gobineaus raslära och ockult runmystik. Jörg Lanz-Liebenfels var den som gick längst i sitt naiva rasteoretiserande genom att hävda förekomsten av lägre stående korsningar mellan människan och apor, av honom kallade *Anthropozoa*. Arierna däremot härstammade från interstellära gudaväsen (Theozoa) som reproducerades med elektricitetens hjälp.

Nazismens paroll var ”Volk und Sippe” under världsträdet. ”Du är ingenting utan ditt folk och din släkt.” Världsträdet återkommer i Wasakärven, den adliga Wasaättens vapen, sedan 1938 använt för att markera nazismens kopplingar till den urgermanska rasen. Vad betyder nu denna slogan? Det tyska ordet ”Volk” är som folk hos oss: du och jag, vi alla, ett patriotiskt fosterlandsskryt och en protektionistisk markering gentemot främlingar och intrång. Vi och de andra. Ordet Volk förstår vi, men vad är Sippe? Sippe är ett oöversättligt ord. Det är mer en idé än ett ord. Inspirerat av latinets ”familia”, som förutom släktskap inkluderar bundsförvanter, förmedlar det en fläkt av släkt, rötter, klan, krets, stam, cell, härstamning, lojalitet. Sippe är en sammanslagning av personer vi bryr oss om, som vi delar gemenskap med, en lojalitetskrets, ett brödraskap. Ett gäng. Sammansvurna. Edsvurna. Det finns något kooperativt i ordet. En grupp som uppnår broderskap genom en idé, en föreställning om ”tillsammans är vi starka”, inte nödvändigtvis genom blodet. Upp till femtio familjer kunde ingå i den struktur som avsågs med ordet – ett kollektiv –, före tillkomsten av den monogama familjen. Ett samhälle i miniatyr sammanhållet av dunkla lojaliteter. Ett litet *vi* inuti ett stort *dom*. Skottland har sina klaner, Irland sina sept, och Tyskland sina Sippen. Ordet går tillbaka på det urgermanska ordet *sibbja*, i betydelsen blods- och hedersband, och dess ursprungliga syfte har troligen varit att reglera det gemensamma skogsbruket.

I ett bredare sammanhang motsvarar Sippe begreppet "flock". Individen träder tillbaka för en långtgående grupptillhörighet (nationalism) vars främsta egenskap är solidaritet och lydnad, ett "en för alla, alla för en" som uppvisar slående sociala likheter med till exempel en vargflock eller ett bisamhälle. Andra grupper bemöts i en kamp om resurser, vare sig det handlar om mat eller revir. Flocken hålls samman av en dualistisk världsbild: ett kollektivt *vi-mot-dom*. Den gemensamma fienden demoniseras och tillvaron blir en strid mellan ljusets *vi* och mörkrets *dom*, mellan rättrogna och kättare. Som en följd av denna demonisering kommer varje aldrig så obetydligt angrepp, gamla oförrätter, främmande kultur eller avvikande religiös åskådning att uppfattas som attacker mot den oskyldiga flocken och hotet mot dess fredliga existens framtvingar en våldsam reaktion uppfattad som ett legitimt försvar. Våld och grymheter utövas i idealismens namn, en altruistisk handling i syfte att avvärja hotet mot flockens fortbestånd. När ett flocksamhälle utsätts för yttre tryck med fara för inre splittring läggs skulden oavkortat på "de andra". Samhällets inre problem kopplas till en oliktänkande omvärld vars mål tros vara att omstörta eller kringskära den fredliga flocken. Flocken svarar på intrång med en besynnerlig logik: "Judar ... har man kunnat hata hur motsägelsefullt som helst, man har kunnat hata dem för att de var rika och för att de var fattiga, för att de var kapitalister och för att de var kommunister, för att de höll sig för sig själva och för att de förmodades infiltrera varje tänkbar organisation, för att de hade en urgammal, primitiv religion och för att de sågs som rotlösa kosmopoliter som inte trodde på något alls" (Merete Mazzarella, SvD 22 mars 2016). Flocken som samhällsform är som gjord för ett totalitärt ledarskap. "Alfahannens" uppgift är att organisera flockens försvar mot omvärldens intrång. Paradoxalt nog utformas detta försvar i regel kring en expansiv politik (Lebensraum) syftande till att skapa barriärer runt flockens inre krets.

Totalitära regimer hålls samman av en nostalgisk längtan efter nationens "fornstora dar", förnekar sina undersåtar rätten att tänka själva, och upprätthålls genom ideologisk likriktning, hot, åsiktsförtryck och censur. Utanförskap och ensamhet väntar dem som vägrar inordna sig under ledarens auktoritet. De blir *parias* och deras vardag kommer att stavas fruktan. Omvänt blir "Sippengenossen:s" disciplin och beskydd belöningen för dem som utan knot rättar sig efter ordningen. NSDAP utgav en särkild månadstidning ägnad åt Sippenforskning – *Familie, Sippe, Volk* – vars supplement (*Allgemeines Suchblatt für Sippenforscher*) handlade om frågor rörande släktforskning och ras samt upprätthållandet av det renrasiga tyska blodet. Forskning kring Sippen bedrevs vid ett tjugotal institutioner, t ex Reichsstelle für Sippenforschung, Amt für Sippenforschung der NSDAP, Vereinigung der Berufssippenforscher och Volksbund der deutschen Sippenkundlichen Verein, samtliga i Berlin.

Den holländske germanisten Jan de Vries, en av SS Ahnenerbe:s mer kompetenta akademiker, och Tredje rikets orakel inom tidig germansk hjältediktning skrev så här om begreppet: "... söker man den centrala energikälla varur individen hämtar sin näring, anträffas den hos det germanska folket i Sippe. Sippe är friden; den ger människan möjlighet att växa och utveckla i vetskap om att hon delar ansvaret för sitt handlande med kollektivet (Sippe). Denna spontana, helt och hållet intuitiva plikt att inom gruppen hjälpa varje nödställd, medan kollektivet (Sippe) i sin helhet inte tolererar intrång, bevisar den religiösa grund varpå den germanska familjen vilar. Därför är osämja mellan kollektivets medlemmar (Sippengenossen) den värsta olycka som kan hända en familj, den största tragik i hjältesagorna föds just ur släktfejder."

Från 1926 och fram till krigsslutet 1945 var Jan de Vries en högaktad akademiker samt professor i tysk lingvistik och germansk mytologi vid anrika universitetet i holländska Leiden. I vitt omtalade *Altgermanische Religionsgeschichte* (Forngermansk religionshistoria) i två band (1935-37) avhandlade han fornnordiska och sydgermanska urkunder ur ett religionsvetenskapligt perspektiv. Verket utgjorde förr standardlitteratur på området. Också hans senare *Altgermanische Literaturgeschichte* (Forngermansk litteraturhistoria, 1941-42, i två volymer) utgör en värdefull pionjärinsats. de Vries, känd som synnerligen tyskvänlig, sympatiserade med Tysklands sak, även om han under kriget tog avstånd från nationalsocialismens raslära och judeförföljelse. Som kollaboratör insåg de Vries 1944 att kriget var förlorat och flydde till Leipzig för att där gå under jorden i det flyktingkaos som förväntades uppstå i krigets slutskede. Efter kriget dömdes han till fängelse och avsked från sin akademiska post. Från hans frigivning 1948 till pensioneringen 1955 försörjde han sig som modersmålslärare i provinsstaden Oostburg på (halv-)ön Zeeuws-Vlaanderen.

Sedan Holland förslavats av Nazityskland blev de Vries medlem i Ahnenerbe och verksam i Nederlandsche Kultuurkamer, en myndighet inrättad av ockupationsmakten med Reichskulturkammer som förebild. Varje konstnär, författare, musiker eller skådespelare tvingades att registrera sig för arbetstillstånd. Skyhöga böter, i storleksordningen en halv miljon kronor i dagens penningvärde, väntade den som ej hörsammade denna förordning. Syftet med Kulturkammer (instiftad 1933 av Joseph Goebbels, Reichsminister für Volksaufklärung und Propaganda, regimens främsta nazifieringsinstrument) var att medelst censur återanpassa "urartade konstnärer" till folkets villkor. Nationalsocialismen hävdade att konsten efter franska revolutionen hade kommit på kant med folket, slagit in på fel väg genom att ikläda sig rollen av samhällskritiker. Holländska kulturkammares ideologi kretsade kring en tyskpatriotisk hållning och kontakt med landets folkliga bas i syfte att bekämpa och utrota osund, urartad och onaturlig konst, vilket innebar att judar eller närstående personer (gifta med personer av judisk härkomst) ej kunde verka utan kammarpresidentens godkännande. Ur detta statliga konstförmynderi uppstod Tredje rikets heroiserande och fotorealistiska bildkonst, i monumentalt format och med motivlån från antiken, föreställande sunda människor inom den sunda familjen. Haus der deutschen Kunst i München, öppnat juli 1937, blev samlingspunkt för Tredje rikets sanktionerade konst och Adolf Hitler var mån om att framstå som konstens beskyddare.

Yggdrasil i fornnordisk mytologi är världsträdet, symbol för världsalltet. Trädet är en väldig städsegrön ask (hos tyskspråkiga en ek, *Welteiche*) som reser sig i världen och vars rötter tränger in i andra världar, från Midgård där den står. Trädets vittomspännande bladkrona skuggar tre gånger tre världar, såsom profeterat i *Völuspá*, den poetiska *Eddans* första och främsta dikt, den skapelsemyt som förtäljer om tingens tillblivelse, undergång och återfödelse. Diktens namn *Völuspá* betyder völvans spådom: sagan berättas av en kringvandrande sierska, en völva, som över tidens avgrund vänder sig till alla som vill lyssna. Oklart är vad diktverket syftade till. Man har spekulerat i att det har uppstått som ett värn mot främmande värderingar vilka på tusentalet började tränga på söderifrån, ett försvar av nordisk hednisk kultur hotad av kristendomen. Samtidigt visar detaljer i berättelsen att en viss idéblandning redan inträtt. Så skapades jorden och människan, enligt Völuspálegenden, utifrån närliggande skaldediktning, daterad till cirka år 1000: "I åldernes morgon, då Ymer levde, var ej sand, ej sjö, ej svala vågor; jorden fanns icke, ej upptill himlen; ett gapande svalg fanns, men gräs fanns ingenstädes." I begynnelsen fanns ingenting. Varken himmel eller jord fanns. Inget gräs, inget hav, ingen sand. Ett oändligt gap bredde ut sig över allting. Det omätliga gapet var Ginnungagap, avgrunden mellan Muspelheim och Nifelheim, en bild för världens ursprungliga kaos. Innan jorden, himlen och havet fanns gapade detta väldiga svalg mitt i världen, ofattbart stort och djupt var det. Söder om Ginnungagap låg Muspelheim – eldlandet där skräckinjagande jättar härskade – i eld och hetta vaktade av Surt, vars svärd bar på flammor. Norr om Ginnungagap svepade en evig isstorm genom mörkret över ett ödsligt Nifelheim. Alfer vällde upp ur Ginnungagap, och frös till is. Rimfrost täckte isen. När Muspelheims eld mötte rimfrosten från Nifelheim reste sig jätten Ymer ur smältvattnet. När tiden var mogen skapade asarna Oden, Vile och Ve landmassorna av Ymers styckade kropp och fyllde igen avgrunden.

Nordisk mytologi kretsar kring ett antal arketyper: jättar med deras kusiner eldjättarna, rimtursarna/frostjättarna, alferna i Alfheim och människorna i Midgård, samt gudasläkterna asarna och vanerna. Enligt Snorre Sturlassons *Heimskringla* (kungasagor) härstammar vanerna från Vanaheim, norr om Svarta havet vid floden Dons mynning. Hos Herodotos kallas denna flod Tanais. Snorre Sturlasson diktar om Vanakvisl och Tanakvisl, bifloder till eller mynningar av Tanais. Jättarna bor i Utgård, därifrån utgår de krafter som vid tidens ände ska förgöra världen. Människornas rike är Midgård medan gudarnas hem är Asgård. Varje "gård" delas upp i tre "heim", sammantaget blev det nio stycken. Asgård omfattar Asaheim, Vanaheim och Glasheim. Midgård: Mannaheim, Alfheim och Svartalfheim, och slutligen asarnas boningar Muspelheim, Nifelheim och Helheim. Andra indelningar är möjliga och förekommer. Den enda förbindelse mellan Midgård och Asgård gick via Bifrost, symbol för stjärnornas estrad Vintergatan, gudarnas bro, den som under vinterhalvåret sträcker sig från öst till väst över himlens kontinent. Bifrost vaktades av Heimdall, världens axel. Bif är det fornnordiska ordet *bifa* i betydelsen bäva, skälva, skaka eller skimra; rost är väg eller den sträcka på cirka en halv gammal svensk mil (10688 meter eller sextusen famnar) som en vuxen man i hög fart orkar springa utan vila. Det är möjligt att Heimdall och Yggdrasil avser samma sak, en axel som håller upp kosmos, kring vilken det vrider sig. Araberna hade en snarlik uppfattning. Ännu på 800-talet kallades stjärnan Kochab (*ar.* kaukab samali, polstjärnan) i Lilla Björnen (β Ursae Minoris) kvarntappen, och stjärnorna i dess närhet för kvarntappshålet. Mycket riktigt motsvarade Kochab förr i tiden himmelspolens läge. Precessionen, jordaxelns vaggande rörelse sedd mot den orörliga stjärnbakgrunden, ändrar över tusenåriga tidrymder himlens utseende.

Vintergatan, bron spänd mellan himmel och jord, var den väg där gudarna samlades till nattligt ting. Tors vagn, dragen av två heliga getabockar, tvingades ta omvägen under bron genom vattnet, vilket förde ett förfärligt väsen som fick jorden att darra och himlen att flamma upp i blixtars sken. Därav namnet Bifrost.

På natthimlen kan man från stjärnbildernas namngivning ännu ana uppdelningen i två riken, ett vattenrike och ett himmelrike. Över lång tid förstör jordens precession bilden, men på vår tideräknings morgon höll sig konstellationerna av vattenlevande djur (Valfisken, Havsodjuret, Vattenormen, Fiskarna, Floden m fl) söder om himmelsekvatorn, medan luftburna djur (Örnen, Svanen, den bevingade hästen Pegasus, Draken m fl) hade sin hemvist norr om den.

Norr om Ginnungagap, intigheten, låg Nifelheim: köldens och dimmornas värld. Söder om gapet fanns Muspelheim. Ordet kommer från "muspilli" som betyder världsbrand, eldens land bevakat av jätten Surt. I krocken mellan eld och is föddes kosmos. Denna myt övertogs vid 1900-talets början av österrikaren Hanns Hörbiger i Welteislehre, en pseudovetenskap som blev nazismens svajiga kosmogoni.

Asarnas eller gudarnas himmel var Asgård. Gudakretsen anfördes av tre gudar: världens stamfader Oden, den rödbrusige himmelsguden Tor, samt fruktbarhetsguden Frej. Enligt Snorre Sturlasson, som på 1200-talet i trettionio dikter nedtecknade nordens redan då uråldriga sagovärld, kom asarna österifrån i form av ett asiatiskt folk framfört av en ädel hövding vid namn Oden, efter sin död upphöjd till mytologins anfader. Snorre förklarade namnet asar med att inkräktarna kom från öst eller Asien. Asar är följaktligen "asier", asiater.

Oden, i regel skildrad som en enögd gud i mänsklig förklädnad ridande på sin åttafotade springare Sleipner, uppfann runorna, den magiska skrift som utgör vetandets urkälla. De näst äldsta kvistformade runorna var sexton till antalet, de äldsta (futhark) 24. Sitt ena öga offrade Oden i Mimers brunn i utbyte mot att få dricka ur kunskapens källa; i samma syfte hängde han sig i världsträdet Yggdrasil i tre gånger tre dagar för att kunna ta del av evig visdom och kunskap om runskriften. Ordet "Ygg", använt i Yggdrasil, är ett annat ord för Oden. I en av Havamal:s mer uppbyggliga sagor berättas om honom. Havamal (Den Höges sång) skrevs på 1200-talet, men verket är rotat i den germanska sagomyllan sedan 800-talet. Genomborrad av ett spjut, offrar han sig till livets träd, där han hänger i nio dagar:

> I vindomsusat världsträd jag hängde
> i nio nätter och dar, med spjut stungen genom,
> given åt Oden, åt mig själv offrad själv
> i det trädet, som tanke ej känner
> av vad rot det runnit upp.
> Ej bröd gav man mig, ej bragtes mig dryck ens.
> Jag spanade spejande ned.
> Gömda runor jag ropande framtog,
> föll sedan från höjden hän. (Havamal, i Axel Åkerbloms översättning)

I yngre Eddan är Oden en historisk figur, som från Tyrkland invandrade till Svitjod och efter sin död upphöjdes till gud. Med Tyrkland avses Turkiet. Svitjod (östra Södermanland, *lat.* Suecia) och Roden (Saeland, östra Uppland) är fornsvenska landskap vid Östersjöns kust, Stora Svitjod var Ryssland. I Ynglingasagans prolog berättar Snorre Sturlasson om det saxiska folkets ursprung sedan asakungen Oden och hans folk, på sin strapatsfyllda färd från Svarta havet till Sverige, tvingades lämna kvar två prinsar i norra Tyskland, där deras ättlingar instiftade det rike som kom att bli Saxland (Niedersachsen). Denna nyckelpassage förklarar Tredje rikets fascination för nordisk mytologi, ty det tyska folket pekas här ut som ättlingar till ursprungliga arier vilka, under folkvandringstiden på 400-talet i samband med Västromerska rikets sammanbrott, utvandrade från Svarta havsområdet till Norden.

Gudarna skapade en boning till människans beskydd, samt himlen, solen och vattnet. Ur jorden spirade grönskan. När ljuset trilskades och inte kunde bestämma sig för vad det ville och mörkret inte visste vilken makt det ägde, samlades gudarna till rådslag på gudarnas bro för att ge namn åt tingen. Gudarnas bro är Bifrost, mytologins namn för Vintergatan som förbinder olika världar då den kopplar samman horisonten i öst med den i väst, vaktad av Heimdall, världsaxeln som vrider runt kosmos stjärnkvarn. Namnet "natt" gav de åt mörkret. Det ljus som följde efter mörkret kallade de morgon. Sedan kom middag, skymning och afton. Ur jättarna uppstod Ask och Embla, de första människorna, alltjämt utan själ eller kropp. Odin och Höne ympade ande och själ på människan, medan Lodur gav henne kropp och blod, och höljde henne i ett skal av lenaste hud.

Så skapades jorden. Så skapades människan.

Ragnarök, den sista striden mellan ont och gott, gudarnas skymning som en dag ska komma, låg långt fram i tiden. Ragnarök ska följas av en guldålder. Men först ska gott och ont drabba samman på ett fält vid namn Vigrid. Solen ska slockna, stjärnlyktorna trilla ned från sina fästen, Vintergatans brovalv störta samman, jorden uppslukas av havet när gudarna kallas till strid. Oden och Tor stupar, liksom Fenrisulven och Midgårds väldiga orm. De överlevande samlas på Idavallen, som blir början till ny blomstring. Liv och Livtraser, den nordiska mytologins Adam och Eva, som i Hoddmimers lund gömt sig undan Ragnarök, kommer att ge liv åt ett nytt människosläkte som bosätter sig på Gimle, namnet betyder det beständiga, det som inte brinner. En ny jord ska stiga upp ur havet och en ny sol tar samma väg på himlen som den gamla, enligt sierskan i poetiska Eddan, även kallad *Edda Saemundar* för att skilja den fran Snorre Sturlassons prosa-Edda.

Ur detta mytologiska mischmasch, syftande till att dokumentera de nordiska ländernas folk i vardande, vaskade SS Ahnenerbes pseudovetenskap fram ett släktträd som folket kunde identifiera sig med. Så skapades den nazityska lögnen om ett Herrenvolk, förutbestämt att underkuva en värld av Untermenschen.

När allt är tillåtet i rasens namn får vi en Hitler.

När allt är tillåtet i folkets namn får vi en Lenin.

När allt är tillåtet i Guds namn finns inte någon gräns för vad människan kan ställa till med.

Kapitel XX

Norge, operation Gunnerside, 1942-1943. Vid upprepade tillfällen utsattes Norsk Hydro:s tungvattenproduktion för sabotage. Salpeterfabriken och dess elektrolysanläggning för utvinning av tungt vatten låg i en dalgång vid foten av Telemarks högsta berg i Vemork vid Rjukan. Rjukan är centralort i Tinns kommun, sjutton mil väster om Oslo, halvvägs mellan Møsvatnet och Tinnsjø i den kanjonliknande Vestfjorddalen. Rjukan har fått sitt namn efter Rjukanfossen ("det rykande vattenfallet"), strax väster om samhället. God tillgång till billig elkraft genom reglering av Månaälven och sjön Møsvatnet gjorde orten vid förra seklets början idealisk för etablering av Rjukan Salpeterfabrikker, kring vilken med tiden en blomstrande industrinäring uppstod.

Tungt vatten är extremt sällsynt. Tungt vatten heter så för att dess molekyler är uppbyggda kring tungt väte istället för vanligt väte, en isotop med en extra neutron i kärnan känd under namnet deuterium (Namnet betyder nummer två och hänvisar till vätets tre isotoper: vanligt väte, deuterium och tritium). Detta gör tungt vatten tio procent tyngre än vanligt vatten. Havsvatten innehåller i storleksordningen *en* deuteriumatom på sex- eller sjutusen väteatomer. Deuterium, bundet i tungt vatten, absorberar ogärna neutroner, vilket gör det lämpligt som moderatorämne i reaktorer laddade med naturligt uran. Det kan också användas som fusionsbränsle, antingen i ren form eller uppblandat med den svagt radioaktiva väteisotopen tritium, ^{3}H.

Traditionellt utvinns tungt vatten genom upprepad elektrolys av havsvatten. Processen utnyttjar förhållandet att deuteriums kemiska bindning till syre är marginellt starkare än den mellan vanligt väte och syre, vilket påverkar reaktionshastigheten och orsakar små skillnader i jämviktsreaktioner. Konkret medför detta att tungt vatten vid elektrolys spjälkas något långsammare än vanligt vatten. Industriell produktion nyttjar isotoputbytesprocesser (s k GS-processer), baserade på omsättning mellan vätgas och ammoniak eller vatten, alternativt mellan vatten och svavelväte (vätesulfid). Också tungvattnets smält- och kokpunkt skiljer sig något från vanligt vatten. Tungt vatten fryser redan vid 3,8°C och kokar vid 101,4°C, ett förhållande som kommer till användning vid tungvattenframställning medelst fraktionering/destillering. Oavsett metod för tungvattenproduktion fordras storskaliga anläggningar. För varje ton tungt vatten (D_2O) krävs 41-tusen ton vatten och 135-tusen ton vätesulfid. Förutom tungt vatten (D_2O) och vanligt vatten (H_2O) förekommer en mellanvariant, halvtungt vatten (HDO).

Tungvattenreaktorn utvecklades under andra världskriget i Kanada. Fördelen med den reaktortypen är att naturligt uran kan användas som kärnbränsle, medan vanligare lättvattenreaktorer (tryck- eller kokvattenreaktorer, PWR och BWR) kräver ett bränsle som är anrikat till drygt 3% med uranisotopen U-235. Tungt vatten används både som kylmedel och moderator för att sänka neutronernas fart till medelhastigheten hos omgivningen, s k termisk hastighet.

Ett nyckelproblem i all reaktorteknik är att sänka farten hos sekundära neutroner frigjorda vid klyvning. Syftet med det är att öka sannolikheten för fortsatt klyvning eller absorption (om målet är att framställa plutonium). För att upprätthålla kedjereaktionen bör snabba neutroners fart reduceras till termiska hastigheter av ett moderatorämne, samtidigt som det ska uppta så få neutroner som möjligt för att underlätta reaktorns styrning och förhindra klyvningskedjan från att självslockna.

På grund av vätekärnans och neutronens tillnärmelsevis lika massor är både tungt vatten och lätt vatten högeffektiva för att sänka neutroners fart, då i elastiska kollisioner mellan neutron och vätekärna den förras rörelsemängd i sin helhet överförs till kärnan. I det avseendet har både tungt vatten och lätt vatten goda moderatoregenskaper. Vattnet får energirika neutroner att tappa fart och snabbt uppnå termisk jämvikt med omgivningen. Det som därutöver gör just tungt vatten till ett idealiskt moderatorämne framför lätt vatten är dess låga neutronabsorption. Tungvattenreaktorer är särskilt eftertraktade om avsikten är att framställa plutonium. Av den anledningen är nationer med kärnvapenambitioner i regel ute efter att även kunna tillverka tungt vatten.

Havsvatten utgör i praktiken den enda källa för utvinning av tungt vatten. Vattenkällans deuteriumhalt bör beaktas när platsen för en tungvattenanläggning ska utses. Deuteriumhalten är nämligen inte konstant, utan varierar från plats till plats och över tiden eftersom vattnets isotoper delvis fraktioneras vid förångning från land och hav eller kondensation från luften.

Upprepad elektrolys av naturligt vatten ger upp till 99-procentigt tungt vatten, men processen är extremt energikrävande. Tungt vatten bidrar till klyvningsprocessens kontrollerbarhet och möjliggör att upprätthålla en kedjereaktion i uran. Men det är inte den enda metoden, inte den mest effektiva heller, men det var den väg de tyska atomforskarna valde, sedan en räknemiss cementerat missuppfattningen att grafit var ett för ändamålet mindre lämpligt ämne.

1934 byggde Norsk Hydro i Vemork världens första kommersiella anläggning för framställning av tungt vatten, tre år efter Harold Ureys upptäckt av väteisotopen deuterium vid Columbia University i USA (Nobelpris 1934). Urey framställde tungt vatten genom att upprepade gånger destillera naturligt vatten varvid han utnyttjade skillnaden i kokpunkt mellan lätt vatten och tungt vatten. Omedelbart efter Norges ockupation beslagtogs Norsk Hydro:s fabrik av tysk armé, varefter den vid ett flertal tillfällen saboterades av allierade specialförband med stöd av den lokala motståndsrörelsen. Målet var att hindra fienden från att få tillgång till det tunga vattnet, en omistlig del i Tredje rikets kärnvapenprogram. Den mest omskrivna aktionen, i Norge känd som *tungtvannaksjonen* och i England som operation Gunnerside, genomfördes natten till 28 februari 1943 av Kompani Linge, sorterande under Norwegian Independent Company No. 1.

Kort tid efter tyskarnas infall i Norge lyckades den fysikaliska kemisten professor Leif Tronstad fly till England, där han blev verksam som underrättelsechef för Norges exilregering. Tronstad upplyste brittiska SOE att Norsk Hydro vid salpeteranläggningen i Vemork framställde tungt vatten genom elektrolys av havsvatten, samt att det var av strategisk betydelse att hindra ockupationsmakten från att lägga beslag på ämnet för användning i dess kärnvapenprojekt. Det visade sig så förträffligt ordnat att en annan norrman som flytt landet, Einar Skinnerland, kom från just denna landsände och var väl förtrogen med Norsk Hydro:s fabrik och dess oländiga terräng. Vid utgången av mars månad 1942 släpptes Skinnerland med fallskärm över ett område med svårforcerad bergsterräng. Utan att bli upptäckt lyckades han ta sig fram till fabriksområdet, där han kontaktade företagets chefsingenjör som bekräftade att det hade blivit uppståndelse från den dag tyskarna övertog anläggningen och beordrade att öka dess tungvattenproduktion. Som ett resultat av norrmannens rekognoscering beslöt militärkommandot att med topprioritet förstöra fabriken.

Stridsledningen planerade först för ett luftanfall i en räd med tunga bombplan, men detta visade sig svårgenomförbart i den kuperade marken då målet, sett från luften, låg inklämd mellan tillnärmelsevis vertikala klippväggar. Detta gjorde det till något av ett hasardspel att få in tillräckligt många träffar för att slå ut byggnaden i armerad betong, samtidigt som risken var överhängande att behållarna med flytande ammoniak i anslutning till komplexet skulle springa läck i anfallet, vilket befarades kunna medföra civila förluster. Strategerna i London med kommendörkapten Eric Welsh i spetsen för SOE:s Norgeavdelning, valde ett annorlunda tillvägagångssätt, varefter under två års tid ett antal mindre sabotagedåd genomfördes av brittiska marinsoldater och militär ur Norges exilarmé, med stöd på plats av motståndsrörelsen.

Den 18 oktober 1942 landsattes en norsk förtrupp, Grouseteamet, tränat av British Special Operations Executive SOE, som först skulle spana, för att dagen efter vägleda brittiska soldater dittransporterade i Halifax bombplan med glidflygplan i släptåg, lastade med vartdera fjorton soldater under ledning av en officer. Aktionen, döpt till Operation Freshman ("Novis"), förvandlades till en mardröm när kommandot av Royal Engineers från First Airborne Division förgäves försökte ta mark i den långsmala fjordsänkan. Som landningsplats hade en istäckt sjö i närheten av Vemork utsetts, varifrån agenter från motståndsrörelsen skulle lotsa truppen till målet. Uppdraget gick i första hand ut på att förstöra det befintliga lager av tungt vatten och, om möjligt, lamslå produktionen. Avsikten var att efteråt dela upp attackstyrkan för att i grupper om två eller tre man bege sig till det neutrala Sverige, ett jättelikt företag i vinter-Norge, även för erfarna marinsoldater tränade i överlevnadskonsten. Problem med navigeringen fick planen att hamna ur kurs vilket resulterade i att ett Halifaxplan flög in i ett berg, medan det andra tvingades återvända till basen. De soldater ur det förolyckade glidflygplanet som med livet i behåll klarat kraschen överlämnades till Gestapo och avrättades som spioner, ett flagrant brott mot krigslagarna. Fyrtioen brittiska soldater miste livet i denna katastrofala insats.

Intensiv spaning av tysk militär tvingade det norska Grouseteamet att under lång tid och stort lidande gömma sig i bergen uppe på Hardangervidda i avvaktan på direktiv från stridsledningen. Efter tre månaders orolig väntan kom ordern att åter göra ett försök att spränga kraftverket. Royal Air Force bedömde att Grouseteamet fortfarande hade en chans, även om tysk militär efter fiaskot med den första luftlandningen skickat truppförstärkningar till Vemork. Den 16 februari 1943 utökades Grouseteamet med ytterligare sex marinsoldater ur norska Kompani Linge som, under befäl av Joachim Rønneberg, skred till verket natten till 28 februari 1943. Denna operation fick kodnamnet Gunnerside. Den norska patrullen gick till anfall sedan de dagen innan, förklädda till ett gäng överförfriskade studenter på skidsemester, från säkert avstånd utforskat geografin kring fabriken och valt ut lämpliga sätt att i skydd av mörkret ta sig in på området. Under några strapatsfyllda timmar tog männen sig ned från gömstället till dalen, kravlade upp för fjordens brantar och ned igen på motsatta sidan i en mödosam forcering av istäckta vertikala klippväggar, smög förbi kortspelande tyska vakter, varefter de sprängde delar av fabriken och lagret motsvarande fem månaders produktion. Sprängningen blev odramatisk, inte ett skott avlossades. Man visste att den tyska vaktstyrkan var på endast femton man och att säkerheten kring Vemork inte var högprioriterad. Två män gick in i fabriken och lyckades undgå upptäckt, varefter de apterade sprängladdningar på tungvattenanläggningens sårbaraste ställen för att efter förrättat värv fräckt promenera ut samma väg som de en timme tidigare kommit in på. Sabotagekommandot lyckades undkomma och begav sig på skidor i väg till gränsen. En av norrmännen togs till fånga, men nådde småningom också Sverige efter en uppslitande flykt. "Det var ren försummelse av den tyska vaktstyrkan som gjorde det enkelt för oss. Först en halvtimme efter sprängningen uppdagades sabotaget, då var vi redan långt borta", berättade Jens Anton Poulson, en av soldaterna i den norska kontingenten i en intervju efter kriget. "Vi visste varken vad en atombomb eller tungt vatten var, men vi visste att det vi beordrades att göra var strategiskt viktigt och kunde påverka krigets utgång. Det var angeläget att stoppa Tyskland från att förslava Norge. Vi var yrkesmilitärer och gjorde vår plikt, vi förväntade oss inga medaljer." Även om brittiska underrättelsetjänsten hyllade Gunnersideaktionen som "den mest framgångrika sabotageinsats hittills", blev skadornas omfång inte större än att tyskarna två månader senare kunde återuppta utvinningen av tungt vatten. Efter samspråk med Manhattanprojektets ledning togs beslutet att bomba Vemorkfabriken ur världen.

Poulson var en ung yrkesofficer när Norge invaderades i april 1940. Efter ockupationen flydde han till Sverige och for halva världen runt för att efter sex månader anlända till England där han tillsammans med ett flertal landsmän anmälde sig för krigstjänst och tränades inför skarpa underrättelseuppdrag i ockuperat område.

Terrängens beskaffenhet gjorde det omöjligt för partisanerna att bära tillräckligt med sprängämnen för att totalförstöra fabrikens arton tankar fyllda med tungt vatten. I stället anbringades små laddningar under varje tank. Explosionerna slog hål på behållarna varefter femhundra kilogram tungt vatten forsade ut och kringflygande stålfragment perforerade exponerade ledningar och rör. Sabotageteamet kom undan, trots att hundratals soldater i flera dagar finkammade ett allt större område.

Anfallet på Vemorkverket hade effekt på kort sikt. Visserligen slogs produktionen ut men det tog tyskarna inte mer än två månader att återuppta verksamheten. De allierade beslutade då att flygbomba anläggningen. 16 november 1943 släppte 143 B17-plan nära tusen bomber över fabriken, varav endast arton träffade målet. Visserligen blev skadorna på byggnaderna omfattande men kraftverket och produktionslinjen för tungt vatten, gömda i fabrikskomplexets innandöme, förblev förhållandevis intakta. Ett tjugotal civila omkom när en bomb på avvägar träffade ett skyddsrum med kvinnor och barn. Ett sorgligt facit av en i stort sett misslyckad aktion som inte åstadkom större verkan än att sjuttio ton sprängmedel slog ut *en* generator, vilket i och för sig medförde ett längre driftstopp.

Efter bombningen beslöt ockupationsmakten att montera ned den strategiska anläggningen för flytt till Tyskland. Lagret av femhundra kilogram tungt vatten och fjorton ton strategiskt material i tjugonio stora behållare skulle med tågfärjan Hydro forslas sjövägen till hemlandet. Transportens första etapp gick 20 februari 1944 över Tinnsjø. Motståndsmannen Knut Haukelid som deltagit i tungtvannsaksjonen fick tillåtelse av motståndsrörelsens överkommando att med en minimal insatsstyrka om tre män spränga fartyget under färd. Insatsen krävde fjorton civila offer och fyra tyska soldater men kröntes med framgång. När färjan förliste sjönk det dyrbara förrådet av tungt vatten till fjordens botten på fyrahundra meters djup.

Köpenhamn, 1941. Våren 1941 fann Heisenbergs forskningsgrupp i Leipzig övertygande bevis för en kedjereaktion i uran-235. Bara någon månad senare upptäckte Fritz Houtermans att grundämne 94, plutonium, kunde framställas i en reaktor i tillräckliga kvantiteter för användning i kärnvapen. Vintern 1939-1940 avslutade Werner Heisenberg en teoretisk studie vari han pekade på den principiella skillnaden mellan en uranstapel, där kedjereaktionen kontrolleras, och en atombomb, där neutronkaskaden inom bråkdelen av en sekund galopperar mot en förgörande katastrof. 17 juli 1941 nedtecknar Carl von Weizsäcker, Heisenbergs närmaste man och bundsförvant, en skrift under rubriken *En möjlighet till energiutvinning ur U-238.* Av texten framgår att de tyska fysikerna kommit underfund med att kärnbränslet i en reaktor anrikas med ett nytt grundämne, användbart som sprängmedel. Denna substans nämndes aldrig vid namn, utan antydes rätt och slätt som ”grundämne 93” fast man redan vid denna tidpunkt blivit ganska säker på att det i själva verket rörde sig om grundämne 94, plutonium. Medan Wehrmacht under sommaren ryckte allt djupare fram i det ryska stäpplandskapet, sedan de i ett Blixtkrieg lagt stora delar av Västeuropa under sig, accepterade Heisenberg en inbjudan att hålla ett föredrag för tysk-danska kulturella föreningen i det ockuperade Köpenhamn. Medan han var i i Danmarks huvudstad passade han på att hälsa på sin mentor Niels Bohr på dennes institut för teoretisk fysik, tillhörande universitetet därstädes.

Werner Heisenbergs veckolånga besök hos Niels Bohr på Blegdamsvej i Köpenhamn, 15-22 september 1941, är ett av fysikhistoriens mest omtalade och mystikomgärdade möten. Tolkningarna av vad som sades (och framförallt inte sades) pendlar mellan ytterligheter: antingen var Heisenberg i Köpenhamn för att varna Bohr för Tysklands planer att utveckla kärnvapen, eller så sonderade han om Bohr kunde tänkas medverka i det nazityska atomprojektet. En tredje hypotes är att Heisenberg fått dåligt samvete och hos sin vän och mentor ville söka syndaförlåtelse för ett engagemang han fann moraliskt förkastligt men samtidigt såpass lockande och utmanande ur ett vetenskapligt perspektiv att han kände sig som Buridans åsna, djuret som svalt ihjäl när det inte kunde bestämma sig för vilken av två lika goda och jämnstora hötappar det skulle äta av. Ingen vet, och allt vi känner till är att Heisenbergs hustru Elisabeth, Bohrs hustru Margarethe, hans son Aage, och senare Robert Oppenheimer framhöll sinsemellan motstridiga versioner av överläggningarna mellan de båda fysikgiganterna. Mötena pågick utomhus under strövtåg på tu man hand i den danska naturen för att undgå avlyssning. I en minnesanteckning intygar Elisabeth Heisenberg att hennes make under kriget våndats över att motståndarsidan med dess överlägsna teknologi skulle bli först att använda atombomben mot Tyskland, och att Bohr via motståndsrörelsen troddes stå i förbindelse med allierade atomforskare i USA. Det mesta som skrivits om mötet mellan Bohr och Heisenberg är följaktligen snarare hörsägen än vittnesmål, även om ingen kan förneka det faktiska förhållandet att mötet blev avgörande för Bohrs deltagande i de allierades Manhattanprojekt. Faktum är att Heisenbergs visit gjorde Bohr bestört. Det var en turbulent tid, även om Bohr inte var den som bävade när åskan gick. Något måste ha framkommit som fick honom ur gängorna, ett hastigt uppvaknande eller en plötslig insikt som öppnade hans ögon för de militära konsekvenserna av Meitners och Hahns kärnklyvning.

År 1956, Bohr var då sjuttioett år gammal, publicerade den schweiziske journalisten Robert Jungk sin version av vad han trodde hade avhandlats i samtalen. Två år senare kom boken ut i en dansk och en engelsk utgåva, den senare med titeln *Brighter than a Thousand Suns* (på svenska Starkare än tusen solar, Bonniers 1957). I boken refererar författaren till ett brev från Heisenberg vari han redogör för sin tolkning av mötet. Efter att ha läst boken skrev Bohr ett utkast till svarsbrev, som dock aldrig skickades, då han såsom hedersman inte ville skada den avsevärt yngre Heisenbergs karriär och rykte. Under åren skrev Bohr flera brevutkast till historiker och vetenskapsjournalister om vad som avhandlats i samtalen, men inte heller dessa nådde mottagarna då han varje gång bestämde sig för att ett tag till ruva på hemligheten av omtanke för Heisenberg och hans familj. Efter Bohrs frånfälle 1962 läste de efterlevande in hans dagbok och korrespondens.

I en skrivelse full av förbehåll ger Heisenberg sin version av vad som diskuterats. Brevets andemening är att han av rädsla för repressalier uttryckt sig såpass vagt att Bohr totalt missförstod honom. Vidare filosoferar Heisenberg högt om det moraliska ansvar som åvilade atomforskarna, ett aktuellt och berättigat spörsmål som dock klingar tomt eftersom han aldrig tog upp frågan, vare sig med sin läromästare och den tyska fysikens nestor, Max Planck, eller med någon vän eller kollega. Brevet ger inte heller något svar på den springande punkten *vad* Heisenberg åsyftade med sitt besök:

> ”Såvitt jag kan erinra, och naturligtvis kan mitt minne svika mig efter så lång tid, förlöpte samtalen ungefär på följande sätt: Mitt besök i Köpenhamn ägde rum hösten 1941. Jag tror att det var i slutet av oktober. Vid den tiden hade vi i uranklubben på grundval av våra experiment med uran och tungt

vatten kommit till insikten att det var möjligt att bygga en energialstrande reaktor med uran och tungt vatten. I denna reaktor skulle (enligt ett teoretiskt arbete av Carl von Weizsäcker) en produkt uppstå ur uran-239, vilken liksom uran-235 var ett lämpligt sprängämne för atombomber. Vi kände då ännu inte till någon teknik för att utvinna uran-235, som kunde ge avsevärda kvantiteter och var tekniskt genomförbart i Tyskland under krigstid. Eftersom utvinning av atomsprängämnen tydligen endast kunde förverkligas genom årslång drift i jättelika reaktorer, stod det i alla fall klart att framställning av atombomber fordrade oerhörda tekniska insatser. Således kände vi till att atombomber i princip kunde byggas, men ansåg den nödvändiga tekniska insatsen därtill ännu större än den faktiskt var. Denna situation föreföll utgöra en särskilt gynnsam förutsättning för fysikerna att sätta sin prägel på den fortsatta utvecklingen. Ty om framställning av kärnvapen skulle visa sig omöjlig, hade problemet aldrig uppstått; hade framställningen varit enkel, skulle fysikerna med visshet inte kunnat förhindra den. Emellertid gav det rådande läget fysikerna vid den tidpunkten ett avgörande inflytande på den fortsatta utvecklingen, eftersom de antingen kunde säga till sin regering att atombomben troligen inte kunde komma till användning i pågående krig, alternativt kunde argumentera för att det kanske skulle vara möjligt att få fram den efter ihärdigt bemödande. Den senare utvecklingen visade att båda sätt att resonera var sakligt berättigade. I detta läge trodde vi att ett samtal med Bohr kunde vara till nytta. Det ägde rum under en kvällspromenad i närheten av Ny Carlsberg. Då jag kände till att Bohr bevakades av tyska politiska myndigheter och att hans yttranden med största sannolikhet skulle rapporteras till Tyskland, försökte jag hålla samtalet i sådana vaga antydningar att jag därigenom inte försatte mitt liv i akut fara. Samtalet torde ha börjat med att jag mer eller mindre i förbigående ställde frågan om det gick att rättfärdiga att fysiker i krigstid sysslade med uranfrågan då man ju trots allt måste räkna med att framsteg på detta område kunde leda till tungt vägande konsekvenser för krigföringen. Bohr genomskådade genast frågans innebörd, något jag slöt mig till av hans förskräckta min. Enligt vad jag minns replikerade han med ungefär denna motfråga: 'Ja, men tror du verkligen att uranklyvning kan utnyttjas för vapenframställning?' Mitt svar ljöd ungefär så här: 'jag vet att det i princip är möjligt men det kräver antagligen en massiv teknisk insats, som förhoppningsvis är omöjlig under detta krig.' Bohr blev tydligen så förskräckt även av detta svar att han trodde att jag därmed ville ha sagt att Tyskland gjort betydande framsteg på väg mot konstruktion av kärnvapen. Under de försök jag sedan gjorde för att rätta till denna missuppfattning måtte jag inte ha lyckats att helt och fullt återvinna Bohrs förtroende, särskilt som jag fortfarande endast vågade tala i mycket försiktiga anspelningar (vilket säkert var fel av mig) på grund av fruktan att senare åka fast för något bestämt utlåtande. Själv var jag bedrövad över resultatet av detta samtal."

För ett tiotal år sedan (2002) hävde familjen sekretessen och öppnade Bohrs dagböcker och brevutkast för forskningen. Ett av breven, skrivet i kladd, är riktat till Heisenberg och öppnar med ett darrhänt "Kaere Heisenberg". Brevet om tre handskrivna sidor saknar datum, men förefaller skrivet 1956 eller 1957 i anledning av Jungks bok. Det har av allt att döma aldrig avsänts. Bohr skriver att han hade blivit upprörd när Heisenberg under sitt besök i Köpenhamn öppet deklarerade att Tyskland skulle segra och att hoppet om en allierad seger var ute. Heisenberg skulle dessutom ha skrutit med att han gjorde sitt yttersta för att Tyskland skulle komma först i mål i kärnvapenkapplöpningen, samt att det låg i Bohrs intresse att samarbeta med den tyska forskargruppen. Om kriget mot förmodan skulle dra ut på tiden, skulle det förr eller senare avgöras med kärnvapen, hävdade Heisenberg, som uttalade sin förhoppning att Bohr skulle vara villig att samarbeta med tyskarna. Kort sagt: Bohrs och Heisenbergs minnesbilder av Köpenhamnsamtalen är diametralt olika.

Eftersom Bohr på moderns håll hade judiskt påbrå blev hans situation i det ockuperade Danmark alltmer prekär. Trots upprepade propåer från de allierade att lämna landet valde han att stanna kvar på institutet för att upprätthålla moralen hos dess skärrade icke-ariska medarbetare som med fasa såg judeutrotningen krypa allt närmare. Han ville ge dem så mycket uppmuntran han kunde, så länge det gick. När läget blivit ohållbart och Bohr fruktade att när som helst bli inkallad till det tyska uranprojektet flydde han med sin familj i oktober 1943 landet genom att med hjälp av motståndsrörelsen ta sig över Öresund till Sverige i en fiskebåt. För att Bohrs Nobelmedalj inte skulle falla i fiendens händer löstes den upp i kungsvatten (Aqua regis: salpetersyra och saltsyra) varefter flaskan för resten av kriget förvarades i ett olåst kemikalieskåp. Efter kriget kunde guldet återvinnas för att prägla en ny medalj.

Bohrs vistelse i Sverige blev kortvarig. Efter två dagar smugglades han med den brittiska regeringens hjälp från Stockholm till England. Den farofyllda åkturen i ett tvåsitsigt Mosquitoplan höll på att sluta i katastrof då Bohr råkat sätta på andningsmasken fel. När RAF-piloten inte fick svar på anrop via kommunikationsradion gick han omedelbart ner på låg höjd och räddade så Bohrs liv. Efter ankomst till USA deltog Bohr och hans son Aage i Manhattanprojektet. På grund av strikta säkerhetsbestämmelser fick han en ny identitet och skrev sina rapporter under namnet Nicholas Baker med smeknamnet Uncle Nick. Bohr var en av de första vetenskapsmän som tidigt insåg kärnklyvningens maktpolitiska konsekvenser och han utnyttjade sina goda kontakter med Englands premiärminister Winston Churchill och USAs president Franklin D Roosevelt för att plädera för samförstånd och öppenhet på atomenergiområdet genom utbyte av forskningsrön.

Majnumret 1995 av *Scientific American* innehåller två artiklar på temat Bohr och bomben. I den ena artikeln försöker författaren, Jeremy Bernstein, kasta tvivlets ljus över Heisenbergs besök i Köpenhamn. Av allt att döma beskrev Heisenberg Nazitysklands långtgångna planer på en uranstapel, vilket på den tiden var det gängse namnet för en kärnreaktor, som Bohr missförstod för en faktisk beskrivning av ett nukleärt vapen. Den av Heisenberg ledda forskningsgrupp, Uranverein II, hade insett att det fordrades en kärnreaktor för att framställa plutonium, som kunde användas för en kedjereaktion och följaktligen för kärnvapen. "Det gåtfulla är dock", skriver Bernstein, "*varför* Heisenberg besökte Bohr." "Vad ville han, eller: vad ville han säga?" "Vilken slutsats kom de fram till?" Det är det riktiga mysteriet som vi förmodligen aldrig får klarhet i.

Samtalen med Bohr får ytterligare en hotfull dimension om man beaktar att Heisenberg under pågående krig gjorde minst tio lika kontroversiella utlandsresor i egenskap av sändebud för tyska propagandaministeriet, däribland resor till Budapest i 1941 och 1942, till Schweiz 1942 och 1944, till Nederländarna i oktober 1943, strax efter massdeportationen till Auschwitz av landets judiska befolkning, till Krakov i Polen i december 1943 som den ökände guvernören dr Hans Franks särskilda gäst, några månader efter att Frank och hans mordlystna hejdukar förintat Warszawagettot, till Köpenhamn vid två tillfällen efter Bohrs flykt till USA, samt till Königsberg (Kaliningrad) i februari 1944. Själva det faktum att Heisenberg på uppdrag av propagandaministeriet företog "goodwill-resor" till ockuperade länder utgör en moralisk belastning som kan kasta tvivel över hans roll under kriget. Uppenbarligen hade regimen fullt förtroende för chefen av det prestigefyllda atombombprogrammet, ett förtroende som Heisenberg på ett eller annat sätt först måste ha "förtjänat" genom att visa odelad lojalitet mot landets ledning. Likaså måste makthavarna varit övertygade om att deras forskningschef inte skulle tala bredvid mun och avslöja statshemligheter i fientliga miljöer där det kryllade av spioner. Heisenberg måste ha insett samtalets sprängstoff, vilket framgår av hans förflugna anmärkning: "Världen kommer att minnas mig för två saker, osäkerhetsrelationen och mitt möte med Bohr, 1941." På sina resor gjorde han sig känd för sina komprometterande åsikter och hårresande uttalanden som står i bjärt kontrast med den bild av en obstruerande regimkritiker som han efter kriget försökte rättfärdiga sin roll under kriget med. På besök i Holland 1943 yttrade han följande naivt obetänksamma ord om demokratins brister. Man kan undra, vilket Bohr senare lät påskina i sitt brevutkast, om Heisenberg två år tidigare vid sitt besök i Köpenhamn hade stoltserat med samma smörja:

> "Demokratin förmår ej utveckla tillräcklig kraft för att kunna härska över Europa. Följaktligen finns blott två alternativ: Tyskland eller Ryssland. Ett Europa under tyskt ledarskap skulle i så fall vara det minst onda alternativet."

Så talar en medlöpare. Eller en lättrogen opportunist, av makten klädd i för stor kostym. Visserligen hade Heisenberg i tonåren blivit utsatt för traumatiska upplevelser i samband med kommunistupproret i Bayern, den så kallade Novemberrevolutionen, från november 1918 till Weimarrepublikens instiftande i augusti 1919, vilket fick honom att välja nazidiktatur framför ett totalitärt kommunistvälde, men hans ord talar ett Herrenvolk:s maktspråk, hans tankar ekar stöveltramp.

Heisenberg borde vetat bättre. Av egen erfarenhet. Hade han glömt hur han 1937 själv blivit föremål för säkerhetspolisens uppmärksamhet och i en SS närstående tidning häcklats som anhängare till judefysiken? Han hade kallats för "vit jude" och representant för "Einsteinandan", en landsförrädare som borde inlåsas i koncentrationsläger. Efter detta personangrepp begärde en ursinnig Werner Heisenberg upprättelse hos Reichsführer Heinrich Himmler: "Om Herr Starks åsikter delas av regeringen måste jag be om entledigande." Inte förrän i juli månad 1938 svarar Himmler i ett visserligen artigt men samtidigt förtäckt hotfullt brev att han på uppmaning av familjen distanserar sig från klandret. Heisenbergs mor och Himmlers fru var ytligt bekanta och hade gemensamt lagt upp en kvinnlig strategi för att lösa problemet utan att någon tappade ansiktet. I ett brev till Reinhard Heydrich, chef för Reichssicherhetshauptamt (hemlig polis) avslöjar Himmler sig när han skriver följande föga hjärtliga ord om Heisenberg: "Vi behöver honom, vi kan inte ta livet av denne unge man som kan vara till nytta för nationen", vilket hade den effekt att åtminstone kränkningarna upphörde. Dock gick Heisenberg miste omden eftertraktade professur i München han sökte efter sin läromästare Arnold Sommerfeld, som 1935 tvingats i pension av en nazisinnad universitetsledning.

På det hela taget var Heisenberg varken fredsduva eller krigshök utan en boren opportunist som föredrog en tysk pyrrhusseger framför ännu ett vanärande nederlag. Heisenberg gav eftervärlden en inblick i de fartblinda krafter som rörde honom nar han på tal om kriget framförde: "Regeringens officiella slogan var 'vi måste använda fysiken i krigföringen'. Jag vände på uttrycket och sade 'vi måste använda kriget för fysiken'". Vem känner inte honom, den "neutrale", den som navigerar i moralens mittfåra utefter överhetens fyrar – ängslig att i uppbrottstider stöta sig med makten, och därmed försummar sin heliga plikt.

Vänskapen mellan Bohr och den sexton år yngre Heisenberg går tillbaka till 1922, då de för första gången träffades på universitetet i Göttingen. Tack vare ett stipendium från Rockefeller Foundation fick Heisenberg 1924-1925 tillfälle att fördjupa sina studier vid Bohrs institut i Köpenhamn, på den tiden kärnfysikens högborg. Året därpå återkom han som gästdocent, innan han 1927 utnämndes till professor i Leipzig. Dessa år var centrala för Heisenbergs vetenskapliga utveckling. Under denna period var han som mest produktiv inom kvantfysikens fält och lade grunden till senare berömmelse, år 1932 krönt med Nobelpris.

Dansken Niels Bohr var på tjugotalet ett affischnamn inom fysiken. Från hela Europa vallfärdade unga fysiksnillen till hans institut i Köpenhamn för att förkovra sig i kvantfysik och spegla sig i hans stjärnglans som den nya fysikens *primus inter pares*. År 1913 hade han slagit fysikvärlden med häpnad genom sin djärva tolkning av atomernas uppbyggnad och förklarat mekanismen bakom ett ämnes karakteristiska linjespektrum. Bohr visade att väteatomer endast kan uppta eller avge elektromagnetisk strålning av vissa frekvenser (energier) genom att elektronen i så kallade kvantsprång "hoppar" från en lägre bana till en högre, och vice versa. Elektronen kan endast befinna sig i ett stabilt tillstånd i särskilda "skal", vilkas lägen relativt atomkärnan avgörs av villkoret att banenergin är kvantiserad, varmed menas att elektronen inte kan befinna sig var som helst, utan att den uteslutande kan finnas på de ställen där banans omkrets utgör en heltalsmultipel av en fundamental storhet, den som fransmannen Louis de Broglie tio år senare kom att kalla partikelns materievåglängd. I en epokgörande artikel från 1913 i *Philosophical Magazine*, framlade Bohr hypotesen att en elementarpartikel kan uppfattas både som "våg" *och* som "ting", i det som strax blev ett centralt begrepp i kvantteorin – vågpartikeldualismen – ett i vår makroskopiska erfarenhetsvärld okänt begrepp vilket han under tjugotalet fördjupade och berikade till en kvantfysikalisk helhetsbeskrivning av materiens *terra incognita* inuti atomer. Kvantteorin ställde människans föreställningsförmåga på svåra prov och blev under lång tid kritiserad av många, däribland Albert Einstein. Under en stor del av trettiotalet tvistade Einstein med Bohr om huruvida kvantfysiken var en "tillfällighetslösning" (vilket var Einsteins ståndpunkt) eller en uttömmande helhetsbeskrivning, som Bohr hävdade. 1918 föreslog Bohr sin sedermera berömda korrespondensprincip vari utsägs att ett fenomens kvantmekaniska beskrivning konvergerar mot (närmar sig) klassisk teori när avståndsskalan ökar. Av den anledningen är mikrokosmiska effekter sällan framträdande i vår värld. Bohrs princip mötte initialt motstånd, ty den stod i motsats till Arnold Sommerfelds modell i *Atombau und Spektrallinien*, den tidens standardverk inom atomteorin. Numera är Bohrs insikter inte längre kontroversiella och de har upptagits i fysikvetenskapens paradigm. Bohr tilldelades Nobelpris 1922, året efter Albert Einstein, för "undersökningarna av atomernas struktur och strålningen som utgår från dem".

Det var under denna hektiska tid på tjugotalet som fysikvetenkapen kapitaliserade sitt vetande om mikrokosmos, vilket bland annat resulterade i att Heisenberg 1924-1925 fann lösningen till en av fysikens gäckande gåtor: kvantteorins matematiska utformning. På den tiden var Heisenberg ännu inte särskilt bevandrat i matematiken men hans lärare Max Born och dennes doktorand Pascual Jordan insåg att spörsmålet handlade om matriser, rektangulära scheman av tal eller storheter, och de hjälpte till med att ro Heisenbergs kvantmatristeori i hamn.

Även privat tillbringade Bohr och Heisenberg tid tillsammans under skidturer i Alperna. I *Der Teil und das Ganze – Gespräche im Umkreis der Atomphysik* (Delen och helheten, samtal om atomfysiken), ger Heisenberg en idyllisk skildring av påskferien 1933, i en stuga nära Bayrischzell tillsammans med Niels Bohr, dennes son Christian, samt kollegerna Carl von Weizsäcker och Felix Bloch. Hitler hade gripit makten, men hotet upplevdes ännu avlägset dessa pastorala påskdagar uppe i de snöklädda bergen ägnade åt skidåkning, pokerspel och filosofiska samtal om fysikens grundvalar.

Uranprojektet var lågprioriterat i Tyskland. En trängd Reichsführer Adolf Hitler krävde att nya militära projekt mer eller mindre omgående skulle ge avkastning, medan en seriös utveckling av atomvapen tarvat omfattande planering, resurser och framför allt uthållighet. Heisenberg klantade till det ordentligt genom grava räknefel som från början förde reaktorkonstruktionen in på fel spår. Nazifysikerna valde bort grafit som moderator, till skillnad från Enrico Fermi som efter sin landsflykt från Mussolinis fascistiska Italien arbetade i Chicago. Något det tyska projektet saknade och som skulle bli orsaken till dess misslyckande var kompetenta ingenjörer som kunde komma på praktiska lösningar, i andra hand ett högmotiverat radarpar som Manhattanprojektets ledarduo Oppenheimer-Groves. Heisenberg var en briljant teoretisk fysiker ut i fingerspetsarna mer än konstruktör eller uppfinnare, och atomprojektet fick med tiden prägel av "lekstuga" för nyfikna fysiksnillen. Heisenberg förmådde ej göra det mentala steget från grundforskning till en ingenjörsteknisk tillämpning av nyupptäckta fysikprinciper. Han förstod sig inte på det pragmatiska handlaget att bryta ner teori och konkretisera den till produktnivå. Han var väl insatt i atomfysikens teori, men så fort hans kunskap skulle tillämpas på praktiska problem tog det emot. Mer än väl förtrogen med atomvapnets teoretiska finurligheter var han novis inom praktisk konstruktion; han saknade kunskap om hur kritiska moment i bombens teknik kunde kringgås eller lösas, särskilt vad gäller plutoniumbombens komplicerade reflektionsskärmar. Möjligen fann han utvecklingen av ett fungerande kärnvapen en orealistisk uppgift, det är *en* av två versioner av den verklighet som han efter kriget ville få världen att tro. Vid ingången av fyrtiotalet lugnas Uranverein II med beskedet att:

> ”Vi ser för närvarande ingen framkomlig teknisk väg att med de i Tyskland under kriget till buds stående medlen framställa en atombomb, men vi måste likväl grundligt utforska hithörande ämnesområde för att förvissa oss om att ej heller amerikanerna kan få fram kärnvapen.”

Somliga försvarar Heisenberg och hävdar att hans uppenbara passivitet berodde på hans strategi att förhala utvecklingen, obstruera verksamheten och använda atomprojektet som en tillflyktsort för unga fysiker som därmed slapp inkallas till krigstjänst. Hans Bethe, judisk flykting undan förtrycket och en av den allierade atombombens arkitekter, citerade ett uttalande av Heisenberg från 1948: ”Jag ville inte förverkliga atomhotet, allt jag ville var att skydda unga tyska fysiker från fronttjänst under kriget.” Om bilden är korrekt kan Heisenbergs svala entusiasm för uranprojektet liknas vid en lindansare utan skyddsnät: han spelade ett spel av sockrade löften och slug förhalning om vartannat. Det var en svår balansgång. Medan projektet stod och stampade på samma ställe utan att mer än marginellt röra sig framåt, skulle det samtidigt förbli tillräckligt lovande för att hos regimen motivera unga fysikers befrielse från vapentjänst. Heisenberg själv försvarade sin avvaktande hållning med följande kommentar:

> ”I en diktatur kan aktivt motstånd endast utövas av personer vilka till synes är regimens medlöpare. Om någon offentligt uttalar sig *mot* systemet, så berövar han sig därmed helt säkert varje möjlighet att göra aktivt motstånd. Ty antingen uttrycker han sin kritik i förbigående och i harmlös form, och då kan han lätt avskäras från politiskt inflytande, eller också försöker han verkligen sätta till exempel studenterna i rörelse, varefter han naturligtvis efter några dagar hamnar i koncentrationsläger och till och med hans martyrdöd förblir okänd för allmänheten, då ingen tillåts nämna hans namn ... Jag har alltid känt stor respekt när jag tänker på 20 juli-männen (20 juli 1944 genomfördes ett attentat mot Adolf Hitler i dennes högkvarter Wolfsschanze, Varglyan, i närheten av orten Rastenburg i Ostpreussen), med några av dem var jag god vän, vilka till priset av sina liv gjorde allvarligt motstånd. Men även deras exempel visar att reellt motstånd endast kan utövas av personer som till synes spelar med.”

Fritz Houtermans, som redan 1932 pekade på möjligheten av en kedjereaktion i uran och 1937 inför sovjetryska vetenskapsakademin höll ett föredrag om neutronabsorption, fick troligtvis det korrekta svaret då han på våren 1940 anförtrodde sig till Nobelpristagaren Max von Laue. På den direkta frågan om Dritte Reich var engagerat i kärnvapenforskning svarade von Laue lakoniskt: "Herr kollega, en uppfinning som man inte *vill* göra, *gör* man inte heller." Houtermans hade efter Hitlers makttillträde 1933 utvandrat till Sovjetunionen, där han i december 1937 arresterades av NKVD som trotskist misstänkt för spionage och hamnade i ett stalinistiskt omskolningsläger. Tre år senare släpptes han i samband med en fångutväxling inom ramen för Molotov-Ribbentroppakten av 23 augusti 1939. Efter sin villkorliga frigivning på våren 1940 överlämnades han till Gestapo, som ånyo spärrade in honom. Efter medling av Max von Laue frigavs han, mot att han så länge kriget varade skulle stå under övervakning och inte fick lov att medverka i statlig forskning. Houtermans var före sin tid och det förvånar att ingen inom sovjetryska vetenskapsakademin "nappade" på hans profetia om möjligheterna att konstruera atomvapen. Troligt är att sovjetfysikerna in i det sista drog sig för att föreslå ett oprövat koncept, av rädsla att ett misslyckande i det rådande stalinistiska åsiktsklimatet skulle leda till allvarliga konsekvenser för liv och lem. Vetenskapsmän i diktaturer är sällan nybyggare, och sovjetfysikerna var inget undantag; förtryck föder kopister som låter andra gå före och visa vägen. De avvaktade tills information om supervapnet via spioner i andra länder börjat sippra in i maktapparaten som då kunde, eller kunde låta bli, att ge order om en egen satsning.

Förbudet att arbeta inom offentligt finansierad forskning tvingade Houtermans att söka alternativa vägar för att tjäna sitt uppehälle. I maj 1940 vände han sig till baron Manfred von Ardenne, en förmögen uppfinnare som drev ett privat fysiklaboratorium i Lichterfelde utanför Berlin. von Ardenne var engagerad i ett projekt på uppdrag av Deutsche Reichspost, vars högsta chef, postministern Karl Wilhelm Ohnesorge, av opportunistiska skäl var pådrivande i utvecklingen av atomvapen (!). I juli 1941 kom Houtermans fram till att kärnvapen kunde bli verklighet, förutsatt att man i en reaktor lyckades framställa några kilogram av det nya grundämnet, plutonium-94. Han var dock noga med att hålla på sitt trumfkort för att inte tappa fördel gentemot den statliga atomforskningen och intalade postens representant i Uranverein, dr Georg Otterbein, att det vore direkt skadligt för postverket om detaljer om plutoniumframställning skulle falla i händerna på "konkurrenterna". Så kom det sig att allierade Alsosförband efter kriget hittade viktigt material om tysk kärnvapenforskning hos Deutsche Reichspost.

Postverkets planer på utveckling av atomvapen var inget undantag. Jämte krigsministeriet drev även kulturdepartementet ett eget uranprogram. På grund av rivaliteten mellan parterna hotades forskningen av "snuttifiering" och internt hemlighetsmakeri. För allt i världen skulle den andra parten ej få veta hur långt man själv hade kommit. Denna basala brist på organisation och samordning skulle sänka atomprojektet: det havererade till följd av inre hot och osämja, split och kiv, i den totala förvirring som huvudmännen skapade för att bibehålla ett förment övertag i en intern kapplöpning, utan annat mål än att fjäska för Adolf Hitler.

Så sent som 1939 åkte Heisenberg på en föreläsningsturné till USA, där han nobbade löst formulerade erbjudanden om en fristad och valde att återvända hem. Tiden som scoutledare i tyska *Jugendbewegung* efter första världskriget hade hos honom väckt en stark solidaritetskänsla och han värnade sina medarbetare. Sin framskjutna roll som ledare för Tysklands atomprojekt till trots blev efterkrigstidens dom över Heisenberg förlåtande. Visserligen hade han varit en på alla sätt och vis naiv patriot och kappvändare, men han var inte nazist. Troligtvis bottnade eftervärldens ambivalenta hållning i att de allierade aldrig riktigt visste var de hade honom. Fortfarande, tre kvarts sekel efter krigsslutet, är motivbilden och Heisenbergs faktiska roll i det nazityska kärnvapenprojektet oklar.

Nästsista krigsåret höll Heisenberg en föreläsning i Zürich. Amerikanska underrättelsetjänsten placerade en spion i auditoriet – Morris ”Moe” Berg, en före detta baseballcoach med examen från Princeton – som fått order om att likvidera Heisenberg ifall det framgick att han höll på med utveckling av kärnvapen. Emellertid handlade föredraget om i sammanhanget ”ofarliga” S-matriser, den bärande delen av den kvantteori utvecklad vid tjugotalets mitt som, jämte osäkerhetsprincipen, utgör Heisenbergs bestående insats för fysikvetenskapen.

Heisenbergs vän, filosofen Martin Heidegger, däremot fick en hård dom, även om hans insatser för nazismen varit rent ideologiska. Han skyllde Förintelsen på judarna själva, talade om *Selbstvernichtung* – självutplåning – och när han skrev om gaskamrarna satte han ordet inom citationstecken. Manhattanfysikerna hade heller ingen moralisk hävstång: själva hade de också pantsatt sina snillen hos djävulen.

Samtalen mellan Bohr och Heisenberg kommer också framdeles att tilldra sig historikernas intresse. Inte för att någon tror sig kunna komma ett tuppfjät närmare vad som sades, utan för att alla vet att det som sades är avgörande för vår bild av fysikernas komplexa verklighet i orostider. Det spörsmål Heisenberg tog upp var tvivelsutan atomforskarnas moraliska tiotusenkronorsfråga. Vid första ögonkastet kan det verka paradoxalt att forskarna i Hitlerregimens skräckdiktatur av moraliska skäl obstruerade sitt lands atomprogram medan deras allierade kolleger, vilka ingalunda behövde frukta repressalier, med stor glöd gick in för Manhattanprojektet, utan att förrän i efterhand och med facit i hand våndas över kärnvapnets moraliska betänkligheter. I *Starkare än tusen solar* tar Robert Jungk upp denna paradox och ger svar genom att citera en tysk vetenskapsman som på tidigt sextiotal formulerade detta samvetsdilemma så här:

> ”Vi var ingalunda bättre eller klokare än våra utländska kolleger, men vid krigsutbrottet hade vi redan av bitter erfarenhet från nära sju år av Hitlerstyre lärt oss att man bör förhålla sig misstroget och reserverat gentemot staten och dess verkställande organ. Totalitära länders undersåtar är sällan goda patrioter. Men de andra (allierade) hade då ännu fullt förtroende för sina regeringars rättrådighet och humanitet. ... Jag undrar för övrigt om det numera fortfarande är så med den saken.”

Det Heisenberg framförde i Köpenhamn var av allt att döma så pass omtumlande att Bohr omedelbart uppfattade vartåt det barkade och avbröt samtalet. Heisenberg

Niels Bohr

åkte hem med oförrättat ärende; han hade resignerat och tvingades acceptera att ödet var på väg att föra atomkrig, helt oavsett om han önskade sig ett sådant eller inte. En vecka efter Köpenhamnsbesöket skriver Heisenberg en notis till en kollega från Leipzig, en historiker specialiserad på medeltiden. I sitt brev spekulerar han i möjligheten att förgöra världen, uppenbarligen en förtäckt hänvisning till den oundvikliga utvecklingen av atomvapen:

> ”Jag tyckte mycket om det stycke i Er bok som handlar om medeltidens föreställningsvärld jämfört med vår tids tankevärld. Det slog mig att en liknande förskjutning kan ske igen inom en snar framtid. Ty, människan kommer en dag att inse att hon förfogar över de nödvändiga medel för att ödelägga världen, att vi kommer att bevittna världens undergång, eller någonting i dess närhet.”

Tre månader senare beslöt Wehrmacht att dra sig ur uranprojektet efter en samlad bedömning av atomfysikens expertis och en avvägning av hur långt man hade kommit i framställningen av ”supervapnet”. Strategerna konstaterade att det var omöjligt att få fram kärnvapen i detta krig, möjligen i tid till ett framtida krig, men inte under pågående världsbrand som visserligen i början hade gått Tysklands väg, tills krigslyckan vände. Istället satsade militärledningen på Wernher von Brauns missiler, Messerschmitts jetdrivna flygplan, och överstora stridsvagnsmonster vilkas eldkraft förväntades bli avgörande för det stridsvagnskrig på tyskt territorium som de allierade efter det nazityska debaclet i Ryssland höll på att planera. Från det ögonblicket var Heisenberg, sett ur militärens perspektiv, en avdankad fysiker, en slagen man som hade framtiden bakom sig.

Det finns fog för tanken att en del tyska atomforskare – däribland Heisenberg, hans Sancho Panza Carl von Weizsäcker, och Fritz Houtermans – på ett eller annat sätt obstruerade atomforskningen. Inget öppet motstånd dock, ty det var förenat med livsfara att sätta sig upp mot regimen, utan en passiv förhalning i en löst sammanhållen grupp av likasinnade som delade ambitionen att, där det visade sig möjligt, sätta krokben för Hitlers krig. Robert Jungk, i förut citerade *Starkare än tusen solar*, hävdar att förutom de tre nämnda ytterligare minst tio framstående forskare under kriget ingick en informell överenskommelse att i möjligaste mån undvika att göra insatser till gagn för Hitlers krigsmaskin. Organisatören av detta passiva motstånd, om man får kalla det så, var förläggaren Paul Rosbaud, han som spelade en roll i Lise Meitners flykt till Holland. Som förläggare hos Julius Springers förlag och representant för landets främsta vetenskapstidningar, var Rosbaud personligen bekant med tidens toppfysiker. Ingen var bättre lämpad än han att ge konkretion åt en spretande opposition genom att i en svår tid hålla tanken på samhörighet mellan människor av god vilja vid liv och framhålla den principiella betydelsen av att vägra göra saker som går ens samvete emot, ett hopp som måste hållas vid liv om det ska vara mödan värt att leva. Rosbaud, som troligen spionerade för Englands räkning, intog en rakryggad om än dumdristig hållning gentemot Hitlerregimen. Av ”misstag” brukade han stiga på spårvagnar reserverade för slavarbetare och sticka åt dem matpaket i ett land plågat av svält. Mitt under pågående krig lagade Rosbaud att två franska fysiker, Pérou och Piattier, som hölls i förvar som krigsfångar, frigavs för att för Springer Verlag:s räkning översätta forskningsrapporter till franska. För att de inte skulle råka illa ut efter kriget och beskyllas för samröre med fienden förankrade Rosbaud i förväg sitt handlande hos paret Joliot-Curie.

För det ockuperade Frankrikes fysiker blev Frédéric Joliot en förbindelselänk med tyska kolleger, förenade i gemensam avsky mot Hitlers vedervärdiga mördarmaskin. Efter invasionen av Holland och Belgien sökte Joliot upp dåvarande rustningsministern Raoul Dautry för att varna regeringen att Tyskland, som han uppfattade det, stod i begrepp att utveckla kärnvapen. Före detta industrialisten Dautry, som var en handlingens man, lät inte gräset gro under fötterna. Efter någon övertalning och ett formellt beslut av premiärminister Édouard Daladier köpte Dautry i mars 1940, via agenten Jacques Allier, Norsk Hydro:s lager av tungt vatten. 185 kilogram av det dyrbara och strategiskt viktiga tunga vattnet, döpt till ”Produkt Z” och förpackat i tjugosex aluminiumbehållare, sändes 9 mars 1940 med flyg från Oslo till Frankrike där det, oåtkomligt för tyskarna, placerades i ett valv hos Banque de France i Clermont-Ferrand.

Efter det tyska infallet sparkades Frédéric Joliot sommaren 1940 från sitt ämbete som chef för Radiuminstitut i Paris. Ockupationsmakten tillsatte en medarbetare till paret Joliot-Curie, Wolfgang Gentner. Strax innan sitt avsked såg Joliot till att det tunga vattnet fördes i säkerhet till England, det fick under inga omständigheter falla i tyska händer. Uppdraget gick till två av hans närmaste medarbetare vid Collège de France, Hans von Halban och Lew Kowarski, som i hotell Clair Logis i Clermont-Ferrand ”vaktade” det tunga vattnet tills den dyrbara lasten via Bordeaux kunde transporteras till England. Efter kriget berättade von Halban att behållarna på resan söderut stannade över natten i fängelset i den lilla staden Riom. Den säkraste platsen bedömdes vara dödscellen, vars ”invånare” var behjälplig med att flytta in tunnorna i sitt provisoriska nattkvarter. På morgonen vägrade fängelsechefen att lämna ut tungvattnet av rädsla för den nye tyske herren på täppan. Direktören övertalades av en skarpladdad pistol mot tinningen, och det tunga vattnet kunde fortsätta mot hamnen i Bordeaux, där det 18 juni 1940 lastades ombord kolångaren Broompark för vidare transport till England.

Utnämningen av Joliots vän gjorde att allt förblev vid det gamla. Under sin tid rådgjorde Gentner med sin förre chef i alla saker av vikt för institutet. Vid ett samtal på en uteservering på Boulevard Saint-Michel undertecknade Gentner och Joliot en ”överenskommelse”, skriven på baksidan av ställets matsedel, vari de stipulerade att Radiuminstitut under inga förhållanden fick medverka i krigsrelaterad forskning. Åtskilliga gånger ingrep Gentner för att skydda sin vän Frédéric Joliot samt Marie Curies livskamrat och kollega, Paul Langevin, från att hamna i bryderi med ockupationsmakten. I *Starkare än tusen solar* berättar Jungk att tyskarna i längden inte kunde finna sig i att Gentner förhalade verksamheten. År 1943 ersattes han av en nitisk och skrupelfri medlöpare som senare efterlystes för diamantsmuggling!

Jakten på en kedjereaktion i uran av Hahns team i Berlin, paret Joliot-Curies forskningsgrupp vid Radiuminstitut i Paris, Enrico Fermi och Leo Szilard vid Columbia University, samt Otto Frisch vid Bohr Institut i Köpenhamn fick ny fart i april 1939 när Frédéric Joliot, Hans von Halban och Lew Kowarski experimentellt bestämde neutronemissionen vid klyvning av uran. Visserligen var deras mätresultat 3,5±0,7 neutroner per fissionstillfälle väl optimistiskt, men slutsatsen att takten för sekundära neutroner borgade för en kedjereaktion i uran vilade nu på experimentell grund. Joliotteamet, utökat med teoretiska fysikern Francis Perrin, hade fått ett tämligen heltäckande grepp om fissionsfysiken och började skissa på en reaktor och ett atomvapen. De beslöt att ta patent på sina konstruktioner, i första hand avsett som ett skydd mot intrång ifall andra länder hade för avsikt att kopiera deras lösningar. I hemlighet registrerades fyra patent med Collège de France huvudfinansiär Caisse Nationale de Récherche de France som rättsinnehavare, mot att fem procent var av intäkterna skulle tillfalla uppfinnarna, medan resterande delen dedikerades till forskning. Detta var första gången kedjereaktionen fick patentskydd.

De två första patentansökningar berörde kärnklyvningens energiutbyte, med rubrikerna ”Anordning för energiproduktion” och ”Metod för stabilisering av en anordning för energiproduktion”. I grova drag handlade patenten om numera vedertagna principer för en kärnreaktors huvuddelar: moderatormaterial, kylning, styrstavar och strålskydd. Det tredje patentet, kallat ”Metod för optimering av explosiva laddningar” var inte lika väl genomtröskat, men innehöll i alla fall godtagbara lösningar för avfyrningsmekanism, fördämmare och metoder för snabb förening av bombens underkritiska delar för att säkerställa ett explosivt förlopp. Ett år senare, sedan amerikanen Alfred Nier i mars 1940 experimentellt bekräftat Bohrs teoretiska förutsägelse att den sällsynta isotopen uran-235 stod för kärnklyvning med hjälp av långsamma neutroner, registrerades i april 1940 den fjärde patentansökan rörande fördelarna med att använda anrikat uran för kedjereaktioner.

Kowarski och von Halban som följt med det tunga vattnet till England blev väl mottagna av James Chadwick och John Cockcroft, vilka efter brittiska MAUD-kommitténs gottfinnande erbjöd dem arbete på Cavendishlaboratorium för att där utföra det avgörande experiment som de börjat planera i Paris. Försöket handlade om mätning av neutronemissionen från en sextio centimeter stor sfär fylld med tungt vatten uppblandat med finfördelad uranoxid. Sfären roterade tjugo varv per minut för att hålla blandningen homogen. I sfärens centrum placerades en neutronkälla bestående av ett gram radium-beryllium, och hela anordningen sänktes ned i ett bad av mineralolja för att i händelse av ett haveri kunna återvinna det oersättliga tunga vattnet. Experimentet blev en stor framgång: neutronströmmen var intensiv nog för att i ett fullskaleförsök kunna säkerställa en kedjereaktion. MAUD-kommitténs rapport från juni 1941 anmäler att ”Resultaten visar på en otvistlig indikation av en kritisk kedjereaktion; varje primärneutron producerade 1,06±0,02 sekundärneutroner i det ena försöket, och 1,05±0,015 i det andra. Det studerade systemet var förhållandevis litet eftersom forskarna bara hade tillgång till 180 kilogram tungt vatten, och dessutom förhindrade ett betydande neutronläckage vid sfärens yta att en kedjereaktion kunde startas. De uppskattade att ett fullskalesystem skulle ta mellan tre och sex ton tungt vatten i anspråk."

I en kärnreaktor bör produktionstakten för sekundärneutroner överstiga *ett*, ty i annat fall slocknar kedjereaktionen, samtidigt som värdet helst bör vara lägre än *två*, vilket skulle få kedjereaktionen att skena. Det av von Halban och Kowarski funna värdet var ett idealiskt mått; det bekräftade att en fungerande kärnreaktor i full skala var möjlig, givet tillgång till betryggande mängder tungt vatten. Två år efter Hahns upptäckt och sex månader efter det att von Halban och Kowarski anlänt till England met sin last av tungt vatten stod det nu klart att ingen fysikprincip stod i vägen för en energialstrande reaktor. MAUD-kommittén sammanfattade: "dr von Halban och dr Kowarski har gjort allt som är möjligt med den mängd tungt vatten som de fört in i landet", och rekommenderade att "de bör tillåtas arbeta i Förenta Staterna".

Innan von Halban och Kowarski kom till England hade atomforskarna i ett tidigt skede insett de vapentekniska konsekvenserna av Otto Hahns och Lise Meitners upptäckt av kärnklyvning. Sedan George P Thomson, professor i fysik vid Imperial College i London, läst Hahns tillkännagivande från januari 1939, strax därefter följt av Joliotteamets rapport om neutronemission i *Nature*, fäste han regeringens uppmärksamhet på kärnklyvningens militära potential genom att ta kontakt med Henry Tizard, en forskare som mellan 1934 och några år in på femtiotalet förestod Royal Air Force researchavdelning. Tizard hänvisade Thomson till luftfartministeriet där han inför ett auditorium av tjänstemän höll en populärvetenskaplig dragning om kärnklyvning. Han kände sig, enligt vad han senare berättade, som en figur ur en "tredje klassens äventyrsroman". Dock togs hans förslag på största allvar och han erbjöds hjälp i form av uranoxid samt ett blygsamt anslag för att närmare undersöka saken.

Jungk hävdar i *Starkare än tusen solar* att engelsmännens snabba reaktion berodde på ett lyckligt sammanträffande, då Thomsons larmrapport råkade sammanfalla i tid med en underrättelserapport av Robert S Hutton, professor i metallurgi i Cambridge, som i mitten av maj månad 1939 återkom från ett besök i Berlin med upplysningen att Tysklands främsta atomforskare i hemlighet träffats på ecklesiastikministeriet (!). Rimligen kunde ingen tro att den tyska fysikeliten utvecklat en plötslig fäbless för andliga spörsmål, och SOE drog den korrekta slutsatsen att Dritte Reich var engagerat i kärnvapenforskning.

I krigets inledningsskede var den engelska atomforskningen en lågprioriterad verksamhet, stödd av militären med likgiltigt intresse. Det belägrade Albion hade andra saker att tänka på än användning av atomens energi för ett vapen, vars förverkligande hursomhelst låg långt fram i tiden. Hösten 1941 samlades Englands kärnvapenforskning under Department of Scientific and Industrial Research (DSIR) och fick kodnamnet "Tube Alloys" (rörlegeringar). Projektet ställdes under kompetent ledning av Wallace Akers, forskningsdirektör för Imperial Chemical Industries (ICI), som rapporterade till krigsministern Lord President Sir John Anderson. Von Halban utnämndes till ledare för klyvningsförsöken med termiska neutroner.

Den engelska nukleära forskningen involverade i stor utsträckning flyktingar från ockuperade områden, som t ex Otto Frisch, Lise Meitners systerson. Frisch hade efter Tysklands inmarsch i Danmark tvingats lämna Bohrs institut för teoretisk fysik i Köpenhamn och funnit en fristad i England. Rudolph Peierls och Franz Simon, också de judiska emigranter, anslöt sig senare till Frisch som, jämte Peierls, blev informella ledare för en liten forskningsgrupp. Man hade skickat trevare till Max Born i Edinburgh, som dock avböjt att delta i vapenforskning med hänvisning till att hans hustrus icke-våldsövertygelse förbjöd kväkare att befatta sig med krigsrelaterad research. Strax därefter anslöts en av Borns mest begåvade elever till denna forskningsgrupp: en flykting som kommit till England via Frankrike, prästsonen och blivande kommunistagenten Klaus Fuchs. Via spionparet Ethel och Julius Rosenberg skulle Fuchs omsider förråda Manhattanprojektets hemligheter till Sovjetunionen.

Cambridgegruppen bestod av tio forskare: fem flyktingar från Tyskland och Österrike, tre fransmän (von Halban, Kowarski och den fysikaliska kemisten Jules Gueron), och två engelsmän, däribland sovjetspionen Alan Dunn May, avslöjad 1946 efter ryske ambassadsekreteraren och kodspecialisten Igor Sergeyevich Govzenkos avhopp i Ottawa.

Vid en eventuell invasion av England befarade man att ovärderlig kunskap och forskare skulle falla i fiendens händer. Av den anledningen föreslog War Cabinet att flytta verksamheten till USA. Våren 1942 besökte en delegation från Tube Alloys USA under ledning av Hans von Halban för att diskutera en eventuell flytt. Amerikanerna vägrade kategoriskt att gå med på att teamet i dess helhet överfördes till USA för att där fortsätta som en autonom brittisk forskningsgrupp. Man kunde dock tänka sig att erbjuda von Halban en plats inom Fermis grupp vid universitetet i Chicago, med antingen Kowarski eller Gueron som assistent, förutsatt att ingen lika kompetent amerikansk forskare krävde förtur till tjänsten.

För att lösa dödläget föreslog von Halban att flytta teamet till Kanada som kärnan i ett avsevärt ambitiösare anglokanadensiskt upplägg. Churchill stödde förslaget och beslutet togs 12 oktober 1942 på ett möte mellan brittiske krigsministern Sir John Anderson och Clarence Decatur Howe, Kanadas rustningsminister. Det anglokanadensiska projektet med verksamhetsbas i Montreal, det första formella internationella forskningssamarbete av sitt slag, leddes av Howe och Dean Jack Mackenzie, tillförordnad chef för National Research Council (NRC).

Projektets internationella särart underströks av fransmannen Hans von Halbans utnämning till projektchef, medan flertalet medarbetare också var av europeisk härkomst. Förenta Staterna tog på sig att ansvara för teknisk support och nödvändigt material i form av tungt vatten, samt lovade att tillhandahålla rent uran i metallisk form. Inledningsvis bedrevs verksamheten i ett annnex av Montreals medicinska fakultet, tills mer ändamålsenliga lokaler, ritade av universitetets arkitekt Ernest Cormier, kunde tas i bruk i mars 1943. Lew Kowarski hade då redan lämnat projektet, sedan relationerna till von Halban försämrats efter projektets allt mer långtgående politisering. Han ersattes som chef för fysikavdelningen av en annan fransk flykting, den kände fysikern Pierre Auger, en före detta elev till Jean Perrin.

Ett allvarligt bakslag hindrade det anglokanadensiska projektet från att komma i gång. I december 1942 hade Enrico Fermis Chicagoteam för första gången lyckats upprätthålla en kontrollerad kedjereaktion i en primitiv reaktor byggd under Columbiauniversitetets idrottshall, vilket tre veckor senare föranledde USAs president Roosevelt att i strid med ingångna avtal strypa materialförsörjningen till Montreal. Beslutet att leverera några ton tungt vatten, tillverkat i Trail i British Columbia med amerikansk finansiering, sköts på framtiden, och laboratoriet i Montreal kunde följaktligen uteslutande ägna sig åt småskaleförsök med de ursprungliga 180 kilo av norskt-franskt vatten. I praktiken blev den anglokanadensiska gruppen ombedd att avhända sig sin kompetens till amerikanska forskare i fall dessa skulle bestämma sig för att bygga en tungvattenreaktor. Relationerna med USA bröt samman i mars 1943, efter ett möte i Chicago med Pierre Auger och Bertrand Goldschmidt, en specialist i radiokemi som på trettiotalet varit assistent hos Marie Curie, radiofysikens ”first lady” av polsk-fransk härkomst som i seklets början hade upptäckt radium och polonium. Auger och Goldschmidt skickades hem till Kanada med teknisk information om Fermis uranstapel och plutoniumextrahering samt fyra mikrogram plutonium i bagaget. Roosevelts beslut att strypa försörjningslinjen till Montreal var ett svårt bakslag för det anglokanadensiska teamet som, på grund av närheten till Metallurgical Laboratory i Chicago, hade räknat med ett öppet kunskapsutbyte. Besvikelsen blev inte mindre när det kröp fram att kanadensarna redan sålt hela sin produktion av uranmalm fram till år 1946. Utan tillgång till vare sig tungt vatten, uran eller plutonium var den anglokanadensiska forskningsgruppen om sammanlagt ett hundratal forskare och tekniker dömd till overksamhet, en föga lockande sits som ytterligare förvärrades av projektchefen Hans von Halbans auktoritära ledarstil.

Winston Churchill, ovetande om att Montrealprojektet stoppats på order av amerikanske presidenten, kämpade för det anglokanadensiska projektet genom att i samtal med USA i Casablanca (februari 1943), Washington (maj 1943) och Quebec (augusti 1943) plädera för ett öppet samarbete inom kärnforskningen, oaktat parternas relativa bidrag till projektet. Roosevelt höll med, dock utan att ge order om att återuppta samarbetet. Slutligen kom man i Quebec överens om att åter samarbeta, förutsatt att informationsutbytet begränsades till vad som ansågs vara nödvändigt för krigsindustrin.

Det förnyade samarbetet fick en rejäl skjuts efter britternas beslut att skicka neutronens namnkunnige upptäckare, James Chadwick till Washington i egenskap av sambandsofficer mellan Storbritannien och Manhattanprojektets ledare, general Leslie Groves. I januari 1944 togs det formella beslutet att fortsätta samarbetet efter ett kaotiskt möte i Chicago mellan Groves och Chadwick. Det blev en ganska halvhjärtad historia ity Groves envisades med att hålla plutoniumkemi och extraheringsteknik utanför uppgörelsen. Det visade sig att amerikanerna i hemlighet gjort slag i saken under den tid samarbetet med Kanada legat nere genom att starta projekteringen av en tungvattenreaktor i Argonne som, enligt planerna, skulle bli kritisk i maj 1944. Arthur Compton hade givit uppdraget till Chicagoteamet sedan kontraktet för en stor grafitreaktor gått till den privata aktören DuPont, vilket vållat uppror bland pionjärerna av den första grafitreaktorn och skapat myteristämning. Hans von Halbans förhoppning att bli först med att åstadkomma en kedjereaktion i en tungvattenreaktor gick därmed i kras. I maj månad 1944 ersattes han som chef för Montreallaboratoriet av den brittiske fysikern John Cockcroft. Året efter slutade von Halban med atomforskning sedan politisk rabalder brutit ut när han efter Frankrikes befrielse, mot USAs uttryckliga direktiv, tog kontakt med Frédéric Joliot-Curie i Paris för att blåsa nytt liv i de gamla patenten. Det var tal om att efter befrielsen utnämna Joliot till direktör för Centre National des Récherches Scientifique i Paris, men amerikanska underrättelsetjänsten misstänkte honom för att vara aktiv kommunist och fruktade en läcka. Trots det utsågs Joliot 1946 till generaldirektör för Frankrikes centrum för kärnenergi där han ledde konstruktionen av landets första kärnreaktor (1948), från vilken post han 1950 avsattes just på grund av sina kommunistsympatier.

Chadwick gjorde allt han kunde för att bygga en tungvattenreaktor i Kanada, trots USAs motstånd. General Groves spelade ett politiskt rävspel i affären: för artighetens skull höll han med Chadwick men opponerade sig samtidigt mot varje förslag att bygga en reaktor i Kanada. För att ytterligare hålla skenet uppe presenterade Groves och Dean Jack Mackenzie i februari 1944 en plan för en kanadensisk reaktor för Lieutenant Colonel (Corps of Engineers) Arthur V Peterson, Manhattanprojektets representant i Chicago och senare samma år koordinator för Operation Peppermint, kodnamnet för ett projekt i syfte att med hjälp av portabla geigerrör varna invasionsstyrkorna ifall den befarade tyska motattacken med så kallade "smutsiga" atombomber blev verklighet.

Det hela var ett spel för gallerierna, ty återigen fick planen inget bifall, med hänvisning till att en kanadensisk reaktor inte skulle vara till någon hjälp för krigsinsatsen. Spelet hade gått hem. Det hade gått precis som Groves velat, fast nu var det den aningslöse överstelöjtnanten Peterson som fick bära hundhuvudet.

Men Chadwick gav sig inte. Han insåg att man kan förlora ett fältslag, det spelar ingen roll, bara man går segrande ur den avgörande bataljen. Han befann sig i Los Alamos när mötesprotokollet med beslut om avslag nådde honom. Där sammanträffade han 27 mars 1944 med general Groves, som efter en dygnslång diskussion motvilligt gick med på att bygga en kanadensisk tungvattenreaktor med en effekt på tiotusen kilowatt, trettio gånger större än den reaktor man höll på att färdigställa i Chicago. Den kvällen gick von Halbans och Kowarskis länge närda dröm om en kanadensisk reaktor äntligen i uppfyllelse. Montrealgruppen fick i uppdrag att konstruera en fullskalereaktor med tungt vatten som moderator, den senare NRX-reaktorn. Deras mål uppnåddes efter år av vedermödor, ränker och besvikelser. Ironiskt nog blev det inte Hans von Halban som slutligen rodde projektet i hamn utan duon Chadwick-Cockcroft, de två som tre år tidigare välkomnat von Halban och Kowarski till England när de kom med sin last av tungt vatten, med fara för eget liv utsmugglat ur Frankrike under de första kaotiska dagarna av tysk ockupation. År 1954 kommenterade Groves sin hållning som djävulens advokat under kriget: "Jag följde inte regeringens anvisningar i fråga om samarbete med engelsmännen, istället gjorde jag det så svårt som möjligt för dem."

Kapitel XXI

Frankrike 1944. Dagen D, 6 juni 1944, landstiger de allierades styrkor på franska Normandiets kanalkust. Därmed inleds den invasion som ett år senare får naziregimen att upphöra med sina vedervärdiga brott.

Förutom stridande trupper vadar denna ödesdag också ett hemligt underrättelseförband genom bränningarna med uppdraget att följa i invasionens spår. Kontraspionagegruppen under amerikanskt befäl går under kodnamnet *Alsos* hos det fåtal invigda som känner till dess hemliga mål. På uniformen syns den grekiska bokstaven alfa överstruken med en atomblixt – det är den förklaring som ges. Alsos är grekiska för olivlundar (på engelska groves) och namnet är en klumpig hyllning till general Leslie Groves, Manhattanprojektets militära chef, som visserligen inte är särskilt roat av uppvaktningen men samtidigt klok nog att låta saken bero för att inte dra till sig ännu mer uppmärksamhet. Alsos uppdrag är att ta vara på fiendens vetenskapliga dödsbo i form av anläggningar, dokument, material och forskare genom att utan dröjsmål och med våld om så krävs omhänderta rasket.

Medan de allierade under andra världskrigets sista månader sveper över ett kaotiskt och krigstrött Europa, för två team av atomforskare en kamp mot klockan. Den ena gruppen, isolerad från omvärlden i södra USAs öken, håller på att riva de resterande tekniska hinder för de atombomber som ett år senare skickar en chockvåg av avsky över världen. Den andra gruppen består av varandra motverkande nazifysiker som, ovetande om hur långt fienden har kommit, tampas med att konstruera en kärnreaktor, den ingenjörstekniska utmaning som de allierade två år tidigare redan gått i hamn med. Det är bråttom. Tysk militär går så långt som att konfiskera lagren av uranoxid (U_3O_8) hos keramikverkstäder, ett ämne förr använt för att få fram en eftertraktad brandgul glasyr.

Under tiden för en tredje grupp en egen kamp mot en tickande klocka som klämtar död och förstörelse. Övertygad om att tyskarna är nära att färdigställa atomens Damoklessvärd, utsänder general Leslie Groves ett förband bestående av fysiker, militär och agenter till krigsskådeplatsen med order om att finkamma fysiklaboratorier och underjordiska fabriker inom och utanför Tyskland där man förmodar att atomforskning bedrivits, i första hand för att förhindra att den vingklippta tyska örnen i ett utbrott av desperation över det förlorade kriget slår tillbaka med kärnvapen, i andra hand för att hinna före ryssarna och beslagta dokument, fängsla frontfigurer inom Tredje rikets kärnvapenforskning och förstöra fiendens anläggningar för anrikning av uran.

Alsosteamet står under befäl av överste Boris T Pash, en underrättelseofficer av rysk börd som något år tidigare svärtat Robert Oppenheimers rykte efter en kärleksnatt i San Francisco med sin förra trolovade. Såsom ansvarig för Oppenheimers och Heisenbergs fall, spinner Pash tålmodigt den tråd som knyter samman deras öden.

Pashs ursprungliga familjenamn var Pashkovskij; hans fader var en rysk-ortodox präst som 1894 skickades till USA för att bistå kyrkans ledare, biskop Nicholas. Född sommaren 1900 i San Francisco återvände han 1912 tillsammans med sin familj till Ryssland. Under oktoberrevolutionen i Ryssland tjänstgjorde Pash i "Vita Marinen", en löst sammansatt konfederation av antikommunister som kämpade mot bolsjevikerna i inbördeskriget 1917-1923. När det stod klart att kommunismen segrat, flyttade han 1923 tillbaka till Förenta Staterna där han utbildade sig, först vid Springfield College i Massachusetts och senare till gymnastikdirektör vid University of Southern California i Los Angeles. Året därpå byter Pashkovskij efternamn till det neutralare Pash. År 1940 inkallas han till krigstjänst. Fram till dess arbetade Pash som gymnastiklärare vid Hollywood High School i Los Angeles, samtidigt som han enrollerades som reservofficer i armén. USAs inblandning i kriget var ett resultat av Japans överraskningsanfall 7 december 1941 på Stillahavsflottans söndagssovande Pearl Harbor på Hawaii.

Som vetenskaplig rådgivare och närmaste man har Pash holländaren Samuel Abraham Goudsmit, en vindögd fysiker utan klätterambitioner som talar ett flertal europeiska språk flytande. Goudsmits motiv för att delta i Alsos är inte enbart patriotiska: hans föräldrar har under kriget förts bort till koncentrationslägret i Dachau där de omgående gasades ihjäl. Medan Alsosteam tränger allt djupare in i ett förslavat Europa återser Goudsmit sin ungdoms kultplatser och möter kolleger han inte träffat på över tio år. Han blir den som leder de inledande förhören med tyska atomfysiker, han blir den förste som med egna ögon skådar det lidande som ett årtionde av naziterror lagt som ett täcke av tårar över Gamla världen, den förste att få kunskap om tysk atomforskning, den förste att se hur långt fienden kommit i sina ansträngningar att tämja atomen. Han blir också den siste som läser och analyserar dokument om nazitysk atomforskning, den siste att ha inblick i fiendens vapenrustning innan hemligstämpling gör informationen för oöverskådlig tid onåbar för att skydda de allierades intressen och förhindra att den nya rivalen Sovjetunionen eller skurkstater får tillgång till nukleär teknologi. Goudsmit var den ende person i världen som kunde besvara den springande frågan varför Tyskland efter spektakulära inledande framgångar fallerade i att uppnå sitt mål, vore det inte för de militära myndigheterna som belade honom med munkavle.

Bakom Alsosteamet stod amerikanska Office of Naval Intelligence (ONI), Office of Scientific Research and Development (OSRD), Manhattanprojektet och arméns underrättelsetjänst G-2. Gruppens uppdrag var att genomlysa fiendens atomforskning, beslagta material inom kemisk och biologisk krigföring och vara behjälplig i att ta reda på Nazitysklands raketprogram, ett mycket framgångsrikt och fruktat vapen att döma av den eldskur av V1-bomber och V2-missiler som var nära att bli Englands undergång.

I samband med de allierades landstigning i Italien i september 1943, tog stabschefen för stödtrupperna, general Wilhelm D Styer, för arméns stabschef general George Marshalls räkning kontakt med Leslie Groves med en förfrågan om Manhattangruppen kunde ta över ansvaret för underrättelseverksamhet med koppling till naziforskning. Styer handlade utifrån övertygelsen att ordinarie underrättelsepersonal var illa rustad för screening av fiendens kärnvapenforskning, och att behov fanns av ett särskilt kommando bemannat av kompetenta personer som bakom stridande förband kunde vaska fram fiendens researchmaterial. Befintliga kanaler (G-2, ONI och OSS) ansågs olämpliga för uppdraget, en konsekvens av att Manhattanprojektet var omgärdat av så mycket hemlighetsmakeri att inte ens underrättelsetjänsterna hade djupare kunskap om kärnenergi och följaktligen inte skulle känna igen tecken på fientlig aktivitet på området, med undantag för en handfull nyckelpersoner i försvarets topp.

Knappt ett hundratal av de sammanlagt 150-tusen personer sysselsatta inom Manhattanprojektet hade full inblick i verksamheten, och blott en ringa del utöver en inre krets av forskningspersonal visste att de arbetade med utveckling av kärnvapen. Visserligen kände forskare från skilda avdelningar från tid till annan behov att stämma av sina framsteg i möten på tu man hand, men detta uppmuntrades inte utan man tvingades först inhämta särskilt tillstånd från militärledningen. I sin bok anmäler författaren Robert Jungk hur Henry D Smyth, som tre dagar efter bomben över Nagasaki publicerade den officiella rapporten om projektet, råkade i huvudbry med sig själv. Eftersom han förestod två avdelningar var han enligt regelbokens bokstav ålagd att söka tillåtelse om han ville tala med sig själv!

Chefen för amerikanska arméns underrättelsetjänst, general George V Strong, utsåg överste Boris Pash till Alsoskommandots chef. Teamet bestod, förutom av Pash och hans ersättare kapten Wayne B Stannard, av fyra agenter från kontraspionagetjänsten CIC, (Counter Intelligence Corps), fyra tolkar och fyra forskare under överinseende av Samuel Goudsmit: dr James B Fisk från Bell Telephone Company, dr John R Johnson från Cornell University, kommendörkapten Bruce Olds från ONI och Massachusetts Institute of Technology MIT, samt major William Allis från MIT men under kriget verksam vid krigsministeriets centralstab. Från högkvarteret i London – under ledning av kapten Horace K Calvert och bemannat med kapten George C Davis, tre lottor, och två agenter från kontraspionagetjänsten –, dirigerades Alsosmissioner i tre faser, fas I: Italien, fas II: Frankrike och fas III: Tyskland. Personalen hade i förväg informerats om atomprogrammet i sådan utsträckning att de ansågs tillräckligt insatta i ämnet för att genom förhör och egna iakttagelser kunna gräva fram kvalificerade uppgifter med koppling till kärnenergi, utan att besitta mer ingående detaljkännedom som kunde medföra irreparabel skada i händelse av ett tillfångatagande. Högkvarterets uppgift var främst att förse styrkan i fältet med uppgifter om ett femtiotal tyska atomspecialister som deltagit i Nazitysklands kärnvapenprogram. Vid tidpunkten för operationen i Frankrike hade Calvert fått fram de begärda uppgifterna om forskare, inklusive upplysningar om var vederbörande arbetade och bodde.

Man bedömde att Japans atomprogram ej var av intresse eftersom landet troddes sakna både adekvat vetenskaplig kompetens och tillgång till uranmalm. Underrättelsetjänsten gjorde här en grav felbedömning. Amerikanska spioner hade svårt för att operera i Japan, och fann att det kejserliga öriket låg i grumliga vatten. I april 1941 hade Yoshio Nishina, god vän med och före detta elev till Niels Bohr, fått i uppdrag av dåvarande premiärministern Hideki Tojo att inleda ett kärnvapenprogram. Fram till krigsslutet bedrev Japan två separata studier, det första för arméns räkning, Ni-Go-projektet, det andra, med kodnamnet F-Go, finansierat av kejserliga marinen. Arméns atomforskning förestods av Yoshio Nishina, marinens av professor Bunsaku Arakatsu, en av Einsteins adepter. Man tillämpade ultracentrifugteknik för anrikning av uran och tungt vatten producerades i Konan (numera Hungnam) i ockuperade Korea och på Kyushu, den sydligaste av Japans fyra stora öar.

Olikt det japanska programmet betraktade dess tyska motsvarighet vara av stort intresse; det var ju i Tyskland de i sammanhanget viktigaste upptäckter hade gjorts, och fruktan för Tredje rikets kärnvapen hade en gång i tiden varit katalysator för Englands och USAs beslut att gå samman i Manhattanprojektet för att hinna i kapp. Underrättelserapporterna om Tysklands kärnvapenprogram var dock motsägelsefulla. Uppfattningen att tyskarna tagit initiativet i atomkapplöpningen och skaffat sig ett försprång, uppskattat till åtminstone två år, var så grundmurad att den hade stelnat till ett faktum. De allierade slog konsekvent dövörat till när flyktingar från Nazityskland med inblick i ämnet gång på gång rapporterade att ingen eller sporadisk aktivitet förekom som kunde sättas i samband med försök att framställa kärnvapen. År 1941 berättade kemisten Fritz Reiche, som flytt naziterrorn och hamnat i Princeton, att han aldrig sett spår av någon kärnvapenutveckling och att hans intryck var att de tyska forskarna in i det längsta tänkte avråda militärkommandot från att jaga ett mål som hur som helst inte kunde förverkligas under pågående krig. Upplysningen förmedlades till strategerna i Washington av en tysk fysiker, Rudolf Ladenburg, men lämnades utan åtgärd. 1942 upplyste tekniske chefen för tungvattenfabriken i Rjukan, Jomar Brun som flytt till det neutrala Sverige, att han via kärnfysikern Hans Suess fått veta att produktionen av tungt vatten tidigast fem år senare skulle komma upp i de volymer som en fullskalereaktor krävde.

I motsats till dessa lugnande besked stod att Reichsführer Adolf Hitler vid upprepade tillfällen anspelat på ett hemligt vapen, vilket underrättelsetjänsten slentrianmässigt tolkade som att Tredje riket nått ett genombrott i atomforskningen. Efter kriget framkom att de vapen som Hitler åsyftats var V2-missilerna, samt Messerschmitts jetflygplan och långdistansbombplan.

I ett av general George Marshall författat memo från slutet av 1943 formulerades Alsosoperationens mål så här:

> ”Medan merparten av fiendens hemliga research sker i Tyskland, är det troligt att värdefull information därom kan inhämtas hos framstående forskare i Italien. Verksamheten torde täcka principiellt viktiga militärvetenskapliga rön, och undersökningarna bör genomföras i syfte att vinna kunskap om fiendens forskningsframsteg utan att avslöja vårt intresse för något specifikt område. Den personal som kommer att medverka i uppdraget bör i alla avseenden vara kvalificerade. Vi föreslår att i sinom tid sända en liten grupp civila vetenskapsmän till Italien för att genomföra dessa undersökningar,

> assisterad av nödvändig militär personal. Ansvaret för urvalet av den vetenskapliga staben åvilar general Leslie Groves, efter godkännande av dr Vannevar Bush. För urvalet av militärpersonal från befintlig kader ansvarar tillförordnad chef för Arméstaben, G-2. Denna grupp är avsedd att bilda kärnan för dylik verksamhet i övriga fiendeländer och av fienden ockuperade länder, när omständigheter tillåter."

Den italienska operationen tog sin början i Algiers 14 december 1943. Pash rapporterade till general Dwight D Eisenhower och hans stabschef general W Bedell Smith. Endast dessa två män på plats kände till Alsosteamets hemliga uppdrag. Operationen stod under ledning av Boris Pash och kapten Wayne Boyce Stannard, tidigare chef för CIC-kontoret i Seattle. Teamet var bemannad med fyra tolkar, fyra CIC-agenter och lika många forskare. Teamet lyckades ej gräva fram information om Nazitysklands atomprogram, men fann annat vetenskapligt material av intresse för de allierade.

I början av sin karriär som ledare för Alsos fick Pash kritik uppifrån för sin dumdristiga vana att med fara för eget liv anföra sitt kommando från ett framskjutet och utsatt läge. Han kunde kappköra med sina mannar efter ha slagit vad om vem som skulle komma fram först till den anläggning som väntade på att undersökas. Från Pentagon kom via Alsos deputy commander Lieutenant Colonel George R Eckman uppmaningen: "berätta för den galne ryssen att han *leder* operationen och att han förväntas göra det från sitt kontor i London", varpå Pash replikerade "George, det här kan du berätta för dem i Washington: det är deras sak att beordra oss *vad* vi ska göra, men jag vill helst inte att de dessutom dikterar *hur* vi ska göra det".

Frampå försommaren 1944 hade Alsosförbandet ökat till sju officerare och trettiotre forskare, merendels från försvarsmakten. Den 9 augusti 1944 landade en förtrupp i Frankrike som i första hand sökte sig till staden Rennes. Alsosteamet hade fått underrättelseinformation att Auer Gesellschaft, det kemiföretag som för Heereswaffenamt:s räkning ansvarade för bearbetning av uranmalm, hade övertagit ledningen för franska Terres-Rares, och flyttat dess lager av torium till Tyskland. När Alsosteamet nådde fram till Terres-Rares fann det byggnaden tom. Auers kemist Petersen, ansvarig för koncernens uran- och toriumförsörjning, hade varit bland de första att lämna det sjunkande skeppet (i Leslie Groves *Now It Can Be Told* kallas denne kemist Jansen). Det visade sig att Petersen inte hade deserterat utan åkt till en järnvägsknut vid tysk-franska gränsen för att leta efter tågvagnar lastade med torium som hamnat på avvägar. Turligt nog intogs området av allierad militär medan Petersen höll på med sin efterspaning. Han blev Alsosförbandets förste fånge, och en väska fullproppad med ovärderliga dokument om nazitysk atomforskning föll i de allierades händer. Av innehållet framgick att Petersen nyligen i tjänsten besökt den lilla staden Hechingen i närheten av Tübingen, där det visade sig att naziregimen bedrivit isotopseparering och byggt en försöksreaktor.

Gåtan med det torium som Auer Gesellschaft vid krigsutbrottet hade lagt beslag på fick en banal lösning. Så fort företagsledningen insåg vartåt kriget barkade, bestämde den sig för att radikalt kasta om kursen och framdeles ägna sig åt tillverkning av kosmetika och hygienartiklar. Före kriget hade man experimenterat med radium i tandkrämen Radiogen, så varför inte göra samma sak med toriumförrådet? Auer hade patent på Radiogen och med riklig tillgång till torium föreföll framtidsutsikterna inte längre lika dystra. Den svagt radioaktiva tandkrämen fick namnet Doramad. När Alsosteamet nådde Berlin-Auer fann de annonsen färdig: "Använd tandkräm med torium! Få gnistrande, strålande tänder – radioaktivt lyster!" Förpackningens baksida var försedd med följande text:

> "Vad gör Doramad? Produktens radioaktiva strålning hjälper tändernas och tandköttets försvar. Cellerna laddas med ny livsenergi, bakteriernas förstörande verksamhet hämmas. Inte att förglömma produktens utmärkta helande verkan på tandköttssjukdomar. Tack vare dess mjuka konsistens poleras dina tänder glänsande på ett skonsamt sätt. Förhindrar bildning av tandsten. Generöst skum, ny och angenäm smak, mild, fräsch och dryg.

I augusti var överste Pash och två av hans officerare bland de första att tåga in i Paris efter nära fem år av ockupation. Huvudmålet för operationen var Frédéric Joliots fysiklaboratorium vid Collège de France. Det första försöket att nå Radiuminstitut på Rue des Écoles fick avbrytas efter eldgivning från krypskyttar. Den 27 augusti 1944 inledde Goudsmit förhören med institutets förre chef. Joliot var på alla sätt tillmötesgående men hans redogörelse blev inte trodd på alla punkter. Han berättade bland annat att han och hans medarbetare under kriget ägnat sig åt maskningsaktioner och att de på senare tid varit sysselsatta med att montera primitiva handgranater använda av motståndsrörelsen för att attackera flyende militärfordon. Han bekräftade att försåvitt han visste tyskarna haft föga framgång i sina försök att tämja atomen. Joliots viktigaste upplysning gällde namnen på framstående kärnfysiker som antingen arbetat vid Radiuminstitut eller kommit dit på besök för att på plats studera universitetets cyklotron. Bland namnen på tyska forskare han nämnde fanns professor Erich Schumann, initiativtagare till och chef för Tysklands uranprogram innan det 1942 överlämnades till Reichsforschungsrat, kärnfysikern Kurt Diebner, professor Walther Bothe, Abraham Esau, föreståndare för avdelningen för atomfysik vid Reichsforschungsrat, Walther Gerlach som efterträtt Esau på denna post, Erich Bagge samt Werner Maurer.

Hösten 1944, sedan Paris rensats från krypskyttar och motståndsfickor, etablerades ett Alsoshögkvarter på fashionabla Place de l'Opéra, varifrån ett antal mindre grupper arbetade med mastodontuppgiften att spåra atomforskare, beslagta material i form av uran och tungt vatten, och lokalisera undangömda forskningsdokument. Framåt slutet av 1944 stannade Alsosteamets framfart tillfälligt av efter Tysklands motoffensiv i belgiska Ardennerna. Uppehållet ägnade analytikerna åt att sammanställa de tusentals lösryckta informationsbitar om tysk kärnfysik till en provisorisk bild av Tredje rikets atomprogram. Envisa rykten och kasserade brevkuvert från KWI avsända till Hechingen indikerade att denna småstad varit centrum för nazitysk atomforskning. Man letade alltjämt efter tre prominenta forskare på flykt: Werner Heisenberg, hans lakej Carl von Weizsäcker och Otto Hahn.

Den 24 februari korsade Alsosteamet tyska gränsen. Rysslands forcerade marsch mot Berlin rörde till saken ordentligt för de allierade. Till varje pris ville militärstrategerna förhindra att Tredje rikets atommaterial eller någon av dess forskare föll i sovjetryska händer. Medan öst och väst från var sitt håll avancerade mot huvudstaden, uppstod en skarp situation, då ryssarna förväntades hinna fram först till en nukleär anläggning strax norr om Berlin. När de allierade såg ut att förlora racet bad general Groves överbefälhavaren general Marshall att förstöra målet från luften. Den 15 mars fällde 611 Flying Fortresses tillhörande 8:e Air Force Division tvåtusen ton högexplosiva bomber över Auer:s fabriker i Oranienburg.

Efter de allierades invasion togs beslutet att låta det Fria Frankrikes armé ockupera ett landområde i Tyskland. Nu föll det sig så olyckligt att viktiga centrum för nukleär forskning fanns just i denna zon, inbegripen den plats i Hechingen där de allierade trodde sig finna kärnreaktorn för anrikning av uran. General Leslie Groves lade upp en djärv strategi som gick ut på att ett specialkommando skulle genskjuta över östra Frankrike och Tyskland framför de framryckande franska trupperna som med stormsteg närmade sig området, och hålla området tillräckligt länge så Alsosförband fick en tidsfrist för att tillfångata efterlysta forskare, spåra oersättliga dokument om nazitysk atomforskning och riva anläggningen. Operationen, döpt Harborage (Tillhåll), tog sin början i april 1945. Medan fransmännen som bäst höll på med att finkamma Schwaben och i närbelägna Sigmaringen jaga medlemmar av marskalk Philippe Pétains nazilydiga Vichyregering som i krigets slutskede förskansat sig i det forna furstendömet Hohenzollern-Hechingens fantastiska familjeslott, intogs Hechingen 24 april av Task Force A med två stridsvagnar, samt några skrangliga lastbilar och jeepar. Med stöd av general Eugene Harrisons sjätte arméförband beslagtog Pash reaktorn, inrymd i en källare i Haigerloch, och tog ett antal forskare till fånga, däribland Erich Bagge, Carl von Weizsäcker, Karl Wirtz och Max von Laue. I en annan del av källaren hittades behållare med tungt vatten. Kärnbränslet hade gömts i en höskulle i en närbelägen lada. Den 27 april fördes forskarna till Heidelberg för fortsatta förhör vari von Weizsäcker avslöjade att regimens atomhemligheter förvarades nedsänkta i en avloppsbrunn bakom hans hus. Kommandot åkte vidare till Tailfingen, halvvägs mellan Stuttgart och Bodensee, där det arresterade Otto Hahn. I förhör uppgav forskarna att Heisenberg, Gerlach och några till två veckor tidigare lämnat Hechingen och troligen befann sig i München eller i Urfeld i de bayerska Alperna, där Heisenberg ägde ett hus.

Operationen Alsos bemannades av handplockade agenter, utvalda för sin intelligens, lojalitet och sitt mod. Det som i övrigt utmärkte Pash och hans mannar var deras brist på detaljkunskap om de allierades atomprogram, ett strikt villkor för uttagning till Alsos. Följaktligen kunde ingen av dem avslöja atomhemligheter, inte ens under tortyr.

Alsosteamets vetenskaplige rådgivare, Samuel Goudsmit, var en gemytlig holländsk jude som tillsammans med sin närmaste familj på sent tjugotal utvandrat till USA. Goudsmit blev Alsosförbandets omtyckta ledargestalt, tack vara en sällsam kombination av social kompetens och intellektuell skärpa, parad med en eftertänksam besatthet. Eftersom hans föräldrar fanns kvar i det ockuperade Holland hade Op-

Goudsmit (t.h.) och lt. Toepel i Stadtilm, 1945

Samuel Goudsmit

penheimer motvilligt tvingats gå förbi denne fryntlige herre, av alla kallad Uncle Sam, och Goudsmit hade aldrig blivit tillfrågad för Manhattanprojektet. Han tillbringade krigsåren som aktad fysikprofessor vid universitetet i Michigan (senare vid MIT) och tjänade sitt nya land med radarforskning. Jämte utmärkta språkkunskaper kvalificerade detta honom som vetenskaplig rådgivare åt Pash och Alsosoperationen. Goudsmits främsta insats för fysikvetenskapen daterade från hans studentungdom i holländska Leiden, där han, tillsammans med vännen Georg Uhlenbeck, gjorda sig ett namn för upptäckten av ett nytt kvanttal kallat "spinn", den egenskap hos elementarpartiklar som ligger till grund för många förunderliga fenomen i mikrokosmos. Vid ingången av trettiotalet inspirerade Goudsmits upptäckt den engelske fysikern Paul Dirac till sin relativistiska kvantteori som förutsade existensen av antimateria.

Pash och hans agenter påbörjade sin jakt på fiendens atomhemligheter dagen efter luftlandningen i Italien. I över ett år traskade de i invasionsstyrkornas blodspår genom Frankrike, Belgien och Holland för att slutligen nå målet Berlin. Den 7 september nådde Alsosteamet fram till Antwerpen där husrannsakan gjordes hos Union Minière du Haut Katanga, det företag som praktiskt taget hade monopol på världens uran. Där upptäckte sexmannastyrkan under ledning av överste Pash och biträdande stabschef för G-2, överste G Bryan Conrad, att över tusen ton uranmalm hade flyttats till Tyskland, medan hundrafemtio ton förmodades finna kvar i företagets uranfabrik i Olen, nära Antwerpen. Där konfiskerade man sextioåtta ton uran, resten hade så tidigt som 1940 fraktats till Frankrike, strax innan landet ockuperades. Efter befrielsen av den holländska staden Eindhoven, tack vare hjälteinsatser av US 101st Airborne Division, finkammades Philipskoncernens fysiklaboratorium på material om kärnvapenforskning utan att hitta något av värde. Brigadgeneral Edgar Williams, underrättelsechef för amerikanska tjugoförsta arméförband som varit Alsos behjälplig vid husrannsakan av det vidsträckta Philipskomplexet, bidrog med en styrka ur ingenjörstrupperna för att flytta Union Minière:s uranlager från Olen till England, varifrån det senare skeppades till USA.

En Alsosgrupp avdelades för att spåra Union Minière:s urantransport till Frankrike. Av beslagtagna fraktsedlar framgick att sändningen haft Toulouse som slutdestination. Den 1 oktober 1944 nådde Alsos fram till staden där man i ett övergivet armélager anträffade 31 ton av de eftersökta 80 ton. Behållarna med uran transporterades av 3342nd Quarter Master Truck Company till Marseille där de lastades ombord ett fartyg med destination USA. Resten av uranlagret har aldrig återfunnits.

En avgörande händelse för Alsosteamet och av stor vikt för krigshistorien blev staden Strasbourg:s fall. I franska Strasbourg (tyska Strassburg) beslagtogs dokument som för första gången svart-på-vitt bekräftade tidigare rykten att Nazitysklands kärnvapenprogram fört en tynande tillvaro. Inte en gång hade Heisenbergs forskning kontrollerat den kedjereaktion som ligger till grund för all nukleär teknik. Ingen av de primitiva reaktorer konstruerade av Heisenberg under andra världskriget hade någonsin kommit upp i kritisk fas. Strasbourg i ockuperade Alsace kapitulerade 15 november 1944 för general George S Pattons pansar med stöd av general Jean de

Lattres franska Armée B. Som vanligt hann Patton, en av de allierades mest erfarna krigare, fram först och spann så vidare på sin reputation att en bra ledare anför sin trupp från täten. Underrättelsetjänsten hade fått nyss om att Carl von Weizsäcker och atomfysikern Rudolph Fleischmann regelbundet använde fysiklaboratoriet vid Strasbourg:s universitet för experiment.

Samma kväll intog Pash för Alsos räkning universitetets fysikinstitution, under krigets sista veckor tillflyktsort för Heisenbergs fanbärare von Weizsäcker. Weizsäcker hade i den panikartade flykten undan Pattons artilleribeskjutning lämnat kvar avslöjande dokument med koppling till landets atomforskning som nu föll i de allierades händer. Ur Weizsäckers anteckningar tonade en annan bild av Nazitysklands vapenrustning fram än den som Förenta Staterna i åratal befarat och låtit sin strategi vägledas av. Tyskland förfogade aldrig över vare sig plutonium eller anrikat vapenuran i större mängder, och hade under världskriget inte kommit närmare målet att skaffa kärnvapen.

Tidpunkten för Nazitysklands misslyckande ligger så långt tillbaka som 6 juni 1942, då Todtorganisationens ansvarige minister, Albert Speer, närvarar vid en av Heisenbergs föredragningar för arméstaben. Speer uttalar sig då för en begränsning av urangrupperna (Göttingenuniversitetet ansvarade för Uranverein I, Uranverein II var Heisenbergs grupp vid Kaiser Wilhelm Institut), och på inga villkor vill gå med på en utvidgning av programmet på bekostnad av landets hårt ansträngda krigsindustri. Speer verkade föga intresserad av atomvapen och mer inne på industriell användning av kärnkraft efter segern. Förutom Speer stjälpte också Hitler atomrustningen genom naiva krav på omedelbara resultat. Det tyska atomprojektet föll på denna strategiska fadäs: forskning som involverar nytt vetande är ett långsiktigt åtagande. I praktiken förbjöds den när rikskanslern Adolf Hitler 1942 uttalade sig för projekt som inom sex veckor efter start genererade utdelning. Av Alsosteamet funna dokument under krigets sista veckor framgick att Nazityskland drivit knappt en handfull "Uranmaschinen". Heisenbergs grupp i Berlin-Dahlem byggde under vintern 1943-1944 en försöksreaktor i ett skyddsrum under Kaiser Wilhelm Institut:s fysikavdelning. Denna anläggning drevs med mellan ett och två ton uran och begagnade tungt vatten i ungefär samma kvantitet. Oupphörliga luftangrepp gjorde det omöjligt att där bedriva seriös forskning, och så fort tillfälle gavs flyttade Heisenberg reaktorn till ett brygghus i Hechingen på landsbygden i Schwabenland. Konstruktion av en fullskalereaktor inleddes inte förrän i februari 1945. Då hade Hitler de facto redan förlorat kriget och de allierade hade börjat dra en strypsnara runt huvudstaden. Denna första anläggning i fullskalestorlek uppfördes i ett bergrum i Haigerloch tillhörande Haigerloch Schloss, en naturskön ort i Baden-Württemberg i Tübingentrakten. Projektet förestods av Walther Gerlach, professor i München och chef för Abteilung Kernphysik i riksforskningsrådet. Alsosförband intog Haigerloch samma dag som Hechingen. Samuel Goudsmit, Alsos vetenskaplige ledare, kommenterade upptäckten av reaktorn i Haigerloch så här:

> "Det var solklart att hela det tyska uranupplägget var i en skrattretande modest skala. Här fanns projektets centrala laboratorier och allt tyskarna

> kunde komma upp i var en underjordisk grotta, en liten textilfabrik och några rum i ett gammalt bryggeri. Visserligen var laboratorierna adekvat utrustade men, jämfört med vad vi gjorde i Förenta Staterna, var det en smal sak. Ibland undrade vi om inte vår regering hade lagt mer krut på enbart vår underrättelseoperation än tyskarna på hela sitt atomprojekt."

Mot slutet av kriget omfattade Alsosförbandet 114 män och kvinnor: tjugoåtta officerare, fyrtiotre soldater, nitton vetenskapsmän, lika många CIC-agenter och fem civilanställda. I april 1945 bar det oavbrutna analysarbetet vid Alsos högkvarter i Heidelberg äntligen frukt. Det stod nu klart att två separata grupper hade arbetat med kärnenergi, den första i Frankfurt under ledning av Kurt Diebner, och den andra under Heisenberg i Berlin och Leipzig. Diebners laboratorium intogs den 12 april; Diebner själv anhölls 3 maj, dagen efter Walther Gerlachs arrestering. Heisenberg var fortfarande på fri fot.

I april 1945 förstärktes teamet med John Lansdale, en överste i underrättelsetjänsten som varit ansvarig för säkerheten vid Los Alamos. Lansdale lyckades spåra belgiska Union Minière:s tusen ton uranmalm till en saltgruva i Stassfurt i ett lager tillhörande Wirtschaftliche Forschungsgesellschaft (WIFO). När Groves fick nyheten om beslaget skickade han ett memo till stabschefen George Marshall vari han triumfatoriskt meddelade att risken för en tysk vansinnesattack med atomvapen nu definitivt var avvärjd. Rykten om att Hitler i samband med Tredje rikets dödsryckningar hade för avsikt att slå till med atomvapen gjorde sig i april 1945 ännu hörda:

> "År 1940 konfiskerade den tyska armén cirka 1200 ton uranmalm i Belgien. Så länge materialet fanns under fiendens kontroll, kunde vi inte vara säkra på om det användes för framställning av kärnvapen. Igår fick jag ett telegram som bekräftade att medarbetare från mitt kontor lokaliserat materialet i närheten av Stassfurt i Tyskland, och att lagret i detta ögonblick håller på att flyttas till en säker plats utanför landet, där det kommer att stå under kontroll av amerikanska och brittiska myndigheter."

Den 12 april förhördesKWI:s generalsekreterare Ernst Telschow i Göttingen, där Pash beslagtog komprometterande dokument. Den 10 april hade han styrt sin jeep mot krigsmaterielverkets fysiklaboratorium i Stadtilm, och 21 april arresterades professor Werner Osenberg i Lindau. Osenberg var chef för Wehrforschungsgemeinschaft (arméns forskningsorganisation) som under kriget sammanställt Nazitysklands officiella förteckning över politiskt korrekta forskare som kvalificerade för återkallelse från fronten för att förstärka forskningsinsatserna.

I mars månad 1945 fann en polsk laboratoriumtekniker vid universitetet i Bonn delar av Osenbergs förteckning undangömda på en toalett. Listan förmedlades till MI-6 som vidarebefordrade materialet till amerikanska underrättelsetjänsten. Med hjälp av Osenberglistan sammanställde major Robert B Staver, chef för avdelningen raketteknik vid US Army Ordnance Corps (arméns ammunitionskår), en lista över ingenjörer inom raketteknologi som förmodades vara av intresse för USA. Wernher von Brauns namn stod högst upp på denna lista.

Osenberglistan blev grundplåten i USAs reallokeringsprogram, Operation Paperclip (ursprungligen Operation Overcast), syftande till att spåra och "övertala" Nazitysklands elitforskare att emigrera till USA för att där fortsätta sin forskning. Tysk vetenskap och ingenjörskonst hade under kriget gjort betydande landvinningar inom en rad teknikområden, och även om delar av Nazitysklands forskning, tack vare underrättelser och spionage, redan var kända (t ex att V2-missilerna framdrevs av brännvin eller potatissprit), hade USA för avsikt att till sista droppen tömma och tillvarata denna önskebrunn av nazihemligheter. Det amerikanerna dessutom var ute efter var att försäkra sig om att vare sig England eller Sovjetunionen skulle få ta del av Hitlertysklands militärstrategiskt viktiga research. På sovjetrysk sida var Röda arméns så kallade "trophy brigades" engagerade i ett liknande program under kodnamnet Osoaviakhim. Strategin var enkel men effektiv: de tyska forskarna ställdes inför ett ultimatum att antingen acceptera att arbeta för amerikanerna och flytta till USA, eller dömas för krigsbrott. Förutom inom raketteknologi hade Tredje riket gjort betydande framsteg inom tillämpad kemi, en direkt följd av landets krympande energiresurser och påföljande brist på inhemskt bränsle till dess törstiga krigsmaskineri. I synnerhet Hitlers katastrofala fälttåg mot Ryssland medförde en skriande brist på drivmedel, vilket resulterade i att, med början våren 1943, ett stort antal tyska forskare och ingenjörer, däribland fyratusen rakettekniker, kallades hem från sina krigsplaceringar för att återuppta sin forskning. Delar av Nazitysklands forskning inriktades nu på framställning av syntetiskt bränsle baserat på hydrogenering av träkol, brunkol och torv.

Sammanlagt drygt 1500 tyska forskare och ingenjörer "reallokerades" under de första åren efter krigsslutet till Förenta Staterna inom ramen för Operation Paperclip, där de under lång tid övervakades av FBI. Huvudman för operationen var Office of Strategic Services OSS. För den operativa delen ansvarade Joint Intelligence Objectives Agency (JIOA). USAs nye president Harry Truman undertecknade beslutet i augusti 1945, efter atombomberna över Hiroshima och Nagasaki. Inte förrän fyrtio år senare avslutades aktionen officiellt. Även i ekonomiskt hänseende blev Operation Paperclip en strålande framgång genom patent på uppfinningar och industriella processer till ett värde av över tio miljarder dollar i dåtidens penningvärde.

Wernher von Braun föddes i Wirsitz i provinsen Posen i nordöstra Tyskland (nuvarande Polen) som den andre av Freiherr Magnus von Brauns tre söner. Hans morfar var godsägaren Wernher von Quistorp, medlem av det preussiska överhuset. År 1930 tog den unge Wernher studenten vid Hermann-Lietz-Schule på Spiekeroog. Redan i sin ungdom experimenterade han med raketer. Från 1929 arbetade han för raketlegendaren Hermann Oberth i Reinickendorf i Berlin och från 1932 i Kummersdorf, med ekonomiskt stöd av Walter Dornberger från Heereswaffenamt. von Braun tog intryck av den slovenske astronomen Herman Potoniks *Das Problem der Befahrung des Weltraums* (Problemet med att resa i rymden) och Oberths berömda bok från 1923 *Die Rakete zu den Planetenräumen* (Raketer i solsystemet). Från 1930 läste han fysik vid tekniska högskolan i Berlin och vid ETH i Zürich. 1934 disputerade han för doktorsgraden vid Friedrich Wilhelmsuniversitetet i Berlin på ämnet ”Konstruktive, theoretische und experimentelle Beiträge zu dem Problem der Flüssigkeitsrakete”, (Teoretiska och experimentella konstruktionsbidrag till spörsmål relaterade till raketer med flytande bränsle). Som medlem i Verein für Raumschifffart (med tre f) deltog von Braun i uppskjutningar vid Raketenflugplatz Berlin. Raketdriftens teoretiska principer grundlades under 1900-talets första decennier av ryssen Konstantin Tsiolkovskij, Hermann Oberth i Tyskland, Robert Goddard i USA och den numera bortglömde matematikern och filosofen Francesco de Grisogono – född i Šibenik i Kroatien och bosatt i Trieste i Italien vid tiden kring sekelskiftet år 1900; raketprincipens praktiska förverkligande skulle Wernher von Braun stå för.

von Braun var mellan 1937 och 1945 teknisk chef vid Heeresversuchsanstalt, den delvis underjordiska raketbasen i Peenemünde, belägen i Mecklenburg vid floden Peene:s mynning på ön Usedoms kust. I Peenemünde utvecklades och monterades flygande bomben V-1 och missilen V-2. Beteckningen *V* står för *Vergeltungswaffe*, vedergällningsvapnet, ett klatschigt namn myntat av propagandaministern Joseph Goebbels. V-2 var en vidareutveckling av Aggregat-4 (A4), von Brauns första stora raketprojekt. A4 kunde uppnå dubbla ljudhastigheten. Verksamheten i Peenemünde stördes allvarligt av massiva brittiska flyganfall i augusti 1943 och hösten 1944.

V-1 användes i slaget om England, samt i numerärt större utsträckning mot Antwerpen i krigets slutfas. Senare hälften av första krigsåret 1940 höll historien andan medan England gjorde sig redo att möta Hitlers befarade invasion av Albion, hos den tyska stridsledningen känd som Operation Seelöwe. Flygande bomben V-1 var i princip ett förarlöst flygplan avfyrat från mobila ramper utmed den ockuperade kanalkusten. Planet hade en totalvikt på tre ton och framförde en sprängladdning på cirka ett ton en 340 kilometer lång sträcka med en hastighet på 600 km/h. Träffsäkerheten var dålig, i storleksordningen tio kilometer. Fyra månader efter anfallens början förstördes åttio procent av V-1-bomberna av engelskt luftvärn och jaktflyg, eller i kollisioner med spärrballonger.

Den femton meter höga supersoniska V-2-missilen med en startvikt på 12,8 ton framförde en nyttolast på 750 kilogram över 600 kilometer. Som bränsle användes etylalkohol och flytande syre. Träffsäkerheten var cirka sju kilometer. Fler än tretusen V-2-raketer avfyrades mot London och Antwerpen under det sista krigsåret. Även om deras skadeverkan var begränsad hade V-2-missiler, som utan förvarning dök upp från en tom himmel, stor psykologisk inverkan på civilbefolkningen.

Under andra världskriget tillämpade japanerna raketprincipen i självmordsroboten Ohka (Körsbärsblomma). Monterat under ett bombplan, var Ohka utrustat med 1200 kilogram sprängmedel. Fyrtio kilometer från målet kopplades det loss och övergick i glidflykt för att sedan accelerera till 900 km/h med hjälp av tre rakettuber innan det slutligen krockade med målet och exploderade. Efter andra världskriget kom principen till användning i det amerikanska experimentplanet XS-1, det första flygplan som 14 oktober 1947 passerade ljudvallen.

Efter kriget fördes Wernher von Braun till USA, jämte en del av Tredje rikets raketforskningselit. Efter ankomst internerades von Braun först i P.O. Box 1142, ett hemligt fängelse i Fort Hunt i delstaten Virginia tillhörande underrättelsetjänsten.

År 1950 utnämndes han till chef för amerikanska arméns raketutveckling i Redstone Arsenal, Alabama. I egenskap av teknisk direktör för det amerikanska rymdprogrammet svarade von Braun bland annat för konstruktionen av den bärraket som 1958 placerade USAs första satellit, Explorer I, i en bana runt jorden.

Det hundratal V-2-missiler amerikanerna tog hem som krigsbyte efter världskriget tjänstgjorde i rymdålderns barndom som bärraketer i amerikanska experimentflygningar. En av USAs första raketer, *Martin Viking*, var starkt inspirerad av V-2. Den första tvåstegsraketen från år 1949, *Bumper*, använde en V-2 som primärsteg (booster) och en mindre *WAC Corporal*, framdriven av rödrykande salpetersyra och anilin som slutsteg. Bumper uppnådde en höjd på fyrahundra kilometer.

Raketprincipen uppfanns av kineserna omkring år 1230 och spreds via Indien och arabländerna till Europa, där raketer för första gången omnämns omkring år 1250. År 1232 användes raketer vid belägringen av Kai-Fung-fu av en kinesisk här som uppfunnit konsten att fylla ihåliga bamburör med krut (salpeter plus träkol) och nyttja dem som eldpilar mot det mongoliska kavalleriet. Krut är känt sedan tusentalet och ett recept för "eldpulver" från den tiden finns nedtecknat av Wo Ching Tsug Yao. Raketer användes under Napoleonkrigen vid engelska flottans bombardemang av Köpenhamn, 2-5 september 1807.

Under tidig Mingperiod nedtecknades militära tillämpningar av krutraketer i skriften *Huolongjing* daterande från 1370. Kinesernas raketforskning drabbades av ett svårt bakslag någon gång på 1400-talet när en hög ämbetsman vid namn Wan Hu sköts till sin skapare i skyn i en fåtölj framdriven av fyrtiosju raketer. Historien höll på att upprepa sig 1748 i samband med ett fyrverkeri i Paris då osämja mellan den italienske eldmästaren och hans franska tekniker resulterade i att fyrtio människor sprängdes i luften och över trehundra brännskadades svårt.

Via Mongoliet och Indien nådde kinesernas uppfinning omsider området motsvarande nuvarande Irak. År 1258 rapporterade arabiska skriftställare hur en mongolisk armé intog staden Bagdad med raketers hjälp. Muselmanerna tog lärdom av erfarenheten och kopierade knepet varefter de framgångsrikt nyttjade brandraketer till sitt försvar av Kairo under sjunde korståget mot mamelukerna, vid 1200-talets mitt lett av den franske monarken Ludvig IX, han som kallas den helige.

Den första kommersiella tillämpningen av raketer i modern tid rapporteras från 1930-talets Österrike då en uppfinnare vid namn Friedrich Schmiedl kom på den lysande idén att befordra post till ensligt belägna gårdar med hjälp av små krutraketer. Denne postens ingenjör lyckades i en serie provskjutningar få fram 1500 brev till rätt adressat. Tillämpning av små raketer för postbefordran hade redan 1927 föreslagits av rymdpionjären Hermann Oberth. Året efter höll Oberth en föreläsning i ämnet för Deutsche Gesellschaft für Luft- und Raumfart som väckte visst uppseende och fick Förenta Staternas ambassadör i Tyskland, Jacob Gould Schurman, att 1929 i en intervju diskutera den komplicerade juridiken kring transatlantisk raketpost. Gerhard Zucker, en tysk ingenjör från Hasselfelde, experimenterade 1933 med begränsad framgång med den styrbara postraketen Herta (*ty* "Lufttorpedo", *fr* "Aerotorpedo" enligt särskilda klisterlappar på kuverten) i Harzområdet, samt i Cuxhaven. Året därpå flyttade han till England där han förgäves försökte intressera postverket för sin teknologi, av honom föga ödmjukt döpt ”System Zucker”. Efter en misslyckad uppskjutning den 31 juli 1934 av en raket fullpackad med 1200 försändelser från den skotska ön Scarp till Harris på Hebriderna fick engelsmännen nog och deporterade Zucker till Tyskland där han vid ankomst anhölls misstänkt för samröre med främmande makt.

Tysklands tongivande raketteknik kom till genom ett kryphål i Versaillesfördraget, den ensidiga uppgörelsen efter första världskriget mellan Tyskland och segermakterna England, Frankrike och USA m fl. Eftersom ingen på den tiden hade en tanke på rymdkrig förbjöds Tyskland inte explicit att forska i raketteknik, en blunder som Weimarrepubliken på tjugotalet drog fördel av för att skaffa sig ett övertag på just det området. Så tidigt som 1927 bildades på initiativ av raketingenjören Johannes Winkler Verein für Raumschifffart (Rymdfartföreningen) som tre år senare från ett fält i närheten av Dessau provsköt en raket med flytande bränsle (fotogen plus syre): Astris eller HW-1, en förkortning för Hückel-Winkler-1. Året därpå (1932) övertog Wehrmacht raketprogrammet och etablerade ett laboratorium med dithörande lanseringsramp i Kummersdorf, tre mil sydväst om Berlin. Den då tjugoårige Wernher von Braun började där sin karriär som utvecklingsingenjör.

Inom loppet av några få år lyckades von Braun med ett ambitiöst program som för arméns räkning förestods av generalmajor i Wehrmacht Walter Dornberger. 1934, ett år efter det att Adolf Hitler kommit till makten, stod föregångarna till krigsmaskinerna V-1 och V-2 färdiga i form av Aggregat-1 (A1) och Aggregat-2 (A2). Samma år hemligstämplar Goebbels propagandaministerium all raketforskning.

År 1936 flyttas Tredje rikets raketforskning till delvis underjordiska anläggningar i Peenemünde, i natursköna norra Tyskland vid Östersjöns strand. Vid Peenemünde rymdbas arbetade 42-tusen straffångar, varav blott en fjärde del överlevde kriget. Från baser utmed kanalkusten hemsöktes under andra världskriget södra England och huvudstaden London av drygt tusen flygande V1-bomber.

Den 3 oktober 1942, tolv år efter det att von Braun och hans utvecklingsgrupp börjat skissa på raketer som vapen, når de tyska raketingenjörerna för första gången rymden när en A-4 stiger till hundra kilometers höjd. I militärt utförande blev A-4 två år senare den beryktade V-2, det första ballistiska raketvapen som kunde leverera en sprängladdning med en vikt på knappt ett ton.

Det dröjde innan engelsmännen började få en bild av vad som pågick vid den avsides belägna udden i Östersjön. Under 1943 hade underrättelsetjänsten samlat tillräckligt med uppgifter för att i augusti flygbomba anläggningen. Räden genomfördes nattetid men av någon anledning hamnade markeringarna för långt söderut, så straffarbetarnas förläggning fick ta emot ett antal fullträffar. Raketutvecklingen fortsatte vid Peenemünde medan monteringen av säkerhetsskäl flyttades till Mittelwerk, bergrummet i Thüringen i hjärtat av Tyskland, där över 60-tusen slavarbetare arbetade under ohyggliga förhållanden. Liksom Nazitysklands havererade kärnvapenprogram under ledning av Heisenberg, kom också Wernher von Brauns vedergällningsvapen V-2 för sent för att ha någon militärstrategisk konsekvens för krigets utgång. V-2 var förvisso en fantastisk teknisk prestation, men som vapen fick den föga betydelse, annat än dess psykologiska effekter på Englands civilbefolkning. Raketens bomblast hade billigare och i avsevärt större mängder kunnat fällas från konventionella bombplan. Träffsäkerheten nådde sällan upp till kraven: en del raketer missade målet med fem till femton kilometer. Strategiskt värde fick raketer först när de under kalla kriget bestyckades med kärnvapenspetsar.

För nyckelpersonerna i Nazitysklands raketprogram, fram till krigsslutet lydande under SS, gällde det först och främst att överleva, men i andra hand att positionera sig inför en framtid där de kunde dra nytta av sin kunskap. Wernher von Braun fruktade att hans team skulle falla i Röda arméns händer och sökte sig till en amerikansk postering vid gränsen mot Österrike där han och ett hundratal kolleger samlades av amerikansk trupp i Garmisch-Partenkirchen för utfrågning, i väntan på order från krigsledningen. von Braun förvaltade väntetiden med en rapport ”Översikt över hittillsvarande utveckling i Tyskland av raketer med flytande bränsle och deras framtidsutsikter”. I denna skrift beskrev han utvecklingen av V-2 som ett första steg på vägen, med tanke på omständigheterna, samt att en civil rymdsatsning skulle göra det möjligt att med raketer nå andra planeter och, som första mål, månen.

Basen i Peenemünde intogs 2 maj 1945 av 324th US Infantry Regiment, 44th Infantry Division. Efter krigsslutet deporterades delar av raketstaben till USA, liksom cirka hundra V-2-missiler tagna i krigsbyte. von Brauns lägesrapport hade imponerat på amerikanarna och, tillsammans med ett hundratal medarbetare, erbjöds han att i USA fortsätta med rymdteknik. Besvärande fakta om medlemskap i nazipartiet och krigsförbrytelser sopades under mattan. Den 28 juni 1946 lyfte den första V-2-raketen från militärbasen i White Sands i New Mexico. Tredje rikets kvarlåtenskap av personella och materiella resurser bildade under senare delen av 1940-talet grundplåten i Förenta Staternas rymdprogram. I Potsdamfördraget förbjöds Tyskland att fortsättningsvis utveckla egen raketteknologi.

Inspirerade av japanernas framgångar bedrev USA de två sista krigsåren utan större resultat ett projekt med förarlösa bombflygplan. Projektet, med kodbeteckningen ”Aphrodite”, syftade till det dubbla målet att förstöra Nazitysklands missilramper för V-1 och V-2 samt slå ut fiendens hårt befästa U-båtsbunkrar på Helgoland. För detta ändamål utrustades ett antal gamla och uttjänta B-17 bombplan med fjärrstyrning via radio och en primitiv videolänk. Bombplanen hade tömts på all onödig utrustning för att kunna framföra så mycket sprängmedel som möjligt. Planen av typen B-17F – med olika öknamn, däribland Weary Willy (*sv.* utmattade Willy) – opererade från baser i södra England och flögs av två piloter till den nordtyska kusten där besättningen satte sig i säkerhet med fallskärm sedan de apterat sprängämnet och ställt in kursen till målet, varefter kontrollerna övertogs via radiolänk av ett följeplan på behörigt avstånd. Besättningen plockades sedan upp ur havet av allierade U-båtar eller andra lämpliga fartyg. Den flygande bomblasten åtföljdes av ett följeplan där dess besättning på en primitiv TV-skärm kunde avläsa och ändra huvudplanets kompasskurs, tills det kraschade mot det planerade målet. Så var det i alla fall tänkt.

Den 30 oktober 1944 startade en dylik flygande bomb, en ombyggd B-17 med namnet *Mugwump* (*sv.* viktigpetter), från sin bas i södra England mot målet på Helgoland. Strax efter det att besättningen lämnat planet över Östersjön med sin bomblast motsvarande femton ton trotyl, havererade radiostyrningen varefter ekipaget, åtföljt av jaktplan och ett följeplan, av okänd orsak plötsligt satte kurs mot Sveriges kust, tills det till följd av bränslebrist snabbt tappade höjd och störtade strax utanför Väne-Åsaka, en tätort i Trollhättans kommun i Västra Götaland, där det ställde till med stor förödelse. Projektet med radiostyrda bombplan övergavs i januari 1945 efter ett otal missöden som skördade ett antal piloters liv. Av sammanlagt fjorton operationer nådde inte ett enda plan sitt planerade mål. En av de omkomna var senare presidenten John F Kennedys äldste bror, Joseph Patrick Kennedy Jr, som omkom 12 augusti 1944 när hans plan exploderade vid start.

Den 25 maj 1961 talar USAs nytillträdde president John F Kennedy till kongressen:

> ”För det första menar jag att denna nation ska förbinda sig till målet att före detta årtiondes slut landsätta en människa på månen. Inget enskilt rymdprojekt under denna period ska ha större följder för mänskligheten, och ingetdera ska heller bli lika svårt och kostsamt.”

Ett år senare, 12 september 1962, upprepar han sitt löfte i ett bejublat tal på Rice University: ”Vi väljer att i detta decennium åka till månen, inte för att det är enkelt, utan för att det är svårt.” I talets inledning beskriver han teknikens utveckling och fortsätter med följande appell:

> ”... Utvecklingen går i hissnande fart, och sådan kan inte undvika att skapa nya orättvisor medan den avlägsnar gamla: ny okunskap, nya problem, nya faror. Förvisso lovar rymdutmaningen förutom stora kostnader och uppoffringar också rik belöning, och det förvånar inte att somliga föredrar att göra halt där de står, väntar och ser på. Men staden Houston, denna stat Texas, denna nation Förenta Staterna, byggdes inte av sådana som väntade och såg på, och ängsligt blickade över axeln. Detta land erövrades av dem som strävade framåt, och så ska vi också erövra rymden.”

Att Kennedy fick gehör hos kongressen berodde på att politikernas uppgivenhet hotade att förlama nationen. Så här långt låg USA ohjälpligt efter i rymdkapplöpningen, vilket sporrade den tävlingsinstinkt som även stormakter låter sig ledas av i sina strategiska beslut. Förenta Staternas militär var upprivna och beredda att till varje pris återta det vapentekniska initiativet. Sputnik:s monotona blipp-blipp på en del radiofrekvenser hade under flera veckor skrämt slag på försvarsdepartementet, som vilken sekund som helst fruktade ett nukleärt angrepp. Ingen vare sig önskade eller accepterade en upprepning av debaclet, och rymdtävlingen mellan USA och Sovjetunionen blev under två decennier ett vapenfritt substitut för kalla kriget mellan länderna. I januari 1958 sköt USA upp sin första satellit – Explorer 1.

Sovjetunionen fortsatte dock att ligga steget före: april 1961 lanserades Vostok-1 med Jurij Gagarin, den första människan i rymden. Maj månad av samma år var det äntligen Alan Shepards tur, även om han aldrig kom i omloppsbana. Inte förrän i februari 1962 fick Förenta Staterna John Glenn att kretsa runt jorden.

Kennedys tal till nationen åtföljdes av febril aktivitet hos National Aeronautics and Space Administration – NASA. Bärraketen som kunde föra astronauter till månen var redan utvecklad av Wernher von Braun. Den hette Saturnus V, en 110 meter hög toppmodern rymdraket.

I sin egenskap av USAs president sökte Kennedy stöd hos Sovjetunionens Nikita Chrusjtjov för ett gemensamt nationsöverskridande rymdprogram. Mötet med sovjetledaren i juni 1961 blev dock resultatlöst eftersom Sovjet på den tiden hade kvar sitt betryggande försprång inom rymdteknik. Andra gången – hösten 1963 – blev reaktionen från Moskva försiktigt positiv sedan Förenta Staterna lyckats placera en geostationär satellit i rymden och Kennedy bett kongressen om svindlande tjugofem miljarder dollar för Apolloprojektet. Chrusjtjov godkände informellt den föreslagna rymdsamverkan, men efter mordet på USAs president i Dallas 22 november 1963 rann projektet ut i sanden. Inte förrän ett drygt årtionde senare (1975) flög USA och Sovjetunionen en gemensam dockningsmission med förre chefen för NASA:s Flight Crew Operations, Deke Slayton, vid spakarna för Apollo-Soyuz-projektet ("Handslaget i rymden"), lett av Konstantin Busjujev och Glynn Lunney.

1969 satte Neil Armstrong fot på månen med Apollo-11. Två år tidigare hade astronauterna Gus Grissom, Ed White och Roger Chaffee mist livet efter en våldsam brand i den syremättade rymdkapseln under utprovning, en tragisk incident som fördröjde USAs rymdsatsning i väntan på haverikommissionens rapport med rekommendationer för modifiering av kapselns konstruktion. Kennedys profetia om en människa på månen inom ett decennium, förverkligades den 20 juli, sex år efter hans död. Därefter följde fem mer eller mindre lyckade månresor fram till den hittills sista, Apollo-17-missionen i december 1972. En femte del av jordens befolkning såg på svartvit-TV Neil Armstrongs nedstigning från moderfarkosten i månlandaren Eagle och hans lakoniska bekräftelse efter en dramatisk undanmanöver, "The Eagle has landed" – Örnen har landat –, varefter han sex timmar senare klev ner de nio trappstegen till jorddrabantens yta och påbörjade människans första månvandring på Mare Tranquillitatis – Stillhetens hav –, vilket han kommenterade med de odödliga orden "Ett litet steg för människan, men ett jättekliv för mänskligheten".

Kapitel XXII

Tredje riket 1945. I närheten av landsorten Hechingen upptäcker en SS-vakt i gryningen en ensam cyklist som försöker slinka ut ur spärrzonen. Den unge soldaten låter sig mutas med ett paket amerikanska Pall Mallcigaretter och släpper iväg Heisenberg som än en gång kommer undan. Medan han tänder en cigarett och behagfullt drar in den kryddiga röken som känns sträv i halsen följer soldaten med blicken efter mannen som cyklar iväg i gråmörkret. Det var en lustig filur! Men låt gå, det är många som i dessa sista krigsdagars kaos försöker skaffa sig en ny identitet och hoppas smälta in bland hundratusentals civila flyktingar som stryker kring småvägarna. Över hela Tyskland letar sig människor hem, desertörer från Wehrmacht, judar från koncentrationsläger, flyktingar från gömställen, straffångar, högt uppsatta nazister som vill gå under jord. En våg av landstrykare av alla slag strömmar västerut, framdriven av Röda arméns avancemang.

Överste Boris Pash och tjugofem Alsosagenter griper Werner Heisenberg och Otto Hahn på Berlins huvudpostkontor. Där beslagtar de också sextio kilogram vapenuran, merparten av Nazitysklands lager av anrikat uran. Uranet förs med ett B-29-plan till Wendoverbasen i den amerikanska staten Utah. Cirkeln är nu sluten. Boris Pash fäster var sin ände av ariadnetråden vid Robert Oppenheimer och Werner Heisenberg.

England 1945-1946. Tio framstående tyska forskare, tillfångatagna av Alsos, flygs i en DC-4 till London och vidare på lastbilsflak till Farm Hall i grevskapet Cambridgeshire, ett lantgods från 1740 byggt i anslutning till ett betydligt äldre hus på baksidan. Från juli 1945 till januari 1946 hålls Tysklands vetenskapliga toppskikt internerad och förhörs av engelska och amerikanska agenter. Under kriget användes Farm Hall som träningsläger för sabotagekommandon inför luftlandsättning i det ockuperade Europa men huset är nu ledigt. Samtliga i gruppen av forskare, med undantag för Max von Laue, hade varit engagerade i kärnvapenforskning: Erich Bagge, Kurt Diebner, Walther Gerlach, Otto Hahn, Paul Harteck, Werner Heisenberg, Max von Laue, Carl von Weizsäcker, Karl Wirtz, och Horst Korsching.

Gruppens sammansättning har gjorts upp av Samuel Goudsmit. Många har undrat över varför Max von Laue fanns med på listan; visserligen var han vicedirektör för Kaiser Wilhelm Institut für Physik, men aldrig aktiv i uranföreningen. Ännu mera anmärkningsvärt är att varken Walther Bothe, en av projektets pådrivande krafter, eller Fritz Houtermans – fysikern som arbetat i ryska Charkov där han dömdes som trotskist och efter den tysk-sovjetiska fredspakten repatrierades och för tyska Reichspost:s räkning forskade i Manfred von Ardennes privata laboratorium – fanns med på Goudsmits lista. Ej heller forskningspolitikerna Erich Schumann, Abraham Esau och Rudolf Menzel, samtliga med stort inflytande på Tredje rikets militärtekniska forskning. Professor Schumann var under kriget chef för Heereswaffenamt:s forskningsavdelning, det officiella uranprojektets huvudfinansiär. Menzel var ansvarig för militär forskning hos utbildningsministeriet och tillhörde Himmlers personliga stab. Esau, slutligen, hade en gång i tiden (1939) sammankallat Uranverein I. Han förestod fysikavdelningen i Reichsforschungsrat och var Johannes Starks efterträdare på direktörsposten för strategiskt viktiga Physikalisch-Technische Reichsanstalt. Det kan tänkas att Goudsmit av gamla lojalitetsskäl valde att sauvera Bothe, och låtit sig övertalas av tyska fysikkolleger att de tre forskningsdirektörerna var av ringa värde för underrättelsetjänsten, medan Houtermans sågs som en mer eller mindre tragisk outsider, en ”Schlemihl”, en figur som det gått illa för, en dekisfigur som alla tyckte synd om, utan kontakt med vare sig Heisenbergs eller Diebners projekt.

Interneringen av Tysklands fysikelit tjänade två syften. De allierade ville förhindra att tyska atomforskare skulle falla i ryska händer, inte av humanitära skäl utan för att så långt som möjligt hemlighålla kärnvapenkompetensen för den nya fienden Sovjetunionen. Sett ur det perspektivet handlade interneringen om ett bortrövande eller, om man så vill, en räddningsaktion med enbart egennyttiga motiv. Det andra syftet var att genom förhör och hemlig avlyssning av spontana samtal få en inblick i hur långt nazifysikerna hade kommit i att tämja atomen.

Forskarna behandlades väl och standarden på den serverade maten var avsevärt bättre än hemma i Tyskland, där deras anhöriga svalt på en ranson av utspädd soppa kokt på potatis och rovor. Det fanns en tennisbana och ett piano för Heisenberg att spela på. Rummen höll hotellstandard och var försedda med ekpanel. Något forskarna möjligen anade men aldrig fann belägg för var att sov- och sällskapsrummen dygnet runt avlyssnades. Det framgår av följande ordväxling mellan Diebner och Heisenberg. Diebner: ”Jag undrar om de har installerat mikrofoner?”, Heisenberg: ”Mikrofoner (skratt), å nej, så smarta är de inte här. Jag tror inte att de känner till riktiga Gestapometoder; i det avseendet är de lite gammalmodiga.” Farm Hall, detta första kaotiska år efter andra världskriget, påminner om T S Eliots poem från 1939, *Släktmötet II:I* (översättning C J Anderson och K Vennberg, Bonniers, Stockholm, 1948):

”I ett gammalt hus lyssnas det alltid,
och det höres mer än det talas.
Och allt det som talas dröjer kvar i rummet
i väntan på att framtiden skall höra det.
Och allt som händer har sin början i det förflutna,
och pressar hårt på framtiden.”

Dagligen gick tolkar från säkerhetstjänsten igenom materialet och översatte intressanta passager, som i hemliga depescher skickades vidare till brittiska och amerikanska underrättelsetjänster inom Manhattanprojektet. *The Farm Hall Transcripts* omfattar cirka 250 sidor maskinskriven text, uppdelad i tjugofyra veckorapporter av avlyssnade samtal och den ansvarige säkerhetsagentens kommentarer. Även om detaljerna kring kärnfysikernas internering länge varit kända tvekade segermakterna in i det längsta att offentliggöra ljudupptagningarna. Materialets sekretess lyftes 1992 efter upprepade påtryckningar från Royal Society, och välkomnades av vetenskapshistoriker som en unik förstahandskälla till kunskap om Nazitysklands kärnvapenprogram. Allmänt antogs att *The Farm Hall Transcripts* skulle ge inblick i de tyska forskarnas politiska och moraliska hållning under kriget.

Från början var meningen att materialet skulle förbli hemligstämplat. Man gjorde bedömningen att Operation Epsilon var en hemlig underrättelseoperation syftande till att få fram vetenskaplig-teknisk information om Hitlertysklands atomprojekt som allmänheten inte hade med att göra. Originalutskrifterna av samtalen mellan de tio internerade atomforskarna hade visserligen mysteriöst försvunnit, men brittiska och amerikanska arkivkopior, varvade med general Groves marginalanteckningar, blev under våren 1993 tillgängliga för allmänheten, när rapporterna utgavs med en inledning av den namnkunnige brittiske fysikern Sir Charles Frank. I Jeremy Bernsteins *Hitler's Uranium Club – the Secret Recordings at Farm Hall* (1996), jämför författaren *The Farm Hall Transcripts* med Rosettastenens betydelse för Jean-François Champollions tolkning av egyptiska hieroglyfer. I bokens inledning skildrar Bernstein den laddade stämningen på Farm Hall:

> ”Under dessa månader försvinner deras illusioner. De inser att de misslyckats, liksom deras land. De grälar öppet med varandra. De beskyller Adolf Hitler. De beskyller amerikanerna. De unga skyller på de äldre. De äldre skyller på varandra. Varje vecka håller von Laue kollokvium. Heisenberg spelar piano. Någon gång kommer en besökare. Det hela fortgår som i en overklig dröm. Så plötsligt, efter sex månaders internering, släpps de fria och vänder tillbaka till ett Tyskland i ruiner.”

Frederick Charles Frank väljer, i sin inledning till *The Farm Hall Transcripts*, ett delvis annorlunda perspektiv. Som en av Peter Debyes närmaste medarbetare på Kaiser Wilhelm Institut mellan åren 1936 och 1938, var han synnerligen kvalificerad att bedöma innehållet i rapporten. Med undantag för Bagge, Diebner och Korsching kände han personligen till de internerade och var förtrogen med deras roll i vetenskapen. Han hade dessutom besökt Farm Hall i november 1945, på den tid han var knuten till flygministeriets underrättelsetjänst:

> ”Fascinationen över dessa samtal gäller avslöjandet av de tio personernas själstillstånd. Var och en överväger ett flertal delvis motstridiga lojaliteter: till mänskligheten, till vetenskapen, till fosterlandet, ansvar för sin projektgrupp, sin familj, sina ambitioner, omsorg om sin karriär och självaktning. Allt detta mot bakgrund av deras tankar, ett verkligen förfärligt vapen.”

Professor Franks sammanlagda bedömning var:

> ”Jag har noggrant läst igenom transkriptionerna och letat efter något bevis för en iscensatt sammansvärjning eller en dold plan att hemlighålla information, men ej funnit något ...

Min uppfattning är att de i sin förtegenhet var mer oroliga för varandras reaktioner än för vad eventuella tjuvlyssnare därom skulle anse."

Inledningsvis vägrar fysikerna att finna sig i sin situation. De var vana att mötas av tyskars respekt för auktoritet och social ställning. De har ju bara ägnat sig åt harmlös samhällsnyttig forskning och betraktar sina privilegier under kriget som en självklar rättighet, kopplad till framstående forskares upphöjda ställning. I en dagboksanteckning från 12 juli 1945 noterar Bagge en incident där Hahn, Gerlach och kommendörkapten vid amerikanska marinens underrättelsetjänst, Eric Welsh, var inblandade: Hahn undrar retoriskt om det någonsin i historien funnits ett liknande fall där vetenskapsmän mot sin vilja hade förts bort, och om deras internering över huvud taget var förenlig med folkrätten. Två veckor senare reagerar Bagge djupt emotionellt: "Jag känner mig trots allt ansvarig för min familj. Jag såg det med egna ögon – samma dag som fransmännen kom till Hechingen och våldtog kvinnorna, den ena efter den andra, och några dagar senare tog de mig därifrån. Samma dag som jag tvingades bort inhyste de tre marockaner i huset. Jag blir galen... Jag står inte ut längre. Jag vägrar att gå ner. Jag vägrar att äta... Jag går i hungerstrejk." Lakonisk kommentar av major Terence Rittner, ansvarig för Farm Hall: "Bagge är alldeles för fet och en diet på vatten och bröd skulle inte skada honom."

De kunde ha valt exil. Tysklands främsta vetenskapsmän hade mellan tidpunkten för Hitlers makttillträde och krigsutbrottet blivit erbjudna attraktiva forskartjänster utomlands. En del hade gripit detta halmstrå och funnit en fristat i Engand eller på andra sidan Atlanten. De forskare som valde att stanna kvar gjorde det av olika anledningar: en del var övertygade nazister som Johannes Stark, en av antisemitiska Deutsche Physikrörelsens starka män. Somliga stannade av opportunistiska skäl, drivna av tillfället att göra kometkarriär inom en snabbt växande krigsindustri – Heisenberg tillhörde troligen den kategorin –, andra trodde inte att Hitler vågade ge sig på judarna, några var tvungna att dröja kvar för familjens skull, medan de flesta isolerade sig i sina elfenbenstorn, stoppade huvudet i sanden och låtsades omedvetna om krigsbrott och pågående folkmord.

Ingen kunde påstå att han inget visste. På en ljudupptagning daterad 18 juli 1945 intygar Werner Heisenberg:

"Under kriget fick jag fem förfrågningar att hjälpa till i fall där kolleger riskerade att mördas av de våra. Den ene var Soloman (Jacques Solomon), (Gerhard) Hoffmans svärson, i det fallet kunde jag inte göra något eftersom han redan var död när brevet kom fram. Den andre var (Max) Cosyns, belgisk fysiker som forskade i kosmisk strålning; han försvann i ett Gestapoläger och inte ens från Himmlers stab kunde jag få fram om han var vid liv eller hade mördats. Jag antar att också han är död.

Sedan kom fallet med Camaille, matematikern; via Sethel (troligen Sethke, utrikesdept.) försökte jag hjälpa honom men förgäves: han blev skjuten. Bland polska professorer fanns en logiker med ett judiskt namn --- och med en annan polack hände följande: han hette (Juliusz Pavel) Schauder och var

> matematiker. Han skrev till mig och jag försökte luska ut vad som kunde göras för att hjälpa honom. Jag skrev till (Heinrich) Scholz som på något vis var inblandad i Polen. Sedan hörde jag inget mer om Schauder och jag har nyligen fått veta att han mördats."

Trots Charles Franks försäkran att inga bevis för en sammansvärjning funnits, hoppades vetenskapshistorikerna att *The Farm Hall Transcripts* innehöll material som kunde slita loss frågan om Tredje rikets atomprogram från historiens ankare. De förväntade sig att tiden löst upp gåtan till en klarare bild av Uranverein:s forskning under kriget, en bild som motsade eller nyanserade tidigare tolkningsförsök som i stor utsträckning byggde på lösan sand och fabulering. De räknade med att få svar på frågan varför Hitlertysklands kärnvapensatsning hade havererats, om kärnvapen över huvud taget hade varit Dritte Reich:s mål och, och i så fall hur denna vansinniga nyck, detta förryckta ögonblick i historien, kunnat stranda.

De som trodde att förhören med Heisenberg och hans förtroliga samtal med kolleger under de sex månader de satt internerade på Farm Hall (Operation Epsilon) skulle kasta ljus över hans roll i det tyska kärnvapenprojektet, blev blåsta på konfekten. Heisenberg var en försiktig general. Inte en gång under sin vistelse sänkte han garden, inte vid något tillfälle blottade han strupen, aldrig avvek han från sitt instuderade manuskript som talade om för omvärlden att antingen hade fysikerna inte på allvar trott på möjligheten att konstruera kärnvapen, eller så hade de genom modig maskning fördröjt projektet för att inte spela Hitler i händerna.

På liknande sätt förhåller det sig med tiotusenkronorsfrågan varför Heisenberg räknade så katastrofalt fel när han på teoretisk väg ville få fram storleken på den mängd vapenuran som krävs för ett kärnvapen. Beräkningen är i princip löjligt enkel. För en atombomb i Hiroshima-storlek, som utvecklar en sprängkraft motsvarande tjugotusen ton TNT, behövs fission av ungefär *ett* kilogram uran-235. Det räknar man snabbt ut med Einsteins $E=mc^2$. Ett kilogram uran motsvarar ett klot i samma storlek som en pingpongboll. Rättare sagt: två halvklot av ett halvt kilo vardera. Dock räcker det inte med blott ett kilo U-235 för att konstruera ett kärnvapen. Problemet ligger i att inte *allt* uran fissioneras. Med facit i hand vet vi nu att bara cirka två procent av uranet hinner klyvas innan bomben detonerar, resten sprids vind för våg och bidrar till bombens radioaktiva nedfall. Detta är ett klassiskt problem som vållat maskiningenjörer huvudbry världen över alltsedan uppfinningen av ångmaskinen. Problemet har ett namn: verkningsgrad. Om verkningsgraden är två procent, liksom fallet var med Hiroshimabomben, måste värdet på kritiska massan skalas upp från *ett* kilogram till *femtio* kilogram, pingpongbollen har nu blivit en liten sfär med en radie på drygt åtta centimeter. Dilemmat är att sådana uppskattningar mellan tumme och pekfinger visserligen tillhör kloka ingenjörers vardag, men Werner Heisenberg var varken ingenjör eller konstruktör utan teoretisk fysiker, om än en utomordentligt begåvad sådan. Heisenbergs geniknöl, den som intuitivt vägledde honom genom fysikens gåtfulla labyrinter, fungerade inte när han ställdes inför praktiska dilemman. Heisenberg gjorde en grav felbedömning. Tar man istället för den faktiska tvåprocentiga verkningsgraden 0,2%, blir *femtio* kilogram genast *femhundra* kilogram. Det blir snabbt en förfärlig massa uran-235 (eller plutonium) vars framställning kräver många års drift i en kärnreaktor, alternativt en evighet att framställa i renad form om man väljer en separationsprocess baserad på masspektrometri, dessutom till astronomiska kostnader som få länder skulle ha råd med. Har man väl valt verkningsgraden går det lätt att räkna ut mängden atomsprängmedel som behövs, men inte ens där slutar cirkeln utan ingenjören skulle antagligen lägga på några kilo till för "att vara på den säkra sidan". Sir Charles Frank, Operation Epsilon:s vetenskaplige rådgivare, kom ihåg Heisenbergs föredrag op Farm Hall:

> "Heisenberg nämnde *fem ton uran*, på tal om atombomben. Dagen efter bomben över Hiroshima gjorde han denna överslagsberäkning som inledning till ett elegant kollokvium om neutronemission och -multiplikation vid kärnklyvning.
>
> Småningom hamnade hans föredrag på en kritisk massa i storleksordningen ett eller några kilogram. Han gjorde sin grova och felaktiga uppskattning i början av sitt föredrag för att illustrera hur han ursprungligen hade gått till väga, och att döma av *hur* han lade fram det tror jag att det var på det sättet han presenterat uppgiften på en konferens 1940 om kärnklyvningens betydelse för kriget. Han påstod sig ha utfört sin reviderade kalkyl föregående natt, och av föreläsningens stil fick jag det bestämda intrycket att han framförde resultat och tankegångar som var alldeles nya för honom och hans åhörare."

Det kan inte uteslutas att Heisenberg med sin felaktiga beräkning avsåg att vilseleda engelsmännen och slå blå dunster i ögonen på dem. Det är nämligen långt ifrån säkert att Heisenberg hyste tilltro till sitt eget utlåtande att han inte trodde sig vara avlyssnad. Underrättelsetjänstens analys av ljudupptagningarna byggde på premissen att de tyska forskarna kunde hållas ovetande om att någon tjuvlyssnade. Det var vad engelsmännen själva kallar "wishful thinking", önsketänkande. Det vore synnerligen naivt att förvänta sig av prominenta forskare, utrustade med mer än genomsnittlig intelligens – dessutom fostrade i diktaturens hårda skola med dess ohyggliga angivarkultur och repressiva vänskapskorruption – att de var så pass blåögda att de gick på bedrägeriet. De internerade var inga såta vänner. I åratal hade de gått bakom ryggen på varandra och med underfundig slughet manipulerat sanningen. De var vana vid vaksamhet, att aldrig anförtro sig till någon, vare sig offentligt eller i samtal på tu man hand, att hela tiden vara på alerten och se sig över axeln; de hade insett värdet av att moltiga, genomlidit tolv år av ondska i industriell skala, och av andras sorgliga erfarenheter lärt sig vad det innebar att falla i onåd. I en diktatur sparar man sina förtroenden åt endast ett fåtal man reservationslöst litar på. Undersåtarna i envåldsstater är aldrig sig själva, de är pjäser i ett makabert rollspel med livet som insats. De litar inte på någon. Deras tillvaro stavas teater. Det är en nödvändig överlevnadsstrategi.

Att tyskarna var medvetna om att rummen var avlyssnade framgår också av Carl von Weizsäckers svar i en intervju från 3 juni 1992: "Jag medger i efterhand ... att vi ändå var såpass försiktiga att vi sade: 'när det handlar om något som engelsmännen inte bör höra, så går vi ut i parken.'" Mikrofoner hade installerats i samtliga sov- och sällskapsrum. Avlyssningscentralen låg utanför huvudbyggnaden, osäkert var, ty den fragmentariska information som framkommit om Farm Hall:s hemliga ljudupptagningar härrör nästan uteslutande från Peter Ganz i det brittiska kontraspionageteamet. Arbetet leddes av Farm Hall:s värdar – major Terence Rittner och hans andreman, kapten P L C Brodie – med god hjälp av sex tyskspråkiga agenter. När Frederick Charles Frank i november 1945 besöker Farm Hall, tar han efter lunch en promenad i parken med sin gamle vän från Kaiser Wilhelm Institut, Karl Wirtz, som tar upp ämnet avlyssning. Wirtz hade nämligen upptäckt "konstiga ledningar" i sitt klädskåp. Som en av Tysklands mest erfarna experimentalfysiker gjorde Wirtz med visshet vad varje någorlunda begåvad människa vid sina sinnens fulla bruk i samma situation skulle ha gjort, nämligen undersöka vart dessa mystiska trådar ledde och vad de kunde tänkas ha för funktion. Det krävs ingen sjuklig böjelse för konspirationsteorier för att så göra, liksom det inte krävs mycken fantasi för att dra slutsatsen att spåren förr eller senare, och efter något tålmodigt nystande, ledde till upptäckten av dolda mikrofoner. Följaktligen är det ingen kontroversiell gissning att fysikerna på Farm Hall var medvetna om att de var avlyssnade och, luttrade av erfarenheter från hemlandet, spelade teater när det passade dem.

Manfred von Ardenne, den fysiker som på uppdrag av postverket forskade i kärnteknik i sitt privata laboratorium (Forschungslaboratorium für Elektronenphysik), nämner i sina memoarer att Heisenberg redan 1940 hade kommit fram till att uranbombens kritiska massa var i storleksordningen ett eller några kilogram.

Att Heisenberg, trots senare bedyranden om motsatsen, gissat rätt vad gäller verkningsgraden och hade tillgång till ett korrekt värde på bombens kritiska massa framgår även av hans svar på en fråga han fick på en konferens 1942 i Berlin med Albert Speer, Reichsminister für Bewaffnung und Munition (rustningsministern). I ett brev till Alsos förutvarande vetenskaplige ledare Samuel Goudsmit daterat 3 oktober 1948, skriver Heisenberg:

> "Fältmarskalk (Erhard) Milch frågade mig hur stor på ett ungefär en atombomb skulle bli vars verkan räckte för att ödelägga en stor stad. Jag svarade på den tiden att en sådan bombs väsentliga och aktiva del torde ha storleken motsvarande en ananas."

Måhända Heisenbergs svar för ovanlighetens skull var uppriktigt. Erich Bagge som deltog i samma möte, bekräftade i förhör att Heisenberg hade kupat händerna i luften för att suggerera ett föremål av en mindre fotbolls ungefärliga storlek. Också en militär översiktsrapport om det nazityska uranprojektet låter förmoda att tyskarna så tidigt som februari 1942 var medvetna om att kritiska massan för en atombomb låg i storleksordningen tio till hundra kilogram anrikat uran, väsentligen samma värde (2-100 kg) som varit vägledande för Manhattanprojektets forskare.

Den 6 augusti 1945 fick atomforskarna via BBC:s nyhetssändning höra att USA fällt bomben över Hiroshima. De blev chockade, och insåg plötsligt att deras projekt hade varit ett katastrofalt misslyckande, ett nederlag, ett fiasko. För dem hade de allierades Manhattanprojekt förblivit en hemlighet. Tredje rikets underrättelseverksamhet var avsevärt mindre sofistikerad än Sovjetunionens och ända till 6 augusti 1945 saknade tyska spioner inblick i omfattningen av de allierades atomforskning. På motståndarsidan visste de allierade föga vad tyskarna höll på med, men de hade respekt för Tysklands vetenskapliga kompetens, uppfinningsrikedom och industriella kapacitet, grundade på landets reputation från tiden före kriget. Särskilt fruktad var Werner Heisenberg, om vilken general Groves uttryckte att han var "värd mer än tio divisioner eller hundratusen man", när han satte ihop sitt Alsosförband.

Sovjetunionen var uppdaterade om Manhattanprojektet. I Tysklands sovjetzon opererade en expertgrupp med samma uppdrag som Alsos, utsänd av chefen för säkerhetstjänsten NKVD, Lavrentij Beria, och ledd av general Avram Zavenyagin. Manfred von Ardenne (Forschungslaboratorium für Elektronenphysik), Gustav Hertz (Nobelpris 1925), Peter Adolf Thiessen (Kaiser Wilhelm Institut für Chemie), och Nikolaus Riehl (Auergesellschaft) var några av ett flertal forskare som 1945 mer eller mindre ofrivilligt förflyttades till Sovjetunionen där de omsider erhöll fina utmärkelser för sin forskning. Gustav Hertz, Reinhold Reichmann (isotopseparering medelst gasdiffusion) och Werner Schütze (separering med masspektrometrar) fanns bland dem som förärades med prestigefyllda Stalinpriset. Det faktum, om något, att tyska forskare – vilka efter kriget mot sin vilja fördes till ett främmande land med en för dem föga tilltalande ideologi – trots detta inte kunde låta bli att med full glöd ta sig an den intellektuella utmaning de ställdes inför, gör deras "standardsvar", som går ut på att de genom modiga maskningsaktioner under kriget sinkat Hitlertysklands atomprojekt, ännu mer ihåligt än det redan är. Det är också en skrämmande påminnelse om att forskarens lojalitet har en otäck tendens till slagsida mot intellektuell utmaning framför eventuell fosterlandskärlek.

År 1953 tilläts de flesta tyska forskare i Sovjetunionen återvända hem. Dittills hade sovjetrysk atomforskning – koncentrerad till Georgien – varit beroende av utländsk kompetens, men forskningsledning och handhavande av laboratorierna hade börjat ersättas av inhemsk personal. Laboratorierna i Sinopi (under ledning av Manfred von Ardenne) och Agudseri (där Gustav Hertz var chef) gick upp i ett gemensamt institut för nukleär forskning under namnet Sokhumi Institut för Fysik och Teknologi (SIPT), känt under det postfackinspirerade täcknamnet SRI-5. Reaktorverksamheten förlades till Tblisi, under auspicier av Tblisi Institut för Fysik, tillhörande Georgiens vetenskapsakademi. På Sokhumi Institut vid Svarta havet arbetade vid 1940-talets slut strax över trehundra tyska forskare. Dittills fristående laboratorier fick nu en gemensam ledning, inledningsvis organiserad under Inrikesministeriet. Från år 1953 kontrollerades SIPT av Ministerium för Maskinkonstruktion (Ministerstvo Srednego Mahsinostroenia), det sovjetryska kärnvapenprojektets officiella beteckning.

Sovjetunionens bortförande av tyska forskare var ett känt faktum som ingående diskuterades bland fångarna på Farm Hall. I en dagboksnotis 26 september 1945 skriver Otto Hahn: "Gustav Hertz soll mit sechzehn Mitarbeitern in Moskau bei den Russen sein; Thiessen und Eitel auf der Krim." (Troligen befinner sig Gustav

Werner Heisenberg | Carl von Weizsäcker

Otto Hahn | Kurt Diebner

Walther Gerlach | Paul Harteck

Max von Laue | Karl Wirtz

Horst Korsching Erich Bagge

Hertz och sexton av hans medarbetare i Moskva hos ryssarna. Thiessen och Eitel är på Krim). Hertz delade 1925-års Nobelpris med James Franck. Med Thiessen avses professor Peter A Thiessen, en fullfjädrad nazist som förestod sektionen för fysikalisk kemi och elektrofysik vid Kaiser Wilhelm Institut. Han tilldelades omsider Stalinpriset för sina ovärderliga bidrag till utvecklingen av Sovjetunionens atombomb. Den framstående mineralogen Wilhelm Eitel var en lika ökänd nazikarriärist och ledare för Abteilung Silikatforschung på KWI. Ryktet om hans förflyttning till Sovjetunionen visade sig vara falskt. De tyska fysikerna på Farm Hall diskuterade vid flera tillfällen huruvida (hypotetiska) anbud från Sovjetunionen kunde användas som utpressning för att efter frigivningen förhandla sig till bättre villkor.

Nedan följer en transkription av samtalet mellan de tyska forskarna omedelbart efter mottagandet av den chockartade nyheten att USA fällt atombomben över Hiroshima:

I. Den spontana reaktionen

Heisenberg: Användes ordet ”uranium” i bulletinet om atombomben?

Alla: Nej!

Heisenberg: Då har det inget med atomer att göra, men motsvarigheten till tjugotusen ton högexplosiva ämnen är ändå mäktigt.

Gerlach: Jag tror inte på det här.

Heisenberg: Allt jag kan tänka mig är att någon dilettant i Amerika, med få kunskaper i ämnet, har bluffat: ”Om ni fäller denna sak då utvecklar den en sprängkraft på tjugotusen ton TNT, medan den i själva verket inte fungerade över huvud taget.

Weizsäcker: Jag tror inte att det har något med uran att göra.

Hahn: Om de verkligen har fått den, så har de varit utomordentligt duktiga på att hålla det hemligt.

II. Samtalet

Korsching: Detta visar klart och tydligt att amerikanerna är kapabla att samverka på en jättelik skala. Det hade varit omöjligt i Tyskland. Alla tyckte att den andre var oviktig.
Gerlach: Det kan du inte påstå om uranklubben.
Korsching: Inte högt i alla fall.
Gerlach (med hög röst): Inte tyst heller! Säg inte emot mig! Det finns fler här som känner till detta!
Hahn: Naturligtvis kunde vi inte arbeta i samma skala.
Heisenberg: Man kan nog säga att första gången stora anslag frigjordes i Tyskland var våren 1942, efter vårt möte med (Bernard) Rust (utbildningsministern), då vi övertygade honom att vi hade absolut konkreta bevis att det lät sig göras.
Bagge: Hos oss var det inte heller tidigare än så.
Heisenberg: Å andra sidan: hela den affären med tungt vatten, som jag gjorde allt för att ro i hamn, leder inte till en bomb.
Harteck: Inte förrän motorn (reaktorn) kommer i gång.
Hahn: De hade tydligen bomben innan de konstruerade maskinen (reaktorn), och nu säger de "I framtiden bygger vi maskiner".
Harteck: Det är faktiskt så att sprängämnet kan framställas med masspektrometrar – det hade vi aldrig lyckas med eftersom vi inte hade tillgång till 56-tusen arbetare.
Weizsäcker: Hur många arbetade med V-1- och V-2-raketerna?
Diebner: Tusentals arbetade på det projektet.
Heisenberg: Våren 1942 hade vi inte tillräckligt med civilkurage att rekommendera regeringen att sätta in 120-tusen man endast för att konstruera en sådan manick.
Weizsäcker: Jag tror att anledningen till att vi inte gjorde det var att vi som fysiker inte ville det, av principiella skäl. Om vi hade velat att Tyskland skulle vinna kriget hade vi lyckats!
Hahn: Det tror jag inte på, men jag är ändå tacksam att vi inte lyckades.
Heisenberg: Faktum är att hela den struktur av relationerna mellan forskarna och staten var sådan, även om vi inte till hundra procent var beredda att göra det; å andra sidan litade staten inte tillräckligt på oss så att, även om vi själva hade velat, hade det inte varit lätt att genomföra.
Diebner: Av den anledningen att myndigheterna endast var intresserade av snabba resultat. De ville inte binda sig till en långsiktig strategi, vilket amerikanerna gjorde.
Weizsäcker: Även om vi fått precis allt vi pekade på är det ingalunda säkert att vi kommit lika långt som amerikanerna och engelsmännen nu gjort. Frågan är inte om vi hade kommit lika långt, men det är ett faktum att vi alla

var övertygade om att saken inte kunde bli aktuell under kriget.
Heisenberg: Nåväl, det är inte helt rätt. Jag måste säga att jag själv var tvärsäker på våra möjligheter att konstruera en uranmaskin (kärnreaktor), men jag tänkte aldrig på att bygga en bomb, och jag är innerligt glad över att målet var att konstruera en maskin och inte en bomb, det vill jag ha sagt.
Weizsäcker: Jag tror inte att vi ska urskulda oss för att vi inte lyckades, men vi måste inse att vi inte ville lyckas.
Wirtz: Jag finner det anmärkningsvärt att tyskarna gjorde upptäckten men inte använde sig av den, medan amerikanerna gjorde slag i saken. Jag måste tillstå att jag inte trodde att amerikanerna skulle våga göra det.

Förnekelsen. Vid flera tillfällen återkom von Weizsäcker till sin föga trovärdiga tes att Förenta Staterna "missbrukat" Otto Hahns fredliga upptäckt av kärnklyvningen för militära ändamål, medan tyskarna själva, mitt under pågående världskrig och till priset av stora uppoffringar spunnit vidare på fredstemat genom enträgna försök att bygga "Uranmaschinen". Med andra ord: fredlig utveckling av kärnenergi till fromma för mänskligheten pågick i Hitlertyskland under andra världskriget, medan amerikanerna och engelsmännen i lönndom höll på att utveckla ett fasaväckande massförstörelsevapen, som i ett tjuvangrepp på Hiroshima:s värnlösa civilbefolkning dödat hundratusen oskyldiga människor. Med en pingstpastors patos förkunnade han sin vrickade fabulering, så till och med hans kolleger nästan började tro på lögnen.

Den vedertagna slutsatsen av *The Farm Hall Trancripts* låter de allierade tack vare ett komfortabelt teknologiskt försprång vinna atomkapplöpningen. Efter Berlinmurens fall och son en följd av Sovjetunionens inre splittring och upplösning, sipprar nya bevis i form av hittills otillgängliga hemligstämplade dokument in från forna östblocket. De tvingar fram en delvis annorlunda och rikare schatterad bild av Tredje rikets atomprogram. Dessa dokument, vilka under sextio års tid legat dolda för insyn bakom järnridån, förmedlar intrycket av ett avsevärt mer långtgående tyskt kärnvapenprogram än vad historikerna hittills trott. Nya dokument visar att de nazityska forskarna visserligen var långt från målet att tillverka kärnvapen, men samtidigt finns indikationer att Tredje riket förfogade över tekniskt kunnande för att framställa ett så kallat "smutsigt" atomvapen. En smutsig bomb är ett radiologiskt vapen, varje terrororganisations våta dröm vars psykologiska effekt på civilbefolkningen befaras åstadkomma förödelse i långt större skala än dess rent fysikaliska verkan. En sådan bomb är i första hand ett vapen för att skapa masshysteri, varmed menas att den sprider panisk rädsla bland befolkningen resulterande i en okontrollerbar massflykt från staden som trots intensiva polisiära insatser kräver många dödsoffer. I flykten sätts lag och ordning ur spel, liksom förnuft och självbehärskning samt lydnad och respekt för ordningsmakten när en miljonhövdad mänsklig lavin sätts i ohejdbar rörelse, framdriven av reptilhjärnan med som enda mål för ögonen att fortast möjligt komma bort från den hotande men osynliga radioaktiva strålningen. Rädda människor utgör en dödsfara för sig själva och andra, och det är inte särskilt svårt att föreställa sig effekten av miljontals människor i rörelse som i panik undflyr storstaden för att till varje pris sätter sig i säkerhet. Det fordras inte ens en riktig bomb, laddad med till exempel kobolt-60, för att göra ett sådant vapnet effektivt. Redan ett *hot* om en smutsig bomb är fullt tillräckligt för att åstadkomma skenande panik på utfartsvägarna med tusentals trafikoffer och nedtrampade människor som följd, medan en kriminell minoritet håller sig kvar i staden för att i godan ro plundra affärer och öppna kassaskåp, utan risk för vare sig upptäckt eller repressalier. Svenska Läkare mot Kärnvapen, en grupp inom Freds- och Skiljedomsföreningen, skriver:

> ”*Dirty bombs*, smutsiga bomber, är benämningen på en konventionell bomb som sprider radioaktiva ämnen och således är ett radiologiskt vapen. Sprängverkan är densamma som för vanliga bomber, men den joniserande strålningen från de radioaktiva ämnena kan vara farlig för människor och andra levande organismer. Tekniken är enkel att bemästra, och smutsiga bomber skulle därför vara möjliga för terroristgrupper att utveckla och använda. Storleken på sprängladdningen, vilka radioaktiva ämnen som används samt var bomben detonerar är helt avgörande för hur stor effekt den smutsiga bomben kan få. Sprängning av en smutsig bomb kan antas få stort utrymme i media och dessutom orsaka stark rädsla och oro bland den berörda befolkningen. Det radioaktiva nedfallet kan också göra området nära explosionsplatsen oanvändbart för lång tid eller kräva dyra saneringsåtgärder och därmed orsaka ekonomiska förluster. Den panik som en smutsig bomb skulle skapa är troligen vapnets mest effektiva verkan.”

En smutsig bomb är således ett slags vapen-Tjernobyl. Det kan inte uteslutas att tyskarna testade ett dylikt vapen, samtidigt som Peenemünde:s raketingenjörer skissade på en bärraket som kunde avfyras från en U-båt mot städer på USAs ostkust. Historieprofessorn Mark Walker vid Union College i Schenectady, New York, skriver:

> ”Nazisterna kom aldrig i närheten av en atombomb av det slag som i augusti 1945 fälldes över Hiroshima och Nagasaki. Tyskarnas kunskapsläge vid krigsslutet kan jämföras med vad amerikanerna visste sommaren 1942. Under de sista desperata ett och ett halvt år av kriget arbetade en grupp fysiker – som tidigare varit engagerade i kärnreaktorer, nukleära reaktioner och högexplosiva hålpunktskonstruktioner –, med att sätta samman teknik inför ett kärnvapentest.”

På motsvarande sätt är det en underskattning att – vilket Samuel Goudsmit gjorde – utgå från att Heisenberg aldrig insåg plutoniums värde som ett lämpligare nukleärt sprängämne än uran-235. Ett nyligen funnet ryskt dokument visar att Heisenberg redan i 1941 arbetade på en patentansökan för en plutoniumbomb, även om han aldrig öppet nämnde ämnet vid dess rätta namn utan refererade till det som ”grundämne 94” eller ”Eka-Osmium”, i betydelsen ”besläktat med osmium”.

Adolf Hitlers upprepade hänvisningar till ”supervapnet”, har avfärdats som tomma hot av en trängd och störd man men kan visa sig sannare än man hittills trott. I en kontroversiell bok från 2005, *Hitler's Bombe*, hävdar dess författare, den tyske historikern Rainer Karlsch, att Kurt Diebner 4 mars 1945 testade ett nukleärt vapen, inte en fissionsbomb av Hiroshimaslaget dock, i Thüringen i östra delen av Tyskland, tio mil söder om Berlin, som krävde hundratals dödsoffer bland fångar från arbetslägret i Ohrdurf, ett satellitläger till avsevärt större Buchenwald. Provsprängningen skulle ha föregåtts av ett test på ön Rügen i Östersjön den 12 oktober 1944, där judar från ett polskt koncentrationsläger användes som försökskaniner. Det sägs ha rört sig om ett tvådelat försök, enadels att med hjälp av explosiver framkalla fission i en mängd anrikat uran, andradels att åstadkomma fusion av den tunga väteisotopen deuterium. En italiensk krigskorrespondent, Luigi Romersa, bekräftade för tidningen *The Guardian* att han bevittnat det första tyska "kärnvapenprovet". Utrustad med rekommendationsbrev till propagandaministern Joseph Goebbels och Adolf Hitler hade Romersa hösten 1944 på uppdrag av Benito Mussolini åkt till Tyskland, där han fick tillgång till topphemliga raketanläggningen i Peenemünde. På morgonen av 12 oktober 1944 hade han förts till ön Rügen där han från en betongbunker, vars öppning var täckt med en tjock glasskiva, närvarade vid ett test av vad tyskarna kallade "desintegrationsbomben". På en given signal hade alla tagit på sig mörka skyddsglasögon. Plötsligt hade en bländande ljusblixt sträckts ut mot himlen, något senare följd av en skälvning i bunkern. Sedan steg en svart rökpelare upp från detonationsplatsen, som efter kort tid övergick i svampform (svampmolnet är *inte* typiskt för just en atombomb). Hans tyska värdar hade berättat att de var tvungna att stanna kvar i bunkern i åtminstone några timmar för att "undgå bombens effekter". När de fått klarsignal tog alla på sig dräkter, gjorda av vad han trodde var asbest, för att sedan bege sig till detonationsplatsen på cirka en och en halv kilometers avstånd. Förödelsen var total. Träd i närheten var förkolnade och platsen helt livlös. Några betande får som befunnits i området hade bränts till aska. Vid återkomst till Italien hade han för Mussolini redogjort för sina erfarenheter och efter kriget publicerat en artikel i tidningen *Oggi*, vilket skapat förvecklingar och otrevligheter.

Testet i Thüringen-Ohrdurf orsakade jämförbara skador. Explosionen hade knäckt träden på upp till sexhundra meters avstånd, en upplysning som Karlsch påstår sig ha funnit i nyligen öppnade östtyska militärarkiv. Ett ögonvittne vid namn Cläre Werner rapporterade om en explosion på kvällen av 3 mars 1945, då hon överraskades av ett jättelikt ljussken, "så starkt att man kunnat läsa tidningen", följt av en pelare av rök. Efter detonationen drabbades Ohrdurf:s invånare av illamående och näsblod. Ett vittne, Hans Wachsmut, som arbetade på en lokal grävfirma, intygade att han dagen efter händelsen av SS hade beordrats att hjälpa till med saneringen av förläggningen, det vill säga att bränna lik, och beskrev offren som täckta av vätskefyllda bölder och köttsår.

Området kring Ohrdurf var av särskild betydelse för tyskarna. Från hösten 1944 till våren 1945 hade en styrka bestående av närmare 20-tusen straffångar från Ohrdurf, Espenfeld och Crawinkel byggt ett gigantiskt, vittförgrenat tunnelsystem med en längd av två kilometer, femton meter under marken. Tunnlarna ledde till underjordiska utrymmen i två och tre våningar med metertjocka bombsäkra väggar i armerad betong, en luftkonditionerad underjordisk småstad med boaserade kontor och konferensrum, välutrustad biograf, kaklade badrum, sovrum, kök, matsalar med dyrbar inredning, samt en försvarlig mängd verkstäder och lagerutrymmen. Platsen var avsedd att husera Tredje rikets överkommando när det blivit dags att fly Berlin för att undgå de allierades aldrig sinande bombregnen.

Fyra tunnelsystem anlades nära Ohrdurf, ett alldeles intill koncentrationslägret, ett under slottet och två väster om staden. Ohrdurf intogs 11 april 1945 av general Pattons arméförband. Den 17 april inspekterades anläggningen av sakkunniga, varefter den i hemlighet tömdes på apparatur innan ingångarna sprängdes av ingenjörstrupp. Samtliga dokument med koppling till Ohrdurfanläggningarna hemligstämplades av säkerhetstjänsten för en period av hundra år.

Kapitel XXIII

Förenta Staterna, 1945. Chicago utsattes aldrig för en attack med en ”smutsig” atombomb, även om tyskarna redan 1942 förfogade över det tekniska kunnander för att framställa en sådan. En av krigsmarinens U-båtar som regelbundet angjorde den amerikanska kontinentens ostkust för att landsätta spioner hade utan svårighet kunnat avfyra vapnet.

En annan möjlighet att leverera en atombomb var Me-264-Amerika, ett strategiskt långdistansflygplan som från baser i det ockuperade Frankrike kunde nå New York och delar av USA. Under ledning av Willy Messerschmitt utformade en tremannastab bestående av Wolfgang Degel, Paul Konrad och Waldemar Voigt med medarbetare det nya bombplanet, från projektstart 20 december 1940 till provflygningen 23 december 1942. Kodnamnet var Projekt 1061.

Kravspecifikationen byggde på ett plan med en smäcker flygkropp och tjugotusen kilometers räckvidd, som kunde föra en vapenlast på fem ton i bombrummet, samt mindre bomber monterade under vingarna. Det fyrmotoriga planet, i prototypversionen utrustat med vätskekylda tolvcylindriga motorer av typen Junkers Jumo 211J-1, byggdes i tre exemplar med Luftwaffe som beställare. Planet provflögs från bayerska Lechfeld, vars flygfält hade en tillräckligt lång betongbana för start och landning. Bara den första prototypen provflögs eftersom i Lechfeld endast fanns en hangar stor nog för bombplanet.

Kostnaderna för det nya flygplanet sprängde ramarna, även om ett krig i regel har mycket litet att göra med sunda ekonomiska principer, som att väga produktion mot efterfrågan och kostnad mot vinst. 1943 var pengarna förbrukade, samtidigt som änkor och föräldralösa barn svalt på Berlins gator eftersom de inte hade så mycket som en brödkant att äta. Svultna småbarn grät efter bröd. Stenar var allt de fick. Stenar istället för bröd. Tillverkningen av Me-264 avbröts till förmån för jaktplanet Messerschmitt Me-262 och bombplanet Junkers Ju-290, samt den sexmotoriga modellen Ju-390.

Efter andra världskriget dömdes Wilhelm Messerschmitt till två års fängelse för att hans företag under kriget utnyttjat slavarbetare. Ryktet som fick Chicago:s invånare att fly i panik strax före jul 1942, rörde troligen Me-264. V-2-missilen fanns ännu inte, och Goebbels kan med sitt hot om vedergällning bara ha avsett det nya långdistansplanet.

Vinhandlarsonen Wilhelm Messerschmitt föddes 1898 i Frankfurt. Redan i ungdomen fascinerad av flyg fick han arbete som glidflyglegendaren Friedrich Harths assistent. Tillsammans konstruerade de glidflygplanet S-8 som 1921 satte världsrekord. Mot slutet av 1920-talet designade Messerschmitt flygplanet M20, ett enmotorigt transportplan, byggt hos Bayerische Flugzeugwerke i Augsburg. Efter en rad missöden och krascher tvingade Lufthansa:s chef, flygöversten Erhard Milch, företaget i konkurs. Liksom Hugo Junkers före honom blev också Messerschmitt ovän med Milch, och endast tack vare sin bekantskap med nazitoppen Rudolph Hess, flygarässet Theo Croneiss och Hitlers ställföreträdare Hermann Göring kunde han fortsätta sin verksamhet.

Vetenskapens första atomvapen förs 12-13 juli 1945 utmed Jornada del Muerto (Död Mans Vandring, en del av Camino Real, den historiska vägen från Mexico City till Santa Fé), till Alamogordo Bombing and Gunnery Range, fyrtio mil från ökenstaden Alamogordo. Klockan 05.30 lokaltid på morgonen av 16 juli 1945 sprängs så en ”skön vetenskap”, som Leo Szilard uttryckte det. Den amerikanske atomfysikern Kenneth Bainbridge lär ha yttrat ”Now we are all sons of bitches”, Nu är vi allihopa fittungar... Oppenheimer nöjde sig med ”It worked!”, Den fungerade!, även om han senare citerade ur det vittra hinduiska diktverket Bhagavad Gita: ”Now I am become Death, the destroyer of worlds”, Jag har blivit Döden, världarnas förstörare.

Oppenheimers citat blir tydligare om frasen placeras i sitt sammanhang. Det är sannolikt att han tänkte på meningen som föregår den av honom citerade. Det fullständiga citatet lyder:

> ”If the radiance of a thousand suns were to burst at once into the sky, that would be like the splendor of the mighty one. Now I am become Death, the destroyer of worlds.”

Vilket i översättning läses: ”Om tusen solars strålglans plötsligt briserade på himlen, skulle det likna den (alls-)mäktiges prakt. Nu har jag blivit Döden, världarnas förstörare.”

Joseph McCarthy, 1953

Kapitel XXIV

På trettiotalet flydde hundratals judiska forskare hals över huvud från sina hemländer. En betydande del av dem fann en trygg hamn i USA, där en röst från himlen förkunnade: ”*Polin*”, här får du vila. Några år efter kriget blev de förföljda förföljare, offren blev bödlar, de jagade blev jägare, fåret blev varg. För att försvara sitt nya *Vaterland* mot kommunisthotet lade somliga till med sina forna plågoandars metoder. Den av Wisconsinsenatorn Joseph (Joe) McCarthy grundade antikommunistkommittén spårade och lagförde med stöd av angivare från forskarvärlden framstående vetenskapsmän för deras kommunistsympatier, äkta eller förmenta. Robert Oppenheimer, under kriget Manhattanprojektets vetenskapliga ledare, fanns med bland dem som i McCarthys korståg förråddes av kolleger, samt paret Ethel och Julius Rosenberg, misstänkta för högförräderi och samröre med västvärldens nya fiende Sovjetunionen. 1953 dömdes paret till döden på elektriska stolen. Förvisso var det inte McCarthy utan amerikanska atomenergikommissionen som fällde Oppenheimer, men såväl McCarthys som kommissionens agerande i Dreyfusartade rättsskandaler gav uttryck för tidens kommunistskräck, bottnande i fruktan för atomkrig mellan supermakterna.

Visserligen kämpade Sovjetunionen under andra världskriget på de allierades sida mot nazivåldet, men redan innan kriget slutade uppstod en bitter kamp mellan de forna allierade om suprematin i världen. Sedan Sovjetunionen 1949 skaffat kärnvapen blev landet en supermakt vars militära slagkraft inte kunde förbigås. Mot bakgrunden av detta kalla krig mellan öst och väst mobiliserade amerikanska kongressen sina spanings- och propagandastyrkor inför hotet om kommunistisk infiltration och omstörtande tendenser i samhället. Den antikommunistiska stämningen nådde sin höjdpunkt på 1950-talet när amerikanernas paranoia började tolka all samhällskritik som kommunistpropaganda. Subversiv och annan antiamerikansk verksamhet hade från 1938 blivit föremål för intensiv övervakning av HUAC-kommittén (House on Un-American Activities Committee, kongressens kommitté mot oamerikansk verksamhet), som permanentades efter kriget. Kommitténs rabiata inställning präglades av ultranationalism, samma ideologiska fackla som i Tyskland tänt världsbranden på trettiotalet. Fackföreningar, filmindustri, forskning och federal administration drog till sig HUAC:s uppmärksamhet.

Joseph McCarthy, republikansk senator för delstaten Wisconsin, blev från femtiotalets början och fram till sin detronisering 1954 Förenta Staternas nationalistiska samvete och landets mest fanatiska kommunistjägare. Den 9 februari 1950 skakade han nationen med ett olycksbådande brandtal i Wheeling, West Virginia. Några intensiva år av skoningslös häxjakt och angiveri skulle göra honom känd och ökänd i USA och världen. Under sitt uppviglande framförande höll han teatraliskt upp en hopvikt papperslapp med, hävdade han, namnen på tiotals medarbetare i Inrikesdepartementet i besittning av partibok i kommunistpartiet. Hans mestadels grundlösa beskyllningar rörande kommunistiskt intrång i statsapparaten väckte enorm uppståndelse och blev början till en brutal människojakt på skyldiga och oskyldiga. Ett stort antal personer inom förvaltning, försvar, media, forskning och kultur tvingades lämna sina arbeten efter konstruerade anklagelser för kommunistsympatier.

Efter bolsjevikernas språng till makten i oktoberrevolutionen 1917, började USA alltmer värja sig mot röda faran. Depressionen i början av trettiotalet kulminerade i en ekonomisk härdsmälta som drog med sig både höger- och vänsterextrema besvikna och desillusionerade ur alla samhällsskikt. I samband med uppmärksammade misslyckanden av Roosevelts New Deal-program, växte sig misstankarna om kommunistinfiltration i regeringskansli och offentlig förvaltning allt starkare. År 1948 beskyllde avhoppade kommunisten och Time-journalisten Whittaker Chambers en högt uppsatt tjänsteman i State Department, Alger Hiss, för spionage på 1930-talet. Bara några veckor före McCarthys upprop i Wheeling, hade Hiss i januari 1950 befunnits skyldig till mened efter att ha ljugit om sina tidigare sympatier. Domen underblåste en redan pyrande antikommunistisk stämning hos delar av samhället i väntan på att flamma upp i öppet hat. År 1953 avrättades paret Julius och Ethel Rosenberg, dömda för spionage för sovjetisk räkning. Paret anklagades för att ha överlämnat atomhemligheter till Sovjetunionen. Rosenbergarna är de enda i USA som i fredstid dömts till döden för spioneri. Dock är "fredstid" ett missvisande ord i sammanhanget, ty Förenta Staternas antikommunister trodde på allvar att nationen förde ett "kallt krig" mot den onde bolsjeviken i Moskva.

Samma månad som Alger Hiss i ett spioneriåtal dömdes för mened erkände den brittiske fysikern Klaus Fuchs att han spionerat för Sovjetunionen. Ett år senare i maj 1951 avslöjades Donald MacLean och Guy Burgess som sovjetagenter i Storbritannien. Allan Nunn May, fysiker vid fransk-kanadensiska atomlaboratorium i Montreal, förrådde sitt lands intellektuella egendom för en butelj whiskey och sjuhundra dollar. Han avslöjades 1946. May, MacLean och Burgess tillhörde den brittiska spionkvintetten som går under namnet "The Cambridge Five": Donald MacLean, Guy Burgess, Kim Philby, Allan Nunn May och Anthony Blunt. De anklagades för att ha överlämnat hemligt material om atombomben till KGB och GRU. MacLean var anställd vid engelska ambassaden i Washington, där också Burgess arbetade som andresekreterare. När det 1951 uppdagades att de var dubbelagenter flydde de till Moskva. Övriga "troféer" efter McCarthys jakt, dömda för spioneri, var statstjänstemannen vid Finansdepartementet Victor Perlo, Judith Coplon vid Justitiedepartementet, General Electric-ingenjören Morton Sobell, fysikern William Perl (Mutterperl), ingenjören Alfred Sarant (Philipp Staros), radaringenjören Joel Barr (Joseph Berg), och kemisten vid Manhattanprojektet, Harry Gold.

Paret Rosenberg kom över atomhemligheterna via Ethels yngre broder, David Greenglass, anställd vid Manhattanprojektet. Vid rättegången vittnade han på åklagarsidan mot Rosenbergarna, men påstod senare att hans upplysningar varit hopdiktade för att skydda sig själv och sin hustru. Greenglass dömdes till drygt nio års fängelse. Vid rättegången hävdade åklagaren att Ethel och Julius Rosenberg förmedlat ritningar för plutoniumbomben till den brittiske spionen Klaus Fuchs.

Liksom Fuchs var också Rosenbergarna av judisk härkomst, något McCarthy till varje pris ville tona ner av rädsla att komma i delo med USAs inflytelserika befolkning av mosaisk tro. Den berömde atlantflygaren Charles Lindbergh hade under kriget över en natt blivit en paria i sitt hemland efter vårdslösa uttalanden om att Amerikas judar drivit USA i krig med Tyskland; den politiskt rutinerade Joe McCarthy undvek skickligt att gå samma öde till mötes.

På sistone har parets skuld ifrågasatts. Oavsett skuldfrågan var målet mot Rosenbergarna en rättsskandal, en beklämmande manifestation av kommunisthat som omöjliggjorde annat än en fällande dom med lagens strängaste påföljd. McCarthys kommentar: "Ni talar om kommunismen som vore den något som befinner sig tiotusen mil härifrån. Låt mig säga att den är hos oss, här och nu. Om vi inte tillser att vår regering förblir fri från infiltration, så är det lika säkert som att ni sitter här, att ni inom er livstid kommer att se en röd värld."

Vem var då denne Joe McCarthy, demonen från Wisconsin, USAs storinkvisitor, denne korsriddare med demokratins svärd i högsta hugg, det patriotiska samvetets hemliga polis?

Med visshet såg han sig själv som en oförvägen kämpe för det goda och oförstörda i USA, likt en modern Platon på god väg att förverkliga idealstaten, befriad från korrumperande makt och renad från samhällsradikala missdådare. Antagligen hade han uppfattat invektivet "storinkvisitor" som en komplimang, ty hans roll som statens hämnare var ju att med alla till buds stående medel bekämpa kätterska tendenser i det pastorala amerikanska samhället, och hålla nationens troslära fri från samhällsstörtande marxistiska influenser.

Denne statens kardinal, denne vedergällningens ärkeängel trodde, nej *visste*, sig stå över lagen, ty som han själv påpekade kunde man inte begära av gemene man att den hade tid och kompetens att spåra samhällets cancersvulster; det fick delegeras till den utvalde, den som med maktens mandat kunde iscensätta bekännelser, hota motspänstiga vittnen, förfalska bevis, infiltrera föreningar – allt i den heliga demokratins namn, liksom också apostel Paulus på sin tid hotat, intrigerat och bedragit i Jesu namn. Ett smutsigt men nödvändigt hantverk för att hålla nationen ren.

Att ha en medlem i kommunistpartiet i bekantskapskretsen var anledning nog för statens spioner att vända ens liv ut och in. Förevändningen var att nationen utkämpade ett heligt krig mot marxismen, liksom makten idag hävdar att väst är i krig med islamsk terrorism och religiös fundamentalism. Demokratins avfälliga förtjänade inte bättre än att få telefonen avlyssnad, brevlådan vittjad, sin ställning ödelagd, sin ekonomi grusad, sina barn vettskrämda och sitt rykte sönderslaget, måhända utan saklig grund, men vad gör det?, staten är i krig med röda faran. Världen svämmade över av bolsjeviker som den där fysikern Klaus Fuchs, han som gav Sovjetunionen atombomben, visserligen inte för egen vinnings skull utan av ideologiska

Julius och Ethel Rosenberg

skäl, för att ”skapa en maktbalans mellan världens rivaliserande stormakter”, så sade han, den fjollan, när polisen tog honom. Hur tänkte han? Han som både i England och USA fått förtroendet att arbeta med det heligaste, det mest åtråvärda för en forskare, den största utmaningen för en fysiker. Hur kunde han skända denna dyrbara tillit?, denne terrorist förklädd till vetenskapsman landsflyktig från nazismen, denne patriot för ryssens sak som hade fräckheten att redan i första förhöret efter arresteringen erkänna: ”Jag hade fullt förtroende för Sovjetunionen, och har aldrig känt några som helst betänkligheter i att ge dem allt de ville veta”.

Efter inrättandet 1946 av US Atomic Energy Commission, Förenta Staternas civila organisation för atomforskning och -kontroll, utsågs Oppenheimer till ordförande för kommissionens General Advisory Committee, GAC, parallellt med att han avvecklade sitt chefskap vid Los Alamos Laboratory. Under ett antal år var GAC det mest inflytelserika och frekventast citerade utskott inom atomenergikommissionen. Från sin upphöjda position adviserade Oppenheimer i prestigeladdade frågor med anknytning till atomforskning, från anslag och laboratoriekonstruktion till internationell politik relaterad till kärnenergi. Från 1949 började dock Oppenheimers stjärnglans att falna och hans lojalitet ifrågasättas, och efter hand minskade hans tidigare oomstridda auktoritet hos regeringen, samtidigt som hans anseende stärktes bland Förenta Staternas intellektuella, som i honom såg en oförvägen vägvisare med hög moralisk resning i rustningsfrågor. I motsats till kollegerna från Manhattanprojektet som efter kriget åter dragit sig tillbaka i sina elfenbenstorn, iklädde Oppenheimer sig rollen av fysikvetenskapens samvete och arbetade aktivt för att överbrygga klyftorna mellan naturvetenskap och samhälle. Rakryggad i sitt tvivel om vätebomben verkligen behövdes för Amerikas försvar och en vältalig advokat för vetenskapligt utbyte mellan folken, avsattes han som ordförande i atomenergikommissionens General Advisory Committee. Hans grundmurade rykte som Manhattanprojektets *primus inter pares*, den främste bland likar, gav tyngd åt hans omfattande populariseringsarbete och hjälpte till att få sin stämma hörd i frågor rörande forskningens öppenhet i relation till andra länder. Han förvaltade sitt förtroendekapital väl och blev en offentlig person, en public relationsrepresentant för fysiken. Hedersbetygelser haglade över honom och inte utan egenkärlek trivdes Oppenheimer med att stå i offentlighetens strålkastarljus, och han fann sig snabbt tillrätta i sin sagovärld där han vårdade sin egen legend. President Harry Truman förlänade honom ”Medal of Merit” (förtjänstmedaljen), USAs mest prestigefyllda utmärkelse. En träfirma i delstaten Georgia hedrade honom med den så kallade ”Wedge Award” (”klyvningspriset”, *eng.* wedge, *sv.* kil), National Baby Institution utnämnde honom till ”Årets pappa”, tidningen *Popular Mechanics* upptog honom i ”första halvseklets Panteon”. Folkets gunst var ej blott en härlig sak utan gjorde honom också till ett kärnfysikens Delfi-orakel i moralfrågor. Oppenheimer blev ett varumärke, en profet för vetenskapens moral och ansvar, ”a knight in shining armour”. Magin hos hans namn kunde vidröra känsliga ämnen som kunskapsutbyte, fred genom terrorbalans och den ”onödiga” H-bomben, samt omvandla sin kritik till ännu en sprakande sida av sitt filmstjärnerykte. Medan Oppenheimer förkunnade sitt öppenhetsevangelium smidde hans fiender ränker för att korsfästa honom.

Oppenheimer representerade den ”ärliga” vetenskapen. Upprepade gånger har man förebrått forskarna för att skörda krig där de påstått sig ha sått fred. Atomkraftens paradox därvidlag är att den i fredstid används både som energikälla *och* som påtryckning i form av politiska hot, medan den i krig kan medföra mänsklighetens undergång. I Franckkommissionens ord: ”Vi alla som känner det nuvarande läget inom kärnfysiken, lever ständigt med visionen av plötslig förstörelse för ögonen, en förstörelse av vårt eget land, en Pearl Harborkatastrof som i tusenfaldig förstoring kan upprepas i varje storstad.”

Det kom till en brytning och bannlysning främst till följd av Oppenheimers oförvägna ställningstagande i två frågor. Det första berörde egendomsfrågan i vetenskapen, den evigt molande stridsfrågan om en nation äger sin kunskap, huruvida kunskap tillhör någon människa eller något kollektiv, eller om man själv tillhör vetenskapen. Föga förvånande drog Oppenheimer slutsatsen att kunskap inte ägs av en person eller en nation, utan utgör allas gemensamma intellektuella egendom och resurs.

Den andra tvistefrågan gällde vätebomben. Det fanns inte mycket i atomenergikommissionen som kunde få dess medlemmar att hysa sympati för varandra. Skiljelinjen mellan fredsduvor och krigshökar samt bråddjupet mellan för eller emot i fråga om vätebombens nödvändighet, mellan civil och militär, mellan forskarens strävan att *veta* och vapensmedens önskan att *kunna*, mellan fördragsamhet och hämnd, mellan försoning och vedergällning, var markant och fördjupades av hätska stridigheter om byråkratiska petitesser, men ännu hätskare kontroverser i fråga om makt och medbestämmande.

Robert Oppenheimers frispråkiga kritik av den obehövliga vätebomben fällde honom. Hans ställningstagande byggde väsentligen på att H-bombens sprängverkan var såpass överdimensionerad att i en hypotetisk världskonflikt endast Moskva och Leningrad kunde komma i beaktande som potentiella mål , samt att Sovjetunionen förr eller senare också skulle förfoga över vätebomber, vilket ofrånkomligen medförde att ett framtida krig ohjälpligt skulle eskalera till en världsbrand med civilisationens undergång som följd. Triumf och tragedi delar hans liv itu i ytterligheter: tiden före McCarthy och tiden därefter. Höjd till skyarna för sitt mod och ledarskap under andra världskrigets Manhattanprojekt, som gav honom epitetet ”atombombens fader”, blev han 1954 under förödmjukande former avpolleterad från sin post i atomenergikommissionen av en maktens mobb och dömdes till att aldrig mer befatta sig med den forskning han älskade över allt annat i världen. När utslaget av kommissionens hearing tillkännagavs i kongressen – trots en uppsjö av lojalitetsförsäkringar och hedrande vitsord av kolleger och (på vissa punkter) general Leslie Groves – utbröt ett öronbedövande jubel, liksom också staden Rom:s pöbel år 1600 blivit utom sig av glädje när filosofmunken Giordano Bruno efter åtta års inspärrning i en fuktdrypande jordhåla brändes till döds för sitt modiga försvar av den polske astronomen Nikolaus Kopernikus heliocentriska världsbild.

Oppenheimer mindes provsprängningen av atombomben med orden ”I am become Death, the destroyer of worlds”, orden är lånade från en uråldrig hinduskrift

Bhagavad Gita (kap. 11, vers 32). Oppenheimer kunde sin sanskrit, men att han skulle ha uttalat dessa ord högt när Trinitybomben sprängdes i New Mexicoöknen är en myt. Vi vet nämligen vad han sade: "It worked", det intygade hans bror Frank som stod bredvid honom i denna historiska dagbräckning.

Oppenheimer föll i onåd år 1953 i samband med övergången från Trumans regering till Eisenhowers. En kommission tillsattes för att undersöka hans lojalitet vilken 1954 kom till slutsatsen att "dr Oppenheimer inte visar det entusiastiska stöd för vätebombsprogrammet som nationen har rätt att kräva av regeringens främste rådgivare i ämnet". Sanningskommissionen framhöll att han av den anledningen gjort sig olämplig att tjäna landet. Han fråntogs rätten att ta del av hemligt material, vilket han till stor del själv varit med om att forska fram.

Tre dagar före julafton 1953 blev Oppenheimer inkallad till ett möte med Lewis Strauss och generalmajor Kenneth Nichols, atomenergikommissionens högsta chef. Nichols hade under kriget varit ansvarig för urananläggningen vid Clinton Engineer Works i Oak Ridge, Tenessee samt för plutoniumfabriken i Hanford. Oppenheimer och Nichols hade 1942 för första gången träffats på ett fjärrtåg till Chicago, det tillfälle då general Groves erbjöd honom jobbet som vetenskaplig ledare för Manhattanprojektet. Det var hans livs chans, och han tog den och uträttade stordåd. På eftermiddagen den 21 december 1953 sammanträffar Oppenheimer med Strauss och Nichols som konfronterar honom med ett av Nichols utformat brevutkast utformat, vari i tjugofyra punkter hans livs vandel rullas upp.

Inte förrän tre månader senare, i april 1954, fick allmänheten kännedom om atomenergikommitténs rannsakan av Oppenheimers liv och göranden, sedan hans juridiska biträde, Lloyd Garrison, vid början av kommissionens "hearing" överlämnat Kenneth Nichols anklagelseakt samt Oppenheimers fyrtiotre sidor långa försvar, daterat 4 mars 1954, till James Reston, chef för tidningen *The New York Times* Washingtonredaktion. Visserligen undvek båda parter att kalla genomlysningen bakom lyckta dörrar för en rättsprocess utan talade svävande om ett förvaltningsärende, men från första sittningsdagen, den 12 april 1954, ikläddde sig atomenergikommissionens representant, den federala domaren Roger Robb, rollen av hämndlysten åklagare som, i en på alla sätt kuslig rannsakan, brutalt behandlade Oppenheimer, inte som vittne i egen sak utan som en missdådare anklagad för högförräderi. Nedan följer Strauss-Nichols första brev:

> "Som ett resultat av undersökningar rörande Er karaktär, kontakter och lojaliteter, samt en genomgång av Er personakt, med iakttagande av de villkor ställda i Atomic Energy Act (atomenergilagen), och de krav formulerade i förordning 10450, har trängande frågor uppstått huruvida Er fortsatta anställning hos atomenergikommissionen förmodas innebära fara för vårt försvar, samt om sådan anställning är i överensstämmelse med landets intressen. Den information som rest frågor om Er lämplighet för anställning vid atomenergikommissionen, följer nedan.
>
> Följande har framkommit:
>
> – *att* Ni i 1940 funnits med på en lista över bidragsgivare av Friends of the Chinese People, en sammanslagning som i 1944 av House Committee

on Un-American Activities (HUAC) stämplats som en kommunistisk frontorganisation.

– *att* i 1940 Ert namn, som medlem i dess exekutiva kommitté, har förekommit i brevhuvudet av American Committee for Democratic and Intellectual Freedom, som enligt Committee on Un-American Activities 1942 utgör en kommunistisk frontorganisation för försvar av kommunistiska lärare, samt 1943, enligt bedömning av ett särskilt utskott under House Committee on Appropriations (budgetutskottet), utgör en subversiv och oamerikansk verksamhet.

– *att* Ni i 1938 var medlem i Western Council of the Consumers Union, av Committee on Un-American Activities i 1944 klassat som en kommunistisk frontorganisation, ledd av Arthur Kallet.

– *att* Ni i 1943 bedyrade att Ni ej var kommunist men troligen varit medlem i samtliga kommunistiska organisationer på amerikanska västkusten och varit medundertecknare av ett flertal av kommunister initierade petitioner.

– *att* Ni i 1943 och tidigare haft en nära relation med dr Jean Tatlock, medlem i kommunistpartiet i San Francisco, och att dr Tatlock delvis varit ansvarig för Era kontakter med kommunistiska organisationer.

– *att* Er hustru, Katherine Puening Oppenheimer, i ett tidigare äktenskap varit gift med Joseph Dallet, medlem i kommunistpartiet, stupad 1937 i Spanien som stridande på den spanska republikanska arméns sida. Under tiden för sitt äktenskap med Joseph Dallet blev Er hustru medlem i kommunistpartiet. Kommunistpartiet har av statsåklagaren beskrivits som en subversiv organisation – inom ramen för Executive Order 9835 och Executive Order 10450 – i syfte att med icke-konstitutionella medel omstörta USAs regeringsform.

– *att* Ni haft löpande kontakter med medlemmar och styrande inom kommunistpartiet, däribland Isaac Folkoff, Steve Nelson, Rudy Lambert, Kenneth May, Jack Manley och Thomas Addis.

– *att* Ni 1941 och 1942 prenumererade på *Daily People's World*, en kommunistisk tidning på västkusten.

– *att* före 1 mars 1943, troligen tre månader dessförinnan, den sovjetryske konsulatsekreteraren i San Francisco, Peter Ivanov, kontaktade George Charles Eltenton i syfte att, för ryska fysikers räkning, inhämta upplysningar om forskning vid (Lawrence) Radiation Laboratory, samt att George Charles Eltenton därefter ombett Haakon Chevalier kontakta Er i denna angelägenhet,

– *att* Haakon Chevalier uppsökte Er i ärendet, antingen direkt eller genom Er broder Frank Friedman Oppenheimer, samt att Haakon Chevalier slutligen aviserade George Charles Eltenton att det ej fanns möjlighet att erhålla dessa upplysningar.

– *att* Ni underlät att rapportera denna händelse till berörda myndigheter förrän flera månader senare.

– *att* Ni, när Ni 26 augusti 1943 för första gången tog upp denna an-

gelägenhet med berörda myndigheter, lät bli att nämna Er själv som den person som hade kontaktats, samt att Ni vägrade avslöja namnet på Haakon Chevalier som den person som på George Charles Eltentons uppdrag tagit kontakt med Er.
– *att* Ni inte förrän flera månader senare och sedan en överordnad beordrat Er att så göra, namngav Haakon Chevalier.
– *att* Ni, i samband med att Ni återupptog Ert arbete i Berkeley sedan Los Alamosprojektet avslutats, fått besök av paret Chevalier, samt att Er hustru varit i kontakt med Barbara Chevalier i 1946 och 1947.
– *att* Ni i 1945 uttryckte åsikten att "det finns en rimlig möjlighet att den (vätebomben) låter sig konstrueras", men att genomförbarheten av vätebomben teoretiskt sett inte var lika säker som fissionsbomben ansågs vara realiserbar vid uppstart av Los Alamos Laboratory, samt att General Advisory Committee 1949 gjorde bedömningen att en "kreativ och samordnad attack på problemet har en större än femtioprocentig chans att framställa vapnet inom fem år".
– *att* Ni från hösten 1949 starkt motsatte Er utvecklingen av vätebomben (1) på moraliska grunder (2) genom att hävda att den inte lät sig göras (3) genom att hävda att projektet inte var genomförbart till följd av otillräckliga faciliteter och brist på vetenskaplig personal, samt (4) att det var politiskt icke önskvärt.
– *att* Ni, sedan det bedömts nödvändigt för landets strategi, fortsatte att motverka projektet och avböjde att till hundra procent medverka till dess genomförande.
– *att* Ni, i strid med Er roll som kommissionens rådgivare, för egen hand och privat distribuerat majoritets- och minoritetsrapporter från General Advisory Committee till kaderpersonal på Los Alamos, i syfte att få den att ställa sig avvisande till att utveckla vätebomben.
– *att* Ni varit aktiv i försök att övertala utomstående forskare att vägra arbeta på vätebomben, samt att motståndarlaget i frågan – varav Ni utgör den mest erfarne, mest inflytelserike och mest effektive – tvivelsutan fördröjt vätebombens utveckling.

Med beaktande av Er nuvarande tillgång till hemlig information, samt med hänsyn tagen till de anklagelser riktade mot Er gällande Er uppriktighet, göranden och även Er lojalitet, har atomenergikommissionen inget annat val än att återkalla Er säkerhetsklassning tills Ert fall har behandlats. Följaktligen återkallas härmed med omedelbar verkan Er befattning i atomenergikommissionen, samt Er säkerhetsklassning, tills ett slutligt avgörande i ärendet träffas.

Till ärendets fullföljande äger Ni rätt att bli hörd av atomenergikommissionens personalnämnd. Om Ni önskar utnyttja denna rätt ska Ni, inom trettio dagar efter mottagandet, brevledes besvara denna skrivelse, och begära att bli hörd av atomenergikommissionens personalnämnd. Om Ni väljer att lägga fram ärendet för kommissionens personalnämnd, får Ni omsider besked om dess sammansättning, och äger därvidlag rätt att bestrida enskilda personers medverkan. Bestridandet göres inom 72 timmar efter undertecknande av brevets delgivningskvitto.

Om brevsvar ej inkommit inom trettio dagar innebär detta att Ni ej har för avsikt att bestrida eller kommentera det anförda. I så fall, eller om Ni underlåter att skriftligen bekräfta Er önskan att bli hörd av atomenergikommissionens personalnämnd, kommer beslut i ärendet att baseras på föreliggande upplysningar.
(K D Nichols, Verkställande direktör)"

Oppenheimer svarar på atomenergikommissionens ultimatum i följande korta brev till Lewis Strauss, ett vänligt och tämligen sorglöst brev som dock andas en upprorisk beslutsamhet. Han kommer inte att ge sig, här gäller det en principsak:

"Bäste Lewis!
När vi träffades igår, berättade Ni för första gången att min säkerhetsklassning för atomenergikommissionen återkallas. Som ett eventuellt önskvärt alternativ föreslog Ni att jag skulle begära avsked från mitt uppdrag som kommissionens rådgivare för att därmed undvika en omfattande behandling av de anklagelser på vilka kommissionens beslut skulle vila. Jag har allvarligt övervägt detta alternativ. Under givna omständigheter skulle detta tillvägagångssätt innebära att jag biträder åsikten att jag inte är skickad att tjäna vår regering som jag har tjänat i omkring tolv år. Det kan jag inte göra.
(Eder förbundne, Robert Oppenheimer)"

Oppenheimer hade stått under säkerhetstjänsten övervakning ända sedan 1942, först som en rutinåtgärd, men betydligt allvarligare än så sedan larmrapporter om lojalitetssvek börjat strömma in till överste Boris Pash, ansvarig för säkerheten vid Manhattanprojektet. Inte vid något tillfälle har dock handfasta bevis för illojalitet framkommit. Misstankarna utnyttjades som förevändning för en genomlysning sedan det visat sig att några av Oppenheimers nära vänner varit medlemmar i kommunistpartiet, och att han rörde sig i vänsterkretsar. Både hans hustru och broder var vänstersympatisörer, om än inte i formell mening medlemmar i kommunistpartiet.

Efter en tid blev misstankarna hotfullt konkreta. Oppenheimer hade kontaktats av en rysk agent, och även om värvningsförsöket misslyckades lät han bli att rapportera fallet till Manhattanprojektets säkerhetstjänst. Konfronterad med misstanken medgav Oppenheimer motvilligt att värvningsförsök gjorts, men vägrade att avslöja namn, med hänvisning till att personen i fråga inte längre var inblandad och hursomhelst endast varit budbärare, samt att saken för hans del var utagerad.

I slutet av 1943 började arméns tålamod tryta och general Groves, Manhattanprojektets militära ledare, ställde Oppenheimer mot väggen med ett ultimatum: antingen avslöja vem agenten var, eller lämna sin befattning som vetenskaplig ledare för kärnvapenprojektet. Oppenheimer nämnde då Haakon Chevalier, professor i romanska språk vid universitetet i Kalifornien. De hade umgåtts sedan 1938 och var goda vänner. Trots att beskyllningen aldrig fick substans och ej heller ledde till åtal, fick Chevaliers akademiska karriär ett abrupt slut.

Avgörande för Oppenheimers entledigande blev Eisenhowers utnämning av Lewis Strauss till Vita husets rådgivare i atomenergifrågor. Strauss, en förmögen bankir på högerkant och pensionerad viceamiral i flottan, hyste antipati mot Oppenheimer på grund av dennes braskande livsstil. Dessutom ville Strauss ge igen för gammal ost, sedan tävlingsmänniskan Oppenheimer några år tidigare öppet förnedrat honom i kongressen över en fråga rörande export av radioaktiva isotoper. De hade efter kriget träffats i samband med deras arbete i atomenergikommissionen och i fråga om att dela landets kärnfysikaliska kompetens med Sovjetunionen råkat i luven på varandra. Oppenheimer pläderade för att vetenskapens traditionella öppenhet också skulle gälla fredliga tillämpningar av kärnenergi, medan Strauss hårda linje var att genom hemligstämpling skydda allt material från, som han uttryckte det, "fientlig insyn". Strauss anförtrodde den nye presidenten sina dubier gällande Oppenheimers lojalitet bara någon dag efter sitt tillträde till tjänsten, vilket omedelbart resulterade i att kontraspionagetjänsten fick i uppdrag att påbörja en förundersökning. Strauss hade tur. Från oväntat håll fick han stöd för sin förtalskampanj. I november 1953 mottog FBI-chefen J Edgar Hoover ett brev undertecknat av William Liscum Borden, förre ordförande i kongressens Joint Atomic Energy Committee, vari han med adress till Oppenheimer skrev: "baserat på år av analys av förhandenvarande klassificerade bevis, är det mer än troligt att J Robert Oppenheimer är agent för Sovjetunionen".

Förutom Strauss spelade också Joe McCarthy en roll i dramats uppsegling, om än indirekt. Senatorn hade anklagat förre presidenten Harry Truman för undfallenhet i kampen mot den ryska björnen och beskyllt honom för att skydda en högt uppsatt sovjetspion i Finansdepartementet. Eisenhowers rådgivare fruktade en generande upprepning av denna incident. För att blidka oppositionen beordrade presidenten att gå till botten med affären. Därmed gick Robert Oppenheimer samma öde till mötes som Galileo Galilei för fyrahundra år sedan. Också Galilei offrades i ett makabert spel om makten. Statens hatmaskineri hade satts i rörelse. Inget och ingen kunde nu få den att stanna.

Den 29 juni 1954 kom kommissionen till ett avgörande i Oppenheimeraffären. "Domen" tillkännagavs i följande pressinformation:

> "Atomenergikommissionen tillkännager att den idag fattat ett avgörande i fallet dr J Robert Oppenheimer.
>
> Med fyra röster mot en beslutar kommissionen att dr Oppenheimer förvägras tillgång till säkerhetsklassat material. Kommissionens Strauss, Murray, Zuckert och Campbell röstade för att förvägra tillgång till klassificerat material, medan Smyth röstade för att återställa tillståndet för tillgång till klassificerat material. Mrs Strauss, Zuckert och Campbell undertecknade majoritetsbeslutet, vartill Mr Murray anslöt i ett separat utlåtande. Dr Smyth meddelade sin avvikande åsikt i ett minoritetsutlåtande. Somliga medlemmar i kommissionen ingav bihang med förtydligande av deras slutsatser. Deras åsikter och utlåtanden bifogas."

Pressinformationen fortsatte med en redovisning av kommissionens slutsatser. Under rubriken ”As to character” (Vad beträffar karaktär) skriver Strauss, Zuckert och Campbell:

”(1) Dr Oppenheimer har under ed medgivit att han, i egenskap av chef för Los Alamos Laboratory och medan han arbetade på utveckling av regeringens hemligaste vapen, berättade en mängd lögnaktiga påhitt för överste Pash. Överste Pash var officer i underrättelsetjänsten, ansvarig för att skydda kärnvapenprojektet mot spioneri. Dr Oppenheimer berättade utförligt och i detalj för överste Pash om en sovjetagents försök att få information om atombomben. Detta var den så kallade Chevalierincidenten. Dr Oppenheimer har under ed svurit att den historia han då berättade för överste Pash var en 'whole fabrication and tissue of lies', en hopdiktad dimridå av lögner (Tr. p. 149).

Det är fortfarande oklart huruvida dr Oppenheimers redovisning av Chevalierincidenten för överste Pash 1943, eller den historia han berättade för Graykommissionen, utgör sanning (Gordon Gray var rektor för universitetet i North Carolina och nämndens ordförande). Om dr Oppenheimer ljög i 1943,vilket han nu hävdar att han gjorde, begick han då brottet av att medvetet lämnat falska utsägelser till en federal officer. Om han ljög inför Graykommissionen begick han 1954 mened.

(2) Inför Graykommissionen vittnade dr Oppenheimer att om han varit medveten om att Giovanni Rossi Lomanitz var aktiv kommunist, eller att Lomanitz förmedlat information om kärnvapenprojektet till obehörig person, skulle han inte ha skrivit till överste Lansdale vid Manhattanprojektet det brev, daterat 19 oktober 1943, vari dr Oppenheimer gav sitt stöd åt Lomanitz' önskan att återgå till atomprojektet.

Vittnesprotokollet visar dock att dr Oppenheimer 26 augusti 1943 berättade för överste Pash att han (Oppenheimer) kände till att Lomanitz läckt information om projektet. Vidare berättade dr Oppenheimer för överste Lansdale att han (Oppenheimer) tidigare fått vetskap om att Lomanitz var medlem i kommunistpartiet, (Tr. pp. 118, 119, 128, 129, 143, 875).

(3) I 1943 antydde dr Oppenheimer för överste Lansdale att han ej kände till Rudy Lambert, en högt uppsatt medlem i kommunistpartiet. Dr Oppenheimer medger nu under ed att han före 1943 var bekant med Lambert och talat med honom vid åtminstone ett dussintal tillfällen; han gav en detaljerad beskrivning av Lambert och medgav att han en eller två gånger ätit lunch med nämnde Lambert och Isaac Folkoff, också den senare en hög representant för kommunistpartiet, för att diskutera (Oppenheimers) partibidrag, och att han vid detta tillfälle varit väl medveten om att Lambert representerade kommunistpartiet (Tr. pp. 139, 140, 877).

(4) I 1949 vittnade dr Oppenheimer vid ett slutet sammanträde av House

on Un-American Activities Committee om dr Bernard Peters och hans partitillhörighet och göranden. En sammanfattning av dr Oppenheimers vittnesmål publicerades senare i dagstidningen *The Rochester Times Union*. Dr Oppenheimer skrev ett brev till tidningen vari han drog tillbaka sina utsagor inför ett kongressutskott, (Tr. pp. 210-215).

(5) I samband med ett möte av General Advisory Committee i oktober 1949, där landets termonukleära vapenprogram diskuterades, vittnade dr Oppenheimer inför Graykommissionen att General Advisory Committee varit 'förvånansvärt ense' i sina rekommendationer att Förenta Staterna ej borde ta initiativet till ett termonukleärt program. Under korsförhör medger dr Oppenheimer nu att han inte kände till dr Seaborgs dåvarande ståndpunkt (en av Advisory Committee:s nio medlemmar), eftersom dr Seaborg 'var i Sverige och ingen kunde komma i kontakt med honom'. Sedan han konfronterats med ett brev av dr Seaborg, dagtecknat 14 oktober 1949, – brevet fanns i dr Oppenheimers arkiv – medger dr Oppenheimer att han mottagit brevet innan mötet av General Advisory Committee i 1949. I brevet skriver dr Seaborg: 'Även om jag beklagar utsikten att vårt land kommer att lägga oerhört mycket energi på detta, måste jag bekänna att jag ej kunnat komma till slutsatsen att *inte* göra det.' Dr Seaborgs ståndpunkt redovisades dock aldrig i dr Oppenheimers rapport av General Advisory Committee i oktober 1949. Att brevet över huvud taget existerade var okänt för atomenergikommissionen, tills det kom till dess kännedom i samband med denna hearing, (Tr. pp. 233, 237-241).

(6) I 1950 berättade dr Oppenheimer för en FBI-agent att han ej varit medveten om att Joseph Weinberg var medlem i kommunistpartiet, tills detta blivit allmänt känt. Däremot berättade dr Oppenheimer redan 12 september 1943 för överste Lansdale att Weinberg var partimedlem, (Tr. p. 875).

Uppräkningen slutar inte vid dessa sex exempel. Militära underrättelsetjänsten, FBI och atomenergikommissionen – alla har de vid tillfällen erfarit effekterna av dr Oppenheimers lögnaktighet, undanflykter och förvanskningar (sic!).

Dr Oppenheimers ihållande och uppsåtliga åsidosättande av sekretessreglerna bevisas av hans fortlöpande obstruerande av säkerhetspolisens förfrågningar. I fallet Chevalier från 1943 har dr Oppenheimer blivit förhörd av överste Pash, överste Lansdale och general Groves med anledning av försöken att för Sovjetunionens räkning pressa honom på information om atomprojektet. I åtta månader väntade han med att rapportera denna incident till berörda myndigheter. Därefter vägrade dr Oppenheimer i fyra månader avslöja namnet på den person som tagit kontakt med honom. Han medger nu under ed att hans vägran att namnge kontaktpersonen kan ha hindrat regeringens insatser att förebygga spionage. Handlingarna visar även andra fall där dr Oppenheimer vägrat svara på federala tjänstemäns förfrågningar med anledning av säkerhetsincidenter, eller på annat sätt försåtligt vilselett dem."

Under rubriken "As to 'associations'", (Vad beträffar kontakter) skriver atomenergikommissionen:

"'Kontakter' är en faktor som kommissionen enligt lag är tvungen att ta hänsyn till. Dr Oppenheimers samröre med kommunister utgör ytterligare en del av ett mönster av åsidosättande av säkerhetsbestämmelserna.

Dr Oppenheimer har under ed inför Graykommissionen erkänt att han från 1937 till åtminstone 1942 regelbundet skänkt ansenliga kontantbidrag till kommunistpartiet. Han har medgett att han varit en 'fellow traveler', en sympatisör, i vart fall fram till 1942. Han medger att han varit närvarande vid kvällssammankomster i privata hem, där de flesta gäster – om inte alla – var medlemmar i kommunistpartiet. Han har haft löpande kontakter med partiets representanter, varav flertalet var engagerade i spionage. Hans deltagande var av sådan natur att dessa kommunister betraktade honom som en av sina egna.

Dock är dr Oppenheimers kommunistkontakter i sig ingen avgörande faktor för vårt beslut. Dessa kontakter ökar däremot i betydelse sett i sammanhanget av hans ihållande och fortlöpande samröre med kommunister, inbegripna däri hans möten med Haakon Chevalier i Paris, så sent som i december i fjol – samma person som 1943 förmedlat kontakterna med sovjetambassaden.

Den 25 februari 1950 skrev dr Oppenheimer ett brev till Chevalier i ett försök 'to clear the record with regard to your alleged involvement in the atom business', för att klara upp förhållandena med avseende på Ert påstådda engagemang i atomaffären. Chevalier använde brevet i samband med en visumansökan till utrikesdepartementet. Senare i samma år åkte Chevalier till USA och tillbringade flera dagar som gäst i Oppenheimers bostad. Vid två tillfällen har dr Oppenheimer avlagt privata besök i Paris, och bistått Chevalier i hans mellanhavanden med Förenta Staternas ambassad i Paris, med anledning av problem som, enligt dr Oppenheimer, rörde Chevaliers visum. Dr Oppenheimer medgav att det för närvarande endast är en 'kvalificerad gissning' om Chevalier ej är aktiv i kommunistpartiet.

Dessa episoder, var för sig och sammantagna, framkallar en allvarlig bild. Kommissionen fastslår att någon som dr Oppenheimer – som under lång tid haft tillgång till statens känsligaste hemligheter, och även fortsättningsvis skulle ha tillgång ifall hans säkerhetsklassning förlängdes –, inte bara en gång utan upprepade gånger försummat de plikter som åligger statstjänstemän.

Oro för Förenta Staternas försvar och säkerhet kräver att dr Oppenheimers säkerhetsklassning upphör.
Dr J Robert Oppenheimer förvägras härmed tillgång till klassificerat material."

Den ende som opponerade sig var Henry DeWolf Smyth, fysikern som 1946 på uppdrag av general Groves skrev Manhattanprojektets historia, den så kallade Smyth-rapporten. Systematiskt gick han igenom bevisen en gång till och smulade sönder det resonemang av hat och småborgerlig avund som kommissionens hökar med stor omsorg och diaboliskt raffinemang byggt upp under den tre veckor långa sittningen. Här följer hans motivering:

"Jag tar avstånd från atomenergikommissionens beslut i fallet dr Robert Oppenheimer. Jag anslutar mig till Graykommissionens 'klara slutsats' att han är helt och hållet lojal, och jag tror inte att han utgör en säkerhetsrisk. Enligt min mening bör hans tillstånd för tillgång till klassificerat material återställas.

I ett ärende som detta, är det kommissionens uppgift att sia om framtiden. Den avgörande frågan är om dr Oppenheimers fortsatta anställning är till gagn för Förenta Staternas invånare. Vad gäller denna förutsägelse bör hans presumtiva bidrag till landets positiva styrka vägas mot risken att han försvagar landet genom att låta viktiga hemligheter falla i fiendens händer.

Med tanke på att dr Oppenheimer är en av landets mest kompetenta och lysande fysiker, bör hans tjänster vara av oskattbart värde för vårt land även i framtiden. Av den anledningen är det enligt min mening atomenergikommissionens enda uppgift att avgöra om det föreligger risk att dr Oppenheimer, avsiktligt eller oavsiktligt, röjt hemligt material för personer som därtill ej var berättigade. För mig är detta vad som inom säkerhetsverksamheten avses med begreppet säkerhetsrisk. Någons karaktärsdaning eller kontakter är blott av intresse i den mån de bidrar till risken att sekretessbelagd information röjs.

Att inget i handlingarna tyder på att dr Oppenheimer någonsin skulle ha avslöjat hemlig information, utgör enligt min mening det mest slående beviset. De senaste femton åren av hans liv har om och om genomlysts. Under merparten av de senaste elva åren har han stått under övervakning, hans rörelser har blivit kartlagda, hans samtal registrerade, hans telefon och post kontrollerade. Till denna professionella genomlysning av hans göranden har inflytelserika personliga fiender entusiastiskt bidragit med eget tyckande. (!)

Efter genomgång av den omfattande dossier och efter att ha hört ett fyrtiotal vittnen, rapporterade Graykommissionen 27 maj 1954 att 'dr Oppenheimer har visat ett rikligt mått av diskretion, parat med en ovanlig förmåga att hålla livsviktiga hemligheter för sig själv'. Min egen noggranna läsning av akten och vittnesprotokoll får mig att på den punkten instämma med Graykommissionen. Jag är övertygad att dr Oppenheimer även fortsättningsvis kommer att bevara de hemligheter han känner till.

De mest graverande anklagelser i atomenergikommissionens brev av den 23 december är relaterade till dr Oppenheimers hållning i det så kallade

H-bombprogrammet (vätebombprogrammet). Det förvånar ingalunda att bevisen härvidlag ej stöder dessa anklagelser. Hittills har ingen ifrågasatt dr Oppenheimers bidrag till utvecklingen av nukleära vapen.

I fråga om dr Oppenheimers kontakter och göranden under åren har inget nytt av vikt framkommit. Fakta i målet har sedan längre tid varit kända för berörda myndigheter, och de har aldrig förut legat till grund för förmodan att dr Oppenheimer skulle vara olämplig för statlig tjänst. Åtskilliga av detta lands framstående personer har uttryckt förtroende för hans integritet.

Trots detta kommer majoriteten av kommissionen nu till slutsatsen att dr Oppenheimer utgör en säkerhetsrisk. Jag kan varken dela denna slutledning eller den bakomliggande oron. Enligt min mening bygger resonemanget ej på en uppriktig bevisprövning. De som ej delar denna åsikt gallrar bland händelser i dr Oppenheimers liv de senaste femton åren, och fabricerar med hjälp därav 'bevis för grundläggande karaktärsbrister' och 'alarmerande förbindelser'. Nedan listar jag i korthet bevisen för dessa händelser i syfte att klarlägga deras rätta innebörd.

Chevalierincidenten

Den mest oroande händelse i dr Oppenheimers liv berör hans förbindelse med Haakon Chevalier. Senare delen av 1942 eller tidigt 1943 bad George Eltenton Haakon Chevalier kontakta dr Oppenheimer för att sondera om han var villig att röja tekniskt material för Sovjetunionen. När Chevalier talade med dr Oppenheimer fick han ett kategoriskt nej. Incidenten kom till myndigheternas kännedom när dr Oppenheimer på eget bevåg rapporterade den till överste Pash i augusti 1943. Vid detta tillfälle uppgav han inte Chevaliers namn och talade om att tre värvningsförsök hade gjorts, istället för ett. Strax därefter, i början av september 1943, informerade dr Oppenheimer general Groves om att han var villig att avslöja namnet ifall han fick order att så göra. Inte förrän i december 1943 fick han en sådan tillsägelse. I sitt vittnesmål berättade han vid det tillfälle för general Groves att hans tidigare historia om tre värvningsförsök hade varit en 'cock and bull story', en rövarhistoria. Varken Eltenton, Chevalier och dr Oppenheimer förhördes av säkerhetspolisen om tilldragelsen förrän någon gång i 1946. Vid FBI-förhöret 1946 upprepade dr Oppenheimer samma version av incidenten, som han sedan dess har hållit fast vid. Uttryckligen förklarar han i 1946 att den historia han berättade för överste Pash var påhittad. Under den aktuella utfrågningen inför Graykommissionen vittnar han, innan ljudupptagningen av förhöret med Pash spelas upp, att den historia han berättade för överste Pash var ett påhitt i syfte att skydda sin vän Chevalier. Brevet från februari 1950 till Chevalier, med anledning av dennes roll i incidenten från 1943, bekräftar endast vad dr Oppenheimer hela tiden hävdat för FBI och Graykommissionen, rörande Chevaliers bristande medvetenhet om allvaret av sitt handlande.

Chevalierincidenten var ett tillfälligt döljande av en spionagesondering

Frank Friedman Oppenheimer

och ett försök att vilseleda, vilket är oförlåtligt. Men, detta var elva år sedan; ingen senare händelse kommer ens i närheten; dr Oppenheimer har vid upprepade tillfällen beklagat tilldragelsen och bett om ursäkt, samt offentligt bedyrat att något dylikt inte ska upprepas. Min slutsats sammanfaller med Mr Hartley Rowes vittnesmål: 'Jag tror inte att en person med dr Oppenheimers läggning skulle göra om samma misstag'.

Dr Oppenheimer intygar att han fortfarande betraktar Chevalier som en vän. År 1950 besökte Chevalier i två dagar dr Oppenheimer, strax innan han lämnade landet för att bosätta sig i Frankrike; i december 1953 besökte dr Oppenheimer Paris på inbjudan av paret Chevalier. Dessa enstaka träffar må ha varit okloka, men inga bevis stöder påståendet att de varit av betydelse ur sekretessynvinkel. Dr Oppenheimer sökte inte självmant upp Chevalier i Paris, utan det var paret Chevalier som inviterade Robert och hans hustru i ett brev ställt till Mrs Oppenheimer. Kontakt inskränktes till en kvällsmåltid, dagen efter följd av ett besök hos André Malraux, den berömde franske författaren vars verk Chevalier översätter till engelska.

Malraux var under senare delen av sin politiska karriär en aktiv antikommunistisk advisör till General de Gaulle. Nämnda korta besök åtföljdes två månader senare av att Chevalier använde dr Oppenheimers namn som referens med anledning av en fråga rörande säkerhetsprövning uppkommen i samband med en ansökan till UNESCO. Dr Oppenheimer handlade då helt korrekt. När Chevalier tog upp problemet föreslog dr Oppenheimer att det i denna angelägenhet vore lämpligast att vända sig till ambassaden, och att ambassadens vetenskapsattaché, dr Geoffrey Wyman, möjligen kunde ge råd. Dr Oppenheimer har ätit lunch på ambassaden med dr Wyman, en gammal kurskamrat, och av dr Wymans affidavit framgår att dr Oppenheimer vid detta tillfälle vare sig nämnt eller rekommenderat Chevalier.

Kontakter

Majoriteten i kommissionen hävdar att Oppenheimers ihållande och fortlöpande kontakter med kommunister och deras sympatisörer, sammantaget bildar ett mönster som tyder på att han nonchalerat säkerhetsföreskrifterna. Vid närmare betraktande visar handlingarna att, med undantag för de två besöken hos paret Chevalier, Oppenheimers förbindelser med kommunisterna efter kriget har varit begränsade och tunnsådda. Brodern Frank Oppenheimer (en allmänt känd exkommunist som 1941 lämnade partiet), träffade han inte 'mycket mer än en gång per år', och då endast för en 'kväll tillsammans'. Händelsevis råkade han i maj 1949 på väg från frisören möta (Giovanni Rossi) Lomanitz och (David) Bohm på en gata i Princeton. Vid ett tillfälle sökte dr (Bernard) Peters upp Oppenheimer för att diskutera sitt vittnesmål inför House Committee on Un-American Activities. Han hade sett Bohm samt ytterligare en eller två studenter på möten med oppositionella grupper. I det föregående finner jag inget som kan underbygga anklagelsen att dr Oppenheimer haft 'persistent and continuing', ihållande och fortlöpande förbindelser med subversiva element. Det rör sig här om slumpmässiga sammanträffanden i hans händelserika liv och dr Oppenheimer var inte den som aktivt sökte dem.

Man har tillmätt dessa tillfälliga möten betydelse med tanke på dr Oppenheimers göranden före 1943. Graykommissionen fann visserligen att han varit en aktiv sympatisör, men att det ej förelåg bevis för att han skulle ha varit partimedlem i ordets strikta bemärkelse. Bevisbördan och dr Oppenheimers samstämmiga vittnesmål visar att hans ekonomiska bidrag på trettiotalet och tidigt fyrtiotal var riktade mot *specifika* ändamål, t ex de spanska lojalisternas sak, även om de slussats vidare via enskilda kommunister.

De kommunister han stod i en djupare relation till var alla personer med vilka han hade personliga band: hans bror och svägerska, hans hustru (som lämnade partiet innan giftermålet), samt hans förra fiancé, Jean Tatlock. Slutligen: även om i handlingarna anklagelser förekommer om kommunistsympatier när vissa personer i egen sak talar om dr Oppenheimers delaktighet, kan ingen av dessa tillskrivas kommunister som kände honom väl; Steve Nelson (som inte kände honom) beskrev Oppenheimer för en annan kommunist som icke-marxist. Bevisen ger stöd åt dr Oppenheimers försäkran att han aldrig varit kommunist.

Dr Oppenheimer har sedan 1943 vid upprepade tillfällen förhörts om sina kontakter och göranden. Frånsett hans fastställda fabulering i samband med Chevalierincidenten, visar det omfattande materialet endast ett fåtal inkonsekvenser avseende påståendena från 1943 samt efterföljande minnesbilder i 1950 och 1954. Anklagelserna om lögnaktighet i fallet (Joseph) Weinberg och (Rudy) Lambert härrör från sådana motsägelser, och beror på förvanskade protokoll. Enligt min mening har dessa motsägelser oförtjänt tillmätts betydelse.

Peters brev

Jag finner det svårt att dra slutsatsen att dr Oppenheimers brev från 1949, med anledning av hans vittnesmål inför ett kongressutskott avseende dr Bernard Peters, skulle utgöra bevis för karaktärsbrister. Detta omsorgsfullt komponerade brev, varav en kopia tillställdes utskottet, var inte avsett att förneka hans vittnesmål gällande dr Peters bakgrund, utan var i själva verket en manifestation av hans övertygelse att en forskares politiska sympatier ej diskvalificerar honom för en undervisningstjänst.

Oppenheimers insats föregicks av protester av dr (Hans) Bethe, dr (Victor) Weisskopf och dr (Bernard) Peters själv, samt av dr (Edward) Condon och inte minst av det 'overwhelming belief of the community in which I lived that a man like that ought not to be fired either for his past or for his views, unless the past is criminal or the views led him to wicked actions' (den överväldigande tro hos den gemenskap jag levde i att en sådan person inte bör sparkas, vare sig för hans förflutna eller för hans övertygelse, försåvitt hans

Haakon Chevalier (1934)

förflutna inte är brottsligt eller hans övertygelse leder till ondskefullt agerande). Därom kan man ha en avvikande uppfattning, utan att för den delen tolka dr Oppenheimers handlande som bevis for opålitlighet.
[Edward Uhler Condon var från 1945 till 1951 chef för National Bureau of Standards och en av kvantfysikens pionjärer. I samband med McCarthy-utrensningen angreps han för bristande lojalitet, och beskylldes för att sympatisera med en 'new revolutionary movement, quantum mechanics' (!)]

Lomanitz avsked
Det står fast att dr Oppenheimer vid korsförhör 1954 leddes in på motsägelser i samband med Rossi Lomanitz anställning 1943 vid stridsmakten. Dessa motsägelser, fullt förståeliga som minnesluckor, är endast allvarliga om dr Oppenheimers agerande vid detta tillfälle varit felaktigt. Däremot skriver dr Oppenheimer i ett brev till överste Lansdale (1943) följande: 'Eftersom jag ej är i besittning av alla de fakta som ledde till Mr Lomanitz värvning, är jag självfallet inte i stånd att oreserverat hålla med denna förfrågan. Dock kan jag intyga att Mr Lomanitz' kompetens och erfarenhet av arbete i Berkeley torde göra honom till en värdefull tillgång på grund av hans tekniska kunnande, och vi bör göra allt för att knyta honom till projektet.'

Detta brev skickades till överste Lansdale, den myndighetsperson som dr Oppenheimer upplyste om Lomanitz kommunistsamröre, och densamma som gjorde dr Oppenheimer uppmärksam på att Lomanitz varit indiskret med information.

Obstruktion av säkerhetspolisen
Röstmajoriteten anför Chevalierincidenten som ännu ett exempel på obstruktion av säkerhetspolisen och fastslår, utan att framlägga bevis, att detta skett vid flera tillfällen. Jag har försökt hitta dessa tillfällen. Det enda jag funnit är dr Oppenheimers vägran i 1950 att besvara FBI-frågor avseende dr Thomas Addis och dr Jean Tatlock, med hänvisning till att båda var avlidna och ej kunde försvara sig. Denna förtegenhet att diskutera en väns och en förra fiancés agerande må vara ett misstag, men under de givna betingelser är hans tveksamhet förståelig, och ingalunda ett tecken på konsekvent och medvetet åsidosättande av sekretess.

Seaborgbrevet
Innan sammanträdet av General Advisory Committee i oktober 1949, där vätebombprogrammet stod på dagordningen, skickade dr (Glenn) Seaborg ett brev till dr Oppenheimer vari han, så som medlem i utskottet, beskrev sin åsikt i ämnet. Dr Oppenheimers protokoll till atomenergikommissionen, vari han lägger fram de åtta närvarande utskottsledamöternas gemensamma syn, nämner inget om dr Seaborgs åsikter. Det är visserligen svårt att tänka sig hur dr Oppenheimer kan ha glömt brevet, men ännu svårare är att komma på vilket syfte han ville uppnå med att *dölja* brevets existens, för att där-

efter förvara detsamma i kommissionens arkiv.

Vid utskottets nästa sammanträde i december 1949, justerades protokollet av föregående möte utan att dr Seaborg framförde invändningar. Det förefaller troligt att dr Seaborg själv aldrig ansåg att han i sitt brev framlagt en formell ståndpunkt. Hans brev, daterat 14 oktober 1949, börjar så här: 'Jag ska försöka formulera mina tankar, för vad de må vara värda, inför kommande GAC-sammanträdet, men jag är rädd att det blir fler frågor än svar – jag får intrycket att om det blir något resultat över huvud taget, kommer det i så fall efter en hel del givande och tagande vid GAC-sammanträdet.' (Tr. p. 238)

Sammantagna bildar exemplen ovan bevisbördan som går att utvinna från det omfattande materialet som stöd för de grava anklagelser formulerade av röstmajoriteten, nämligen att dr Oppenheimer har 'given proof of fundamental defects in his character' (visat fundamentala karaktärsbrister), och 'persisting associations' (långvariga förbindelser) med kommunister. Varje anspelning på att dessa endast utgör belysande exempel och att fler graverande bevis till stöd för dessa anklagelser skulle finnas i förundersökningsmaterialet saknar grund.

Med undantag för Chevalierincidenten är de anförda bevisen inte mer än indicier, var för sig och i dess helhet. Över huvud taget är de sammanvägda bevisen, inklusive Chevalierincidenten, synnerligen föga övertygande, med tanke på att de speglar femton år av oavbruten övervakning av en aktiv persons liv. Inte många skulle klara av en lika lång övervakning och utfrågning utan att upprepade gånger bli misstolkade eller missförstådda.

För att vara effektiv bör ett säkerhetsprogram vara realistiskt. I atomenergikommissionens egna ord: 'Faktaunderlaget bör i varje enskilt fall noggrant vägas och utvärderas med avseende på all tillgänglig information, för eller emot. Andra ansvarsfulla personers bedömning av individens integritet bör alltid beaktas. Beslut om säkerhetsklassning bygger på en helhetsbedömning grundad på sunt förnuft, med hänsyn tagen till relevant information och med beaktande av överväganden om beslut rörande säkerhetsklassning kan tänkas medföra fara för landets säkerhet och försvar.'

Tillämpning av sunt-förnuft-principen på det aktuella fallet utesluter intrycket av misstänksamt agerande eller oärlighet, och ger en bild av dr Oppenheimer som en kapabel och fantasirik person utrustad med normala mänskliga svagheter och tillkortakommanden. Enligt min uppfattning är majoritetsbeslutet så pass grundläggande felaktigt att det medför risk för vår säkerhet.

Om man redan från början utgår från misstankar rörande dr Oppenheimers illojalitet, kan de incidenter jag här nämnt möjligen tolkas som bekräftelser. Dock, tagna i sin helhet framgår av handlingarna en klar bild av dr Oppenheimers lojalitet och pålitlighet, medan de olika oroande incidenterna i deras rätta ljus framstår som irrelevanta och förståeliga.

Chevalierincidenten är och forblir klandervärd, men uppriktigt talat,

Henry DeWolf Smyth

och i ljuset av hela bevisbördan, har denna händelse som tilldrog sig för många år sedan och av dr Oppenheimer har blivit erkänd och ångrad, inte varit avgörande för min helhetsbedömning av dr Oppenheimers karaktärsfasthet och pålitlighet. Om man undviker att förväxla någons uttryckssätt med öppenhjärtighet, eller svårigheter att minnas med vilseledande osanning, anslår dr Oppenheimers vittnesmål inför Graykommissionen en sträng av sanning. Jag uppmanar ansvarsfulla medborgare att själva väga hans vittnesmål och ej nöja sig med sammanfattningar eller lösryckta citat.

Med avseende på dr Oppenheimers påstådda ringaktning för säkerhetsföreskrifterna, vill jag inflika att systemet som sådant ej utgör ett självändamål. Det är ett nödvändigt medel för att uppnå ett uttalat syfte. Dess enda mål, frånsett att förebygga sabotage, är att skydda hemligheter. Så länge en person håller inne med det hemliga material han bär i handen eller har i huvudet, visar han tillräcklig omsorg för säkerheten.

Mot detta kan ställas att samverkan med säkerhetspolisen i deras legitima arbete kan krävas av privatpersoner och statstjänstemän. Säkerhetpolisen har dock varken ansvar för en persons liv eller rätt att diktera dess varje detalj. Inget tricksande med förnuftsskäl kan få mig att acceptera detta. Om dr Oppenheimer i någon mån har missförstått säkerhetskraven är detta ett misstag som bör rättas till, ej något som föranleder att han utesluts från att tjäna sitt land. Dylikt agerande breddar begreppet säkerhetsrisk bortom dess legitimitet och skapar ett farligt prejudikat.

I dessa tider kan underlåtenhet att dra nytta av en persons exceptionella begåvning verka menligt på denna nations styrka och makt. Jag skulle vara villig att acceptera denna förlust om jag tvivlade på dr Oppenheimers lojalitet, eller på hans förmåga att hålla tyst när så krävs. Jag har inga sådana betänkligheter.

Jag drar slutsatsen att dr Oppenheimers anställning ej äventyrar landets säkerhet och försvar och finner hans agerande i samklang med nationens säkerhetsintressen.

Jag uttrycker hellre den positiva förhoppningen att dr Oppenheimers anställning även fortsättningsvis kommer att stärka Förenta Staterna. Av den anledningen röstar jag för att återinsätta dr Oppenheimers säkerhetsklassning."

Robert Oppenheimers fall från makten bekräftades officiellt genom ett beslut av personalutskottet som röstade för att upphäva hans säkerhetsklassning med två röster mot en (ordföranden Gordon Gray och förre chef för Sperry Gyroscope Company, Thomas A Morgan, överröstade kemiprofessorn Ward E Evans). Därefter slog atomenergikommissionen den sista spiken i Oppenheimers kista genom att med tre röster mot en frånta hans säkerhetsklassning.

Resten av sitt professionella liv tillbringade Robert Oppenheimer i Princeton, som direktör för Princeton Institute for Advanced Study, där också Albert Einstein var verksam.

Inom fysikvetenskapen var Oppenheimer ingen förnyare, men likväl plöjde han djupa fåror i mångas medvetande. Partikelfysikern och nobelpristagare Murray Gell-Mann – som på sextiotalet upptäckte kvarkarna, de elementarpartiklar vilka i fysikens s k Standardmodell sammansätter neutroner, protoner och övriga hadroner (baryoner+mesoner) – träffade troligtvis rätt när han tecknade följande porträtt av J Robert Oppenheimer:

> ”Han hade inget ’sittfläsk’. Försåvitt jag vet skrev han aldrig en längre avhandling eller utförde en lång beräkning. Han saknade tålamod för det; hans verk bestod av små *aperçus* (infall, iakttagelser), men riktigt briljanta sådana. Men han inspirerade andra till stordåd, och hans påverkan var fantastisk.”

Efter milleniumskiftet har nya ”bevis” för Oppenheimers deltagande i en hemlig kommunistisk cell framkommit, bland annat i Gregg Herkens *Brotherhood of the Bomb* samt Jerrold och Leona Schecters *Sacred Secrets: How Soviet Intelligence Operations Changed American History*. Dock rör affären Oppenheimer inte hans eventuella medlemskap i amerikanska kommunistpartiet utan nyckelfrågan är huruvida ett sådant medlemskap i sig kan ha utgjort en fara för hans tjänsteutövning i förtroendeställning. Några bevis för ett dylikt påstående föreligger dock ej.

Atomenergikommissionens rannsakan av Robert Oppenheimer var en rättsskandal fullt i klass med Dreyfusaffären i Frankrike kring förrförra sekelskiftet. Liksom Alfred Dreyfus var också Oppenheimer dömd på förhand, utan en ärlig chans att försvara sig. Affären Dreyfus slutade mer eller mindre lycklig med offrets återupprättelse, tack vare Émile Zolas *J'accuse* i tidningen *L'Aurore*. Oppenheimer hade ingen Zola vid sin sida (även om Smyths försvarsinlägg övertygar), däremot hade han en hämndlysten Edward Teller emot sig, frustrerad för att han under kriget växlats in på ett sidospår när han inte fick som han ville. Teller var en ”hök” i alla sammanhang som rörde krig och fred. Han har stått modell för den galne vetenskapsmannen dr Strangelove i Stanley Kubricks omtalade spelfilm av samma namn från 1964. Han var också en aktiv förespråkare av ”Star Wars”-projektet, Strategic Defense Initiative.

Edward Teller

Kapitel XXV

Tellers ”judaskyss” välte Oppenheimers trovärdighet över ända, trots att hans vittnesmål var det enda rakt igenom kritiska bland de inte mindre än fyrtio utfrågade vetenskapsmäns utsagor, vilka på det hela taget uttryckte idel beundran och lovord för Oppenheimers energi och ledarskap som vetenskaplig chef för Manhattan-projektet. I en nyckelmening i Tellers vittnesberättelse på åklagarsidan ifrågasatte han om det över huvud taget var möjligt att fortsättningsvis lita på Oppenheimer: ”I feel I would prefer to see the vital interests of this country in hands that I understand better and therefore trust more”, (Jag skulle önska att få se detta lands livsviktiga intressen i händerna hos någon jag förstår bättre och därför mer kan lita på). Det säger åtskilligt om Oppenheimers moraliska resning att han inte vid något tillfälle kommenterade sin förre kollegas svek. Tellers fysikerkolleger reagerade på hans vittnesmål genom att frysa ut honom. De låtsades som om han inte fanns eller så lämnade de rummet så fort han kom in. Teller begärde då att få förklara sig inför forskarstaben i Los Alamos. Under iskall tystnad lyssnade de på hans ”klarlägganden”, ingen ställde frågor eller kommenterade det sagda och mangrant lämnade de salen utan att så mycket som hälsa på den person som i deras ögon inte bara svikit en yrkesbroder utan dessutom förrått vetenskapens höga ideal genom att ge sig i slag med krigshetsarna inom försvaret, kongressen och regeringen.

Vid tidpunkten för Oppenheimers lämplighetsprövning var Teller något av hökarnas kelgris, inte för hans sympatiska framtoning utan för att hans kufiska mångleri för att utöka landets kärnvapenarsenal passade krigshetsarna som hand i handske. Tack vare Edward Teller och Stanislaw Ulam hade USA i november 1952 fått vätebomben efter en lyckad provsprängning på Marshallöarna. Detta första amerikanska termonukleära vapen utvecklade sjuhundrafalt Hiroshimabombens sprängkraft. Trots det var det inte mer än en västanfläkt i jämförelse med dagens massförstörelsevapen. Under kort tid var den nya fusionsbomben det supervapen som gav nationen ett komfortabelt övertag i kapprustningen, avsett som svar på Sovjetunionens provsprängning 1949 av dess första ”konventionella” atombomb.

I pressen framställdes Teller som ”vätebombens fader”, liksom Oppenheimer efter bomberna över Hiroshima och Nagasaki i augusti 1945 hedrats med epitetet ”atombombens fader”. Tellers stjärna var i stigande, medan Oppenheimer på senare tid blivit en politisk belastning för sin liberala övertygelse att genom öppenhet och vetenskapligt utbyte uppnå varaktig fred och förbrödring mellan folken. Oppenheimer hade, i sina motståndares ögon, blivit ”a pain in the neck”, en gaphals, en pina, en plåga. En knäppgök som måste tystas. En viktigpetter utan verklighetskontakt som såg det som sin uppgift att mäkla fred. Fred med ryssen, hur dum får man vara?

Efter krigsslutet hade relationerna mellan USA och Sovjetunionen hastigt försämrats och ett växande ideologiskt gap skilde nationerna åt. Hökarna hade övertaget i kongressen. USA beskyllde Sovjet för att nära maktpolitiska ambitioner vilket kom till uttryck i kommunistsfärens utbredning västerut i Europa medan Sovjet med samma slitna argument, fast i omvänd riktning, kände sig hotat av bl a försvarspakten NATO. Båda länders säkerhetspolitik byggde på avskräckning, vilket framkallade ett hotfullt klimat av fruktan blandad med hämndbegär. Avskräckning och maktbalans blev säkerhetspolitikens evangelium, en doktrin som för att kunna fungera krävde ett ständigt flöde av nya landvinningar på vapenområdet i form av fler och kraftigare kärnvapenbestyckade robotar, så fienden skulle betänka sig både en och två gånger innan anfallet, då detta med automatik skulle innebära självmord genom påföljande vedergällning och utplåning av det egna landet i ett globalt kärnvapenkrig. Till och med i det neutrala Sveriges telefonkataloger fanns under lång tid en "lathund" för hur allmänheten kunde skydda sig i händelse av en nukleär attack.

Det är dock inte helt med sanningen överensstämmande att Robert Oppenheimer var emot utvecklingen av termonukleära vapen. I det 992 sidor omfattande protokollet av förhören med honom i samband med atomenergikommissionens rannsakan av hans lojalitet finns tecken på att en viss ambivalens i den frågan infunnit sig. Förhandlingarna pågick i tre veckor med start den 12 april 1954. På en direkt fråga av Roger Robb, representant på åklagarsidan för atomenergikommissionen, efter en längre utfrågning gällande Oppenheimers moraliska ställningstagande inför atombomberna mot Hiroshima och Nagasaki: "Ni skulle alltså även ha framställt en termonukleär bomb, inte sant?" svarade en trängd Oppenheimer med ett kort "Ja, jag skulle ha arbetat på den". Robb fortsatte med ett konstaterande: "Om ni i Los Alamos hade upptäckt den termonukleära bomben, då skulle ni ha arbetat med den. *Om* ni hade upptäckt den då, hade ni gjort det, inte sant?" Oppenheimers svar: "Javisst".

Tellers och Ulams vätebomb (RDS-1), "Mike", en åttio ton tung mackapär med en längd av drygt sex meter, utgjorde kulmen på en utveckling som började så tidigt som 1941 när Enrico Fermi framkastade idén att med den då alltjämt hypotetiska atombombens hjälp antända fusion hos väte. Teller hade nappat på idén och gjort den till sin privata egendom, vilket ledde till demoraliserande spänningar och konflikter inom Los Alamosteamet när han med allt större bokstäver började driva tesen att ett termonukleärt vapen (fusionsbomb) var att föredra framför den konventionella fissionsbomb vars utveckling utgjorde Manhattanprojektets mål. Fysikern och nobellaureaten Isidor Rabi sammanfattade kollegiets frustration över Tellers ständiga hets att bygga allt större och kraftigare massförstörelsevapen i följande avslöjande mening: "Jag anser att världen hade varit en säkrare plats utan Teller".

Det fanns en mörkervägg bakom Teller, ett stjärnlöst valv där hans livs trauman fanns. Hans omgivning uppfattade honom som bakslug och beräknande, en intrigant ute efter fördelar och makt, en galning med en rejäl släng av intellektuell elefantiasis. Oupphörligt vädrade han sin banala åsikt att det var lika bra att göra slut på detta nazislödder en gång för alla. Tellers mörker var ogenomträngligt och destruktivt. Ifrågasatte någon hans absurda tes att förgöra Hitlertyskland och jämna det med marken slog han bakut och skyllde kritiken på den andra partens latenta antisemitism.

Teller var exiljude från Budapest i Ungern, född 1908. Hans uppväxt sammanföll med en turbulent tid i landets historia där en kort period av kommunistiskt styre kring 1919 avlöstes av ett veritabelt skräckvälde av fascism och antisemitism under diktatorn Nicolas Horthy. Vid artonårsåldern lämnade han sitt hemland för att studera kemiteknik vid universitetet i tyska Karlsruhe. Han disputerade i fysik vid universitetet i Leipzig med Werner Heisenberg som handledare. I början av trettiotalet läste han vid universitetet i Göttingen, fram till 1933 då han med hjälp av International Rescue Committee (IRC) räddades i förkrigstidens exodus av judiska forskare som hals över huvudet lämnade landet sedan Hitler gripit makten. Efter ett summariskt uppehåll i England blev han assistent hos Niels Bohr i Köpenhamn. Tack vare George Gamovs vitsord utnämndes Teller 1935 till professor vid George Washington University. Ryssen Gamov hade i samband med 1933-års Solvaykonferens i Bryssel hoppat av till väst och flyttat till USA där han arbetade som professor i teoretisk fysik. Teller och Gamov samarbetade fram till 1941 inom det kärnfysikaliska området. Samma år fick Teller amerikanskt medborgarskap och värvades till atomforskningen i Chicago, den som senare skulle bli Manhattanprojektet.

I hela sitt liv fortsatte Teller att agera "hök" i försvarsdebatten genom att oupphörligt förorda förstärkt beredskap mot kommunisthotet baserad på användning av massförstörelsevapen som en garant för Förenta Staternas överlevnad. Under Vietnamkriget lyckades han med sina rabiata inlägg att sätta in det ultimata vapnet få till och med radikala förespråkare för den hårda linjen mot kommunismen att ta avstånd från hans idéer och stämpla honom som "krigsförbrytare". På 1980-talet fann Teller ett nytt getingbo att röra runt i; den här gången var det hans styvnackade propaganda för USAs rymdbaserade robotsystem Strategic Defense Initiative, ett paraplyskydd av satelliter mot inkommande kärnvapenspetsar, mera känt som Star Wars. Han retade gallfeber på folk, inte bara på sin stora skara motståndare utan till och med på den aggressiva falang som pläderade för projektets genomförande.

Teller arbetade inom Los Alamos teoretiska avdelning och fick strax en tvivelaktig reputation på grund av sina oupphörliga och hårdnackade pekpinnar att USA torde ägna sig åt utveckling av en vätebomb under uppgivande av fissionsbomben som projektets mål, samtidigt som han positionerade sig som den lämpligaste kandidaten för att leda Manhattanprojektets avdelning för teoretisk fysik. Istället utnämndes Hans Bethe till chef för avdelningen sedan Oppenheimer varit tvungen att få tyst på Tellers vilda planer att med vätebombens hjälp ta hämnd på Hitlers Tyskland. Han gjorde ingen hemlighet av sin åsikt att Manhattanprojektets ledning var ett resultat av ett negativt urval som genomgående placerade de sämst lämpade på vetenskapens kommandobrygga. Teller blev ett rytande lejon i en bur av ensamhet. Oskadliggjord, men farlig ändå. Ingen tog honom på allvar och ingen tyckte synd om honom. Vad hans forskning anbelangade var han en ensamvarg som inte tyckte om att dela sina arbeten med andra, och olikt de flesta fysiker inom Manhattanprojektet varken begärde eller gav han råd. Han var en orosstiftare. Hans hatpropaganda mot nazismen irriterade och upprörde hans kolleger; ingen kunde därvidlag räkna honom till godo att vara det minsta diplomatisk och medgörlig till sinnet. Hans av sjukligt hat färgade åsikt om Nazityskland som Hin håles personifiering var kristallklar och kunde svårligen missförstås. Han framförde den utan att linda in sin avsky, rak som en tysk Autobahn missionerade han för sitt budskap, där hans onyanserade tankar, som aldrig fick tillräckligt med näring, rusade fram i toppfart utan att någonsin stanna upp och reflektera. Inledningsvis lyssnade hans kolleger artigt men förstrött på hans evangelium, medan de fortsatte med sina arbeten, och lät hans uppviglande predikan förklinga i kosmos likgiltighet. Sedan Robert Oppenheimer sidsteppat honom som chef för projektets teoretiska avdelning gick Teller – som inte hade mycket till övers för sina kolleger och såg ner på dem som obetydliga nickedockor, medelmåttor och förkrympta dvärgar med svag intelligens – ut i ett slags "strejk" genom att kategoriskt vägra befatta sig med de avgörande beräkningar av plutoniumbombens implosionsmekanism, en illojal maskningsaktion fullt jämförbar med sabotage som ledde till spänningar och osämja inom forskargruppen. Till följd av Tellers obstruktion blev Oppenheimer nödgat att utöka teamet med nya förmågor, däribland Klaus Fuchs, också han flykting från judeförföljelsen. År 1950 avslöjades Fuchs som sovjetspion och åtalades för spioneri. Han dömdes till fjorton års fängelse, och fråntogs sitt nyförvärvade brittiska medborgarskap. Hans kontakter med Sovjetunionens underrättelsetjänst GRU daterade från krigets början då Hitlertyskland öppnat upp östfronten.

Principen för Tellers och Ulams vätebomb byggde på en tvåstegsreaktion, där en primärladdning i form av en fissionsbomb komprimerade en andra sektion bestående av fissions- och fusionsbränsle. Primärladdningens reflektionsskärmar för neutroner bestod av en beryllium-aluminiumlegering som släpper igenom energirik röntgenstrålning. Härigenom uppnås att hettan från den första fissionsprocessen tillförs den i sprängningen komprimerade andra sektionen, till följd varav ytterligare en fissionsprocess startas som alstrar tillräckligt mycket värme för att antända fusion av väte som explosivt syntetiseras till helium.

Den av Teller och Ulam föreslagna lösningen kom att kallas Teller-Ulam-designen. Strax blev det storgräl om vem som bidragit mest och med vad, sedan Teller envetet fört fram sin egen person som vätebombens huvudman, vilket fick det att skära sig ordentligt mellan dem. I en intervju i *Scientific American* från 1999 anförde Teller: "Jag bidrog. Ulam gjorde inte det. Jag beklagar att jag tvingas svara på detta ohövliga sätt. Ulam var på goda grunder missnöjd med tidigare försök. Han kom till mig med en idé som jag redan hade utarbetat och haft svårt att få folk att lyssna på."

Något Teller var oförmögen att inse var att Manhattanprojektet inte handlade om en fri akademisk tävlan mellan medlemmar i Mensa, utan om ett resultatstyrt *projekt* i ordets snävaste betydelse, där motsättningar och käpphästar förväntades skjutas åt sidan för det hägrande kollektiva målets skull. Manhattanprojektet skulle aldrig ha kommit i mål om inte forskarna visat den disciplin som krävs för att genom en samordnad ansträngning inordna sig i ett forskningskollektiv. Teller var dock av den uppfattningen att det rörde sig om en duktighetstävlan, ett slags mästerskap i vetenskap eller en ”brainstorm” med obegränsade ekonomiska resurser där forskarna positionerade sig efter briljans genom att fritt ventilera idéer och tankar utan att bli avbrutna eller bry sig om idéernas förverkligande. Tellers bisarra uppfattning låg påfallande nära den lekstugekultur som i ett tidigt skede fick Nazitysklands atomprojekt att haverera, och det var onekligen Oppenheimers förtjänst att han genom att tvinga Teller kliva åt sidan skapade ordning i leden, dock till priset av att Teller menade sig ha blivit utsatt för ännu ett avskyvärt övergrepp, ett personangrepp och dito komplott. Teller uppfattade tillrättavisningen som en kränkning, i paritet med Hitlers nazism i vilkens fasansfulla historia han trodde sig vara huvudperson, som om världskriget hade satts i gång för att pina just honom. Oppenheimer, orerade han, hade förnedrat honom. Incidenten fick deras relation att gå sönder. Den lät sig aldrig repareras.

Det fanns inom Manhattanprojektet inte någon som tvivlade på Tellers extraordinära kompetens. Ingen ifrågasatte hans duktighet som vetenskapsman, men alla ogillade hans person: det var hans ständiga nålstick och oupphörliga lobbyande för fusionsbomben som väckte ont blod hos kollegerna, som hade annat att tänka på än Tellers fria fantasterier kring det ultimata fusionsvapnet. Och så rastlösheten och besattheten. Teller var ytterst kompetent, fast socialt handikappad och emotionellt rubbad. Så fort forskningen vid Los Alamos Laboratory hade klarlagt att atombomben kunde bli en teknisk realitet tappade han intresse och började jaga ett nytt mål: vätebomben.

”Duktighet” är en förutsättning för vetenskaplig framgång. Om man inte aktar sig kan dock samma duktighet bli en cancersvulst och skapa en destruktiv miljö där forskaren förlorar sin lojalitet mot det utstakade målet och börjar konkurrera med kolleger för att utmärka sin egen person, intrigera bakom ryggen på sina egna, istället för att helhjärtat ägna sig åt projektets måluppfyllelse. Oppenheimers övermänskliga uppgift som vetenskaplig ledare för Los Alamos Laboratory var att få forskare med överstora egon att hövligt maka åt sig ett stycke av ämnet, men samtidigt finna sig i att förbli en kugge i ett komplext och samspelt kunskapsmaskineri. De förväntades lägga all prestige åt sidan och se till projektets bästa. Teller däremot var fanatisk och oförlåtande i sin duktighet, samtidigt som hans omdöme förmörkades av en paranoid avsky mot nazismen. I hans ögon var hans kolleger alldeles för slappa gentemot nazismens brott mot mänskligheten. Hans livs mål var att föra ett enmanskrig mot Hitlertyskland, som han ville utplåna och jämna med marken. Hans sjukliga besatthet och irrationella aggressivitet var för stor för att kunna vara grundad på egen erfarenhet; där var han lojal med det judiska folkets kollektiva smärta, även om han påstod sig redan i ungdomen ha lämnat sin tro och blivit agnostiker. I Adolf Hitler såg han ondskan personifierad. Högljutt ropade han ut sitt bottenlösa hat mot nazismen och nazisterna, långt innan Jean-Paul Sartre uttalade orden: ”Men ser ni inte att de är skurkar allesammans!”

Epilog

Manhattanprojektet tillkom på initiativ av Leo Szilard, även om det var Albert Einsteins reputation som världens mesta fysiker som öppnade dörren till maktens boning. Szilard och hans kolleger förblev inte stillatigande när de insåg kärnfysikens hot mot världsfreden. Många fruktade att fysikvetenskapen riskerade att bli vapensmedernas gisslan. De hade kommit till insikten att atombomben var en Pandora ask ur vilken den onda *Geisten* när som helst kunde släppas lös. Efter angreppen på Hiroshima och Nagasaki förbyttes den fläkt av optimism och tro på kärnvapen till en storm av förtvivlan när effekterna blev kända. Szilard tog konsekvensen av sin forskning under andra världskriget. Efter demobiliseringen tog han avstånd från atomfysiken och tillträdde en tjänst som professor i biofysik, där han etablerade ett nära samarbete med Aaron Novick, en av molekylärbiologins grundare och under kriget ansvarig för konstruktionen av den kärnreaktor i Hanford där plutoniumämnet till Nagasakibomben syntetiserades. Än en gång spelade verkligheten spratt med Szilards fredliga avsikter: idag utgör också biofysiken, liksom kärnfysiken, förutom löften också hot.

I juni 1945, cirka en månad före provsprängningen, tillsattes av Metallurgical Laboratory i Chicago, på anmodan av Szilard, en Committee on Social and Political Implications, som redan 11 juni framlade sitt betänkande för krigsministeriet och dess chef Henry L Stimson. Sanningskommissionens lägesrapport sammanställdes av sju forskare – Leo Szilard, Eugene Rabinowitch, Donald J Hughes, J C Stearns, Glenn T Seaborg och James J Nickson, under ordförandeskap av nobelpristagaren i fysik (1925), James Franck. Huvudsyftet med Franckkommissionens rapport var att avråda från atombombens användning mot Japan. Rapporten underströk det omöjliga för USA att i längden kunna upprätthålla monopol på kärnvapen:

> ”Sålunda kan vi inte hoppas undvika en kapplöpning i fråga om atombeväpning, vare sig genom att hemlighålla grundläggande vetenskapliga fakta rörande atomkraften för konkurrerande nationer, eller genom att undanhålla den erforderliga råvaran för en sådan kapplöpning.”

För att förstärka effekten av Franckkommissionens varningar riktades 17 juli 1945 en hemligstämplad petition till USAs nytillträdde president, Harry S Truman. Brevet undertecknades av sextionio vetenskapsmän, anslutna till Metallurgical Laboratory, samt av Albert Einstein som aldrig befattat sig med hemligstämplat material. Petitionen uppmanade regeringen att beakta etiska och moraliska frågor kring atombombens användning, samt ge Japan en rättvis chans att kapitulera.

> "... Med tanke på det föregående, vill vi, undertecknare av detta brev, med respekt lägga fram följande: att Ni använder Er ställning som överbefälhavare och beordrar att Förenta Staterna ej sätter in atombomber i detta krig utan att först öppet och i detalj klargöra de villkor ställda på Japan, och Japan trots vetskap om dessa villkor fortfarande vägrar att kapitulera; för det andra, att i en sådan situation frågan om atombombens användning ska beslutas av Er med tanke på de överväganden framförda i detta brev, tillsammans med det moraliska ansvar som är förknippat med denna situation."

Efter Roosevelts död bildades en exekutiv kommitté för atomenergifrågor bestående av krigsminister Henry Stimson (ordförande), direktör för Office of Scientific Research and Development Vannevar Bush, Harvarduniversitetets president och direktör för Defense Research James Conant, MIT:s president Karl Compton, Vicestatssekreterare William Clayton, Vicemarinminister Ralph Bard och blivande statssekreterare James F Byrnes, med uppdrag att bistå den nye presidenten och kongressen i frågor gällande atomteknologi. Denna så kallade Interim Committee instiftade i sin tur ett vetenskapligt råd bestående av Robert Oppenheimer (ordförande), Enrico Fermi, Ernest Orlando Lawrence och Arthur Compton. Interimkommittén kom att spela en avgörande roll i president Trumans beslut att fälla bomberna över Hiroshima och Nagasaki. Slutklämmen i protokollet av kommitténs sammanträde av 1 juni 1945 lyder:

> "Mr Byrnes föreslog, till vilket kommittén samtyckte, att tillråda krigsministern att – med respekt för att det slutgiltiga avgörandet i grunden är ett militärt beslut – kommissionens enhälliga ståndpunkt är att fortast möjligt sätta in bomben mot Japan."

Vid korsförhör under atomenergikommissionens rannsakan av Robert Oppenheimer svarade han undanglidande på frågan om han hade varit för eller emot att fälla atombomberna över Japan i krigets slutskede:

> Robb: Motsatte Ni er av moraliska skäl fällandet av en atombomb mot Hiroshima?
> ./.
> Oppenheimer: Jag drog fram skäl som talade mot att fälla (bomben).
> Robb: Mot fällandet av atombomben?
> Oppenheimer: Ja, men jag delade inte helt och hållet dessa argument.
> Robb: Ni menar alltså att Ni, efter att, som Ni själv uttryckligt förklarat har arbetat dag och natt i tre eller fyra år på att få atombomben färdig, framförde skäl att den inte borde sättas in?
> Oppenheimer: Nej, jag hävdade inte att den inte borde användas. Jag tillfrågades av krigsministern vad vetenskapsmännen ansåg. Jag gav honom deras argument, både dem som talade emot som dem som talade för (ett fällande).
> Robb: Men Ni tog väl ställning för fällandet av atombomben mot Japan?
> Oppenheimer: Vad menar Ni med "tog ställning för?"

> Robb: Ni hjälpte väl till att välja målet, inte sant?
> Oppenheimer: Jag gjorde bara mitt arbete, det arbete som jag blivit ålagd att utföra. I Los Alamos var jag inte i den situationen att jag kunde träffa politiska avgöranden. Jag skulle gjort allt som begärt av mig, även bomber av alla olika slag om jag bara ansett dem tekniskt möjliga att framställa.

Truman och hans militära rådgivare, med Henry L Stimson i spetsen, beaktade varken rådet eller varningarna framförda av Franckkommissionen, utan valde att förlita sig på interimkommitténs rekommendation. Bomberna över Hiroshima och Nagasaki fälldes utan någon specifik förvarning. Allmänt formulerade hotelser hade visserligen sänts till Japan via diplomatiska kanaler, däribland en förteckning över trettiofem städer som löpte risk för anfall, men varken Hiroshima eller Nagasaki fanns med på listan. I en intervju med *US News & World Report* den 15 augusti 1945 (knappt en vecka efter Nagasakibomben), uttryckte Szilard sina dubier över om petitionen över huvud taget kommit till presidentens kännedom:

> ”Petitionen skickades till presidenten via officiella kanaler, och det skulle inte förvåna mig om endera dagen framkommer att den aldrig nådde honom.”

På frågan om USAs regering i dagsläget (1960) skulle ha kommit till annan slutsats svarade Szilard i en senare intervju:

> ”... Jag tror att detta beror på presidentens person. Truman visste inte vad det handlade om. Det framgår av det språk han använde. Truman offentliggjorde bomben över Hiroshima från ett fartyg på hemresa från Potsdam, och hans tillkännagivande innefattade meningen – jag citerar *The New York Times* från 7 augusti 1945: ’Vi har lagt två miljarder dollar på det största vetenskapliga vadet i historien – vi vann.’” (*US News & World Report*)

Att interimkommittén hade Trumans öra framgår av att presidentens ursprungliga beslut från juni 1945 att *inte* använda atombomben mot Japan plötsligt och utan förklaring återkallades. Historikerna har spekulerat i vad som fick Truman att komma på andra tankar. Londontidningen *The Times* Washingtonkorrespondent rapporterade 8 augusti 1945, två dagar efter Hiroshimabomben, att:

> ”Beslutet att använda det nya vapnet fattades helt nyligen och innebär att man frångått tidigare beslut. En korrespondent på *Baltimore Sun* skriver med en auktoritet som verkar obestridlig att presidenten och militärledningen fram till i början av juni var överens om att vapnet inte skulle sättas in, men en omsvängning av den högsta ledningens politik har skett under de senaste sextio eller möjligen trettio dagar. Det har, hävdar han, spekulerats en hel del om orsaken till denna helomvändning, men enligt högt uppsatta personer kom de ansvariga till slutsatsen att det var rätt och riktigt att använda vilket medel som helst för att snarast få ett slut på kriget i Stilla havet.”

General Douglas MacArthur och hans stab gjorde bedömningen att den planerade landstigningen i Japan den 1 november 1945 skulle medföra förluster på över 50-

tusen man på USAs sida, innan den ännu mera förödande fortsättningen ens hade börjat. I ett presidentiellt tal den 9 augusti, dagen för bomben över Nagasaki, anför Truman: "Vi har använt den (atombomben) för att förkorta krigets kval, för att rädda tusentals unga amerikaners liv." Två månader senare, den 3 oktober, tillägger han i ett något mer eftertänksamt tonläge till kongressen:

> "Nära två månader har gått sedan atombomben användes mot Japan. Denna bomb vann inte kriget, men den förkortade definitivt kriget. Vi vet att den räddade livet på oräkneliga tusentals amerikanska och allierade soldater, vilka eljest skulle ha stupats."

I en artikel i *Atlantic Monthly* från december 1946 skrev högskolerektorn för prestigefyllda Massachusetts Institute of Technology, fysikern Karl Taylor Compton, att "mot denna bakgrund är det min bestämda övertygelse att atombombens användning räddade hundratusentals – kanske flera miljoners – liv, både amerikanska och japanska; att utan dess användning skulle kriget ha fortsatt i många månader till. ... Om bomben inte hade använts finns vittnesbörd liknande dem jag citerat som med säkerhet visar att död och förstörelse i ofantlig omfattning skulle härjat i ytterligare många månader."

Dr Comptons inlägg föll tydligen presidenten i smaken, ty 16 december skickar Truman överraskande ett personligt tackbrev:

> "Er redogörelse i *Atlantic Monthly* utgör en korrekt analys av situationen så när som på att det slutliga beslutet fattas av presidenten och fattades sedan en fullständig undersökning av läget genomförts. De slutsatser som därvidlag framkom var i allt väsentligt desamma som angivits i Er artikel. Japanerna varnades i vanlig ordning och erbjöds långt innan bomben fälldes de villkor som de slutligen accepterade. Jag tror att bomben fick dem att acceptera villkoren."

"Varningen" som åsyftas i Trumans brev är i bästa fall Potsdamdeklarationen av 26 juli 1945, utfärdad av USAs president Harry S Truman, Storbritanniens premiärminister Winston Churchill och den kinesiska armégeneralen Chiang Kai-Shek, som ett av resultaten av en konferens på Cecilienhof i Potsdam utanför Berlin mellan 17 juli och 2 augusti 1945.

En uppgift som möjligen kan kasta ljus över frågan varför Truman ändrade uppfattning i fråga om bombens användning är krigsminister Henry Stimsons redogörelse i *Harper's Magazine* från februari 1947:

> "Interimkommittén antog den 1 juni efter överläggningar med vetenskapliga rådet enhälligt följande förslag:
> (1) Bomben bör snarast möjligt användas mot Japan. (2) Den bör användas mot ett "dubbelt" mål, det vill säga en militär anläggning eller en fabrik för krigsmateriel omgiven av eller belägen nära intill bostäder och andra sårbara byggnader. (3) Den bör användas utan föregående varning rörande vapnets natur. En medlem ändrade sedan åsikt och biföll ej förslaget.
>
> Innan Interimkommittén kommit fram till sina slutsatser hade alternativ

i form av en detaljerad varning eller en demonstration över obebott område noggrant vägts in. Båda förslagen förkastades som icke genomförbara. Det ansågs ej troligt att en varning skulle vara övertygande nog för att framtvinga Japans kapitulation och innebar dessutom allvarliga risker. Inte ens en lyckad provsprängning kunde slutgiltigt bevisa att bomben med säkerhet skulle explodera när den fälls från ett flygplan. Alldeles bortsett från de okända atomsprängämnenas natur var det ett komplicerat företag att få en bomb att detonera på en bestämd höjd genom en avancerad mekanism som ej kunnat prövas vid försöket med ett fast upplagt vapen i New Mexico.

> Ingenting skulle ha varit mera ödesdigert för vår strävan att förmå fienden att kapitulera än att varna honom med en misslyckad styrkedemonstration – detta var definitivt en möjlighet att räkna med. Dessutom hade vi inga bomber att gödsla med. Det var av yttersta vikt att snabbt utvinna ett tillfredsställande resultat med det fåtal bomber vi hade till vårt förfogande."

Interimkommittén fruktade att råka ut för ett genant och offentligt fiasko ifall atomvapnet vid en demonstration skulle bomma. Denna oro blev anledning till beslutet att bomba Hiroshima och Nagasaki utan någon specifik förvarning. Krigsministern skildrade militärledningens planering av det avgörande fälttåget mot Japan så här:

> "Våra väpnade styrkors strategiska planer för att besegra Japan hade, som de såg ut i juli, gjorts upp utan hänsyn till atombomben, som ännu inte hade testats i New Mexico. Vi höll på att planera en upptrappning av sjö- och luftblockaden och avsevärt intensifierad flygbombning under hela sommaren och tidig höst för att den 1 november invadera södra Kyushuön. Denna operation skulle i sin tur åtföljas av en invasion av huvudön Honshu, våren 1946. Vi beräknade att slutstriden inte skulle påbörja förrän tidigast mot slutet av 1946, om vi tvingades fullfölja planen. Jag fick veta att operationer av det slaget förväntades kräva enbart de amerikanska styrkorna över en miljon liv i förluster."

Militärkommandots brådska att komma till ett snabbt avgörande i kriget kan möjligen förklaras av Japans avsikt att strida till sista man:

> "... att Japan i juli 1945 allvarligt försvagats av våra oavbrutna anfall. Vi visste att det hade gått så långt att man gjort trevare hos sovjetregeringen i förhoppning om att dra in ryssarna som medlare i förhandlingarna. Dessa vaga förslag avsåg att låta Japan behålla viktiga områden och togs därför ej på allvar. Det fanns sålunda ännu inga tecken på att Japans beslut att hellre kämpa än villkorslöst kapitulera, hade försvagats." (Henry L Stimson)

Mer information om Sovjetunionens spel i krigsslutet finns i *US Strategic Bombing Survey* under den betecknande rubriken "Japans kamp för att få slut på kriget", varur följande stycke:

> "Vid mitten av 1944 förutsåg alla japaner med tillgång till fullständig information den ekonomiska ödeläggelse som oundvikligen skulle drabba

> landet. Dessutom kände de till förödelsen av långdistansbombningarna mot Tyskland, och i och med förlusten av Marianerna kunde de räkna med liknande anfall mot Japans industrier och städer. Emellertid räckte deras inflytande ej till för att överrösta armén som förlitade sig på sin förmåga att stå emot en invasion. ... I början av 1945 började krigsledningens högsta råd en intensiv diskussion rörande olika sätt och medel för att få slut på kriget, och förhandlingar inleddes med Sovjetunionen för att få detta land att ingripa som medlare. Propåer från Japans ambassadör i Moskva och hos sovjetambassadören i Tokyo förblev dock resultatlösa. Den 20 juli sammankallade kejsaren på eget initiativ de sex medlemmarna i stridsledningens högsta råd till en konferens och förmedlade där nödvändigheten av att göra upp en plan för att snarast möjligt få slut på kriget, samt ytterligare en plan för försvar av hemlandets öar.
>
> Tidpunkten för Potsdamkonferensen sammanföll med planen att sända furst Konye som särskilt sändebud till Moskva med instruktioner från Japans regering att förhandla om fred utan krav på villkorslös kapitulation, samtidigt dock med kejsarens personliga instruktion att till varje pris åstadkomma fred.
>
> Trots att stridsledningens högsta råd under sina överläggningar om Potsdamvillkoren var ense om önskvärdheten av att få slut på kriget, var endast tre av dess medlemmar – premiärministern, utrikesministern och marinministern – beredda att gå med på villkorslös kapitulation, medan övriga tre – arméministern och båda försvarsgrenars generalstabschefer – pläderade för fortsatt motstånd såvida inte en uppmjukning av villkoren kunde uppnås.
>
> Den 6 augusti fälldes bomben över Hiroshima och 9 augusti gick Sovjetunionen in i kriget. Under påföljande sammanträden i krigsledningens högsta råd kvarstod liksom förut den meningsmotsättning gällande Potsdamvillkoren som tidigare framkommit: genom det tvångsläge som uppstått inför risken av ytterligare bombanfall fann premiärministern det angeläget att personligen engagera kejsaren i diskussionen om kapitulationsvillkoren. Kejsar Hirohito tog på sig skiljedomarens roll och löste dödläget till förmån för villkorslös kapitulation. Det förefaller styrkt att USAs luftherravälde satte tillräcklig press för att framtvinga villkorslös kapitulation och göra en markinvasion överflödig. Kommissionens uppfattning är – vilken bygger på en genomgång av alla fakta och stöder sig på vittnesmål från japanska ledare som överlevde – att Japan tvivelsutan hade kapitulerat *före* den 31 december 1945, *även* om atombomberna inte hade fällts, *även* om Sovjetunionen inte hade gått med i kriget och *även* om ingen invasion hade planerats eller ens varit påtänkt." (*förf. kurs.*)

Efter anfallen på Japan framkom en störtflod av vetenskapliga och tekniska synpunkter på atomenergin. Den officiella redogörelsen av Manhattanprojektet – *Smythrapporten* – publicerades så tidigt som augusti 1945, veckan efter de ohyggliga scenerna i Nagasaki. Den 3 oktober utvecklade president Truman inför kongressen tankarna på en internationell ordning i atomenergifrågor, och påpekade att:

> "... man inte utan risk kan vänta med att diskutera det internationella problemet tills Förenta Nationernas organisation trätt i kraft och blir i tillfälle att vederbörligen syssla med denna fråga."

Den 15 november 1945 publicerades i Washington en rapport av president Harry S Truman, Englands premiärminister Clement Richard Attlee och dennes kanadensiske kollega William Lyon Mackenzie King, som några veckor senare blev grundbulten i en historisk överenskommelse mellan Förenta Staterna, Sovjetunionen och Storbritannien vari fastställdes att dessa länder avsåg att vid FN:s första sammanträde fatta beslut om upprättande av en särskild (internationell) atomenergikommission. Beslutet i FN togs den 24 januari 1946. Förslag om hur kontrollen över kärnenergi och "större vapen användbara för massförstörelse" skulle organiseras presenterades i Acheson-Lilienthalrapporten från mars 1946.

Trots ingående forskning har Werner Heisenbergs roll i det nazityska atomrustningsprogrammet aldrig lett till allmänt accepterade slutsatser. En pressad Heisenberg var angelägen att tona ner sin betydelse och anförde att han, försåvitt möjligt och görligt utan att sätta sitt liv på spel, aktivt motverkat Tredje rikets insatser att skaffa kärnvapen.

Faktum är att det nazityska kärnvapenprojektet av olika anledningar aldrig ville lyfta. Visserligen var den främsta orsaken att regimen inte mer än halvhjärtat stöttade kärnvapenforskningen samt att programmet saknade ett helhetsgrepp som hade kunnat lösa de problem orsakade av galopperande snuttifiering, men det kan inte uteslutas att Heisenberg, i sin roll som vetenskaplig ledare för det nazityska atomprojektet, var beredd att bära vilken mask som helst för att slippa moraliskt ansvar, och att han därför valde en blygsam insats till projektets förverkligande framför en ambitiös och patriotisk totalsatsning. Det blev en urvattnad historia som, inom det snäva manöverutrymme en diktatur erbjuder sina undersåtar, var fjärran från varje möjlighet till framgång.

Det är vad Heisenberg ville att eftervärlden skulle tro.

Något som får hans historieskrivning att skorra falskt är vetenskapsmännens patologiska nyfikenhet. Hittills har fysikhistorien inte sett något fall där forskare vägrat att loda ett lockande och intellektuellt utmanande problem på grund av dess risk för framtida missbruk: det är inte så vetenskap, eller för den delen vetenskapsmän, fungerar. Robert Oppenheimer, på många sätt samma andas barn som Heisenberg och strikt taget i en liknande sits som han, var djupt ångerfull efter bombningen av Hiroshima och Nagasaki och medgav öppet att han hade blod på sina händer, samtidigt som han insåg att Manhattanprojektets fysiker omöjligen kunnat avhålla sig från att nappa åt sig det vetenskapliga "fläskben" som utveckling av kärnvapen för dem innebar. Vid en dragning inför Atomic Energy Committee uttryckte han sig så här om forskarnas moraliska dilemma: "When you see something that is technically sweet, you just go ahead and do it, and you argue about what to do about it only after you have had your technical success. That's the way it was with the atomic bomb." (Snubblar man över något som är tekniskt lockande, då sätter man i gång och gör det, för att inte förrän efter man haft teknisk framgång börja fundera över konsekvenserna. Så var det också med atombomben.) Oppenheimer var innerligt medveten om atomvapnets makt över världens framtid. Efter kriget kämpade han *för* internationell kontroll och *mot* det hot om människans utplåning som vätebomben enligt hans mening representerade. Peter J Kuznick i *A tragic life: Oppenheimer and the bomb* skriver: "Hans samtid fann honom övertygande. Hans bästa studenter beundrade honom. Kvinnor avgudade honom. Hans kolleger högaktade honom för sitt snille, bildning och briljans som teoretiker, och de imponerades av hans ledarskap för Manhattanprojektet. Dock, i den slutliga sammanräkningen var Oppenheimers liv en tragedi, ett liv av en man som lyckades som vapensmed men misslyckades som fredsmäklare.

"Kriget är vunnet, dock ej freden", skrev Albert Einstein efter anfallen på Hiroshima och Nagasaki, och fortsatte: "På samma sätt som vi använder vårt förnuft för att bygga dammar för att tämja floder, på samma sätt bör vi bygga förnuftiga sammanslutningar för att behärska ängslan, misstron och maktbegäret hos människorna och deras regeringar. Vi kan inte vänta i en miljon år tills människan nyttjar sitt förnuft. Vi kan och måste använda det *nu*, i annat fall kommer hon att sjunka ner i ett nytt och förfärligt mörkerträsk." Av egen erfarenhet förstod Einstein så väl att det inte var rimligt att av det vetenskapliga samfundet begära att i förväg göra upp om vilka upptäckter låter sig göras eller inte göras på grund av framtida moraliska betänkligheter.

Kärnfysikens historia från 1900-talets början och framåt är *inte* berättelsen om hur ansvarslösa vetenskapsmän tämjde atomen i syfte att konstruera nukleära stridsspetsar som kan ta livet av miljoner människor, ej heller är fysikerna ute efter att hitta nya möjligheter att förse samhället med elektrisk energi eller att finna förut okända vägar till välfärd och hälsa. Den riktiga orsaken går betydligt djupare än så och berör den trollkraft som en fysiker erfar i naturen, den lockelse som forskaren känner i kropp och själ, och som är den egentliga drivkraften bakom hans sökande efter naturens uppbyggnad och lagar. Einstein hade full förståelse för forskarnas svaghet eftersom han kände samma lockelse. Han drevs av samma nyfikenhet och visste att det är omöjligt att förbjuda forskare att söka ny kunskap: "Vi får inte döma forskaren ifall hans påhittighet och tålmodiga nystande för att upptäcka naturlagarna exploateras för falska och destruktiva ändamål." De tyska och allierade fysiker som under kriget arbetade med atomteknologi var kanske inte oskyldiga till sin kunskaps förödande följder för mänskligheten, men de var likväl inte ansvariga. Ansvaret åvilar krigsherrarna vilkas moraliska uppgift det alltid är att väga ett vapens konsekvenser för liv, egendom och människans framtid mot följderna av att låta bli.

Konstruktörerna av massförstörelsevapen har dock ett ansvar gentemot beslutsfattarna att öppet varna för det nya vapnets påföljder. Av den anledningen upphöjdes Albert Einstein efter kriget till en frontfigur inom fredsrörelsen. År 1946 blev han ordförande i Emergency Committee of Atomic Scientists, en sammanslutning av forskare som verkade mot kärnvapenanvändning, och fram till sitt sista år i livet (1955) var han aktiv inom icke-våldsrörelsen: "I alla länder ligger makten hos ambitiösa och maktlystna män. Detta är en sanning, oavsett om det politiska systemet är diktatoriskt eller demokratiskt. Makten förlitar sig inte bara på tvång, utan också på subtil övertalning och vilseledande information genom utbildningssystem och media. Vi kan endast hoppas att tillräckligt många, världen över, äger den integritet som krävs för att motstå svekfull påtryckning. Viktigt är att individer besitter mod och uppriktighet som får dem att stå upp för sin övertygelse."

Efter kriget får Heisenbergs fortsatta karriär en huvudsakligen administrativ prägel. Han utnämns till direktör för Kaiser Wilhelm Institut som Peter Debyes efterträdare. 1948 bytte organisationen namn till Max Planck Institut, och så heter den än idag.

Vad gäller Heisenbergs bidrag till fysikvetenskapen kom han efter tjugotalet aldrig i närheten av den forna briljans och vetenskapliga intuition som lät honom ställa upp osäkerhetsprincipen, kvantmatrissteorin och Köpenhamnstolkningen (tillsammans med Niels Bohr). Jämte österrikaren Erwin Schrödingers vågfunktion utgör osäkerhetsprincipen och Köpenhamnstolkningen kvantteorins begreppsgrunder.

Köpenhamnstolkningen i modern fysik utsäger att varje kvantmekaniska system till fyllest beskrivs av sin vågfunktion, samt att varje ingrepp på partikeln (mätning eller observation) får vågfunktionen att kollapsa till en klassisk partikel som då kommer att uppföra sig i enlighet med Newtons lagar.

Osäkerhetsprincipen från 1927 (som ligger till grund för tingens inneboende suddighet i mikrokosmos) lär att det ej är möjligt att samtidigt bestämma en kvantpartikels läge och fart med godtycklig noggrannhet. Varje elementarpartikel upptar förutom ett stycke rum också ett stycke tid, och uppvisar våg- *eller* partikelegenskaper (dock aldrig samtidigt, både-och), beroende på den fråga experimentet ställer.

Max Planck Institut für Physik utgör numera en del av Max Planck Gesellschaft für Förderung der Wissenschaften (Max Plancksällskap för vetenskapens främjande), en oberoende forskningsorganisation finansierad av delstaterna och förbundsregeringen. Heisenberg förestod Max Planck Institut für Physik fram till 1958. Han avled 1976.

Andra världskriget var en svår prövotid som medförde ofattbart lidande. Aldrig har människans tillkortakommanden och dårskaper demonstrerats mer skrämmande än i Tredje rikets skändliga ondska. Intolerans föder hat, och hat föder grymhet. Hatet tog livet av sex miljoner skuldlösa judar. Varken Reichsführer Adolf Hitler eller kejsare Hirohito lät sig röras av miljonernas jämmer och röken från brännugnarna. Andra världskrigets historia är skriven i blod och visar exempel på djupaste moraliskt förfall och barbari, samt – på sina ställen – också ädlaste altruistiskt hjältemod, ytterligheter vilkas anlag finns latent hos varje människa.

Det är mer än lovligt frestande att framställa krigets förlorarsida som idel skurkar och mördare. Det är segrarens prerogativ, liksom det är anmärkningsvärt att det genomgående är den "goda" sidan som segrar i ett storkrig. Förloraren är alltid ond, medan segraren är god, det är så historia skrivs i efterhand. Hämndbegär är en del av människans natur och det låg i segermaktens intresse att skildra den besegrade med blodets palett och samtidigt, utan någon som helst självrannsakan, ödmjukt blunda för egna övergrepp eller blankt förneka dem, samt förringa de obestridliga bevisen för egna krigsbrott till beklagliga men nödvändiga olycksfall i kampen för en god och ädel sak. Segraren förfalskar och förfuskar sanningen och tillskriver fienden de brott som de själva varit delaktiga i. De liv de förstör inkluderar deras eget.

Varje krig tolkas i efterhand som en moralisk strid mellan gott och ont, där segermaktens historiepastisch blir sanning och lag i kraft av gevärspipans övertalningskraft. Med segern följer övertag och tolkningsföreträde. Den besegrade fråntas sin röst. Efter varje krig kommer segraren att retroaktivt diktera konfliktens upprinnelse, och oundvikligen kommer motståndaren att klandras för att vara mordlystna förbrytare och förhärdade missdådare vars totala brist på respekt för människoliv tvingade motparten till vedergällning för den "goda sakens skull".

Efter andra världskrigets slut var jordmånen förvisso god för allehanda svallande känslor och fördömanden som fritt vällde fram på det godas vädjobana. De allierade såg på tyskarna som ett folk som förslavats av mördarchefen Adolf Hitler. När en härskare bryter samhällsfördraget med sina undersåtar och svekfullt våldför sig på förtroendet, är det inte blott folkets rätt utan också dess dyrbara plikt att göra uppror. Eftersom folkets rättigheter är heliga, oförytterliga och okränkbara, och varje ansats till uppror kvästes av förtryck och repressalier, fanns ingen utväg än med våld tvinga den tysk-japanska alliansen till underkastelse. I den processen upphöjdes Robert Oppenheimer och Manhattanprojektets fysiker till hjältestatus medan Werner Heisenberg och hans kolleger förminskades till ryggradslösa opportunistiska lycksökare.

Genom all uppskruvade retorik och den suspekta revisionism som inte är ute efter att omvärdera krigets myter och reda ut sanningar på grundval av respekt och inlevelse, ställs allt på ett tvivelaktigt sätt på samma plan, såväl bödlarna i Auschwitz som deras offer. Det är kanske detta som är arvsynden, att inte förbehållslöst kunna umgås med sin nästa, att inte behandla andra såsom man själv vill bli behandlad – allt vad I viljen att människorna skola göra eder, det skolen I ock göra dem – att inte förmå handskas med sin historia utan att tappa den tråd som förbinder tidens *då* med dagens *nu*, den tråd som trasslar sig och slits av när vi bara ser hot från dem som tillber en annan Gud. "Gå inte bakom mig, jag kanske inte leder. Gå inte framför mig, jag kanske inte följer efter. Gå bara bredvid mig och var min vän." (Citat av okänd person, felaktigt tillskrivet Albert Camus) Insikten att vår kultur kan gå förlorad och försvinna från jordens yta, men att det ändå inte behöver vara så ity ett globalt kärnvapenkrig visserligen är ett tänkbart och skrämmande konfliktscenario vilket trots allt ligger i vår makt att förhindra. "Vi kan inte alltid utforma framtiden för våra ungdomar, men vi kan bygga våra ungdomar för framtiden." (Franklin D Roosevelt, 20 september 1940).

Helsingborg, sommaren 2016

Bihang

Robert Oppenheimers svarsbrev till Kenneth Nichols 4 mars 1954

Våren 1936 introducerade vänner mig för Jean Tatlock, dotter till en framstående professor i engelska vid universitetet; hösten av samma år började jag uppvakta henne, och vi kom att stå varandra mycket nära. Vid åtminstone två tillfällen stod vi i begrepp att gifta oss, och vi betraktade oss som trolovade. Åren mellan 1939 och hennes död 1944 träffade jag henne sällan. Hon berättade om sitt medlemskap i kommunistpartiet; omväxlande gick hon in och ur partiet, och hon verkade aldrig finna vad hon sökte. Jag tror inte att hennes intressen var av politisk art. Hon älskade sitt land, dess invånare och dess livsstil. Med tiden framkom att hon var bekant med en del sökare och kommunister, som jag senare också lärde känna.

Jag vill inte väcka intrycket att det övervägande var på grund av Jean Tatlock som jag fick vänsterorienterade vänner, eller kände sympati för saker som hittills varit främmande för mig, så som lojalisternas kamp i Spanien och immigrantorganisationen. Jag har nämnt några fler bidragande orsaker. Jag uppskattade den nya känslan av samhörighet, och kände på den tiden att jag var på väg att bli en del av min samtid och mitt land.

I 1937 avled min fader; något senare, när jag fått ärva honom, överlät jag i mitt testamente behållningen till University of California att tillfalla doktorandstipendiater.

Det var den era som kommunisterna vid den tidpunkten kallade Den Samlade Fronten, kännetecknad av att de samordnade sitt stöd till humanitära projekt med många icke-kommunistiska grupper inblandade. Jag bidrog till strejkkassan för en av (Harry) Bridges fackförenings storstrejker; jag prenumerade på *People's World*; jag bidrog ekonomiskt till olika kommittéer och organisationer som stödde de spanska lojalisternas kamp. Jag fick en förfrågan att hjälpa till med att sätta upp lärarorganisationen, som omfattade universitetslärare, undervisande assistenter vid universitet och gymnasielärare i kaliforniska bukten. Jag valdes in som organisationens sekreterare. Mina kontakter med lärarfacket fortlöpte till någon gång i 1941, då vi bestämde att gå skilda vägar.

Mitt personliga perspektiv vidgades också. Även om Sidney och Beatrice Webbs bok om Ryssland, vilken jag 1936 läste och i kombination med vad jag vid den tiden hört talas om gjorde intryck på mig för Rysslands ekonomiska framsteg och allmänna välfärd men endast ytligt belyste dess politiska tyranni, var mina åsikter ifråga om Ryssland på väg att förändras. Jag läste om utrensningsaktioner, men inte i någon detalj, och kom aldrig till en ståndpunkt som ej fördömde Sovjetunionen. Under 1938 kom jag i kontakt med tre fysiker som på trettiotalet hade levt och arbetat i Ryssland. De var eminenta forskare: (George) Placzek, (Victor) Weisskopf och (Marcel) Schein; de två förstnämnda har blivit nära vänner till mig. Deras berättelser lät så trovärdiga, så ofanatiska, så sanna att de gjorde starkt intryck på mig; de framställde Ryssland, även i ljuset av deras begränsade erfarenhet, som ett land av förtryck och terror, med en skrattretande inkompetent ledning och en hårt prövad och lidande befolkning. Jag vill förtydliga att mina förändrade åsikter om Ryssland inte innebar ett plötsligt uppbrott från dem som därom hyste en avvikande åsikt, utan de förstärktes av den tysk-ryska fredspakten, samt Sovjetunionens handlande i Polen och Finland. Vid den tidpunkten förstod jag ännu inte till fullo, vilket jag numera gör, att vårt lands kommunistparti kontrolleras av Ryssland. Vid tiden före och efter infallet i Frankrike och påföljande höst under slaget om England, började jag alltmer tappa sympati för den politik av undanglidande och neutralitet som förespråkades i kommunistisk press.

På grund av ovanbeskrivna kontakter, samt de bidrag jag förut nämnt, kan jag vid den tidpunkten mycket väl ha uppfattats som stående i nära kontakt med kommunistpartiet; måhända somliga till och med trodde att jag var medlem i partiet. Såsom påpekat föreföll en del mål angelägna, dock var jag aldrig medlem i kommunistpartiet. Jag har aldrig accepterat vare sig kommunismens dogmer eller dess teori; jag upplevde dem aldrig som vettiga. Jag hade inga uttalade politiska åsikter. Jag hatade tyranni och förtryck, samt varje form av diktatorisk styrning av någons tankar. För det mesta var jag på den tiden ovetande om vem var eller inte var medlem i kommunistpartiet. Ingen har heller någonsin bett mig att gå med i partiet.

I 1943 konfronterades jag med anklagelsen att jag var bekant med en del personer vid Los Alamos som varit partimedlemmar; jag kände dock bara en, min hustru, som gått ur partiet och vems integritet och lojalitet till Förenta Staterna jag aldrig för ett ögonblick har ifrågasatt. Senare i 1944 eller 1945 följde min bror Frank, han var i besittning av säkerhetsklassning för att arbeta i Berkeley och Oak Ridge, samt, efter myndigheternas godkännande, Los Alamos.

Jag har ingen kännedom om försök att komma över hemligt material under min tid i Los Alamos. Innan jag påbörjade mitt arbete där besökte min vän Haakon Chevalier med hustru oss på Eagle Hill, troligen var det i början av 1943. Under besöket sökte han upp mig i köket och tog upp att George Eltenton hade talat med honom om möjligheten att förmedla teknisk information till sovjetryska forskare. Jag reagerade utomordentligt starkt och uttryckte med skärpa min uppfattning att något sådant vore bestämt felaktigt. Där slutade diskussionen. Inget i vår långvariga vänskap skulle kunna tolkas som en signal att Chevalier verkligen sökte hemlig information, och jag var övertygad om att han inte var medveten om arten av det arbete jag var engagerad i.

Jag har sedan lång tid tillbaka blivit klar över att jag ofördröjligen borde ha rapporterat denna incident. De händelser som fick mig att rapportera den – jag betvivlar om den någonsin skulle blivit känd *utan* min anmälan – hade inget samband med incidenten. Sommaren 1943 besökte överste Lansdale, Manhattanprojektets säkerhetsofficer, Los Alamos och berättade för mig att han var orolig för säkerhetsläget i Berkeley efter aktioner av Federationen av arkitekter, ingenjörer, kemister och tekniker. Då dök det upp i mitt huvud att Eltenton var medlem och troligen en förkämpe i FAECT. Inte lång tid därefter var jag i Berkeley och varnade säkerhetsofficeren därstädes för Eltenton. När han frågade varför, berättade jag att Eltenton via mellanhänder hade gjort värvningsförsök med personer inom (Manhattan)-projektet, utan att nämna vare sig mitt eller Chevaliers namn. När general Groves senare beordrade mig att nämna detaljer, berättade jag om mitt samtal med Chevalier. Jag betraktar Chevalier fortfarande som en vän.

Efter krigsslutet flyttade jag tillbaka till västkusten tills jag, våren 1947, tillträdde min post som direktör för Princeton Institute of Advanced Study; den tiden var jag sällan hemma i Kalifornien för att undervisa. Oktober 1945 hade jag, på anmodan av krigsminister Patterson, vittnat inför House Committee on Military Affairs till stöd för May-Johnsonlagförslaget, vilket jag stödde såsom en nödvändig interimlösning för att skyndsamt överföra Manhattanprojektets krigsmilitära ledning till den civila atomenergimyndighetens efterkrigsledning. I december 1945 och senare deltog jag på senator (Arthur W) McMahons begäran i sammanträden med Special Committee on Atomic Energy, som beredde lagstiftning med avseende på atomenergifrågor. Jag var med i en kommitté tillsatt av general Groves och under ordförandeskap av dr Richard Tolman, med uppdrag att komma med förslag till landets atomenergipolicy. Tidigt 1946 arbetade jag stadigt i två månader som deltagare i en panel, Board of Consultants to the Secretary of State's Committee on Atomic Energy, som jämte Committee on Atomic Energy förberedde den så kallade Acheson-Lilienthal-rapporten. Sedan rapporten offentliggjorts, stödde jag den öppet. Strax därefter, i samband med att Mr (Bernard) Baruch blivit utsedd till att representera USA i Förenta Nationernas atomenergikommitté, blev jag en av Mr Baruchs och hans stabs rådgivare som arbetade med att vinna stöd för USAs plan. Jag stannade kvar som rådgivare tills general Osborn tog över.

Framåt slutet av 1946 utsågs jag av presidenten till medlem av General Advisory Committee inom Atomic Energy Commission. Vid dess första sammanträde valdes jag till ordförande och blev återvald till utgången av mitt kontrakt i 1952. Under dessa år utgjorde detta min huvudsakliga sysselsättning vad gäller atomenergiprogrammet, och det som upptog det mesta av min tid och uppmärksamhet, frånsett mitt akademiska arbete.

General Advisory Committee:s ursprungliga medlemmar var Conant, då president vid Harvard, DuBridge, California Institute of Technology:s president, Fermi från universitetet i Chicago, Rabi från Columbia University, Rowe, vicepresident för United Fruit Co., Seaborg från University of California, Cyril Smith från universitetet i Chicago samt Worthington från DuPont Co. I 1948 övertog Buckley, president för Bell Telephone Laboratories, Worthingtons plats; sommaren 1950 ersattes Fermi, Rowe och Seaborg av Libby från University of Chicago, Murphree, president för Standard Oil Development Co., och Whitman från Massachusetts Institute of Technology. Senare lämnade Smith som efterföljdes av von Neumann från (Princeton) Institute for Advanced Study.

Under dessa år, från tidigt 1947 till mitten av 1952, sammanträdde kommittén cirka trettio gånger och levererade rapporter till kommissionen i ungefär samma utsträckning. Policyformulering och samordning av de talrika atomenergiprojekten överläts till själva kommissionen. Rollen av General Advisory Committee, fastlagd i förordningsdirektivet, var att ge kommissionen råd. I denna egenskap gav vi kommissionen våra åsikter i frågor den förelade oss, gjorde på eget initiativ kommissionen uppmärksam på teknikutveckling av intresse, samt befrämjade och gav stöd åt det arbete utfört vid kommissionens projekt.

"Supervapnet" hade övervägats under lång tid vilket påbörjades, som sagt, i 1942 med förstudier innan Los Alamos tillkom, och förblev under hela kriget ett studie- och forskningsämne vid Los Alamos. Efter kriget hämmades verksamheten i Los Alamos oundvikligen i väntan på lagstiftning på atomenergiområdet. I samband med McMahon Act och instiftandet av Atomic Energy Commission och dess General Advisory Committee, har vi i kommittén vid våra tidiga sammanträden i 1947 och 1948 haft möjlighet att diskutera detta ämne. Under denna period pekade General Advisory Committee på problemets alltjämt oklara tekniska status och var pådrivande i att stödja Los Alamos insatser, vilka vid denna tidpunkt gick ut på blygsam forskning kring supervapnet och termonukleära system. Ingen allvarlig kontrovers kring supervapnet uppstod förrän i samband med Sovjetunionens provsprängning, hösten 1949.

Kort tid efter denna händelse kallade atomenergikommissionen i oktober 1949 till ett särskilt sammanträde av General Advisory Committee med förfrågan att överväga och ge råd i två relaterade frågor: den första huruvida kommissionens program ansågs adekvat med tanke på den sovjetryska framgången, samt, om så ej var fallet, hur detta program kunde ändras eller utökas; den andra huruvida ett intensivprogram för framtagning av supervapnet kunde utgöra del av ett sådant förnyat program. Kommittén studerade båda frågorna, rådgjorde med representanter för såväl militära som civila grenar inom berörda myndigheter, och kom till slutsatser som meddelades atomenergikommissionen i en rapport daterad oktober 1949.

Såsom svar på den första frågan som ställts, föreslogs i denna rapport ett stort antal åtgärder som kommisssionen borde ta för att utöka landets allmänna vapenstyrka. Med avseende på supervapnet ställde General Advisory Committee sig enhälligt bakom förslaget att Förenta Staterna borde initiera ett intensivprogram av den art som vi hade ombetts att ta ställning till. Sammanträdesprotokollet och ministerns anteckningar speglar hur kommittén kommit fram till denna slutsats. Rapporten innehöll två bilagor, en undertecknad av Rabi och Fermi, den andra undertecknad av Conant, DuBridge, Smith, Rowe, Buckley och mig själv, (kommitténs nionde medlem, Seaborg, befann sig vid den tidpunkten utomlands).

Det vore anmärkningsvärt om åtta personer i sina överväganden rörande ett extremt svårt problem, på samma grunder kom fram till kommitténs enhälliga slutsats. Jag tror dock att det är korrekt att anta att vår eniga opposition ifråga om ett intensivprogram baserades på övertygelsen, till vilken våra och andras tekniska bedömningar bidrog, att till följd av landets allmänna situation vid den tidpunkten ett sådant program snarare försvagade än stärkte landets styrkeposition. Sedan rapporten meddelats kommissionen, föll det på min lott att i egenskap av kommitténs ordförande vid flera tillfällen förklara vår ståndpunkt, en gång vid ett sammanträde av kongressutskottet för atomenergifrågor. Allt detta försiggick dock innan presidenten tog beslutet att fortsätta med landets termonukleära program.

Detta är hela historien bakom min ”opposition mot vätebomben”. Den kan läsas i protokollet över mitt vittnesmål inför kongressutskottet för atomenergifrågor. Historien tog definitivt slut i januari 1950 i och med presidentens beslut att fortsätta med programmet. Jag har aldrig uppmanat någon att ej delta i arbetet på vätebombprojektet. Jag har aldrig spritt GAC-rapporter till andra än till kommissionen. Som brukligt var det kommissionens ansvar att besluta om spridning i bredare kretsar.

Sammanfattningsvis: jag och övriga medlemmar i General Advisory Committee blev i oktober 1949 ombedda att inkomma med synpunkter, inom ramen för vårt uppdrag, vilket vi gjorde enligt vår bästa förmåga och utifrån vår bästa bedömning i ljuset av förefintliga fakta.

I detta brev har jag endast tagit upp sådana ämnen jag bedömer som relevanta för atomenergikommissionens frågeställning. I syfte att bibehålla så mycket av historiens perspektiv som möjligt, har jag i korthet berört många detaljer. Endast i ringa omfattning har jag berört fall vilkas synpunkter eller aktioner gick sovjetiska eller kommunistiska intressen emot, ej heller framfört bevis för min hängivenhet till frihetens sak, eller mina bidrag till USAs livskraft, inflytande och makt.

I detta brev har jag redovisat två årtionden av mitt liv. Jag har framfört händelser där jag agerat oklokt. Det jag hoppades på var inte att jag framgent helt och hållet skulle kunna undvika att göra fel utan att jag skulle dra lärdom av dem. Vad jag tror mig har lärt gör mig bättre lämpad att tjäna mitt land.